C++编程与信息学竞赛数学基础

王桂平 周思益 周迎川 ◎著

北京大学出版社
PEKING UNIVERSITY PRESS

内 容 提 要

本书系统性地总结了 C++编程与信息学竞赛所需的数学知识体系，包括初等数学基础、数列问题及递推和递归、初等几何、进制及进制转换、数论基础、初等代数、集合论、组合数学、图论基础、树及二叉树、概率论基础、逻辑学基础、编码及译码、博弈论基础、算法及算法复杂度等核心内容。本书涵盖 GESP、电子学会等级考试、CSP-J/S、NOIP、NOI 等信息学竞赛所需的数学基础知识。本书配备了完善的题库、课件、教学视频等资源，可以作为中小学信息学竞赛集训队的训练教材，也可以作为少儿编程培训机构的培训教材，还可以作为少儿编程等级考试和信息学竞赛的辅导教材。

图书在版编目(CIP)数据

C++编程与信息学竞赛数学基础 / 王桂平，周思益，周迎川著. —— 北京：北京大学出版社，2025.8.
ISBN 978-7-301-36353-9

Ⅰ. TP312.8

中国国家版本馆CIP数据核字第2025K282L2号

书　　　名	C++编程与信息学竞赛数学基础	
	C++ BIANCHENG YU XINXIXUE JINGSAI SHUXUE JICHU	
著作责任者	王桂平　周思益　周迎川　著	
责任编辑	刘云　刘倩	
标准书号	ISBN 978-7-301-36353-9	
出版发行	北京大学出版社	
地　　　址	北京市海淀区成府路205号　100871	
网　　　址	http://www.pup.cn　　新浪微博：@北京大学出版社	
电子邮箱	编辑部 pup7@pup.cn　　总编室 zpup@pup.cn	
电　　　话	邮购部 010-62752015　发行部 010-62750672　编辑部 010-62570390	
印　刷　者	北京溢漾印刷有限公司	
经　销　者	新华书店	
	787毫米×1092毫米　16开本　22.75印张　548千字	
	2025年8月第1版　2025年8月第1次印刷	
印　　　数	1—4000册	
定　　　价	99.00元	

未经许可，不得以任何方式复制或抄袭本书之部分或全部内容。
版权所有，侵权必究
举报电话: 010-62752024　电子邮箱: fd@pup.cn
图书如有印装质量问题，请与出版部联系，电话: 010-62756370

推荐序1

让数学思维为编程竞赛插上翅膀

在当今信息时代,编程已成为一项重要的基础技能,而信息学竞赛更是培养青少年计算思维和解决问题能力的重要途径。然而,许多初学者在接触编程竞赛时,往往会遇到一个共同的瓶颈——数学基础薄弱。算法与数据结构固然重要,但若缺乏扎实的数学思维,便难以高效地分析问题、优化算法,甚至可能在竞赛中举步维艰。

信息学竞赛(如CSP-J/S、NOIP、NOI)的题目往往涉及复杂的逻辑推理和算法优化,而数学正是解决这些问题的核心工具。若缺乏必要的数学知识,即使熟练掌握C++语法,也可能在竞赛中陷入"理解题意却无法高效求解"的困境。

《C++编程与信息学竞赛数学基础》的出版,旨在帮助竞赛选手突破这一瓶颈。作为一本系统整合C++编程与竞赛数学知识的教材,它不仅适合零基础学习者入门,也能为有一定经验的选手提供进阶指导。本书的独特之处在于,它并非简单罗列数学公式或编程语法,而是通过算法设计与实现的实际案例,将数学建模与编程实践有机结合,使抽象的理论转化为可操作的解决方案。

本书系统性地整合了信息学竞赛所需的数学知识与C++编程实践,通过丰富的实战案例和配套资源,为不同基础的学习者提供高效的学习路径——无论是零基础入门的初学者、寻求突破的进阶选手,还是进行教学指导的教师和教练,都能从中获得实用价值。

编程竞赛不仅是编码能力的较量,更是数学思维与问题解决能力的综合体现。本书为读者提供了一条清晰的学习路径,使数学从潜在的障碍转变为竞赛优势。无论你是刚接触编程的新手,还是备战高级别竞赛的选手,这本书都能为你提供坚实的理论基础和实用的解题方法。

愿每位读者都能通过本书,在编程与数学的融合中发现乐趣,并在竞赛中取得优异成绩!

重庆育才中学信息学竞赛总教练
全国青少年信息学奥林匹克竞赛(NOI)金牌指导教师

推荐序2

在数字化浪潮席卷全球的今天,计算机编程已成为一项不可或缺的基础技能,而信息学竞赛作为培养青少年逻辑思维和创新能力的重要途径,正受到越来越多学生和家长的关注。C++语言以其高效的性能、精确的算法表达能力,成为信息学竞赛的首选语言。与此同时,数学作为算法设计的基石,为理解算法逻辑和优化程序设计提供了坚实的理论支撑。

信息学竞赛涉及的数学知识包括小学至初中阶段的初等数学和初等几何知识,以及中小学课本中较少涉及的数列、递推与递归、数论基础、集合论、组合数学、逻辑学基础、博弈论基础等内容。

《C++编程与信息学竞赛数学基础》这本书是专为中小学生设计,旨在帮助他们循序渐进地掌握编程基础、培养算法思维,并通过编写程序理解信息学竞赛涉及的数学知识,在竞赛道路上稳步前进。编程不仅是技术的学习,更是一种思维方式的培养,因此在内容设计上力求深入浅出、通俗易懂。本书具有以下特点。

- 由浅入深,注重实践:以C++为核心,通过大量的编程实例帮助学生构建扎实的编程基础。
- 编程与数学结合:通过经典数学问题讲解算法设计,阐释"数学是算法的灵魂"这一理念。
- 符合青少年认知规律:避免晦涩的理论堆砌,采用贴近学生生活的案例,集知识性、启发性、趣味性于一体。

全国大学生电子设计竞赛是中国最具影响力的国家级学科竞赛之一,自1994年创办以来为国内电子信息领域培养了大批优秀人才。我指导的学生团队于1999年获得第四届全国大学生电子设计竞赛全国一等奖。当时互联网尚未普及、资源相对匮乏,竞赛相关参考资料极为有限。作为亲历者,我深感系统性教学资源对学生能力培养的重要性。

本书的目标是成为一本从C++编程入门到进阶、融合数学思维培养、兼顾青少年编程等级考试和信息学竞赛需求的数学基础教材。相信这一目标能够实现。通过本书的学习与实践,希望读者能体会到编程与数学学习的乐趣,在快乐中成长。

郑建彬

武汉理工大学信息工程学院
副院长、教授、博导

推荐序3

当今时代,是一个由信息驱动、以科技为引擎的时代。无论是人工智能的崛起,还是数字技术的飞跃,背后无不闪耀着数学的理性光辉与算法的逻辑魅力。在这股澎湃的浪潮中,青少年的成长与教育也迎来了新的机遇和挑战。而信息学奥林匹克竞赛,正是这个时代赋予青年学子的一场思维盛宴。

《C++编程与信息学竞赛数学基础》一书的出版,无疑为广大有志于投身信息学学习的中小学生提供了一份极具价值的学习指南。这不仅是一本传授知识的著作,更是一本引领思维、塑造能力、激发潜能的实践手册。

我深知中学生在学习信息学竞赛时常常面临"两座大山"——数学理论的抽象性与程序实现的复杂性。本书正是架起这两者之间的桥梁。它从中学生的认知特点出发,用清晰的语言、恰当的案例,将抽象的数学知识阐释得生动易懂;同时,结合C++编程语言的特性,将算法设计方法论转化为可操作的代码,让学生在编程实践中真正掌握"学以致用"的精髓。

更难能可贵的是,本书不仅传授解题技巧,更关注思维方法的培养。数学与编程的本质,都是对问题的结构化分析与模式化表达;竞赛的真正价值,也不仅在于分数和奖牌,而在于磨炼思维、挑战自我、培养坚韧与创新的精神。这种精神,正是信息学奥林匹克的核心价值。

常言道:一个人的思维广度与深度,决定了他未来能抵达的远方。学习数学,让我们理解世界的逻辑;学习编程,让我们拓展改变世界的方式。而当你将两者结合,不仅能够在竞赛中脱颖而出,更有可能在未来的科技舞台上,成为真正的开拓者。

希望每一位阅读本书的中学生,能够在知识探索中找到乐趣,在实践中发现自己的潜能。愿这本书成为你走进信息学世界的钥匙,也成为你未来成长道路上的指南针。

重庆交通大学数学与统计学院
博士、教授、硕导
国家级课程思政教学名师

前言

亲爱的小朋友们，当你们打开这本书时，相信你们已经开始了C++编程的学习之旅，甚至可能正在进入算法学习的精彩阶段。你们中的许多人，或许正在为编程等级考试或信息学竞赛做准备。在学习过程中，你们可能发现了一个有趣的现象，很多编程题目都包含着丰富的数学知识，有些内容甚至超出了你们当前数学课程的进度，比如平方根、立方根、函数等概念。

你们可能会非常困惑。信息学竞赛为什么会用到这么多数学知识？参加信息学竞赛到底要掌握哪些数学知识？是不是奥数学好了，学习算法时就没有障碍了？现在我就来逐一解答这些困惑。

计算机（computer）最初就是为"计算"而设计的。世界上第一台电子计算机ENIAC诞生于1946年，当时研制计算机的目的是解决复杂的弹道计算问题。尽管现在的计算机功能非常强大，除了可以用来做科学计算，还可以用来办公、学习、娱乐，也可以运行当前各种炫酷的人工智能应用程序，但是，无论多复杂的功能，计算机都是将它们转换成各种计算。要理解和熟练应用这些计算，就需要学好数学。此外，信息学竞赛的核心是算法设计，而算法是建立在数学基础之上的。所以，信息学竞赛需要掌握很多数学知识。

信息学竞赛涉及的数学知识包括在小学阶段学的所有初等数学基础和初等几何知识，以及在小学阶段课本上基本学不到的数列问题及递推和递归、进制及进制转换、数论基础、集合论、组合数学、图论基础、树及二叉树、概率论基础、逻辑学基础、编码及译码、博弈论基础、算法及算法复杂度等。

这么多数学知识，中学生甚至小学生能掌握吗？我觉得是可以的，因为同学们只需要理解这些数学知识背后的思想和原理，不需要手工求解这些数学问题。我们的目标是根据数学原理，设计算法，编写程序，让计算机来帮我们解决这些问题。而且这些数学知识不是在学习C++和算法前就必须全部掌握的，也就是说不是预备知识，而是贯穿于C++和算法学习的整个阶段的。

以平方根为例，小学阶段的数学没法讲平方根运算，因为手工求 $\sqrt{2}$、$\sqrt{5}$ 等是求不出来的，但同学们只要理解了平方根的含义，知道平方根是平方的相反运算，在C++程序中知道如何调用sqrt()函数求平方根就可以了。又如，组合数学中有很多复杂的排列组合问题，对小学生来说太难了，但是在信息学竞赛里主要应用的是组合数学里的一些原理，比如，加法原理、乘法原理、鸽巢原理等。

既然信息学竞赛需要掌握很多数学知识，那么同学们直接学奥数不就可以了吗？注意，C++编程与信息学竞赛中的数学不等于奥数。奥数更多的是训练学生的计算技巧和动手解决应用问题的能力，但是这些计算技巧在C++编程与信息学竞赛中完全没有用武之地。因为编程的目的之一就是把所有计算交给程序来实现，而且奥数里津津乐道的各种应用题，在信息学竞赛的试题里几乎不会出现，此外，奥数几乎不涉及算法。所以，同学们需要专门学习信息学竞赛的数学基础知识。

本书就是一本专门讲C++编程与信息学竞赛数学基础的书，既是数学书也是编程书，侧重数学原理在编程中的应用。为了降低门槛，本书把算法难度控制在基础级，只用到了枚举、模拟、递推、递归等简单算法，此外也用到C++语言标准模板库中的容器，包括位组（bitset）、集合（set）、数对（pair）等。

最后，祝小朋友们能感受到数学之美，体会到学习数学和编程的快乐，在快乐中学习。

王桂平

2025年7月

目 录

第1章 初等数学基础

- **1.1** 数的认识（1）——自然数、整数 2
- **1.2** 数的四则运算 3
- **1.3** 整数的除法：商和余数 4
- **1.4** 构成像钟表一样的环状序列 7
- **1.5** 倍数和因数 9
- **1.6** 合数和质数 11
- **1.7** 哥德巴赫猜想 13
- **1.8** 大数的认识 15
- **1.9** 时间和日期中的数学知识 16
- **1.10** 平方和平方根、立方和立方根 20
- **1.11** 幂运算 21
- **1.12** 数的认识（2）——分数 22
- **1.13** 数的认识（3）——小数 23
- **1.14** 整数商和浮点数商 24
- **1.15** 小数在计算机中无法精确表示 24
- **1.16** 数的认识（4）——有理数和无理数 27
- **1.17** 整数的放大与缩小 32
- **1.18** 小数的放大与缩小 32
- **1.19** 分数和百分数 33
- **1.20** 向上取整和向下取整 34
- **1.21** 取整和四舍五入 35
- **1.22** 浮点数的整数商和余数 36
- **1.23** 累加∑和连乘∏ 37
- **1.24** 上标和下标 38
- **1.25** 递推 39
- **1.26** 数学和生活中的循环 41
- **1.27** 一些特殊的数 42
- **1.28** 函数的初步认识 47
- **1.29** 幂函数和指数函数 48
- **1.30** 增长很快的运算：指数运算和阶乘 49
- **1.31** 其他数学知识 51

第2章 数列问题及递推和递归

- **2.1** 数列及相关问题 54
- **2.2** 等差数列和等比数列 54
- **2.3** 斐波那契数列 55
- **2.4** 数列递推的例子 56
- **2.5** 数学归纳法 58
- **2.6** 递归和递归函数 59
- **2.7** 递归方法应用实例 60
- **2.8** 数列问题实例——递推和递归求解 62
- **2.9** 递推和递归总结 64
- **2.10** 递归存在的问题及解决方法 65
- **2.11** 整数划分问题 66

第3章 初等几何

- 3.1 三角形的判定 ······ 71
- 3.2 多边形的判定 ······ 72
- 3.3 凸多边形和凹多边形 ······ 73
- 3.4 勾股定理 ······ 73
- 3.5 勾股数 ······ 74
- 3.6 锐角三角形和钝角三角形的判定 ······ 77
- 3.7 周长、面积、表面积和体积 ······ 78
- 3.8 圆周率的故事 ······ 79
- 3.9 内角和、角度和弧度 ······ 80
- 3.10 海伦-秦九韶公式 ······ 81
- 3.11 直角坐标系和距离公式 ······ 83
- 3.12 网格坐标系 ······ 84
- 3.13 从一维到二维再到三维 ······ 86

第4章 进制及进制转换

- 4.1 数位和计数单位 ······ 88
- 4.2 科学记数法及浮点数的由来 ······ 88
- 4.3 进制及十进制 ······ 89
- 4.4 二进制 ······ 90
- 4.5 二值的表示 ······ 96
- 4.6 计量数据大小的单位 ······ 97
- 4.7 八进制和十六进制 ······ 98
- 4.8 其他进制 ······ 98
- 4.9 二进制、八进制和十六进制的相互转换 ······ 99
- 4.10 其他进制转换成十进制 ······ 100
- 4.11 十进制转换成其他进制 ······ 101
- 4.12 理解整型(int, long long)的范围 ······ 104
- 4.13 位运算及应用 ······ 105
- 4.14 原码、反码、补码 ······ 109
- 4.15 标准模板库中的位组 ······ 112
- 4.16 有符号和无符号整数的溢出问题 ······ 116

第5章 数论基础

- 5.1 整除、因数和倍数 ······ 119
- 5.2 质数及筛选法 ······ 120
- 5.3 带余数除法 ······ 125
- 5.4 最大公约数理论及应用 ······ 130
- 5.5 格点问题 ······ 136
- 5.6 扩展欧几里得算法 ······ 138
- 5.7 唯一分解定理及应用 ······ 139
- 5.8 求 $n!$ 的标准质因数分解式 ······ 143
- 5.9 同余理论及应用 ······ 144
- 5.10 数论倒数——a 对模 m 的逆 ······ 148
- 5.11 同余方程及同余方程组 ······ 148
- 5.12 欧拉函数 ······ 150
- 5.13 快速幂算法 ······ 156

第6章 初等代数

- 6.1 初等代数的研究内容 ······ 161
- 6.2 单项式与多项式 ······ 161
- 6.3 一元一次方程 ······ 162
- 6.4 一元二次方程 ······ 164
- 6.5 二元一次方程组 ······ 167
- 6.6 不定方程(组) ······ 170
- 6.7 线性方程组 ······ 171
- 6.8 矩阵和矩阵的乘法运算 ······ 172

第7章 集合论

- 7.1 集合的概念 ············ 174
- 7.2 子集及幂集 ············ 177
- 7.3 集合的运算 ············ 178
- 7.4 STL中的集合 ············ 183
- 7.5 有限集的计数问题 ············ 188
- 7.6 容斥原理 ············ 190
- 7.7 元组 ············ 193
- 7.8 STL中的数对（pair） ············ 194
- 7.9 笛卡儿积 ············ 197
- 7.10 关系 ············ 197
- 7.11 关系的表示——关系矩阵 ············ 199
- 7.12 等价关系 ············ 200

第8章 组合数学

- 8.1 加法原理和乘法原理 ············ 204
- 8.2 排列和组合 ············ 204
- 8.3 杨辉三角 ············ 207
- 8.4 全排列及排列的字典序 ············ 208
- 8.5 排列组合问题求解 ············ 210
- 8.6 特殊的排列组合问题 ············ 212
- 8.7 第二类斯特林数和Bell数 ············ 215
- 8.8 小球放盒子问题 ············ 219
- 8.9 卡特兰数列及其应用 ············ 225
- 8.10 抽屉原理（鸽巢原理） ············ 231

第9章 图论基础

- 9.1 从哥尼斯堡七桥问题说起 ············ 234
- 9.2 无向图和有向图 ············ 234
- 9.3 完全图和有向完全图 ············ 236
- 9.4 二分图与完全二分图 ············ 236
- 9.5 顶点的度数及相关问题 ············ 237
- 9.6 路径 ············ 238
- 9.7 连通性问题 ············ 239
- 9.8 权值、有向网和无向网 ············ 241
- 9.9 图的存储 ············ 241
- 9.10 可行遍性问题 ············ 252
- 9.11 最小生成树问题 ············ 256
- 9.12 最短路径问题 ············ 257

第10章 树及二叉树

- 10.1 树的概念 ············ 263
- 10.2 二叉树 ············ 266
- 10.3 特殊的二叉树 ············ 266
- 10.4 二叉树计数问题 ············ 267
- 10.5 树和二叉树的存储 ············ 268
- 10.6 二叉树的前序、中序和后序遍历 ············ 272
- 10.7 二叉树的恢复 ············ 277
- 10.8 m叉树及相关问题 ············ 280
- 10.9 前缀、中缀、后缀表达式 ············ 282

第11章 概率论基础

- 11.1 概率 ············ 285
- 11.2 中位数 ············ 289
- 11.3 均值和期望 ············ 290
- 11.4 随机数函数 ············ 293

第12章 逻辑学基础

- **12.1** 逻辑运算和逻辑型数据 …………… 296
- **12.2** 逻辑学和数理逻辑 ………………… 297
- **12.3** 命题及真值 ………………………… 298
- **12.4** 联结词 ……………………………… 300
- **12.5** 逻辑推理 …………………………… 306

第13章 编码及译码

- **13.1** 从学号和身份证号说起 …………… 312
- **13.2** 西文字符的编码——ASCII编码 …… 313
- **13.3** 定长编码和变长编码 ……………… 314
- **13.4** Huffman编码 ……………………… 315
- **13.5** 译码问题及前缀码 ………………… 319

第14章 博弈论基础

- **14.1** 从取石头游戏说起 ………………… 324
- **14.2** 必胜态和必败态及相互转换 ……… 325
- **14.3** 尼姆(Nim)博弈游戏 ……………… 329

第15章 算法及算法复杂度

- **15.1** 算法的基本概念 …………………… 336
- **15.2** 评价算法优劣的标准 ……………… 336
- **15.3** 算法效率的度量及算法复杂度 …… 339
- **15.4** 算法时间复杂度的渐进分析和表示 …… 340
- **15.5** 最好、最坏和平均情况 …………… 341
- **15.6** 对数运算及其运算规律 …………… 342
- **15.7** 基本的算法复杂度模型 …………… 344
- **15.8** 递归算法的时间复杂度 …………… 346

后记 …………………………………… **348**

附录 课程资源使用指南 …………… **349**

参考文献 ……………………………… **351**

第 1 章
初等数学基础

本章内容

本章总结了C++编程与信息学竞赛需要掌握的初等数学知识,包括自然数、整数、分数、小数、实数、有理数、无理数、百分数的概念,以及整除和取余、商和余数、倍数和因数、质数和合数、平方、平方根、立方、立方根运算、幂运算、阶乘运算、取整和四舍五入、累加∑和连乘∏、递推的含义及应用、特殊的数、数学上的函数和C++中的函数等。

1.1 数的认识（1）——自然数、整数

在远古时代，人类为了生存，每天要外出狩猎和采集果实，有时满载而归，有时却一无所获，有时带回的食物有富余，有时却食不果腹。生活中这种数与量的变化，使人类逐步产生了数的意识。从那个时候起，人类开始了解有与无、多与少的差别。"多少"比"有无"更精确，这种概念精确化的过程最后就产生了"数"的概念。

随着社会的进步和发展，人类又学会了简单的计数方法，如用石子计数、结绳计数等。一个部落必须知道它有多少成员，有老人去世了，或者有新生儿呱呱坠地，成员数量就会发生变化。人类首先有了一和多的概念；后来又有了一、二和许多的概念，这些都是在非常漫长的历史长河中逐渐形成的。

人们为自然界存在的事物计数，"自然数"就这样产生了，它是人类历史上最早出现的数，也是日常生活中运用最广泛的数。自然数有无限个，1，2，3，…。

同学们，你们在蹒跚学步时，爸爸妈妈牵着你们走路或走楼梯时，通常也会教你们数数，1，2，3，…。

"0"这个数出现得相当迟。起初的自然数是从1开始的，可能是由于古人类觉得捕获了一头羚羊又吃掉了，羚羊已经没有了，"没有"是不需要用数来表示的。

后来又出现了负数。负数的出现，导致作为分界线的"0"有产生的必要了。这样从"0"开始的"自然数"就完整地出现了。因此，**自然数**包括0，1，2，3，…。

整数包括负整数、0、正整数，也有无限个，…–5，–4，–3，–2，–1，0，1，2，3，4，5，…。

可以用数轴表示整数，如图1.1所示，整数均匀地分布在一条直线上。图1.1清晰地标出了自然数、负整数和正整数。数轴这个工具在解题时非常有用。

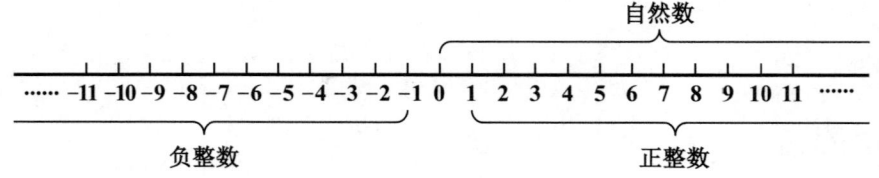

图1.1　用数轴表示整数

数有正负之分，正数前面有正号"+"，但可以省略，因此我们平时表示的正数都省略了正号；负数前面有负号"–"。正号"+"和负号"–"为数的符号。在生活中负数很常见，例如，负二楼可以表示为–2楼，零下4摄氏度的温度可以表示为–4℃。

在C++中，整数是一类非常重要的数据类型，用int和unsigned int表示，占4个字节。int是有符号整数类型，可以表示负整数、0、正整数，其取值范围是–2147483648～2147483647。unsigned int是无符号整数类型，只能表示0和正整数，其取值范围是0～4294967295。超出上述范围的整数可以用long long和unsigned long long存储，详见4.12节。

1.2 数的四则运算

在日常生活和数学中，人类使用阿拉伯数字0, 1, 2, 3, 4, 5, 6, 7, 8, 9这十个数字及其组合来表示数。学了进制之后可以知道，这种表示方式基于十进制。十进制的运算规则是"逢十进一"。

所谓**运算**，就是由一个数或多个数，通常是两个数，根据一定的运算规则得到结果的过程。**四则运算**，即加法、减法、乘法和除法四种运算，是最基本、最常用的数学运算。

人类先掌握了加法，其次是减法，然后是乘法，最后是除法。小学阶段的数学教学也遵循这一顺序。

理解四则运算的规则对编程解题非常重要。例如，在除法运算中，当两个整数无法整除时，通过编程可以实现高精度计算，得到任意小数位数的商。

（1）加法运算

如图1.2（a）所示，加法的运算过程是：将两个数右对齐，即个位对齐，从低位到高位（从右往左）进行每一位的运算；如果某一位运算的结果达到或超过10，则往高位进一位，同时该位的运算结果要减去10。

（2）减法运算

如图1.2（b）所示，减法的运算过程是：将两个数右对齐，即个位对齐，从低位到高位（从右往左）进行每一位的运算；如果被减数某一位小于减数对应位，则被减数要向高位借位，如果高位为0，则要向更高位借位。一旦某一位被借位，则该位的值要减1。从相邻高位借来的1，放在当前位，视为10。

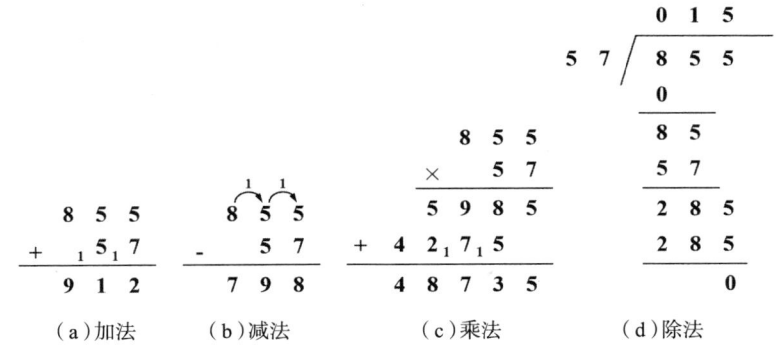

图1.2 四则运算

（3）乘法运算

如图1.2（c）所示，乘法的运算过程是：多位数的乘法是通过转换成1位数的乘法及整数的加法来实现的，即把第二个乘数的每位数字乘以第一个乘数，把得到的中间结果累加起来。

乘号"×"是英国数学家奥特雷德在1631年最早使用的。在C++中，乘号要用"*"表示。

（4）除法运算

如图1.2（d）所示，除法的运算过程是：从被除数的最高位开始，用当前有效位组成的数字除以除数，得到商的对应位（可能为0），之后每一步都是将上一步得到的余数与被除数中的下一位组合，形成新的被除数继续除以除数。当被除数的所有整数位运算完毕后，如果余数不为0且需要继续计算，可以通过添加小数点和补零的方式延伸运算，从而得到小数部分的商。

1.3 整数的除法：商和余数

小学二年级在学"平均分（配）"时引入了整数的除法。图1.2（d）所示的除法，是刚好能除尽的情况，但更普遍的情形是除不尽。例如，将17个苹果平均分给5个同学，每个同学能分到3个，还多出了2个。

具体来说，在数学上，一个正整数a（称为被除数）除以另一个正整数b（称为除数），即$a \div b$，会得到商q和余数r，如公式（1.1）所示。

$$a \div b = q \cdots\cdots r \tag{1.1}$$

商q表示被除数a里有q个b，余数r表示剩余的"零头"，即不足除数b的一倍的那一部分。注意，余数r小于除数b，其实余数r的取值只可能为$0, 1, \cdots, b-1$中的一个。

特别地，当余数r为0时，说明a能够被b整除。

1659年，瑞士数学家拉恩在他的《代数》一书中，第一次用"÷"表示除法。"÷"用一条横线把两个圆点分开，表示平均分的意思。

在C++中，商和余数分别要通过除法（/）和取余（%）运算得到。

正确理解整数除法中商和余数的含义，能解决很多看起来不起眼、但似乎又不容易做出来的题目。详见以下编程实例。

【编程实例1.1】买5袋送1袋（1）。某超市新到一种零食，推出促销活动"买5袋送1袋"。每袋零食3元。假设你手里有n元钱，请问最多可以买多少袋这种零食，还剩多少钱？

分析：买5袋的钱在促销活动中实际可以买6袋，因此，15元可以买6袋，按这种方式 n 元可以买 $(n/15)*6$ 袋；不足15元的部分，只能按3元一袋买，可以买 $(n\%15)/3$ 袋，因此总共可以买 $(n/15)*6+(n\%15)/3$ 袋。

有 $(n\%15)$ 元，按3元一袋买，还剩下 $(n\%15)\%3$ 元，这些钱一袋都买不了，这就是剩下的钱。当然，直接求 $n\%3$ 也是第2个问题的答案。代码如下。

```
#include <bits/stdc++.h>
using namespace std;
int main()
{
    int n;  cin >>n;
    cout <<(n/15)*6 + (n%15)/3;
    cout <<" " <<n%3 <<endl;
    return 0;
}
```

【**编程实例1.2**】买5袋送1袋（2）。某超市新到一种零食，推出促销活动"买5袋送1袋"。一袋零食单独买是3元。现在你想买 n 袋这种零食，请问按促销的方案购买比一袋一袋地买，可以节省多少钱？

分析：n 袋中有 $n/6$ 个 $(5+1)$ 袋，每个 $(5+1)$ 袋中有1袋是不花钱的，因此可以节省 $(n/6)*3$ 元钱。也可以先算出不按促销活动，买 n 袋需要 $3*n$ 元，按促销活动，买 n 袋需要花费 $(n/6)*15+(n\%6)*3$ 元，二者相减，也是答案。代码如下。

```
#include <bits/stdc++.h>
using namespace std;
int main()
{
    int n;  cin >>n;
    cout <<(n/6)*3 <<endl;     //方法1
    //int m = (n/6)*15 + (n%6)*3;    //方法2
    //cout <<3*n - m <<endl;
    return 0;
}
```

【**编程实例1.3**】求 $[a,b]$ 区间内3的倍数的个数。输入正整数 a,b（$a<b$），统计 $[a,b]$ 区间内3的倍数的个数。区间 $[a,b]$ 表示大于或等于 a 且小于或等于 b 的整数集合。

分析：首先，思考类似的一个问题，某班每3个学生就有一个姓李，那么这个班有多少个学生姓李呢？答案是学生总数/3。这里的除法是整数除法。

类似地，$[1,b]$ 区间内有多少个3的倍数？答案是 $b/3$。因为每3个连续的自然数就有一个是3的倍数。这里的除法是整数的除法。我们可以用一根数轴描述这个问题，如图1.3所示。

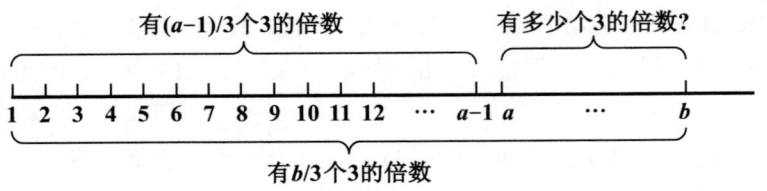

图 1.3　区间内 3 的倍数的个数

我们现在要求的是 $[a, b]$ 区间内 3 的倍数的个数。从 $[1, b]$ 区间扣除前面的 $[1, a-1]$ 区间，剩下的就是 $[a, b]$ 区间，如图 1.3 所示。在 $[1, a-1]$ 范围内有 $(a-1)/3$ 个 3 的倍数。因此，本题的答案就是 $b/3 - (a-1)/3$。代码如下。

```
#include <bits/stdc++.h>
using namespace std;
int main()
{
    int a, b;  cin >>a >>b;
    cout <<b/3 - (a-1)/3 <<endl;
    return 0;
}
```

此外，当除数为 10、100、1000 等数时，商和余数往往有特别的含义。例如，在数学上，一个正整数除以 10，会得到商和余数，其中余数就是这个正整数的个位，商就是去掉个位后得到的正整数（位数少一）。如图 1.4 所示，将 592 除以 10，得到的余数为 2，就是 592 的个位，得到的商为 59，就是把 592 的个位去掉后的数。继续将 59 除以 10，得到的商为 5、余数为 9。因此，将一个正整数反复对 10 取余再除以 10，就可以得到它的每一位数字。

又如，一个三位数除以 100，得到的商就是百位上的数字，余数就是不足 100 的部分，即去掉百位后剩下的两位数，如图 1.4 所示。

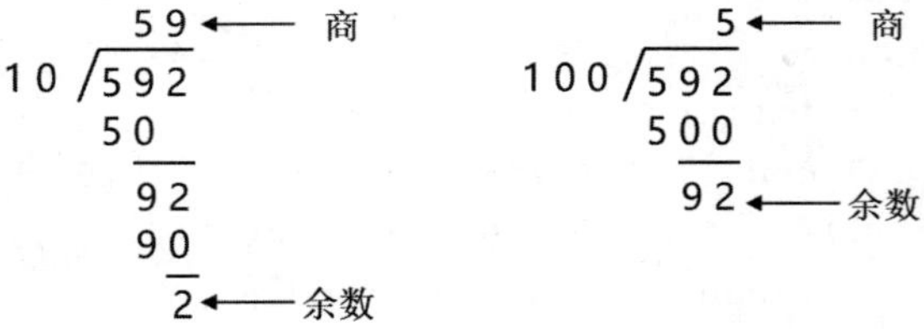

【编程实例 1.4】三位数的数字之和。输入一个三位数 n，计算百位、十位、个数数字之和。

图 1.4　正整数除以 10、100 得到的商和余数

分析：n 为三位数，那么百位上的数字为 $n/100$，个位上的数字为 $n\%10$，十位上的数字为 $(n/10)\%10$，这里的圆括号可以不加，因为运算符 / 和 % 的优先级相同，不加括号也是先执行除法，但是加了括号更易于理解。因此，本题的答案是 $n/100 + (n/10)\%10 + n\%10$。代码如下。

```
#include <bits/stdc++.h>
using namespace std;
int main()
{
```

```
    int n;  cin >>n;
    cout <<n/100+(n/10)%10+n%10 <<endl;
    return 0;
}
```

 构成像钟表一样的环状序列

在生活和数学中的很多场合，数的取值要构成环状，就是在一组数中循环取值，如以下编程实例。

【编程实例1.5】n小时后是几点整？已知现在是3点整，请问7小时后是几点整？15小时后是几点整？21小时后是几点整？n小时后是几点整？

分析：如果钟表上的刻度是无限的，那么上述问题的答案分别是10、18、24和3 + n。但是钟表上的时针只有12个刻度，我们需要把12的整数倍去掉，如图1.5所示，只留下零头，也就是需要将10、18、24和3 + n对12取余。但是要考虑一种特殊情况，如24%12 = 0，这显然是不对的，钟表上并没有0刻度。这是因为一个数对12取余，得到的结果范围是0～11。我们希望取余后得到的结果范围是1～12。

以(3 + n)%12为例，把取余后的结果加1，(3 + n)%12 + 1，范围就对了。但是平白无故地加1，答案肯定是错的。为了抵消加1的效果，在取余式子里先减1，(3 + n - 1)%12 + 1，即(2 + n)%12 + 1，得到的结果才是正确的。代码如下。

```
#include <bits/stdc++.h>
using namespace std;
int main()
{
    int n;  cin >>n;
    cout <<(2+n)%12+1 <<endl;
    return 0;
}
```

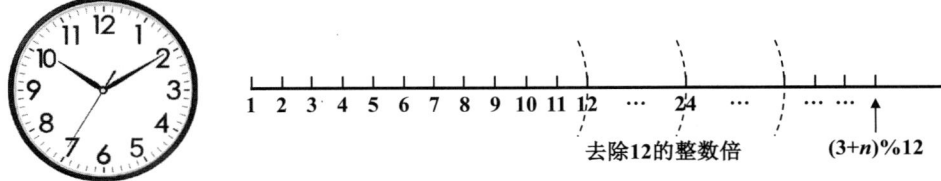

图1.5　构成像钟表一样的环状序列

【编程实例1.6】n厘米刻度和哪个刻度重合？一根很长的软尺，厚度忽略不计，从1厘米的刻

度开始,以8厘米为一圈,绕几圈,9厘米刻度会和1厘米刻度重合,如图1.6所示。那么n厘米刻度会和哪个刻度重合呢?

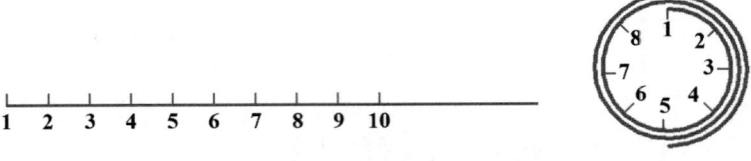

图1.6 一根软尺绕几圈

分析:显然应该把n厘米中的8的整数倍去掉,只保留余数,即$n\%8$。但是这个结果的范围是$0\sim7$,所以要加1,为了抵消加1的效果,在取余之前先减1。因此,答案是$(n-1)\%8+1$。

这个问题类似于报数游戏:8个人围成一圈玩报数游戏,第1个人从1开始报数,第8个人报完8后,又回到第1个人从9开始报数,循环往复。问n这个数是由第几个人报出的?答案也是$(n-1)\%8+1$。代码如下。

```
#include <bits/stdc++.h>
using namespace std;
int main()
{
    int n;  cin >>n;
    cout <<(n-1)%8 + 1 <<endl;
    return 0;
}
```

有一个量x,取值范围是$a, a+1, a+2, \cdots, a+m-1$,共$m$个取值。如果希望$x+n(n>0)$还是位于上述范围,即构成像钟表一样的环状序列,如图1.7所示,应该怎么处理呢?另外,如果希望$x-n(n>0)$还是位于上述范围,又该怎么处理呢?

先讨论$x+n$,肯定要对m取余,$(x+n)\%m$,但是这个式子的取值范围是$0\sim(m-1)$,所以还要加a,得到$(x+n)\%m+a$,这个式子的取值范围是$a\sim(a+m-1)$,但是为了凑范围加a,答案肯定是错的。为了抵消加a的效果,取余之前先减a,于是得到正确的计算公式(1.2)。

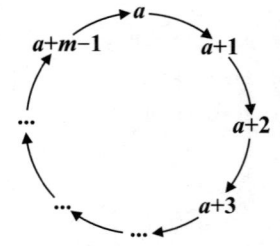

图1.7 取余运算构成环状序列

$$(x+n-a)\%m+a \quad (1.2)$$

另外,如果希望$x-n(n>0)$还是位于上述范围,根据上述分析,计算式子应该为$(x-n-a)\%m+a$。这个式子有个隐患,$(x-n-a)$可能小于0,一个负数对m取余,结果可能是负的,通常取决于编译器。为了避免出现这种情况,要进行二次取余,即把第一次取余的结果加上m再对m取余,于是得到正确的计算公式(1.3)。

$$((x-n-a)\%m+m)\%m+a \quad (1.3)$$

在公式（1.2）和（1.3）中，取余之前先减a，其作用也可以理解为将x的值规整到从0开始取值。

【编程实例1.7】小学老师。某小学老师在27岁的时候带小学四年级学生，然后一届一届地带学生，只带四年级、五年级、六年级学生，一届是3年。请问他在n岁时（n ≥ 27）带小学几年级的学生？

分析：列出年龄和所带年级的对应关系，如图1.8所示，(n - 27)的取值要构成4,5,6循环。这里，(n - 27)的目的是将年龄规整到从0开始取值。因此，答案是(n - 27)%3 + 4。对3取余是因为取值循环里有3个值，加4是因为取值循环是从4开始取值。

年龄n	27	28	29	30	31	32	33	34	35	...
规整后的年龄	0	1	2	3	4	5	6	7	8	...
年级	4	5	6	4	5	6	4	5	6	...

图1.8　年龄和所带年级的对应关系

代码如下。

```
#include <bits/stdc++.h>
using namespace std;
int main()
{
    int n;  cin >>n;
    cout <<(n-27)%3 + 4 <<endl;
    return 0;
}
```

1.5　倍数和因数

如1.3节所述，一个正整数a（称为被除数）除以另一个正整数b（称为除数），即a ÷ b，会得到商和余数，**当余数为0时，说明a能够被b整除，a是b的倍数，b是a的因数**。

例如，24除以3，余数为0，因此24能被3整除，24是3的倍数，3是24的因数；24的因数有1, 2, 3, 4, 6, 8, 12, 24，共8个；3的倍数有无穷多个，3, 6, 9, 12, 15,...。

注意，这里没考虑0和负整数。实际上，**0是任何非零整数的倍数**。

在数学上，本节总结了一些数的倍数的规律。

（1）1的倍数：所有整数都是1的倍数。

（2）2的倍数：个位是0、2、4、6或8。整数中，是2的倍数的数叫作偶数（0也是偶数），不是2的倍数的数叫作奇数。

（3）3的倍数：一个数各位上的数的和是3的倍数。例如，8502，8 + 5 + 0 + 2 = 15，因为15是3的倍数，所以8502是3的倍数。

（4）4的倍数：最后两位数构成的数是4的倍数。这是因为百位及以上的部分肯定能被4整除。例如，85124是4的倍数，但114就不是。

（5）5的倍数：个位为0或5。

（6）6的倍数：由于6 = 2 × 3，因此6的倍数必须是偶数，且能被3整除，即每一位数字的和是3的倍数。

（7）7的倍数：对一个整数，将它的个位数字截去，用余下的数减去截下来的个位数的两倍，如果差是7的倍数，则原数是7的倍数。如果这个差太大或心算不易看出是否为7的倍数，就需要继续上述截尾、相减过程，直到能直观判断为止。例如，133，13 − 3 × 2 = 7，因此133是7的倍数。又如，6139，613 − 9 × 2 = 595，59 − 5 × 2 = 49，所以6139也是7的倍数。

（8）8的倍数：最后三位数构成的数是8的倍数。例如，85144，因为144是8的倍数，所以85144是8的倍数。

（9）推广——2^n的倍数：要看这个数最后n位数构成的数是否为2^n的倍数。这是因为第$(n + 1)$位及以上的部分肯定能被2^n整除。注意，这里2^n表示n个2相乘。例如，754320，因为4320是2^4 = 16的倍数，所以754320是16的倍数。

（10）9的倍数：一个数各位上的数的和是9的倍数。例如，1233，1 + 2 + 3 + 3 = 9，因为9是9的倍数，所以1233是9的倍数。

（11）10的倍数：因为10 = 2 × 5，因此个位为0的数都是10的倍数。

（12）11的倍数：计算奇数位上的数字之和与偶数位上的数字之和，二者的差如果是11的倍数，则该整数是11的倍数。例如，121的奇数位为个位和百位，数字之和为2，偶数位为十位，数字为2，二者的差为0，是11的倍数。

（13）15的倍数：由于15 = 3 × 5，因此个位为0或5，且各位数字之和为3的倍数的数就是15的倍数。

（14）25的倍数：最后两位是25的倍数。这是因为百位及以上的部分肯定能被25整除。

（15）推广——5^n的倍数：要看这个数最后n位数构成的数是否为5^n的倍数。这是因为第$(n + 1)$位及以上的部分肯定能被5^n整除。例如，71375，因为375是5^3 = 125的倍数，所以71375是125的倍数。

在程序中判断一个数a是否为另一个非零数b的倍数，非常简单，不需要依赖数学上总结的规律。不管a、b的值多大，只需要将a对b取余，并判断余数是否为0，当然a、b的值不能超出数据类型的范围。

```
if(a%b==0)    // 如果这个条件成立，则 a 是 b 的倍数
    ...
```

1.6 合数和质数

一个数，如果只有1和它本身两个因数，这样的数叫作**质数**（或**素数**）。一个数，如果除了1和它本身还有别的因数，这样的数叫作**合数**。注意，0和1既不是质数也不是合数。

关于质数的简单结论：质数的因数有且仅有两个；偶数中，唯一的一个质数是2。

质因数：如果一个整数n的因数同时也是质数，那么这个因数就称为n的质因数。例如，24有8个因数，1, 2, 3, 4, 6, 8, 12, 24，其中只有2和3是质因数。

质数的倍数（质数本身除外）一定是合数。根据这一朴素的思想，古希腊数学家埃拉托斯特尼提出了以下方法，可以筛选出给定范围内的所有质数。

埃拉托斯特尼筛选法：为了求出$2 \sim N$（N为大于2的正整数）范围内的所有质数，可以依次删除p的倍数（保留p本身），p为质数且$p \leqslant \sqrt{N}$，剩下的数就是质数。$\sqrt{N}$表示N的平方根，详见1.10节。

以$N = 100$为例，只需要把$\sqrt{100} = 10$以内的质数（2, 3, 5, 7）的倍数删除，2, 3, 5, 7本身保留，剩下的数就是质数了，如图1.9所示。

在图1.9中，我们发现，筛选法有一点不足：一个合数可能会被多次删除。例如，30既可以作为2的倍数被删除，也可以作为3的倍数、5的倍数被删除。第5章会讨论筛选法的改进。

图1.9 用埃拉托斯特尼筛选法求质数

100以内质数的记忆方法。

10以内的质数有2, 3, 5, 7。由上述筛选法可知，10—100的质数，不能是2的倍数，因此必须是奇数；不能是5的倍数，因此个位不能是5；所以，10—100范围内的数，如果个位是1, 3, 7, 9，只要不是3的倍数，也不是7的倍数，就一定是质数。利用这些规律，勤加练习，可以快速记住100

以内的质数，如表1.1所示。

表1.1　100以内的质数

范围	质数	范围	质数
1—10	2, 3, 5, 7	11—20	11, 13, 17, 19
21—30	23, 29	31—40	31, 37
41—50	41, 43, 47	51—60	53, 59
61—70	61, 67	71—80	71, 73, 79
81—90	83, 89	91—100	97

利用筛选法及编程实现，可以得出以下结论。

100以内有25个质数。

1000以内有168个质数。

10000以内有1229个质数。

100000（十万）以内有9592个质数。

1000000（一百万）以内有78498个质数。

现在讨论用编程的方法判断一个正整数n是否为质数。

【**编程实例1.8**】**质数的判定**。输入一个大于1的正整数n，判断n是否为质数。

分析：根据定义，只需用2，3，4，$\cdots$，$n-1$去除n，看能不能整除。只要发现有一个数能整除n，就能提前得出结论：n不是质数。

注意，其实不用循环到$n-1$，只需循环到整数$k=\sqrt{n}$即可。$\sqrt{n}$为n的平方根，详见1.10节。这是因为，如果存在一个大于$\sqrt{n}$的整数a能整除n，则$b=n/a$也一定能整除n，而$b=n/a$是小于$\sqrt{n}$的。例如，$n=24$，12能整除24，则$24/12=2$也一定能整除24；8能整除24，则$24/8=3$也一定能整除24。

事实上，n的所有因子是以$k=\sqrt{n}$为分界线左右成对出现的，如图1.10所示。

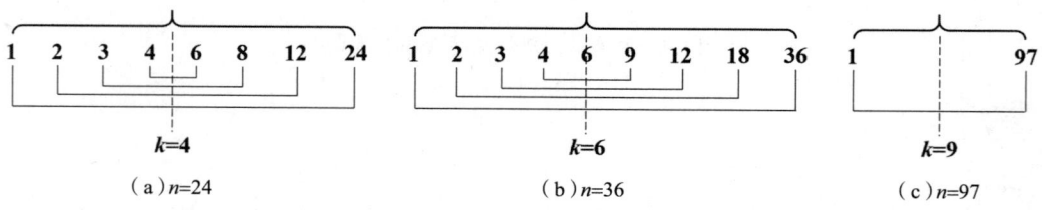

(a) $n=24$　　　(b) $n=36$　　　(c) $n=97$

图1.10　n的因子是成对的

例如，$n=24$的因子有1，2，3，4，6，8，12，24，1和24是一对，2和12是一对，3和8是一对，4和6是一对，并且有$1\times24=2\times12=3\times8=4\times6=24$，如图1.10（a）所示。对$n=36$，它有一个特殊的因子6，$6\times6=36$，如图1.10（b）所示。对$n=97$，它是质数，除了1和97外，在$k=\sqrt{97}=9$的左边没有其他因子，在$k$的右边也不可能有其他因子，如图1.10（c）所示。

因此，判断质数的循环条件是 $i <= k, k = \sqrt{n}$。循环条件也可以写成 $i * i <= n$，这种写法可以避免求平方根，并且可以避免浮点数运算带来的风险。代码如下。

```
#include <bits/stdc++.h>
using namespace std;
int main()
{
    int i, n;   cin >>n;
    int k = sqrt(n);
    for(i=2; i*i<=n; i++){     // 或用 i<=k
        if(n%i==0)  break;
    }
    if(i*i<=n)   cout <<"no" <<endl;    // 不是质数（或改成 i<=k）
    else   cout <<"yes" <<endl;    // 是质数
    return 0;
}
```

1.7 哥德巴赫猜想

1742年，德国数学家哥德巴赫（Chin Goldbach）提出了著名的哥德巴赫猜想：任何一个大于2的偶数都可以表示为两个质数之和。

对偶数4，只有一种分解形式，即 $4 = 2 + 2$。

对大于4的偶数，可能有不止一种分解形式。例如，34有4种分解形式。

$$34 = 3 + 31$$
$$34 = 5 + 29$$
$$34 = 11 + 23$$
$$34 = 17 + 17$$

【编程实例1.9】验证哥德巴赫猜想（基础版）。输入一个大于2的偶数 n，$n \leq 10000$，编程实现输出 $n = a + b$（a 和 b 均为质数）的所有分解形式，互换 a 和 b 视为相同的分解。

分析：对偶数4，只有一种分解形式，即 $4 = 2 + 2$。

对任何一个大于4的偶数 n，假设它可以表示两个数之和：$n = a + b$，如果 a 和 b 都是质数，则这是一种满足要求的分解形式。枚举所有可能的 (a, b) 组合，判断是否满足题目的要求。为了减少枚举的次数，本题可以采取如下策略。

（1）最小的质数是2，但在本题中，从 $a = 3$ 开始枚举，如果 a 的值为2，则 b 的值为大于2的偶数，不可能是质数。

（2）在枚举过程中，a的值每次递增2，而不是1。这是因为如果每次递增1，在枚举过程中a的值可以取到偶数，而每次递增2，则可以跳过偶数，减少很多次枚举。

（3）另外，a的值只需枚举到$n/2$即可，如果继续枚举，枚举得到的符合要求的分解形式只不过是交换了a和b的值而已。代码如下。

```cpp
#include <bits/stdc++.h>
using namespace std;
int prime( int m )                  // 判断m是否为质数，如果为质数，返回1，否则返回0
{
    if(m<=1)  return 0;             //m不是质数
    int i, k = sqrt(m);
    for( i=2; i<=k; i++ )           // 或用 i*i<=m
        if( m%i==0 )  break;        // 如果i能整除m，提前退出循环
    if(i>k)  return 1;              //m为质数 (或 i*i>m)
    else  return 0;                 //m不是质数
}
int main()
{
    int n, a, b;
    cin >>n;                        // 输入一个偶数
    if( n==4 ) {
        cout <<"4 = 2 + 2" <<endl;  return 0;
    }
    for( a=3; a<=n/2; a=a+2 ) {     // 从a=3开始枚举，每次递增2，跳过偶数
        if( prime(a) ) {            // 如果a为质数，再判断b是否为质数
            b = n - a;
            if( prime(b) )
                cout <<n <<" = " <<a <<" + " <<b <<endl;   // 找到一个分解
        }
    }
    return 0;
}
```

注意，由于偶数2也是质数，因此，有些奇数也能分解成两个质数之和。一个大于3的奇数n能分解成两个质数之和，当且仅当$(n-2)$为质数。例如，$7 = 2 + 5$，$25 = 2 + 23$，$33 = 2 + 31$等。但是23、27等奇数就不能分解成两个质数之和。

【编程实例1.10】我的猜想。输入一个大于3的奇数n，判断能否将n分解成两个质数之和。

分析：如上所述，只需判断$(n-2)$是否为质数。代码略。

1.8 大数的认识

在生活中，我们经常会遇到很大的数。例如，截至2024年，全球人口接近82亿，82亿是8200000000；地球到太阳的平均距离约为149597870000米。

在编程解题时，也经常用到很大的数，比如，C++中int型变量能存储的最大正整数是$2^{31} - 1 = 2147483647$。

通常，有以下两种读数方法。熟练掌握这两种读数方法对编程解题有很大的帮助。例如，在估计程序的运算量时，如果有二重循环，每重循环执行10000次，那么总执行次数是10000×10000，就是1亿次运算，快速记忆：1后面有8个0是1亿；如果有三重循环，每重循环执行1000次，那么总执行次数是1000×1000×1000，就是10亿次运算，快速记忆：1后面有9个0是10亿。

（1）中国人的读数方法——四位一组

按照我国的计数习惯，从右边起，每四个数位是一级，称为**数级**。从右往左分别是个级、万级、亿级，如表1.2所示。

表1.2　数级

亿级				万级				个级			
千亿	百亿	十亿	亿	千万	百万	十万	万	千	百	十	个
—	—	2	1	4	7	4	8	3	6	4	7

因此，对**2147483647**这个数，分组后为**21 4748 3647**，应该读成"二十一亿，四千七百四十八万，三千六百四十七"。

注意，每一级如果出现了0，不管多少个0，只读一个"零"。例如，**6001 0098**，应该读成"六千零一万零九十八"。

掌握了中国人的读数方法，我们就能快速记住10000是一万（4个0），有5位数；100000000是一亿（8个0），有9位数。

（2）英国人的读数方法——三位一组

用英语读数是非常不方便的，因为英语里只有千（thousand）、百万（million）、十亿（billion）这些单词，没有万、亿这些单词，一万只能读成"十个一千"，一亿只能读成"一百个一百万"。于是，英国人不得不三位一组地读数，因此形成了**千分位计数法**，每三位一组，并用逗号隔开。

例如，对**2147483647**这个数，用千分位计数法表示为**2,147,483,647**，用英语读，要读成"two billion one hundred and forty-seven million four hundred and eighty-three thousand six hundred and forty-seven"，意思是2个十亿、147个百万、483个一千、647个一。

掌握了英国人的读数方法，我们就能快速记住1,000是一千（3个0），有4位数；1,000,000是一百万（6个0），有7位数；1,000,000,000是十亿（9个0），有10位数。熟悉英国人的读数方法也有助于我们记忆这些换算关系。

另外，计量数据大小和存储器存储容量的单位有KB、MB、GB、TB等，它们的换算关系是2^{10}。$2^{10} = 1024 ≈ 1000$。1KB ≈ 1000B，1MB ≈ 1000KB ≈ 1000000B（一百万字节），1GB ≈ 1000MB ≈ 1000000000B（十亿字节），详见第4章。

1.9 时间和日期中的数学知识

日期和时间里也有很多数学知识。在信息学竞赛里，日期和时间的处理也是一类重要的题目类型。

（1）平年和闰年

我们知道，闰年的2月有29天，平年的2月有28天。闰年一年有366天，平年一年有365天。那么，为什么年份会有闰年和平年之分呢？闰年和平年又是怎么判断的呢？

历史上，古罗马天文学家最初测算出一年的平均长度为365.25天。因为$0.25 × 4 = 1$，所以每过四年会累积多出一天。为了保持日历与季节同步，规定能被4整除的年份为闰年，在2月增加一天（29天）。

后来，古罗马天文学家发现实际年均长度约为365.2425天。因为$0.2425 × 400 = 97$，所以，每400年有97个闰年。以2001~2400这400个年份为例，4的倍数有100个，多了3个，怎么办呢？天文学家想了个办法，把2100、2200、2300这种年份设定为平年，但是2400年还是闰年，这样就"凑够"了97个闰年。

因此，符合以下条件之一的年份为闰年：
① 能被4整除，但不能被100整除；
② 能被400整除。

例如，2004、2000年是闰年，2005、2100年是平年。

图1.11非常清晰地描绘了闰年的判定条件，矩形表示所有年份，3个圆形分别表示4的倍数、100的倍数、400的倍数的年份，而且4的倍数包含100的倍数，100的倍数又包含400的倍数。根据上述条件可知，图1.11中只有阴影部分的年份才是闰年，外围的阴影部分表示能被4整除、但不能被100整除的年份，即条件①；内部的阴影部分表示能被400整除的年份，即条件②。两个阴影部分没有共同的年份。

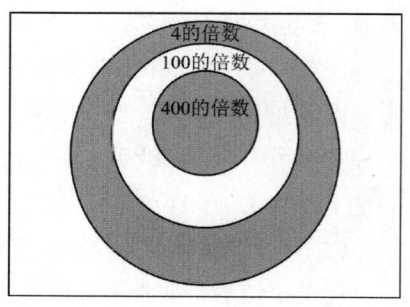

图1.11 闰年的判定条件

假设用变量y代表一个年份，可以用以下逻辑表达式来判定闰年。如果该表达式的值为true，则y是闰年；反之，该表达式的值为false，则y是平年。根据前面的分析，在以下逻辑表达式中，"(y % 4 == 0 and y % 100 != 0)"和"y % 400 == 0"最多只有一项为true。

```
(y % 4 == 0 and y % 100 != 0) or y % 400 == 0
```

如果要判断平年，可以把上述逻辑表达式加上逻辑非。

```
!( (y % 4 == 0 and y % 100 != 0) or y % 400 == 0 )
```

也可以用第二种方法，在图1.11中，非阴影部分为平年，因此也可以用以下逻辑表达式判断平年。

```
y % 4 != 0 or (y % 100 == 0 and y % 400 != 0)
```

（2）大月和小月

一年有12个月，每个月的天数如表1.3所示，一年的天数为365天或366天。

表1.3 12个月的天数

1月	2月	3月	4月	5月	6月	7月	8月	9月	10月	11月	12月
31	28或29	31	30	31	30	31	31	30	31	30	31

大月有31天，小月有30天、28或29天（2月份）。

【微实例1.1】 是否存在连续的7个月中有5个大月？

解：上一年的7、8、9、10、11、12月和下一年的1月，连续的7个月中有5个大月，详如表1.3所示。

大月和小月的记忆可以用拳头记忆法，如图1.12所示。

对学生，有更好的记忆方法：暑假，7、8月，都是大月，每个月可以多玩1天；7月之前，奇数月是大月，即1、3、5月；8月之后，偶数月是大月，即10、12月；其余月是小月。

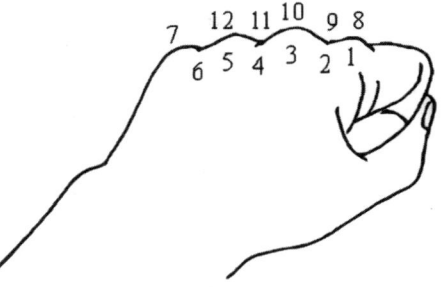

图1.12 大月和小月的拳头记忆法

（3）星期数的计算

用数字代表星期几，这些数字称为**星期数**。约定星期一到星期日为1～7。

【编程实例1.11】 n天后/n天前是星期几。如果现在是星期三或星期w，$1 \leq w \leq 7$，那么n（$n>0$）天后是星期几呢？n（$n>0$）天前又是星期几呢？

分析：如果星期数是无限的，1，2，3，4，5，6，7，8，9，10，…，那么第1个问题的答案肯定是$3+n$和$w+n$，但一星期只有7天，所以要把7的倍数去除，剩下的零头才是答案。但是$(3+n)\%7$和$(w+n)\%7$的取值范围是0～6，所以要加1，为了抵消加1的效果，取余之前先减1。所以正确的答案是$(3+n-1)\%7+1$和$(w+n-1)\%7+1$。

另外，n（$n>0$）天前是星期几呢？答案是$(3-n-1)\%7+1$和$(w-n-1)\%7+1$。这里可能会出现负数，所以要二次取余，即$((3-n-1)\%7+7)\%7+1$和$((w-n-1)\%7+7)\%7+1$。代码如下。

```cpp
#include <bits/stdc++.h>
using namespace std;
int main()
{
    int w, n;  cin >>w >>n;              // 今天的星期数为 w
    cout <<(w+n-1)%7+1 <<endl;           //n 天后的星期数
    cout <<((w-n-1)%7+7)%7+1 <<endl;     //n 天前的星期数
    return 0;
}
```

【编程实例1.12】 n 天后的日期和星期数。已知2000年1月1日是星期六，给定自2000年1月1日以来已经过去的天数 n，求日期和星期数。

分析：已知2000年1月1日后第 n 天，从 n 中去除整年的天数（注意区分闰年和平年），就可以确定所求日期所在的年份；再从剩余天数中去除整月的天数，就可以确定所求日期所在的月份，可以事先将平年和闰年各月的天数存在 mday 二维数组里；剩下不足月的天数就是所求日期所在月份里的第几天。

另外，已知2000年1月1日是星期六，求 n 天后的星期数可以直接用取余运算 $(6+n-1)\%7+1$，得到的结果 1~7 分别代表星期一至星期日，事先把星期的英文存在 week 数组里。代码如下。

```cpp
#include <bits/stdc++.h>
using namespace std;
//mday[0][k]: 平年 k 月份天数 ; mday[1][k]: 闰年 k 月份天数
int mday[2][13] = { 0,31,28,31,30,31,30,31,31,30,31,30,31,
    0,31,29,31,30,31,30,31,31,30,31,30,31 };
char week[8][20] = {"", "Monday", "Tuesday", "Wednesday",
    "Thursday", "Friday", "Saturday", "Sunday"};
int main()
{
    int n, y; // 读入的天数 n, n 天后对应的是 2000 年后第 y 年
    int m, w; //n 天后对应的月份，n 天后的星期数,1~7 为星期一至星期天
    int d, t; //d 为累计的天数，t 为平年或闰年的天数
    cin >> n;
    w = (6+n-1) % 7 + 1;       // 求星期数 (已知 2000 年 1 月 1 日是星期六)
    n++;       //n+1 是要折算成求得的日期是当年第几天 (要加上 2000 年 1 月 1 日这一天)
    for( y = 2000, d = 0; d < n; d += t, y++ ) {   // 确定年份
        if( y % 400 == 0 || y % 4 == 0 && y % 100 )   t = 366;
        else    t = 365;
    }
    y--;   d -= t;   n -= d; // 退出 for 循环时，d 首次 >=n, 要减回去
    cout <<y <<'-';             // 输出年份
    t -= 365;                   //t: 所在年份的天数 ->t = 0: 平年 ; 或 t = 1: 闰年
```

```
        for( m = 1, d = 0;  d < n;   d += mday[t][m], m++ )   //确定月份
            ;
        m--;    //退出for循环时，d首次>=n，要减回去
        cout <<setw(2) <<setfill('0') <<m <<'-';              //输出月份
        d -= mday[t][m]; n -= d;
        cout <<setw(2) <<setfill('0') <<n <<' ';
        cout <<week[w] <<endl;
        return 0;
}
```

（4）时间

1分钟有60秒，1小时有60分钟，一天有24小时。平年有365天，有365×24×60×60=31536000秒。

可以用"时：分：秒"的格式表示时间。1：27：59再过一秒是1：28：00，1：59：59再过一秒是2：00：00。时分秒之间可以理解为六十进制。进制及进制转换详见第4章。

时间还有12小时制和24小时制，在24小时制中，12：00：00～23：59：59为下午。

【编程实例1.13】求 n 秒后的时分秒。已知现在是 h 小时 m 分 s 秒，求 n 秒后的时间（时分秒）。测试数据保证 n 秒后还是同一天。

分析：本题有两种求解方法。

方法1：先把 n 加到 s 上，然后就像进位一样处理 m 和 h。代码如下。

```
#include <bits/stdc++.h>
using namespace std;
int main()
{
    int h, m, s, n;
    cin >>h >>m >>s >>n;
    s += n;
    if(s>=60)    //这个条件不加也是对的
        m += s/60,   s = s%60;
    if(m>=60)    //这个条件不加也是对的
        h += m/60,   m = m%60;
    cout <<h <<" " <<m <<" " <<s <<endl;
    return 0;
}
```

方法2：先将 h 小时 m 分 s 秒换算成秒数 z，然后 z 加上 n，最后将 z 秒转换成时分秒。代码如下。

```
#include <bits/stdc++.h>
using namespace std;
int main()
```

```cpp
{
    int h, m, s, n;
    cin >>h >>m >>s >>n;
    int z = h*3600 + m*60 + s;     // 总秒数
    z += n;                         // 总秒数加上 n
    cout <<z/3600 <<" ";            // 将总秒数换算成小时
    z %= 3600;
    cout <<z/60 <<" ";              // 将剩余秒数换算成分
    z %= 60;
    cout <<z <<endl;                // 输出剩余秒数
    return 0;
}
```

1.10 平方和平方根、立方和立方根

2个5相乘（5×5）记为 5^2，读作"5的平方"，相当于一个边长为5的正方形的面积，因此面积单位是平方米、平方厘米等。一般地，2个 a 相乘（$a×a$）称为 a 的**平方**，记为 a^2。当 $a>1$ 时，$a^2>a$。

例如，$5^2 = 5 × 5 = 25$，$1.2^2 = 1.2 × 1.2 = 1.44$。

如果一个整数是另一个整数的平方，则称其为**平方数**。例如，9、25、100都是平方数。如果不是平方数，可以称为**非平方数**，如24、99等。

3个5相乘（5×5×5）记为 5^3，读作"5的立方"，相当于一个边长为5的立方体的体积，因此体积单位是立方米、立方厘米等。一般地，3个 a 相乘（$a×a×a$）称为 a 的**立方**，记为 a^3。当 $a>1$ 时，$a^3>a$。

例如，$5^3 = 125$，$1.2^3 = 1.2 × 1.2 × 1.2 = 1.728$。

如果一个整数是另一个整数的立方，则称其为**立方数**。例如，8、64、1000都是立方数。

平方根是平方的相反运算。如果有 $a^2 = x$，则 $\sqrt{x} = a$，所以 $\sqrt{x}$ 求的是"谁的平方等于 x"。因此，$\sqrt{25} = 5$，$\sqrt{1.44} = 1.2$。平方运算如将"小怪兽"自乘变为"大怪兽"，平方根运算则是逆向追问大怪兽是由哪个小怪兽自乘得到的，如图1.13（a）所示。

立方根是立方的相反运算。如果有 $a^3 = x$，则 $\sqrt[3]{x} = a$，所以 $\sqrt[3]{x}$ 求的是"谁的立方等于 x"。因此，$\sqrt[3]{125} = 5$，$\sqrt[3]{1.728} = 1.2$。立方运算如将三个"小怪兽"相乘变为"更大的怪兽"，立方根运算则是逆向追问大怪兽是由哪个小怪兽自乘三次得到的，如图1.13（b）所示。

推广开来，对正整数 n，n 个 a 相乘（$a×a×\cdots×a$）称为 a 的 **n 次方**，记为 a^n。如果有 $a^n = x$，则 $\sqrt[n]{x} = a$，所以 $\sqrt[n]{x}$ 求的是"哪个数的 n 次方等于 x"，如图1.13（c）所示。

图 1.13　次方和次方根

$\sqrt{25} = 5$，$\sqrt[3]{125} = 5$。但是$\sqrt{2}$、$\sqrt[3]{2}$等于多少呢？手动计算难以精确求出。小学阶段的数学通常不涉及平方根和立方根的数学。但在编程课程中可以把复杂的计算交给计算机来完成。在C++中，我们只要理解了平方根和立方根的含义，就可以调用函数求平方根和立方根。关于函数，详见1.28节。

求平方根的函数sqrt、求立方根的函数cbrt的形式如下。

```
double sqrt( double x );
double cbrt( double x );
```

函数名sqrt是square root的简写，表示平方根。函数名后面圆括号内是一个double型的**参数**，表示在调用sqrt函数时，需要带一个数据x；函数名前面有double类型说明符，表示该函数执行完会返回一个double型的数据，即$\sqrt{x}$的结果。

函数名cbrt是cube root的简写，表示立方根。调用cbrt函数，也需要带一个数据x；函数执行完也会返回一个double型的数据，即$\sqrt[3]{x}$的结果。

例如，调用sqrt(2)可以求得$\sqrt{2}$约等于1.414，调用cbrt(2)可以求得$\sqrt[3]{2}$约等于1.259。

 **1.11　幂运算**

上一节介绍的平方、平方根、立方、立方根运算，更一般的形式是幂运算。

幂运算的定义：一般地，在数学上，我们把b（假设b为正整数）个相同的因数a相乘的积记作a^b。这种求几个相同因数的积的运算叫作**乘方**，乘方的结果叫作**幂**。在a^b中，a叫作**底数**，b叫作**指数**，a^b叫作**幂**。a^b读作"a的b次方"或"a的b次幂"。

幂运算具有以下性质，这里仅列出低年级学生可以理解的性质。

（1）底数相同时，幂的乘积等于指数的和：$a^b \cdot a^c = a^{b+c}$。

注意：a^0 定义为1，因此 $a^b \cdot a^0 = a^{b+0} = a^b$。

（2）幂的幂：$(a^b)^c = a^{bc} = (a^c)^b$。

注意：$(a^b)^c = \underbrace{a^b \times a^b \times \cdots \times a^b}_{c\text{个}a^b\text{相乘}} = \overbrace{\underbrace{a \times a \times \cdots \times a}_{b\text{个}a\text{相乘}} \times \underbrace{a \times a \times \cdots \times a}_{b\text{个}a\text{相乘}} \times \cdots \times \underbrace{a \times a \times \cdots \times a}_{b\text{个}a\text{相乘}}}^{c\text{个这样的式子相乘}} = \underbrace{a \times a \times \cdots \times a}_{bc\text{个}a\text{相乘}} = a^{bc}$。

另外：

（1）如果 b 为有理数，即有限小数或无限循环小数，详见1.16节，假设 b 为正数，那么 b 可以化成最简分数形式且 $b = \dfrac{q}{p}$，p 和 q 是正整数且互质，互质就是说 p 和 q 的最大公约数为1，详见第5章，那么 $a^{\frac{q}{p}} = \sqrt[p]{a^q}$，也就是指数里的分子，仍然为次方，指数里的分母为次方根。例如，$a^{\frac{1}{2}} = \sqrt[2]{a}$，$a^{\frac{2}{3}} = \sqrt[3]{a^2}$。

（2）如果 b 为负整数，$b = -c$，其中 c 为正整数，那么 $a^b = \dfrac{1}{a^c}$，也就是指数为负数要变成倒数，倒数详见下一节。例如，$a^{-2} = \dfrac{1}{a^2}$。

在幂运算 a^b 中，b 还可以取无理数，这就更复杂了，本书不做进一步讨论。

小学阶段的数学，一般只介绍简单的幂运算 a^b，b 为正整数。在编程课程中，可以学得更多一些。在C++中，我们只要理解了幂运算的含义，就可以调用pow()函数求更普遍的幂运算 x^y。

求幂运算 x^y 的函数pow的形式如下。

```
double pow( double x, double y );
```

函数名pow是power的简写，表示幂，计算得到的 x^y 就叫作幂。函数名后面圆括号内用逗号隔开的是两个double型的**参数**，在调用pow函数时，需要带两个数据 x 和 y；函数名前面有double类型说明符，表示该函数执行完后会返回一个double型的数据，即 x^y 的结果。

例如，可以用pow(2, 7)求 2^7，用pow(2.5, 0.5)求 $2.5^{0.5} = 2.5^{\frac{1}{2}} = \sqrt[2]{2.5}$。

1.12 数的认识（2）——分数

把一块月饼平均分成4份，每一份是这块月饼的四分之一，写作 $\dfrac{1}{4}$，这种数称为分数。如果吃了其中的3份，那就吃了 $\dfrac{3}{4}$。

一个分数是由分子、分数线、分母构成的，如图1.14所示。注意，$\dfrac{1}{4}$ 有时也可以表示为1/4。

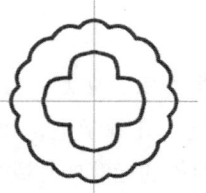

图1.14 分数

分子小于分母的分数称为**真分数**，如 $\frac{2}{7}$，$\frac{3}{8}$。

分子大于或等于分母的分数叫**假分数**，如 $\frac{5}{2}$，$\frac{11}{8}$。

当分子和分母存在大于1的因数时，还可以对分数进行化简，如 $\frac{6}{8} = \frac{3}{4}$。不能化简的分数称为**最简分数**。因此，$\frac{3}{4}$ 是最简分数。

在数学上，如果两个数 x 和 y 的乘积为1，则 x 和 y 互为**倒数**，y 可以记为 $\frac{1}{x}$ 或 x^{-1}。例如，5 的倒数是 $\frac{1}{5}$，5 和 $\frac{1}{5}$ 互为倒数；$\frac{4}{7}$ 的倒数是 $\frac{7}{4}$，$\frac{4}{7}$ 和 $\frac{7}{4}$ 互为倒数。所以，倒数就是互换分子和分母。在前述例子里，5 可以视为 $\frac{5}{1}$。

在初等数学里，有关分数的知识还包括比较大小、约分、通分，以及分数的加、减、乘、除运算，本节不做进一步讨论。

在 C++ 编程与信息学竞赛里，分数用得不多，主要是理解分数的概念以及理解分数和有理数的联系，详见 1.16 节。

1.13 数的认识（3）——小数

1.11 节已经提到小数了。在生活中，小数处处可见。一个小学生的身高用米来表示，可以表示为 1.45 米。两元五角可以表示为 2.5 元。打 8.8 折，要乘以 0.88。微信钱包里的金额一般会精确到小数点后两位数字，如 796.27 元。

小数中的圆点称为**小数点**，它是一个小数的整数部分和小数部分的分界号。

整数部分是零的小数称为**纯小数**，整数部分不是零的小数称为**带小数**。

例如，0.79 是纯小数，0.79 < 1；12.314 是带小数。

另外，有些小数，有无穷多位小数。例如，0.33333⋯ 这种小数称为**无限小数**。与此相对，小数位数有限的小数称为**有限小数**。

前面用数轴来表示整数。想象一下，把数轴放大，在 0 和 1 之间其实还分布着很多小数，如图 1.15 所示。事实上，0 和 1 之间有无穷多个小数。

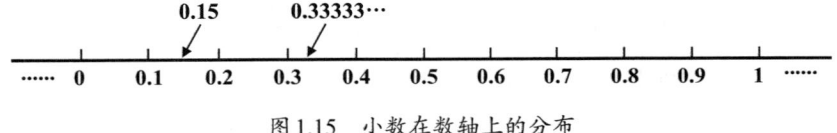

图 1.15　小数在数轴上的分布

在计算机里，小数被称为**浮点数**。在数学上，2 和 2.0 大小相等，但在计算机里它们是不同的数据类型，2 是整数，2.0 是浮点数。

在C++中，浮点数也是一类非常重要的数据类型，用double或float表示。float称为**单精度**，double称为**双精度**。

什么是精度呢？数值的有效小数位数就是**精度**。例如，圆周率是数学上一个非常重要的小数，它是一个无限不循环小数3.141592653589793……用字母π表示。约1500年前，我国古代数学家祖冲之计算出圆周率的值在3.1415926和3.1415927之间，是世界上第一个将圆周率的值精确到小数点后第7位的科学家。因此，对一个无限小数来说，小数的位数越多，精度越高，数值也越准确。

在编程解题时，往往需要按要求保留小数点后若干位小数。示例代码如下。

```
double pi = 3.1415926;
cout <<fixed <<setprecision(4) <<pi;     // 输出: 3.1416, 会自动进行四舍五入
```

1.14 整数商和浮点数商

1.3节讲了，在数学上，一个正整数 a（称为被除数）除以另一个正整数 b（称为除数），即 $a \div b$，会得到商 q 和余数 r。这种除法可以称为**整数除法**，得到的商称为**整数商**。小学二年级、三年级学的除法就是整数除法。

小学四年级学了小数后，我们知道，两个整数相除，可以得到更精确的结果，就是商为小数。这种除法可以称为**浮点数除法**，得到的商称为**浮点数商**。

商要不要保留小数部分，取决于求解问题的需求，如以下买酸奶的例子。

用20元买酸奶，每盒酸奶3元，可以买6盒，这里就是20/3，得到的整数商不保留小数部分。而用20元买了8盒酸奶，钱花完了，则每盒酸奶是2.5元，在C++中必须表示成20.0/8，商要保留小数部分。

因此，在C++中，如果希望得到的商包含小数部分，必须保证被除数和除数至少有一个是浮点数。例如，20/8的结果为2，20.0/8、20/8.0的结果才是2.5。

1.15 小数在计算机中无法精确表示

数学上的小数在计算机里称为浮点数。小数在计算机中无法精确表示。例如，数学上的 $\frac{1}{3} = 0.33333333\cdots$ 在计算机中无法精确表示，因为浮点数的存储位数有限。在C++中，float类型的浮点数最多只能表示7位有效数字，而double类型的浮点数最多只能表示16位有效数字。这里的有效数字包含整数和小数部分。

在幂运算x^y及pow函数里，往往会出现小数。由于小数在计算机中无法精确表示，可能会导致pow函数得到的结果不准确。例如，求$\sqrt[3]{64}$可以用cbrt()函数，cbrt(64)能得到准确的结果，为4。求$\sqrt[3]{64}$也可以用pow函数，因为根据1.11节的知识，$\sqrt[3]{64} = 64^{\frac{1}{3}}$，因此可以用pow(64.0,1.0/3)求$\sqrt[3]{64}$，但是得到的结果可能为3.9999999999999996，将这个结果赋值给一个整型变量，得到的值为3，而不是4，如以下代码。

```
int n = pow(64.0,1.0/3);    //n 的值为 3
```

这是因为，在计算机中1.0/3不是数学上的0.333…这里就有精度丢失，再者用pow(64.0,1.0/3)函数求立方根，又有精度丢失，这两个因素就导致用pow函数计算$\sqrt[3]{64}$得到的结果不准确。

如果非要用pow函数求$\sqrt[3]{64}$再赋值给一个整型变量，可以加上一个非常小的浮点数，如0.000005，详见以下代码。这是因为即便pow函数的计算结果不准确，偏差也非常小。

```
int n = pow(64.0,1.0/3) + 0.000005;    //n 的值为 4
```

小数在计算机中无法精确表示，这一点大部分时候对编程解题没有影响。极少数情况下也会影响结果的正确性。详见以下例子。

【编程实例1.14】海盗比酒量。有n个海盗比酒量，$n \leq N$，每轮都有几个人喝醉倒下了，因此每一轮都会少几个人，每轮都是剩下的人平分一瓶酒，共喝了四瓶酒，即喝了四轮，海盗船长喝到最后一轮且刚好累计喝了一瓶酒；要推断开始有多少人，每一轮喝下来还剩多少人。输入N的值，$N \leq 100$，输出四轮喝酒人数有多少种不同的方案。

分析：假设每轮开始喝酒前的人数分别是$d1, d2, d3, d4$，根据题意有$\frac{1}{d1} + \frac{1}{d2} + \frac{1}{d3} + \frac{1}{d4} = 1$，$N \geq d1 > d2 > d3 > d4 > 0$。因此只需在恰当的范围内分别枚举这4个值，找到满足$1.0/d1 + 1.0/d2 + 1.0/d3 + 1.0/d4 = 1$的所有解。这里涉及除法运算，如果直接使用除法，由于浮点数无法精确表达，当$N = 20$时，刚好会漏掉一组解(15, 10, 3, 2)。因此需尽量避免浮点数运算。把4个分数通分，得到$d2 \times d3 \times d4 + d1 \times d3 \times d4 + d1 \times d2 \times d4 + d1 \times d2 \times d3 = d1 \times d2 \times d3 \times d4$，才能保证不会遗漏解。当$N = 20$时，正确的答案是有四组解：(12,6,4,2), (15,10,3,2), (18,9,3,2), (20,5,4,2)。代码如下。

```
#include <bits/stdc++.h>
using namespace std;
int main()
{
    int N;  cin >>N;
    int d1, d2, d3, d4;
    int cnt = 0;
    for(d1=1; d1<=N; d1++){
        for(d2=1; d2<d1; d2++){
            for(d3=1; d3<d2; d3++){
                for(d4=1; d4<d3; d4++){
```

```
                    if(d2*d3*d4 + d1*d3*d4 + d1*d2*d4 + d1*d2*d3
                        == d1*d2*d3*d4){
                        cnt++;
                    }
                }
            }
        }
    }
    cout <<cnt <<endl;
    return 0;
}
```

【编程实例1.15】**拼成长方体**。有 n 个边长为 1 的立方体积木,这种立方体称为单位立方体,问可以拼成哪些长方体。一个长方体,竖起来、平着放、侧着放,视为同一个长方体。当 $n = 8$ 时,可以拼成三种长方体,如图 1.16 所示。

分析：枚举长方体的长宽高 a、b、c。根据题目要求,约定 $a \leq b \leq c$。因此,将 a 视为长方体最短的棱,b 视为长方体次短的棱,c 视为最长的棱,更好理解。枚举 a 和 b 的取值,c 的值不用枚举,因为这三个值满足等式 $a*b*c = n$,这个式子成立,是因为拼成的长方体的体积就是 n 个单位立方体的体积之和,就是 n。可知,$a \leq \sqrt[3]{n}$。但在枚举 a 时,循环条件不能写成 $a \leq \text{pow}(n, 1.0/3)$,而应该表示成 $a*a*a \leq n$。代码如下。

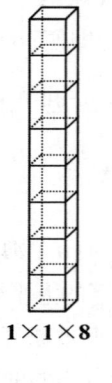

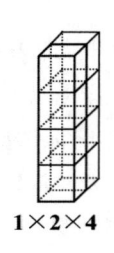

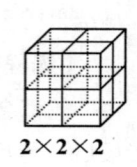

图 1.16 拼成长方体

```
#include <bits/stdc++.h>
using namespace std;
int main()
{
    int n;   cin >>n;
    int a, b, c;
    for(a=1; a*a*a<=n; a++){
        for(b=a; a*b*b<=n; b++){
            if(n%(a*b)!=0)   continue;
            c = n/(a*b);     //[思考]这里需要判断 c>=b 吗?
            cout <<a <<" " <<b <<" " <<c <<endl;
        }
    }
    return 0;
}
```

因此，在编程解题时，一旦"小数在计算机中无法精确表示"可能会影响程序的正确性，一般有以下两种解决方法。

（1）尽量用整数进行运算，详见本节编程实例1.14、1.15。另外，在判断n是否为质数时，循环条件尽量用$i*i<=n$。

（2）如果要将浮点型的运算结果赋值给一个整型变量达到取整的目的，可以加上一个较小的浮点数，如0.000005。

1.16 数的认识（4）——有理数和无理数

1.13节介绍的小数是数学上实数的一种特殊的表现形式。

实数是由有理数和无理数构成的，如图1.17所示。

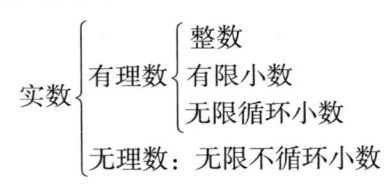

$$实数\begin{cases}有理数\begin{cases}整数\\有限小数\\无限循环小数\end{cases}\\无理数：无限不循环小数\end{cases}$$

图1.17 实数的构成

有理数包括整数、有限小数和无限循环小数。2.0、0.5都是**有限小数**。0.33333…和0.2112343434…都是**无限循环小数**。这种小数在小数点后，从某一位起向右进行到某一位置的一节数字循环出现，首尾衔接，这一节数字称为**循环节**。无限循环小数可以用循环节简化表示。

例如$0.33333… = 0.\dot{3}$，$0.345345… = 0.\dot{3}4\dot{5}$。

无理数就是无限不循环小数。因此，$\sqrt{2} = 1.41421356……$和$\pi = 3.1415926……$都是无理数。

有理数一定可以化成分数的形式。具体来说，如果n为有理数，假设n为正数，那么n可以化成最简分数形式，即$n = \dfrac{q}{p}$，p和q是正整数且互质，p和q互质是指p和q的最大公约数为1，详见第5章。

有理数为什么一定可以化成分数形式呢？我们可以反过来考虑，**分数$\dfrac{q}{p}$（p和q是正整数）一定可以化成有限小数或无限循环小数**。这是因为，分数相当于除法，$\dfrac{q}{p}$就是q除以p，根据除法的原理可知，当整数部分的除法运算完毕，如果得到的余数不为0，要补零再继续做除法，得到的是小数部分的商，在这个过程中，如果能除尽，得到的就一定是有限小数；如果除不尽，因为余数的取值为$0, 1,…, (p-1)$之一，一定会出现某个余数重复出现，这样得到的商就一定是某几位数字重复，这就是无限循环小数。例如$\dfrac{211}{990}$化成小数，当余数130重复出现时，意味着此后得到的商是

131313…，如图1.18所示。编程实例1.17需要根据这个原理将分数化成小数求循环节。

【微实例1.2】证明$\sqrt{2}$是无理数。

【反证法】为了得到矛盾的结论，假设$\sqrt{2}$是有理数。于是：

$$\sqrt{2} = \frac{q}{p}，\frac{q}{p}是最简分数。$$

q和p都是整数。由于已化简，故q和p不可能均为偶数。

现用p乘等式的两边，得到：

$$p\sqrt{2} = q。$$

再对两边同时平方，得到：

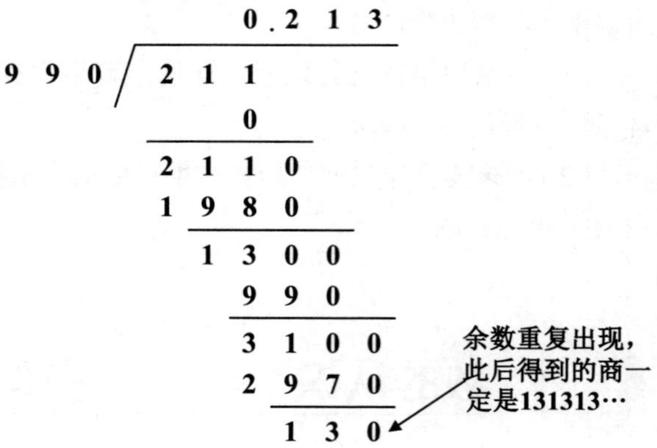

图1.18 分数化成无限循环小数

$$2p^2 = q^2。$$

由于q^2是整数p^2的2倍，故q^2是偶数，所以q也是偶数。因而，对于某个整数k，$q = 2k$，于是，用$2k$代替q代入上式，得到：

$$2p^2 = 4k^2。$$

对等式两边同时除以2，得到：

$$p^2 = 2k^2。$$

而这个结果表明p^2是偶数，从而得出p是偶数。于是，q和p都是偶数。跟前面的结论矛盾。所以$\sqrt{2}$是无理数。

有限小数化成分数，非常简单，如$2.55 = \frac{255}{100} = \frac{51}{20}$。请同学们自己总结转换规则。

无限循环小数化成分数要分两种情况。这里只讨论纯小数。对于带小数，在将小数部分转换成分数$\frac{q}{p}$后，还需要将整数部分乘以分母再加到分子上。

（1）纯循环小数化分数

纯循环小数指小数部分全部循环的小数。转换规则如下。

分母：循环节有几位，则用几个9连缀（如循环节3位→999）。

分子：直接取循环节的数字。

例1：$0.\dot{3} = \frac{3}{9} = \frac{1}{3}$，循环节1位（3）→分母9。

例2：$0.\dot{3}4\dot{5} = \frac{345}{999} = \frac{115}{333}$，循环节3位（345）→分母999，约分后得$\frac{115}{333}$。

（2）混循环小数化分数

混循环小数指小数部分既有非循环位又有循环位的小数。转换规则如下。

分母：循环节位数→对应数字9。非循环节位数→对应数字0。

分子：整个小数部分减去非循环部分。

例如，$0.211 2\dot{3}\dot{4} = \dfrac{211234 - 2112}{990000} = \dfrac{209122}{990000}$。

非循环部分：2112（4位）→分母补0000。

循环部分：34（2位）→分母补99。

合并分母：990000。

（3）分数化小数的判定

分数化成小数，要将分子除以分母，这里的除法是浮点数的除法。那么哪些最简分数能化成有限小数呢？结论是：如果分母除了2和5以外，不含有其他质因数，这个分数就能化成有限小数。例如，$\dfrac{7}{20}$的分母$20 = 2 \times 2 \times 5$，它就能化成有限小数。

如果分母中含有2和5以外的质因数，这个分数就不能化成有限小数，只能化成无限循环小数。例如，$\dfrac{7}{30}$的分母$30 = 2 \times 3 \times 5$，它就不能化成有限小数。

【编程实例1.16】小数化分数。输入一个有限小数或无限循环小数，要求转换成最简分数$\dfrac{q}{p}$（p和q都是正整数且p和q互质）并输出。

输入数据占一行，首先是一个整数f，取值为1或2。如果f为1，接下来是一个有限小数，这个小数可能大于1。如果f为2，接下来要输入一个无限循环小数，由一个有限小数（可能大于1）、空格、一个整数表示的循环节构成，有限小数可能是"0." "12."等，这些情形表示无限循环小数是纯循环小数，例如 "2 0.3" 表示0.333333⋯，"2 12.345" 表示12.345345⋯。有限小数也可能为"12.2112"这种形式，例如，"2 12.2112 34" 表示无限循环小数12.21123434343434⋯。

输出化简后的分数的分子和分母，用一个空格隔开。

分析：本题需要按本节前面介绍的方法将一个有限小数、纯循环小数或混循环小数转换成分数。输入数据中的有限小数和循环节都需要以数字字符串的形式读入。代码如下。

```
#include <bits/stdc++.h>
using namespace std;
typedef long long LL;
LL gcd(LL a, LL b)    //求a和b的最大公约数
{
    if(b==0)   return a;
    return gcd(b, a%b);
}
int main()
{
    int f;  char s[20], t[20];   //s：第2个输入数据（为有限小数），t：循环节
    int len1, len2, i;           //s和t的长度
    int lz, lx;                  //输入小数s的整数部分和小数部分的位数
    LL z = 0, x = 0;             //s的整数部分和小数部分（忽略0.后得到的整数）
    LL q, p;                     //转换成分数后的分子q和分母p
```

```
cin >>f >>s;
len1 = strlen(s), i = 0;
// 找小数点的位置
while(s[i]!='.')   i++;          //s: "21.155", while 循环结束后，i=2
lz = i, lx = len1 - 1 - lz;  // 两部分的位数
for(i=0; i<lz; i++)              // 求 s 的整数部分
    z = z*10 + s[i] - '0';
for(i=lz+1; i<len1; i++)         // 求 s 的小数部分（忽略 0. 后得到的整数）
    x = x*10 + s[i] - '0';
if(f==1){                        // 有限小数
    p = 1;
    for(i=lz+1; i<len1; i++)   p *= 10;
    q = z*p + x;
    cout <<q/gcd(q, p) <<" " <<p/gcd(q, p) <<endl;
    return 0;
}
// 以下是无限循环小数的情形
cin >>t;    // 循环节
len2 = strlen(t);
if(lz == len1-1){   //s 是 "0.","12." 这种形式，小数点在末尾，是纯循环小数
    q = 0;  p = 0;
    for(i=0; i<len2; i++)  // 把循环节化成整数
        q = q*10 + t[i] - '0';
    for(i=0; i<len2; i++)  // 分母为 99…9
        p = p*10 + 9;
    q += z*p;                    // 分子要加上小数点前面的整数
    cout <<q/gcd(q, p) <<" " <<p/gcd(q, p) <<endl;
    return 0;
}
// 以下是混循环小数
q = x;                           // 不循环（小数部分）化成的整数
for(i=0; i<len2; i++)            // 不循环小数部分和循环节组成的整数
    q = q*10 + t[i] - '0';
q = q - x;                       // 构造分子
p = 0;
for(i=0; i<len2; i++)            // 构造分母(1)
    p = p*10 + 9;
for(i=lz+1; i<len1; i++)         // 构造分母(2)
    p *= 10;
q += z*p;                        // 分子要加上小数点前面的整数
cout <<q/gcd(q, p) <<" " <<p/gcd(q, p) <<endl;
return 0;
}
```

【编程实例1.17】分数化小数找循环节。输入两个正整数 q 和 p 的值，$0 < q < p \leq 10000000$，如果能化成有限小数，则输出0，否则输出得到的是无限循环小数的循环节。例如，2113/9900 = 0.21343434⋯，那么循环节是34。

分析：分数 q/p 相当于除法，每次将 $q \div p$，得到商和余数，如果余数为0，则得到的一定是有限小数；如果余数不为0，将 q 更新为余数 × 10，继续循环。如果某次得到的余数之前出现过了，这个余数记为 t，这个余数对应的商不要，而是输出下一次再出现 t 之前（含这次的 t）的每一位商，得到的就是循环节。以2113/9900为例，表1.4粗体所示的商就是输出的循环节。

表1.4 找循环节

q	p	余数	商	q	p	余数	商
2113	9900	2113	0	43000	9900	3400	4
21130	9900	1330	2	34000	9900	4300	**3**
13300	9900	3400	1	43000	9900	3400	**4**
34000	9900	4300	3				

代码如下。

```
#include <bits/stdc++.h>
using namespace std;
typedef long long LL;
LL q, p;    // 输入分子q和分母p
LL r[10000010];
int flag;                       // 约定取值为1表示是有限小数
int main()
{
    cin >>q >>p;
    while(1){
        if(q%p==0){             // 除至余数为0,那一定就是有限小数了
            flag = 1;  break;
        }
        if(r[q%p]==1)  break;   // 余数重复出现,这个余数很重要,记为t
        r[q%p] = 1;  q = (q%p)*10;
    }
    if(flag){
        cout <<0 <<endl;  return 0;
    }
    LL t = q%p;                 // 这个余数t对应的商不要
    q = (q%p)*10;
    while(1){
```

```
            cout <<q/p;              // 而是输出下一次再出现 t 之前（含这次的 t）的每一位商
            if(q%p==t)  break;
            q = (q%p)*10;
    }
    cout <<endl;
    return 0;
}
```

1.17 整数的放大与缩小

一个正整数（如526）乘以100得到52600，这相当于把这个正整数左移2位，在右边补2个0。

一个正整数（如752619）除以100（整数除法）得到的商为7526，这相当于把这个正整数右移2位，移出来的位舍弃。

理解十进制整数的移位运算，有助于后续理解二进制按位运算中的移位运算，详见第4章。

【微实例1.3】 数字魔术——三位数还原。任意一个三位数x，在这个三位数后面重复一遍，得到一个六位数，如467→467467，把这个数连续除以7、11、13，最后得到的商就是原始的三位数x。

解： 魔术揭秘，这个数字魔术的原理其实很简单，因为 $7 \times 11 \times 13 = 1001$，任何一个三位数（如467）乘以1001，一定等于题目中所构造出来的六位数，即 $467 \times 1001 = 467467$。这是因为 $1001 = 1000 + 1$。$467 \times 1001 = 467 \times (1000 + 1) = 467000 + 467 = 467467$，467乘以1000，相当于左移3位，再加上467，相当于在右边空出的3位上放467。

因此，这个六位数连续除以7、11、13，一定等于原始的三位数。

1.18 小数的放大与缩小

一个小数（如3.1415926）乘以100得到314.15926，小数点往右移了2位，即往小数部分移动。如果位数不足，要在小数部分末尾补零。例如，如果继续乘以1000000，还要移动6位，得到314159260，如图1.19（a）所示。

人口14.097亿，相当于 $14.097 \times 100000000 = 14\,0970\,0000$。

一个小数（如3.1415926）除以100得到0.031415926，小数点往左移了2位，即往整数部分移动。如果位数不足时，要在整数部分前补零，小数点前必须保留一个零，如图1.19（b）所示。

$$314.15926\underline{0} \times 1000000 = 314159260.$$

（a）小数放大

$$\underline{0}\,\underline{0}\,3.1415926 \div 100 = 0.031415926$$

（b）小数缩小

图 1.19　小数的放大与缩小

$100 = 10^2$，$1000000 = 10^6$，$1000000000 = 10^8$。10^n（n为正整数）表示1后面有n个零，共有$n+1$位数。

因此，小数的放大与缩小的规则为：一个小数乘以10^n，$n > 0$，是放大，小数点往右移n位，即往小数部分移动，如果位数不足时，要在小数部分末尾补零；一个小数除以10^n，相当于乘以10^{-n}，$n > 0$，是缩小，小数点往左移n位，即往整数部分移动，如果位数不足时，要在整数部分前补零，小数点前必须保留一个零。

1.19　分数和百分数

百分数就是分母统一为100的分数。百分数在生活中应用很广。

【微实例1.4】一场考试结束后，A班的总人数是51人，90分及以上的学生有23人；B班的总人数是45人，90分及以上的学生有21人。哪个班的成绩更好呢？

解：如果只看90分及以上的人数，这肯定不合理，因为两个班的总人数不一样。

可以用分数来评价两个班的成绩，A班有$\frac{23}{51}$的人在90分及以上，B班有$\frac{21}{45}$的人在90分及以上，但这两个分数的分母也不一样，难以比较大小。怎么办呢？这时，百分数就派上用场了。

分数可以理解为除法，$\frac{23}{51} = 23 \div 51$，这里的除法是指浮点数的除法，结果为$0.45098\cdots$，这是小数。小数转换成百分数要乘以$\frac{100}{100}$，$\frac{100}{100}$是1，所以数值不变，$\frac{100}{100}$中的分母演变成百分号，分子要乘到小数中。因此，$\frac{23}{51} = 0.45098\cdots \times 100\% = 45.098\cdots\% \approx 45.10\%$。这里保留小数点后两位数字并进行了四舍五入。同理，也可以将分数$\frac{21}{45}$化成百分数，得到$\frac{21}{45} \approx 46.67\%$。

因此，B班的成绩比A班的成绩略好。

在数学上，引入百分数的目的之一是将分数的分母统一为100，方便我们比较两个分数的大小。

【编程实例1.18】晋级比例和获奖比例。某项比赛分为初赛和复赛两个阶段。已知参加初赛的人数为$n1$，进入复赛的人数为$n2$，获奖的人数为$n3$。求晋级复赛的比例和最终获奖的比例，均为占初赛参赛人数的比例。

分析：比例就是百分比，根据分数和百分数的转换可知，晋级复赛的比例为$(n2/n1) * 100\%$，

最终获奖的比例为 (n3/n1)*100%。注意，"%"没有包含在计算结果里，必须以字符串的形式输出。由于 n1、n2、n3 都是整数，要写成 (1.0*n2/n1)*100 或 100.0*n2/n1 才能得到正确的结果。

```
#include <bits/stdc++.h>
using namespace std;
int main()
{
    int n1, n2, n3;  cin >>n1 >>n2 >>n3;
    cout <<fixed <<setprecision(2);
    cout <<(1.0*n2/n1)*100 <<"% " <<(1.0*n3/n1)*100 <<"%" <<endl;
    return 0;
}
```

1.20 向上取整和向下取整

【微实例1.5】假设要搬27块砖，一趟可以搬4块砖。需要搬多少趟呢？

解：显然搬6趟不够，所以要搬7趟。在这个例子中，如果每趟必须搬4块砖，那7趟总共搬了28块砖，多出的1块可以丢弃；如果每趟最多搬4块砖，前面6趟，每趟搬4块砖，最后一趟只需要搬3块砖。总之，必须搬7趟。

如果要搬 n 块砖，每趟必须搬4块砖，需要搬多少趟呢？答案是 n/4 或 n/4+1 吗？这两个答案都不对。正确的答案是 $\lceil \frac{n}{4} \rceil$，符号"⌈ ⌉"表示向上取整，而且这里的除法是浮点数的除法，在C++中要表示成 $\lceil \frac{1.0*n}{4} \rceil$。举例说明，n = 27，27.0/4 = 6.75，向上取整后为7.0；n = 24，24.0/4 = 6.0，向上取整后还是6.0。

【微实例1.6】某商场促销，购买 n 元的衣服，打88折再抹零，88折要乘以0.88，这里说的抹零是指去掉小数部分。那该付多少钱呢？

解：这里需要用 $\lfloor n*0.88 \rfloor$ 求解，符号"⌊ ⌋"表示向下取整。

在C++中，取整有两种，**向上取整**和**向下取整**。以3.14为例，向上取整得到4.0，向下取整得到3.0。

在C++中，向上取整可以用ceil函数实现，在英语里，ceil是"天花板"的意思；向下取整可以用floor函数实现，floor是"地板"的意思。这两个函数的形式如下。

```
double ceil( double x );
double floor( double x );
```

从上述函数形式上看，ceil函数和floor函数，得到的结果仍为浮点数，因此ceil(3.14)得到的结果为4.0，floor(3.14)得到的结果为3.0。所以，必要时需要赋值给一个整型变量。

实际上，在C++中，如果n和k是整数，对整数除法n/k，要将结果向上取整和向下取整，有更简便的做法，具体如下。

（1）**向上取整**：$(n+k-1)/k$，n加上$(k-1)$，再除以k，这里用的是整数除法，能保证结果是向上取整。同学们可以自己举一些例子，看一下这个式子能否得到向上取整的结果。

（2）**向下取整**：n/k，整数商就是向下取整。

在编程解题时，推荐用上述方法，可以避免浮点数的运算。

有些问题，在对除法得到的商向上取整或向下取整后，还要再乘以除数，详见以下微实例。

【**微实例1.7**】如果要搬n块砖，每趟必须搬k块砖，问搬完后，实际搬了多少块砖？

解：因为要搬$(n+k-1)/k$趟，每趟搬k块砖，所以共搬了$[(n+k-1)/k]*k$块砖。注意，这个式子的值不是$(n+k-1)$，这个问题的答案也不是$(n+k-1)$。

【**编程实例1.19**】**字长**。字长是CPU的主要技术性能指标之一，字长是指CPU一次能并行处理的二进制位数。CPU和内存之间的数据传送单位通常也是一个字长。在本题中，已知计算机的字长为k，要从内存中读取n位的数据，那么需要读取几个字长，共读取了多少位。

输入数据占一行，为两个正整数n和k，用空格隔开，$n \leq 1000$，k的取值为16、32或64。输出数据占一行，为两个正整数，用一个空格隔开，分别表示求得的两个答案。

分析：本题第1个问题的答案就是$\left\lceil \dfrac{n}{k} \right\rceil$，也就是将整数除法的结果向上取整，可以用ceil(1.0 * n/k)，注意不能用ceil(n/k)。推荐用整数运算实现整数除法向上取整，$(n+k-1)/k$。

第2个问题的答案就是第1个问题的答案再乘以k。代码如下。

```
#include <bits/stdc++.h>
using namespace std;
int main()
{
    int n, k;
    cin >>n >>k;
    int t = (n+k-1)/k;
    cout <<t <<" " <<t*k <<endl;
    return 0;
}
```

1.21 取整和四舍五入

如果买一件小商品，标价为7.3元，老板估计愿意抹掉零头，卖7元。但如果标价为7.9元，老板估计不愿意抹掉零头，老板更倾向于卖8元，顾客愿不愿意另当别论。这就是四舍五入。

四舍五入是一种常用的近似计算方法。具体规则如下：如果被保留位数的下一位数字小于5，则直接舍去（"四舍"）；如果下一位数字大于或等于5，则进位（"五入"）。

例如，对一个小数，3.1415926，如果保留两位小数并四舍五入，结果为3.14；如果保留4位小数并四舍五入，结果为3.1416。

将一个浮点数 d 赋值给一个整型变量 a，只截取整数部分（直接抹去小数部分），不会进行四舍五入。例如，以下代码执行后，a 的值为 d 的整数部分。

```
a = d;        // 假设 a 为整型变量，d 为浮点型变量，且已经在 d 中存储了一个浮点数
```

如果要四舍五入，可以用以下代码。

```
a = d + 0.5;  // 假设 a 为整型变量，d 为浮点型变量，且已经在 d 中存储了一个浮点数
```

例如，如果 d = 2.9415926，则 a = d + 0.5，取整后为3；如果 d = 3.5415926，则 a = d + 0.5，取整后为4。

另外，如1.13节所示，在用cout语句输出一个浮点数并设置精度时会自动进行四舍五入。例如，对浮点数3.1415926，如果用cout语句输出时保留小数点后4位数字，结果为3.1416。

1.22 浮点数的整数商和余数

参照整数除法，对浮点数除法，根据求解问题的需要，也可以求整数商和余数。

【微实例1.8】用8元买酸奶，每盒酸奶2.5元，可以买几盒？还剩多少元？

解：答案是可以买3盒，还剩0.5元。这是求一个浮点数对另一个浮点数的整数商和余数。

在C++中，要得到两个浮点数 a 和 b 的整数商，只能先做除法，得到一个浮点型的商，再取商的整数部分，有两种实现方法。

（1）用floor()函数实现向下取整，k = floor(a/b)，k 为整型变量。

（2）将 a/b 的结果赋值给一个整型变量 k，因为 a/b 的结果是一个浮点数，赋值时截取整数部分赋值给 k，同样也达到了求整数商的效果。

注意，在C++中，取余运算%对浮点数不适用，因此不能用 a%b 求两个浮点数 a 和 b 的余数。要求这种余数，首先要正确理解余数的含义，余数是从被除数里去除除数的整数倍后剩下的"零头"，因此在求出浮点数 a 除以 b 的整数商 k 后，可以用公式（1.4）求余数。

$$a - b * k \qquad (1.4)$$

Python语言中的取余运算%对浮点数也适用，因此在Python语言里可以求5.2%2.5。

1.23 累加 ∑ 和连乘 ∏

如果说数学是人类探索自然而被授予的智慧桂冠,那么数学符号就是这顶桂冠上最璀璨的宝石。π、e、∑、log、sin、lim 等一个个耳熟能详的符号串起了各个数学分支。可以说,数学的发展史就是数学符号的产生和发展的历史。

在初等数学中,表示乘法的乘号 × 和表示除法的除号 ÷,都是经过很多数学家上百年的努力,才慢慢形成的。

本节要介绍数学中经常用到的两个符号:∑ 和 ∏,这两个符号都是大写希腊字母。

数学、物理、化学、计算机等学科中用到的符号,很多是大写或小写希腊字母。图 1.20 列出了 24 个希腊字母的大小写。

我们经常需要对一组数累加,即连加。如果这组数有规律,比如,$1+2+3+4+\cdots+n$,就可以很方便地用 ∑ 表示。例如,$1+2+3+4+\cdots+n$,这个求和式中的每个数,可以用 i 来表示,$1 \leqslant i \leqslant n$。因此,这个求和式可以表示为公式(1.5)。这个公式可以读作"西格玛 i,i 从 1 到 n"。

$$\sum_{i=1}^{n} i \tag{1.5}$$

在编程课里学了循环后,更容易理解用 ∑ 表示的连加。$\sum_{i=1}^{n} i$ 相当于用 for 循环求 $1+2+3+\cdots+n$。

我们也经常需要对一组数连乘。如果这组数有规律,比如,$1 \times 2 \times 3 \times 4 \times \cdots \times n$,就可以很方便地用 ∏ 表示。例如,$1 \times 2 \times 3 \times 4 \times \cdots \times n$,这个乘法式中的每个数,可以用 i 来表示,$1 \leqslant i \leqslant n$。因此,这个乘法式可以表示为 $\prod_{i=1}^{n} i$。1.30 节会介绍,这个乘法式就是 n 的阶乘($n!$)。因此,得到公式(1.6)。这个公式可以读作"派 i,i 从 1 到 n"。

$$n! = \prod_{i=1}^{n} i \tag{1.6}$$

注意,在数学上,圆周率是用 ∏ 的小写字母 π 来表示的。

∑ 和 ∏ 甚至可以嵌套,详见下一节。

小写	大写	英语
α	A	Alpha
β	B	Beta
γ	Γ	Gamma
δ	Δ	Delta
ε	E	Epsilon
ζ	Z	Zeta
η	H	Eta
θ	Θ	Theta
ι	I	Iota
κ	K	Kappa
λ	Λ	Lambda
μ	M	Mu
ν	N	Nu
ξ	Ξ	Xi
ο	O	Omicron
π	Π	Pi
ρ	P	Rho
σ	Σ	Sigma
τ	T	Tau
υ	Y	Upsilon
φ	Φ	Phi
χ	X	Chi
ψ	Ψ	Psi
ω	Ω	Omega

图 1.20 24 个希腊字母的大小写

1.24 上标和下标

上标和下标经常出现在数学符号和公式中。

上标主要用来表示指数，如 a^2、a^n 等。

当有很多个量，无法为每个量引入一个符号时，我们可以用"符号 + 下标"的形式表示多个量，如 $a_1, a_2, a_3, \cdots, a_n$。

在编程课中学了数组后，更容易理解数学上的下标。在数组里，也是用"数组名 + 下标"的方式来区别每个数组元素的。但是要注意，数组元素的下标是从 0 开始计起。

结合上一节介绍的 ∑ 和 ∏ 这两个符号，求和式、连乘式可以更多样化。例如，$\sum_{i=1}^{n} a_i$，表示对 n 个数 $a_1, a_2, a_3, \cdots, a_n$ 求和。

在数学上，还可以引入两个甚至多个下标，如 a_{ij}。有时为了区分，可以在下标之间加上逗号分隔，如 $a_{i,j}$。

在编程课中学了二维数组甚至多维数组后，更容易理解数学上的多个下标。如 a_{ij}，相当于二维数组元素 $a[i][j]$。同样要注意，二维数组元素的行下标和列下标都是从 0 开始计起。

注意区分以下计算式。可以结合图 1.21 所示的二维数组元素的下标，来理解以下四个计算式子。为了与数学上保持一致，图 1.21 中的行下标和列下标均从 1 开始计起。

a_{11}	a_{12}	a_{13}	a_{14}	⋯	a_{1j}	⋯	a_{1m}
a_{21}	a_{22}	a_{23}	a_{24}		a_{2j}		a_{2m}
a_{31}	a_{32}	a_{33}	a_{34}		a_{3j}		a_{3m}
⋯							
a_{i1}	a_{i2}	a_{i3}	a_{i4}		a_{ij}		a_{im}
⋯							
a_{n1}	a_{n2}	a_{n3}	a_{n4}		a_{nj}		a_{nm}

图 1.21　二维数组元素的下标

（1）$\sum_{i=1}^{n} a_{ij}$：第一个下标 i 从 1 增加到 n，第二个下标保持为 j 不变，相当于对二维数组 a 第 j 列 n 个元素求和。对应以下 for 循环。

```
int i, j = 5, s = 0;
for(i=1; i<=n; i++)   // 求第 5 列 n 个元素之和，假设从第 1 行开始存储数据
    s += a[i][j];
```

（2）$\sum_{j=1}^{m} a_{ij}$：第一个下标保持为 i 不变，第二个下标 j 从 1 增加到 m，相当于对二维数组 a 第 i 行 m 个元素求和。对应以下 for 循环。

```
int i = 5, j, s = 0;
for(j=1; j<=m; j++)   // 求第 5 行 m 个元素之和，假设从第 1 列开始存储数据
    s += a[i][j];
```

（3）$\sum_{i=1}^{n} a_{ii}$：两个下标 i 表示行和列同步变化，从 1 增长到 n，相当于对二维数组求主对角线上元

素之和。对应以下 for 循环。

```
int i, s = 0;
for(i=1; i<=n; i++)    //求对角线上元素之和
    s += a[i][i];
```

（4）$\sum_{i=1}^{n}\sum_{j=1}^{m}a_{ij}$：$\sum$甚至可以嵌套，外层$\sum$的下标 i 从 1 增加到 n，内层$\sum$的下标 j 从 1 增加到 m。i 的值先取 1，求 $\sum_{j=1}^{m}a_{1j}$；然后 i 的值增加 1，变成 2，求 $\sum_{j=1}^{m}a_{2j}$；最后 i 的值增加到 n，求 $\sum_{j=1}^{m}a_{nj}$。学了编程后，我们知道，这相当于二重 for 循环。这个求和式相当于用二重 for 循环对二维数组所有元素求和，即对应以下代码。

```
int i, j, s = 0;
for(i=1; i<=n; i++)
    for(j=1; j<=m; j++)
        s += a[i][j];
```

1.25 递推

递推是指从已知的初始条件出发，依据某个关系式，逐次推出所要求的各个中间结果及最后结果。例如，为了求 n 的阶乘（$n!$）（阶乘详见 1.30 节），从 $0! = 1$ 开始，根据 "$n! = (n - 1)! \times n$" 这个数学式子，递推出 $1! = 0! \times 1 = 1$，$2! = 1! \times 2 = 2$，$3! = 2! \times 3 = 6$，…，一直到求出 $n!$。

递推广泛应用于编程解题中，详见以下例子。

【**编程实例 1.20**】**每位数字都相同的数**。1、22、333、4444、55555、666666 等，这些数的每一位数字都相同。特别地，如果只有一位数，也应该视为每位数字都相同的数。输入一个正整数 n，求 1～n 范围内所有这种数的和是多少。

分析：在这个例子中，观察由数字 3 构成的每位数字都相同的数，最小的数就是 3 本身，下一个数是 33，再下一个数是 333，而 $333 = 33 \times 10 + 3$。我们找到规律了，如果有一个由数字 i（$1 \leq i \leq 9$）构成的每位数字都相同的数 t，那下一个数就是 $t \times 10 + i$。因此，由 i 出发，能递推出所有这种数。

但是，这种递推在程序实现时面临一个现实的困难：在程序中不可能定义很多变量来存储每一个这种数。借助程序设计里的循环和变量的值具有"以新冲旧"的特点，只需要定义很少的变量就能递推出很多个数。

例如，在本题中可以定义变量 t 表示由数字 i 构成的每位数字都相同的数，t 的初值为 $t = i$，表示第 1 个数，执行一次 $t = t \times 10 + i$，t 就表示第 2 个数，反复执行这条语句，就可以递推出每一个数。代码如下。

```
#include <bits/stdc++.h>
using namespace std;
int main()
{
    long long n;  cin >>n;
    long long s = 0;
    for(int i=1; i<=9; i++){
        long long t = i;      // 构造得到的每一位数字均为 i 的数
        while(1){
            if(t>n)  break;
            s += t;
            t = t*10 + i;     // 构造下一个每一位数字均为 i 的数
        }
    }
    cout <<s <<endl;
    return 0;
}
```

【编程实例1.21】连号的数。123、4567、23456这些数称为连号的数，要求每位上的数字是连续的且从小到大。特别地，一位数，比如8，也是连号的数。输入一个正整数n，统计$1 \sim n$范围内所有连号数的个数。

分析：这个例子的递推稍微麻烦一些。以数字i($1 \leq i \leq 9$)开头的连号数，记为t，最小的连号数就是$t = i$。此外，还需要增加一个变量表示下一个数字，记为$t1$，$t1$的初值也为i。每次递推前，$t1$的值先加1，下一个连号数就是$t = t * 10 + t1$。代码如下。

```
#include <bits/stdc++.h>
using namespace std;
int main()
{
    int n;  cin >>n;
    int cnt = 0;              // 统计连号数个数的计数器
    for(int i=1; i<=9; i++){  //i 开头的连号数
        int t = i;            // 构造以 i 开头的连号数
        int t1 = i;           // 下一个数字
        while(1){
            if(t>n)  break;
            cnt++;             //t 是符合要求的连号数
            //cout <<t <<endl; // 输出连号的数
            t1++;
            if(t1>9)  break;   // 每一位数字不能超过 9
            t = t*10 + t1;     // 构造下一个连号数
        }
```

```
    }
    cout <<cnt <<endl;
    return 0;
}
```

1.26 数学和生活中的循环

所有现代编程语言都支持三种基本的程序控制结构：顺序结构、分支结构（也称为选择结构）、循环结构。程序控制结构还可以嵌套，分支结构嵌套循环结构，循环结构嵌套分支结构，甚至循环结构嵌套循环结构。对初学者来说，最难掌握的就是循环和循环的嵌套。

前面已经介绍了数学上的一些循环，比如，循环小数中的循环节，以及循环在递推中的应用。本节介绍生活中的一些循环。

（1）单循环和双循环

体育比赛中的**单循环**比赛是指所有参加比赛的队伍均能相遇一次，即要打一场比赛，最后按各队在全部比赛中的积分排名。**双循环**比赛是指所有参加比赛的队伍均能相遇两次，通常要区分主客场，要打两场比赛。

假设有 n 支队伍，序号为 $1 \sim n$，以下二重 for 循环实现的就是单循环比赛，总共打 $n*(n-1)/2$ 场比赛。

```
for(int i=1; i<=n; i++){
    for(int j=i+1; j<=n; j++){
        cout <<i <<" vs " <<j <<endl;
    }
}
```

以下二重 for 循环实现的就是双循环比赛，总共打 $n*(n-1)$ 场比赛。

```
for(int i=1; i<=n; i++){
    for(int j=1; j<=n; j++){
        if(i==j)  continue;      // 自己和自己不打比赛
        cout <<i <<" vs " <<j <<endl;
    }
}
```

（2）取出一个正整数的每一位数字

对一个正整数，如果能取出个位、十位、百位等每一位数字，能解决很多问题，比如，求所有数字的和、统计正整数的位数等。

前面我们学过，将一个正整数对 10 取余再除以 10，可以取得个位，然后这个正整数的位数就少了一位，重复这个过程，直至这个整数变为 0，就可以取出每一位数字。

```
int n;   cin >>n;
int t = n;          // 以下代码会改变 n 的值，所以用临时变量 t 代替 n
while(t){
    // 用 t%10 取当前个位，可以输出每一位数字，统计它们的和
    t = t/10;   // 每次除以 10，t 的个位就没有了，少一位数
}
```

1.27 一些特殊的数

数学是奇妙的。对整数而言，数学家已经发现了一些特殊的、奇妙的整数。这些整数也经常出现在信息学竞赛里。

（1）雷劈数（卡普列加数）

印度数学家卡普列加（D. R. Kaprekar，1905—1986）在一次旅行中，遇到猛烈的暴风雨，他看到路边一块牌子被劈成了两半，一半写着30，另一半写着25。这时，他注意到30 + 25 = 55，55^2 = 3025，把劈成两半的数加起来再平方，正好是原来的数字。此后他就专门搜集这类数字。为了纪念发现者，这类数被命名为"卡普列加数"或"雷劈数"。

雷劈数的定义：对于一个位数为偶数的正整数n，从中间分成两部分，得到两个整数a和b（若位数为$2k$，则a为前k位，b为后k位）。如果$a + b$的平方等于n，则n为雷劈数。

最小的奇雷劈数是81：8 + 1 = 9，9^2 = 81。

【编程实例1.22】雷劈数判断。输入一个具有偶数位数的正整数n（不超过long long型数据的范围），判断其是否为雷劈数。

分析：对输入的正整数n，首先要知道它的位数，反复将n除以 10 直至为 0，在这个过程中累计位数。另外，还需要构造一个数m，来取n的前半段和后半段。如果位数为8，则构造$m = 10000$，这样n/m就取得了n的前半段，$n\%m$就取得了n的后半段，根据雷劈数的定义，前半段和后半段之和的平方如果和n相等，则n为雷劈数。代码如下。

```
#include <bits/stdc++.h>
using namespace std;
int main()
{
    long long t, n;   cin >>n;
    int len = 0;
    t = n;
    while(t){                              // 求 n 的位数
        len++;   t /= 10;
    }
```

```
    long long m = 1;
    for(int i=1; i<=len/2; i++)        // 构造出 m, m 为 100..0(len/2 个 0)
        m *= 10;                        // 用 m 可以取出 n 的前半段和后半段
    long long p = n/m + n%m;            //n 的前半段，后半段，之和
    if(p*p == n)  cout <<"yes" <<endl;  // 雷劈数
    else  cout <<"no" <<endl;
    return 0;
}
```

（2）自我数

1949年，印度数学家 D. R. Kaprekar 在研究整数性质时，提出了一类特殊的数，称为自我数（self number）或哥伦比亚数（Colombian number）。

定义：对于任意正整数 n，定义 $d(n)$ 为 n 与其各位数字之和。例如，$d(75) = 75 + 7 + 5 = 87$。若存在某个 m 使得 $d(m) = n$，则称 m 为 n 的生成器；若不存在这样的 m，则 n 称为自我数。

取任意正整数 n 为出发点，可建立一个无穷的正整数序列：n，$d(n)$，$d(d(n))$，$d(d(d(n)))$，…。

例如，从33开始，下一个数是 33 + 3 + 3 = 39，再下一个是51，…，如此便产生一个整数数列：33, 39, 51, 57, 69, 84, 96, 111, 114, 120, 123, 129, 141, …。

n 被称为整数 $d(n)$ 的生成器。在如上的数列中，33是39的生成器，39是51的生成器，以此类推。有些数有多于一个生成器，如101有两个生成器，91和100。而没有生成器的数则称作自我数。

前105个自我数分别是1、3、5、7、9、20、31、42、53、64、75、86、97、108、110、121、132、143、154、165、176、187、198、209、211、222、233、244、255、266、277、288、299、310、312、323、334、345、356、367、378、389、400、411、413、424、435、446、457、468、479、490、501、512、514、525、536、547、558、569、580、591、602、613、615、626、637、648、659、670、681、692、703、714、716、727、738、749、760、771、782、793、804、815、817、828、839、850、861、872、883、894、905、916、918、929、940、951、962、973、984、995、1006、1021、1032。

观察上述自我数，似乎有一些规律：10以内的自我数就是奇数，从9开始，连续加9次11，得到9个自我数，然后加1次2，得到一个自我数，然后又是连续加9次11，再加1次2。但是，1006、1021也是两个连续的自我数，它们相差15，随着自我数越来越大，还有更多的规律，但没有通用的规律，所以无法根据规律生成所有的自我数。

【**编程实例1.23**】**自我数**。输入一个正整数 N，$N \leq 100000$，输出第 N 个自我数。

分析：枚举每个数 n 产生的 $d(n)$，初始化一个布尔（bool）型数组 self，其中 self[i] 的值为0，则 i 为自我数；self[i] 的值为1，则 i 不是自我数；初始时，self[i] 为0。

具体方法为：从 $n = 1$ 开始，因为 self[1] 为0，即1是自我数，所以输出1，接着产生 $d(1) = 2$，则将 self[2] 的值设为1；然后因为 self[2] 为1，即2不是自我数，所以不会输出，接着产生 $d(2) = 4$，则 self[4] = 1；然后因为 self[3] 为0，即3是自我数，所以要输出3，接着产生 $d(3) = 6$，则 self[6] = 1…在这个过程中统计找到的自我数个数 cnt，如果 cnt == N，就结束了。

对某个数 n，只需要产生 $d(n)$，不需要继续产生 $d(d(n))$，$d(d(d(n)))$，…。这是因为，产生 $d(n)$ 后，在后续的某次循环，会对整数 $n' = d(n)$，产生 $d(n') = d(d(n))$；对整数 $n'' = d(n')$，产生 $d(n'') = d(d(d(n)))$…。代码如下。

```
#include <bits/stdc++.h>
using namespace std;
bool self[2000010];   //self[i] 为 0 表示 i 是自我数
int main()
{
    int n = 1, cnt = 0, sm, t;  //sm: 累加各位数字和; t: 用来取出各位上数字的临时变量
    int N;   cin >>N;
    while( 1 ) {
        if( !self[n] ){
            cnt++;
            if(cnt==N){
                cout <<n <<endl;  break;
            }
        }
        t = n;   sm = n;
        while( t ) {    // 累加 n 各位数字和
            sm += t%10;
            if( sm>2000000 )   break;
            t /=10 ;
        }
        if( sm<=2000000 )   self[sm] = 1;
        n++;
    }
    return 0;
}
```

（3）利克瑞尔数

如果一个数从左往右读和从右往左读相同（如 121、1331），则这个数称为**回文数**。

对一个自然数，将它自身和它的倒序数相加，再将得到的和与它的倒序数相加，一直重复，通常总会得到一个回文数。

例如，265 这个数，265+562=827，827+728=1555，1555+5551=7106，7106+6017=13123，13123+32131=45254。经过 5 步，得到一个回文数。

1186060307891929990 是目前发现的需要最多步操作才能得到回文数的数，需要 261 步。

但是 196，这个不起眼的数，永远得不到回文数。

利克瑞尔数（Lychrel number）是指通过反复将一个数与其倒序数相加，永远得不到回文数的正整数。196 可能就是最小的利克瑞尔数。

【编程实例1.24】求一个整数的回文数步数。输入一个正整数 n，不超过 long long 型的范围，输出要经过多少步才能得到一个回文数。测试数据保证不会出现 196 这种无法构造回文数的情况。

分析：由于构造回文数的过程中，每一轮得到的数可能会超出 long long 型的范围。这种位数非常多的数，称为**高精度数**。将输入的 n 作为字符串读入到字符数组 num 中，每个数组元素存储一个数字字符。

对输入的 n，题目保证在不超过 261 步内一定能构造出一个回文数，所以本题可以采用永真循环进行迭代。

每一轮循环：将当前的 num 数组分别拷贝到 s1 和 s2 数组，调用 re 函数将 s2 逆序，然后用 strcmp 函数比较 s1 和 s2 是否相等，如果相等则说明当前 num 就是回文数，退出 while 循环；否则将 s1 和 s2 数组代表的高精度数加起来，并把结果存入 num 数组。注意，本来第 0 个数组元素是高位，但是因为 s2 数组是 s1 数组的逆序，所以可以把第 0 个元素视为个位执行加法运算。

add 函数实现了两个高精度数 p1 和 p2 相加，结果保存在形参 p 指向的数组。在 add 函数里通过形参 p 修改 p[i] 的值，实际上就是修改实参 num 数组元素的值，因此求得的和保存到了 num 数组。add 函数其实模拟了两个加数从个位（第 0 个数组元素）往高位相加的过程。由于本题的数据比较特殊，所以可以做简化。例如，p1 和 p2 指向的加数，位数一定相同。先把 p1 和 p2 指向的加数的每一位相加，不处理进位，把结果保存到 p 数组。然后 p 数组从第 0 个元素开始处理进位，如果超过 10，就往高位进位。注意，最高位可能会产生额外的进位，导致位数增加。代码如下：

```
#include <bits/stdc++.h>
using namespace std;
#define MAXN 1000
char num[MAXN];              // 以字符串形式读入的正整数 n，及每一步得到的正整数
char s1[MAXN], s2[MAXN];     // 两个加数
void re(char s[]){           // 把 s 指向的字符串逆序
    int len = strlen(s);
    char t;
    for(int i=0; i<len/2; i++){
        t = s[i];   s[i] = s[len-1-i];   s[len-1-i] = t;
    }
}
// 把 p1 和 p2 指向的高精度数加起来，结果保存在 p
void add(char p[], char p1[], char p2[]){
    memset(p, 0, MAXN);                        // 清空 p 数组的内容
    int len = strlen(p1);                      //p1 和 p2 的长度一定相等
    for(int i=0; i<len; i++)
        p[i] = p1[i] - '0' + p2[i] - '0';      //p[i] 先只存数值
    for(int i=0; i<len; i++){
        if(p[i]<10)   p[i] += '0';             // 把它变成数字字符
        else{
            p[i] = p[i] - 10 + '0';   p[i+1]++; // 进位
        }
    }
    if(p[len]!=0)   p[len] += '0';             // 多出 1 位
```

```
}
int main()
{
    cin >>num;
    int r = 0;                    //步数
    while(1){
        strcpy(s1, num);   strcpy(s2, num);
        re(s2);
        if(strcmp(s1, s2)==0)  //num和逆序后的num相等，则是回文串
            break;
        r++;
        add(num, s1, s2);         // 把num和逆序后的num相加，结果存在num
    }
    cout <<r <<endl;
    return 0;
}
```

（4）黑洞数

黑洞数（又称陷阱数）是指自然数经过某种特定的数学运算后，最终会陷入一个固定的数或循环的情况。例如，任何一个数字不全相同的整数，经有限次"重排求差"操作，总会得到某一个或一些数，这些数为黑洞数。"重排求差"操作即把组成该数的数字重排后得到的最大数减去重排后得到的最小数。

举个例子，三位数的黑洞数为495。随便找一个三位数，如297，把三位数字从小到大和从大到小各排一次，为972和279，相减得972 − 279 = 693。按上面做法再做一次，得到963 − 369 = 594，再做一次，得到954 − 459 = 495。之后反复都得到495，因为954 − 459 = 495。

四位数的黑洞数有6174。随便找一个四位数，如4213，把四位数字从小到大和从大到小各排一次，为4321和1234，相减得4321 − 1234 = 3087。按上面做法再做一次，得到8730 − 0378 = 8352。再做一次，得到8532 − 2358 = 6174。结论：对任何只要不是4位数字全相同的4位数，按上述算法，不超过7次计算，最终结果都无法逃出6174这个黑洞，因为7641 − 1467 = 6174。

（5）循环数

循环数是一个整数，满足乘连续的若干个数后各位发生循环，最广为人知的循环数是142857。其循环如下。

$$142857 \times 1 = 142857$$

$$142857 \times 2 = 285714$$

$$142857 \times 3 = 428571$$

$$142857 \times 4 = 571428$$

$$142857 \times 5 = 714285$$

$$142857 \times 6 = 857142$$

1.28 函数的初步认识

函数几乎是每一门编程语言的重要组成部分。小学阶段的数学不学函数，但是了解一点数学上的函数知识，有助于理解编程语言中的函数。本节浅显地引入数学上的函数，再过渡到C++语言中的函数。

举个例子，对每一个实数x，可以去求它的平方x^2，每一个x都对应唯一的x^2。记作$y = x^2$。那x和y就构成了**函数关系**，这个函数关系可以用f来表示。$y = f(x) = x^2$，其中，x称为**自变量**，y称为**因变量**。有时，y可以不写出来，直接写$f(x) = x^2$。

又如，有一个小朋友，每年过生日时测量一下身高，这样他每年的年龄就对应唯一的一个身高，年龄和身高也构成了一个函数关系，只是这个函数很难用数学式子表示出来。

以下列出了几个数学函数。

（1）$y = f(x) = 2x$：对每一个x，都对应唯一的$y = 2x$。x是自变量，y是因变量。
（2）$y = f(x) = x^2 + 2x + 1$：对每一个x，都对应唯一的$y = x^2 + 2x + 1$。x是自变量，y是因变量。
（3）$y = f(x) = 2^x$：对每一个x，都对应唯一的$y = 2^x$。x是自变量，y是因变量。
（4）$y = f(x) = \sqrt{x}$：对每一个非负的x，都对应唯一的$y = \sqrt{x}$。x是自变量，y是因变量。
（5）$z = f(x, y) = x^y$：每一对x和y，都对应唯一的$z = x^y$。x和y是自变量，z是因变量。

本章前面介绍的sqrt、cbrt、pow、ceil、floor都是C++语言提供的数学函数。

在学习编程时，最先接触的函数往往是编程语言中的数学函数。C++语言中的数学函数跟数学中的函数，含义几乎是一样的，数学上函数的自变量，在编程语言中就是**参数**，因变量就是**返回值**。C++语言提供的大部分函数都是有参数和返回值的，但是要注意，参数和返回值也都可以没有。参数就是提供给函数的数据，执行完函数后，会得到一个结果，这个结果以返回值的形式返回。

我们也可以把函数想象成一个黑箱子，如图1.22所示。我们不需要知道这个黑箱子内部是怎么实现的，只需要知道函数的功能是什么，要提供怎样的数据给它，又会得到怎样的结果，就能使用这个黑箱子。

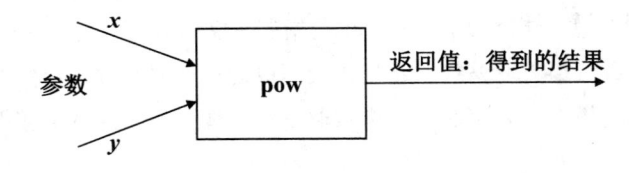

图1.22 函数就像一个黑盒子

以下给出一些函数调用的代码示例。注意，在调用函数时，如pow函数，参数和返回值前面的double都不能写。

```
int x = -5;
int y = abs(x);
```

```
double u, v;
u = sqrt(2);
v = cbrt(3);
double c, a = 2.5, b = 3.1;
c = pow( a, b );
// 注意不能写成 c = pow(double a, double b), c = double pow(double a, double b)
```

以 abs 函数为例。函数名 abs 是 absolute 的简写，表示"绝对的"。**正数的绝对值**就是它本身，**负数的绝对值**就是去掉负号后得到的正数。在数学上，x 的绝对值可以用符号 $|x|$ 表示，因此 $|5| = 5$，$|-5| = 5$。abs 函数名后面圆括号内用 int 修饰的 x 是**参数**，表示在调用 abs 函数时，需要带一个 int 型的数据；函数名前面有 int 类型说明符，表示该函数执行完后会返回一个 int 型的数据，即 $|x|$ 的结果。

表 1.5 总结了 C++ 中常用的数学函数。

表1.5　C++中常用的数学函数

函数	功能
int abs(int x)	返回整型参数 x 的绝对值
double fabs(double x)	返回双精度参数 x 的绝对值
double ceil(double x)	向上取整
double floor(double x)	向下取整
double pow(double x, double y)	返回 x 的 y 次幂（次方）
double sqrt(double x)	返回 x 的平方根
double cbrt(double x)	返回 x 的立方根

1.29　幂函数和指数函数

在幂运算 x^y 里，底数不变、指数变化，得到的是指数函数；指数不变、底数变化，得到的是幂函数。

在幂运算 x^y 里，底数、指数取整数，还是比较简单的；如果底数、指数取实数，对小学生来说太复杂了。在信息学竞赛里，主要是底数、指数取整数的情形。因此本节接下来限定底数和指数都取整数。

幂函数：n^a，n 和 a 均为整数，指数 a 是常数，底数 n 是变化的，可以取 1, 2, 3, …。例如，n^2、n^3 都是幂函数。以 n^2 为例，当 n 取 1, 2, 3, 4, 5, 6, … 时，n^2 取 1, 4, 9, 16, 25, 36, …。

指数函数：a^n，n 和 a 均为整数，底数 a 是常数，指数 n 是变化的，可以取 1, 2, 3, …。例如，2^n、3^n 都是指数函数。以 2^n 为例，当 n 取 1, 2, 3, 4, 5, 6, … 时，2^n 取 2, 4, 8, 16, 32, 64, …。

我们可以用图1.23来描绘n^2和2^n取值的变化。这两个函数，随着n的增长，函数的取值增长速度非常快。当n取较小值时，这两个函数的增长速度几乎分辨不出来，以至于无法将两个函数画在同一个图中。实际上，2^n的增长速度远快于n^2，详见下一节。

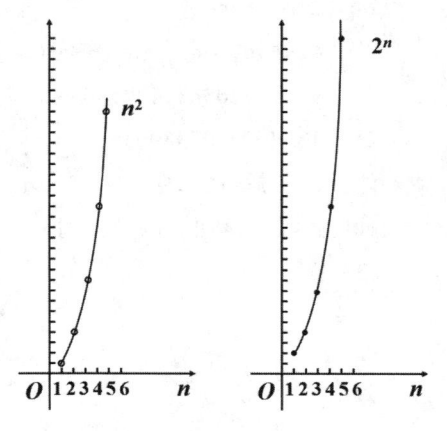

图1.23　n^2和2^n取值的变化

1.30　增长很快的运算：指数运算和阶乘

（1）指数运算

世界最高峰是珠穆朗玛峰，海拔是8848.86米。假设一张纸的厚度是0.1毫米，和一张A4纸差不多厚。每对折一次厚度翻番，也就是厚度变成2倍。假定可以无限次对折。那么这张纸对折27次就能超过珠穆朗玛峰的高度。这是不是不可思议呢？

这背后的原因是上一节介绍的指数函数a^n，当$a>1$时，增长速度非常快。以2^n为例。

$2^0=1$。在数学上，定义$a^0=1$，是为了使得$a^{n+1}=a^n\times a^1$，在$n=0$时也成立。

$2^1=2$

$2^2=4$

$2^3=8$

$2^4=16$

$2^5=32$

$2^6=64$

$2^7=128$

$2^8=256$

$2^9=512$

$2^{10}=1024$

……

$2^{16}=65536$

$2^{27}=134217728$。0.1毫米的纸，对折27次，厚度为13421.7728米。

$2^{31} = 2147483648$

$2^{32} = 4294967296$

$2^{63} = 9223372036854775808$

$2^{64} = 18446744073709551616$

注意，在幂函数 n^a 里，n 和 a 均为整数，a 是常数且 $a > 1$，尽管随着 n 的增长，n^a 也在增长，但增长速度远没有 a^n 快。以 n^2 为例。

$1^2 = 1$

$2^2 = 4$

$3^2 = 9$

$4^2 = 16$

$5^2 = 25$

......

$64^2 = 4096$

（2）阶乘运算

在数学上，还有一个运算——阶乘，增长速度也非常快，甚至比 a^n 增长还快。

对一个正整数 n，**n 的阶乘**，记为 $n!$，定义为 $n! = 1 \times 2 \times 3 \times \cdots \times (n-1) \times n$。

$(n-1)! = 1 \times 2 \times 3 \times \cdots \times (n-1)$，从而 $n! = (n-1)! \times n$。

$0! = 1$。在数学上，定义 $0! = 1$，是为了使得 $n! = (n-1)! \times n$，在 $n = 1$ 时也成立。

$1! = 1$

$2! = 2$

$3! = 6$

$4! = 24$

$5! = 120$

$6! = 720$

$7! = 5040$

$8! = 40320$

$9! = 362880$

$10! = 3628800$

......

$20! = 2432902008176640000$。$21!$ 就超出了 long long 型范围。

除了指数运算和阶乘，有些数列，比如第 2 章讲的斐波那契数列，第 8 章讲的卡特兰数列，增长速度也是非常快的。另外，在组合数学里求排列数和组合数时，由于要用到阶乘，所以经常会得到一个很大的结果。

1.31 其他数学知识

（1）头尾算不算

在初等数学和编程解题里，经常碰到"头尾算不算"的问题，比如，在等差数列里，已知第1项为a_1，公差为d，那么第n项是$a_n = a_1 + (n-1) \times d$，而不是$a_n = a_1 + n \times d$，这是因为$a_1$和$a_n$之间只有$n-1$个"间距"，$a_1$这一头不能算。

这里总结"头尾算不算"的问题，详见以下例子。

【微实例1.9】整数范围7～23共包含几个数？

解：答案是23 - 7 = 16吗？不对！正确答案应该是：23 - 7 + 1 = 17。这是因为23 - 7没有包含最前面的那个数7，即只算了尾，没有算头，如图1.24所示。所以还得加1。

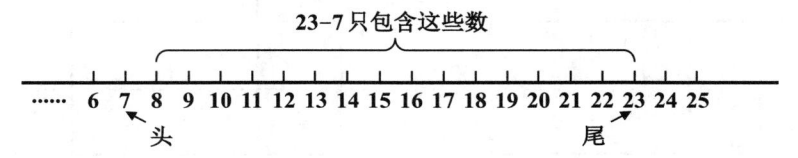

图1.24 头尾算不算

【微实例1.10】有一组连续的整数，共m个，第一个整数为a，那最后一个整数是几？

解：答案是$a + m$吗？这是错的。因为m个整数中包括a，去掉a，就只有$m - 1$个整数，所以正确的答案是$a + m - 1$。可以这样理解，a就是$a + 0$，接下来的数是$a + 1, a + 2, \cdots$，最后一个数是$a + m - 1$，从0到$m - 1$，就是m个数。

【微实例1.11】如果字母a的编号为97，那么字母z的编号为多少？

解：我们知道，有26个英文字母，那答案是97 + 26 = 123吗？不对！正确答案应该是：97 + 26 - 1 = 122。这是因为26个字母已经包含了编号为97的字母a了，头已经算了，除去头，只剩下25个字母，所以只能加25，或者加26再减1。

【微实例1.12】在道路的一边种树，要求树之间的间距为3米，问种10棵树要多远距离？

解：10棵树只有9个间距，如图1.25（a）所示，所以答案为9 × 3 = 27米。

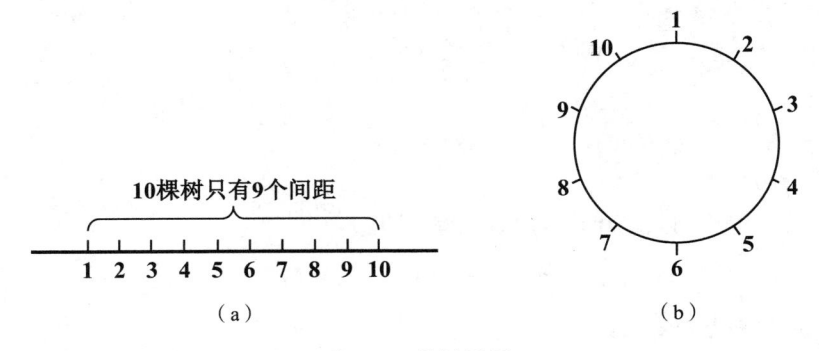

图1.25 种树问题

【微实例1.13】要在一个圆形的大花坛外围种树,要求树之间的间距为3米,刚好种下10棵树,求花坛的周长?

解:围成一圈,10棵树就有10个间距,如图1.25(b)所示,所以答案为10×3=30米。

(2)乘积最大

例如,已知两个正整数x和y的和为10,即$x+y=10$,x和y有很多取值组合,问x、y取什么值时,x和y的乘积最大?

我们来试一下,$x=1,y=9,xy=9$;$x=2,y=8,xy=16$;…;$x=5,y=5,xy=25$。

结论:**如果两个量的总和固定,则这两个量越接近,它们的乘积越大。**

【编程实例1.25】切饼。有一块长方形的饼,用刀切,只能在平行于边的方向切,即只能横着切或竖着切,不能斜着切。切一刀,可以分成2块。切两刀,可以分成3块或4块。切三刀,可以分成4块或6块,如图1.26所示。问总共切n刀,$n \leq 20$,最多可以切成多少块。

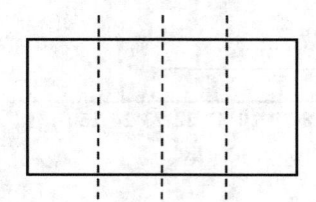

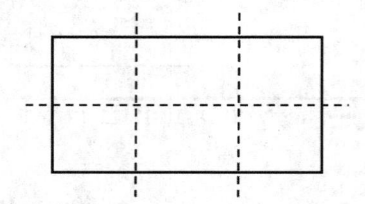

图1.26 切饼

分析:假设横着切x刀,竖着切y刀,那么$x+y=n$,可以分成$(x+1)(y+1)$块,把这个式子展开,得到$xy+x+y+1=xy+n+1$。所以,这里要求xy取最大值。

根据上述结论,如果n为偶数,一定是横着切$n/2$刀、竖着切$n/2$刀,得到的分块最多,答案是$(n/2+1)*(n/2+1)$。如果n为奇数,一定是横着切$n/2$刀、竖着切$n/2+1$刀,或者反过来,注意这里的除法是整数除法,答案是$(n/2+1)*(n/2+2)$。代码如下。

```
#include <bits/stdc++.h>
using namespace std;
int main()
{
    int n;  cin >>n;
    if(n%2==0)   cout <<(n/2+1)*(n/2+1) <<endl;
    else   cout <<(n/2+1)*(n/2+2) <<endl;
    return 0;
}
```

(3)平方差公式

两个数的平方差等于两数之和乘以两数之差,即

$$a^2 - b^2 = (a+b) \times (a-b) \tag{1.7}$$

公式(1.7)称为**平方差公式**。

第 2 章
数列问题及递推和递归

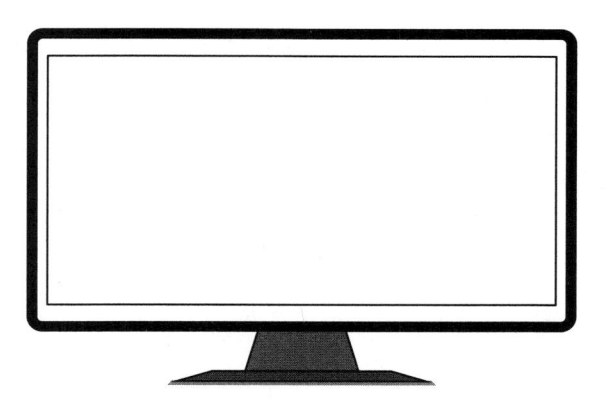

本章内容

本章讨论数列及相关问题，涵盖等差数列和等比数列的求解方法，以斐波那契数列为切入点，引出数列问题的递推和递归，系统总结常见问题的递推公式，深入讨论递推和递归的实现逻辑，阐释递推和递归的数学基础——数学归纳法，提炼递推和递归的思想本质；重点分析递归求解问题时可能存在重复的递归调用及解决方法，最后以整数划分问题为例，演示递推与递归的实际应用。

2.1 数列及相关问题

所谓数列，就是一组排列有序的数，数列中的数通常具有某种规律。数列中的每一个数都称为这个数列的**项**。排在第一位的数称为这个数列的第1项，通常也称为首项；排在第二位的数称为这个数列的第2项；以此类推；排在第n位的数称为这个数列的第n项。

数列的例子：

$$1, 3, 5, 7, 9, \cdots, 2n-1, \cdots$$

$$1, 1, 2, 3, 5, 8, 13, 21, 34, 55, 89, \cdots$$

$$1, 2, 4, 8, 16, 32, 64, 128, \cdots, 2^n, \cdots$$

数列的相关问题包括：求数列的第n项、数列前n项和。

（1）根据数列各项的规律，由已知的第1项（或第1项、第2项等）出发，推算出第n项的值。

（2）求数列前n项和$S_n = a_1 + a_2 + \cdots + a_n$，$a_i$为数列中的项。

数列问题中蕴含着非常丰富的算法思想，主要是递推和递归，这些算法思想也是其他算法（如动态规划算法、深度优先搜索算法、分治算法、贪心算法等）的基础。

注意，有些问题表面上看不是数列问题，但只要不是像人的身高一样取连续变化的值，或者像每个月的天数一样取离散的值，就可以**给每个取值编个序号，这些取值也构成了一个数列**。或者，如果每个整数1，2，3，4，$\cdots$都对应一个值，这些值也构成了一个数列，整数1，2，3，4，$\cdots$就是这些值的序号。

例如，在编程实例2.10整数划分问题中，每个整数n对应一个划分数$p(n)$，$p(1) = 1$，$p(2) = 2$，$p(3) = 3$，$p(4) = 5$，$p(5) = 7$，$p(6) = 11$，这些划分数也构成了一个数列。

2.2 等差数列和等比数列

在等差数列中，给定了首项和公差，就能递推出每一项，也能求出前n项和。同样，在等比数列中，给定了首项和公比，也能递推出每一项，并能求出前n项和。

等差数列是指从第2项起，每一项与它的前一项的差等于同一个常数的一种数列。这个常数称为等差数列的**公差**，公差通常用字母d表示。

例如：1，3，5，7，9，$\cdots$，$2n-1$就是一个等差数列，公差d为2。

设等差数列首项为a_1，公差为d，等差数列的通项公式，即第n项a_n为：

$$a_n = a_1 + (n-1)d \tag{2.1}$$

前n项和S_n为：

$$S_n = na_1 + \frac{n(n-1)d}{2} \text{ 或 } S_n = \frac{n(a_1+a_n)}{2} \qquad (2.2)$$

等比数列是指从第2项起，每一项与它的前一项的比值等于同一个常数的一种数列。这个常数称为等比数列的**公比**，公比通常用字母q表示（$q \neq 0$）。等比数列的首项$a_1 \neq 0$。

例如：二进制的权值，1，2，4，8，16，32，64，…，就构成了一个等比数列，公比为2。

设等比数列首项为a_1，公比为q，等比数列的通项公式，即第n项a_n为：

$$a_n = a_1 q^{n-1} \qquad (2.3)$$

前n项和S_n为：

$$S_n = \begin{cases} n \times a_1 & q = 1 \\ a_1 \dfrac{1-q^n}{1-q} \text{ 或 } \dfrac{a_1 - a_n q}{1-q} & q \neq 1 \end{cases} \qquad (2.4)$$

根据公式（2.4），容易求得$1+2+4 = 4 \times 2 - 1 = 7$，$1+2+4+8+16+32+64 = 64 \times 2 - 1 = 127$。于是得到二进制权值的一个规律，详见第4章。

2.3 斐波那契数列

斐波那契数列是数学和算法领域最著名的数列之一。

意大利数学家斐波那契（Fibonacci）在他的名著《算经》里提出了一个问题：假设一对刚出生的小兔子（一雄一雌）一个月后就能长成大兔子，再过一个月就能生下一对小兔子，并且此后每个月都生下一对小兔子，一年内没有发生死亡，那么一对刚出生的小兔子，在一年内将繁殖成多少对兔子？由该繁衍规律得到的每个月兔子的数量组成了斐波那契数列，也称为"兔子数列"，如图2.1所示。

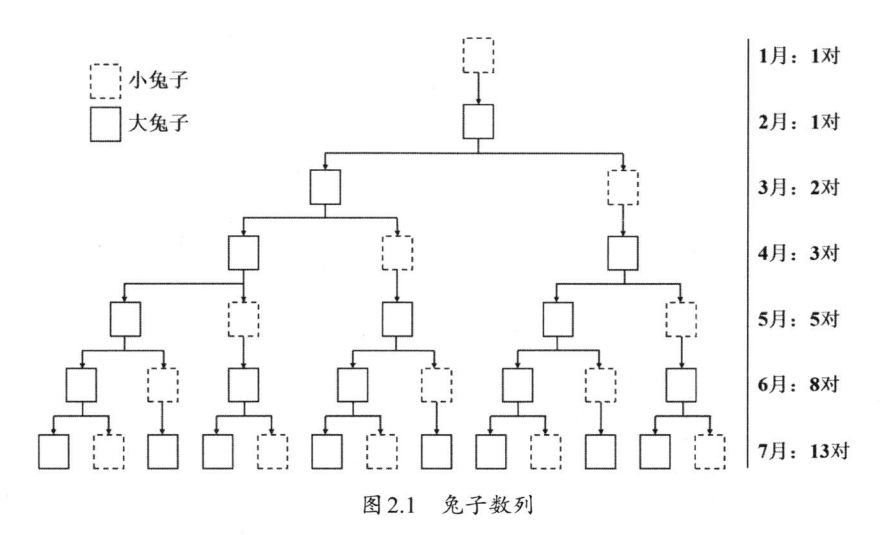

图2.1　兔子数列

斐波那契数列增长速度非常快，第46项为1836311903，第47项就超出了int型范围，第92项为7540113804746346429，第93项就超出了long long型范围。

斐波那契数列的前几项为1，1，2，3，5，8，13，21，34，55，89，…。仔细观察这个数列发现，第1项和第2项为1，此后每一项都是前两项的和。

为什么从第3个月开始，每个月的兔子对数等于前两个月兔子对数之和？观察图2.1发现，每个月，兔子对数包括大兔子对数和小兔子对数，上个月每一对兔子，无论是大兔子还是小兔子，到了下个月，一定是大兔子；而上上个月每一对兔子，无论是大兔子还是小兔子，到了这个月，一定会生下一对小兔子。

【编程实例2.1】斐波那契数列（递推）。求斐波那契数列第n项，$n \leq 92$，第1项和第2项为1。

分析：第1章学了递推，递推在数列问题中非常直观，如果数列中每一项的取值有规律，且每一项都能根据前面几项的值求出来，这就是递推，而且这种递推用数组实现既简单又直观。对斐波那契数列来说，假设用数组a存储每一项，则有$a[n] = a[n-1] + a[n-2]$。凡是递推，都要给出若干项初始值。对斐波那契数列，初始值就是$a[1] = 1, a[2] = 1$。代码如下。

```
#include <bits/stdc++.h>
using namespace std;
long long a[100];
int main()
{
    a[1] = 1,  a[2] = 1;
    for(int i=3; i<=92; i++)
        a[i] = a[i-1] + a[i-2];   //递推公式
    int n;  cin >>n;
    cout <<a[n] <<endl;
    return 0;
}
```

2.4 数列递推的例子

在生活中，有些问题直接求解非常困难，但容易找到递推式子，再手工求出几项初始值，就能求出每一项的值。详见本节以下例子。

【编程实例2.2】走台阶。现有n阶台阶，$n \leq 90$，每步只能跨1阶台阶或2阶台阶，请计算共有多少种不同的走法走到第n阶台阶。两种走法只要有一步走的台阶数不一样，即称为不同走法。例如，4阶台阶，1+1+2和1+2+1是两种不同的走法。

分析：假设走了若干步走到第n阶台阶，一定是前一步走到第$(n-1)$阶台阶再1步跨1阶台阶和前一步走到第(n-2)阶台阶再1步跨2阶台阶这两种情形之一，不可能有其他情形，如图2.2所示。

假设$a[n]$表示走到第n阶台阶的方案数，则有$a[n] = a[n-1] + a[n-2]$，$a[1] = 1$，$a[2] = 2$。

$a[n] = a[n-1] + a[n-2]$的含义：$a[n-1]$表示走到第$n-1$阶台阶的方案数，只要能走到第$n-1$阶台阶，再用1步跨1阶台阶，就到达了第n阶台阶，因此走到第$n-1$阶台阶的一种方案就对应了走到第n阶台阶的一种方案；同理走到第$n-2$阶台阶的一种方案也对应了走到第n阶台阶的一种方案。

可能有人认为：前一步走到第$n-2$阶台阶处，跨1阶台阶到达了第$n-1$阶台阶处、再跨1阶台阶也能到达第n阶台阶，或者说从第$n-2$阶台阶，有两种走法可以走到第n阶台阶，递推公式不应该是$a[n] = a[n-1] + 2a[n-2]$吗？

以上递推公式是错误的，走到第$n-2$阶台阶处，跨1阶台阶的确是到达了第$n-1$阶台阶处，但这些方案已经包含在$a[n-1]$，不能重复算。所以，走到第$n-2$阶台阶处，必须跨2阶台阶到达第n阶台阶处，这样，$a[n-1]$和$a[n-2]$就没有重复，$a[n] = a[n-1] + a[n-2]$才是对的。

得到了递推式子，再手工求出几项初始值，就可以递推求解了。本题的递推式子就是斐波那契数列的递推式子，只是初始值不一样。代码略。

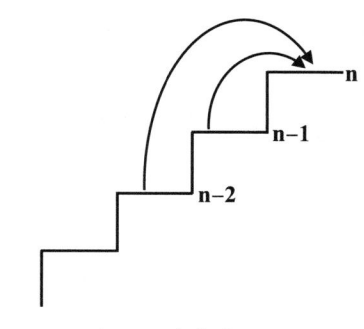

图2.2　走台阶

【编程实例2.3】吃糖果。现有n颗糖果，$n \leq 90$，每天只能吃2颗或3颗，请计算吃完糖果共有多少种不同的吃法。两种吃法只要有一天吃的糖果数不一样，即称为不同吃法。

分析：假设吃到某一天总共吃了n颗糖果，一定是吃到前一天总共吃了$n-2$颗当天再吃2颗和吃到前一天总共吃了$n-3$颗当天再吃3颗这两种情形之一，不可能有其他情形。

假设$a[n]$表示吃n颗糖果的方案数，则有$a[n] = a[n-2] + a[n-3]$，$a[1] = 0$，$a[2] = 1$，$a[3] = 1$。本题的递推类似于斐波那契数列的递推。代码略。

注意，**在递推式子里出现了$a[n-k]$，就必须给出k个初始值**，$a[1], a[2], \cdots, a[k]$。

【编程实例2.4】两双鞋换着穿。小蓝有两双不同的鞋可以换着穿，一双鞋，可以穿1天就换另一双，也可以连续穿2天再换另一双，但同一双鞋不能连续穿3天。用这两双鞋搭配穿n天，共有多少种不同的方案。两种方案只要有一天穿的鞋子不一样，即称为不同方案。用A、B代表这两双不同的鞋。

当$n = 4$时，有10种穿鞋的方案。

AABA、AABB、ABAA、ABAB、ABBA

BBAB、BBAA、BABB、BABA、BAAB

输入正整数n，代表天数，$n \leq 90$，输出方案数。

分析：先假设两双鞋是一样的，相当于只有一双鞋，这就跟走台阶那个问题一样了。一双鞋怎么换着穿呢？可以约定穿1天洗一次（假定当天晚上洗了就能干）或穿2天洗一次，不允许穿3天及以上洗一次。假设换洗了若干次后到了第 n 天，一定是上一次换洗是第 n – 1 天且最近换洗的鞋穿了 1 天和上一次换洗是第 n – 2 天且最近换洗的鞋穿了 2 天这两种情形之一，不可能有其他情形。

假设 a[n] 表示穿 n 天的方案数，则有 a[n] = a[n – 1] + a[n – 2]，a[1] = 1，a[2] = 2。

再考虑两双鞋不一样，观察 n = 4 时的 10 种方案，第 2 行的 5 种方案就是第 1 行 5 种方案互换 A、B 得到的。或者说，第 1 行的 5 种方案都是 A 开头的，第 2 行的 5 种方案都是 B 开头的，因此，用上面的递推公式求得的方案数还要再乘以 2 才是本题的答案。也可以设置初始值 a[1] = 2，a[2] = 4 再递推，就不用再乘以 2 了。

另外，在本题中，a 数组必须定义成 unsigned long long 型，因为 n = 90 时，答案超出了 long long 型范围。代码略。

2.5 数学归纳法

数列的递推及递归的数学基础是数学归纳法。

数学归纳法：设 P(n) 是关于自然数 n 的一种结论。（1）当 n = 1 时，P(1) 成立；（2）由 P(n = k) 成立可推出 P(n = k + 1) 成立，那么 P(n) 对所有自然数 n 成立。

在上述数学归纳法中，（1）是基础，（2）是归纳。

生活中的归纳法：如果一个家族的祖先姓张；按照中国人的传统，儿子跟父亲姓；那么就能得出结论，这个家族世世代代的男性都姓张。用数学的语言来描述就是：（1）当 n = 1 时，这个家族第 1 代男性姓张；（2）由"第 k 代男性姓张"能推出"第 k + 1 代男性姓张"，那么"这个家族第 n 代男性姓张"对所有自然数 n 成立。

【微实例2.1】证明等差数列 1, 2, 3, 4, …, n 的求和公式对所有 n 都成立。

$$1 + 2 + 3 + 4 + \cdots + n = \frac{n(n+1)}{2} \qquad (2.5)$$

证明：当 n = 1 时，公式（2.5）的左边是 1，右边 = $\frac{1 \times (1+1)}{2} = 1$，成立。

假设当 n = k 时，公式（2.5）成立，即 $1 + 2 + 3 + 4 + \cdots + k = \frac{k(k+1)}{2}$ 成立。那么，当 n = k + 1 时，

$$1 + 2 + 3 + 4 + \cdots + k + (k+1) = \frac{k(k+1)}{2} + (k+1)$$

$$= \frac{k(k+1) + 2(k+1)}{2} = \frac{(k+1) \times (k+2)}{2} = \frac{(k+1) \times ((k+1)+1)}{2}$$

因此，公式（2.5）对 n = k + 1 也成立。根据数学归纳法，公式（2.5）对所有的 n 都是成立的。

在上述证明中，归纳的过程如下。

（1）首先证明 n = 1 成立。

（2）然后证明从 $n = k$ 成立可以推导出 $n = k + 1$ 也成立（这里实际应用的是推理）。

（3）根据以上两点，从 $n = 1$ 成立可以推导出 $n = 1 + 1$，也就是 $n = 2$ 成立。

（4）继续推导，从 $n = 2$ 成立可以推导出 $n = 3$ 成立。

（5）从 $n = 3$ 成立可以推导出 $n = 4$ 也成立。

不断重复上述推导过程，这就是所谓的"归纳"推理，我们便可以得出结论：对于任意非零自然数 n，公式（2.5）都成立。

2.6 递归和递归函数

如果一个问题难以直接求解，但可以转换成通过求解较小规模的同类问题来实现，就可以用递归求解。递归需要用递归函数实现。

举个例子。唐僧想吃桃子，他吩咐孙悟空去摘3个桃子。孙悟空偷懒，于是他变出一只大猴子，吩咐大猴子去摘2个桃子，这样孙悟空就只需要摘1个桃子。大猴子也偷懒，于是他变出一只小猴子，吩咐小猴子去摘1个桃子，这样大猴子就只需要摘1个桃子。小猴子摘到1个桃子，交给大猴子。大猴子收到桃子，加上自己摘的桃子，共2个，交给孙悟空。孙悟空收到桃子，加上自己摘的桃子，共3个，交给唐僧，如图2.3所示。

图2.3 猴子摘桃子

在上述例子里，每只猴子（包括孙悟空）的任务是只摘1个桃子，把剩下的桃子交给下一只猴子去摘。猴子们干的是同类的事情，但规模越来越小，即需要摘的桃子数越来越少。最后一只猴子，即小猴子，由于只需要摘1个桃子，所以它不需要再吩咐其他猴子了，自己就可以完成任务，这就是递归结束条件。

对应到程序里，main函数就是唐僧，每只猴子（包括孙悟空）相当于递归函数，表面上看起来，唐僧只吩咐孙悟空去摘桃子，但整个任务是由3只猴子完成的。

斐波那契数列问题也可以用递归求解，详见编程实例如下。

【编程实例2.5】**递归求斐波那契数列**。设计递归函数，求斐波那契数列第 n 项，$n \le 40$。注意，

这里 $n \leqslant 40$，是因为用递归求斐波那契数列第 n 项容易超时。后面编程实例 2.9 会解决这个问题。

分析：先假设有一个函数 f，能求斐波那契数列的第 n 项，$f(n)$ 返回的就是第 n 项，那么 $f(n-1)$ 表示求第 $(n-1)$ 项，$f(n-2)$ 表示求第 $(n-2)$ 项等。

在 f 函数里，优先判断 n 是否为 1 或 2，如果是，直接返回 1，这是**递归结束条件**。每个递归函数都应该有递归结束条件，否则就会无限递归下去，永不结束。如果 n 不为 1 或 2，则调用 f 函数求第 $(n-1)$ 项、第 $(n-2)$ 项，把二者加起来，就是第 n 项，返回这个值。代码如下。

```
#include <bits/stdc++.h>
using namespace std;
long long f(int n)
{
    if(n==1 or n==2)  return 1;   //递归结束条件
    else  return f(n-1) + f(n-2);
}
int main()
{
    int n;  cin >>n;
    cout <<f(n) <<endl;
    return 0;
}
```

在编程实例 2.5 中，$f()$ 函数有一个特点，它在执行过程中又调用了 $f()$ 函数，这种函数称为**递归函数**。

具体来说，在执行一个函数的过程中，**直接或间接地调用该函数本身**，如图 2.4 所示，这种函数调用称为**递归调用**；包含递归调用的函数称为**递归函数**。在实际编程时，递归函数主要是自己直接调用自己，间接调用非常少见。

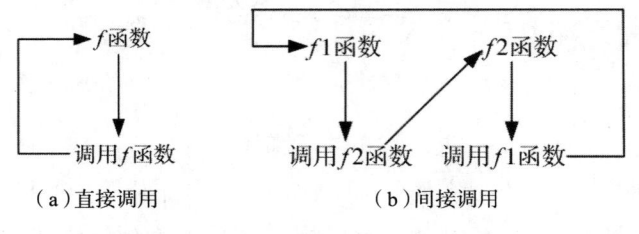

图 2.4 直接调用函数本身与间接调用函数本身

2.7 递归方法应用实例

在用递归方法求解问题时，有一种思路是先假设规模为 $(n-1)$ 的问题求出来了，在这个基础上只需要计算"新增的",就能求出规模为 n 的问题。详见本节编程实例。

【编程实例2.6】三角形的个数。在图2.5(a)所示的三角形中,从一个顶点向对角边连1根线,可以构成3个三角形;连2根线,可以构成6个三角形。问连 n 根线, $n \leq 100$,可以构成多少个三角形?

分析:先假设连 $n-1$ 根线时三角形的个数已经求出来了,是 $f(n-1)$ 。在第 $(n-1)$ 根线的右边再连1根线,就连了 n 根线,如图2.5(d)所示。

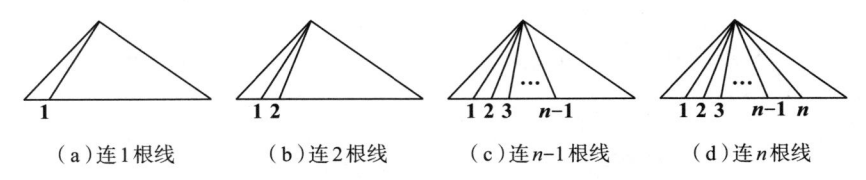

(a)连1根线　　(b)连2根线　　(c)连 $n-1$ 根线　　(d)连 n 根线

图2.5　三角形的个数

现在我们只需要考虑从 $(n-1)$ 根线到 n 根线,多出了多少个三角形。首先多出了2个小三角形,如图2.6(a)所示,分别用横线阴影和竖线阴影表示。然后,横线阴影小三角形左边还有 $(n-1)$ 个小三角形,以横线阴影小三角形为基础,向左延伸到前面每个小三角形,分别得到一个新的三角形,所以总共多出了 $2+(n-1)=n+1$ 个新的三角形。因此,连 n 根线,有 $f(n-1)+n+1$ 个三角形。

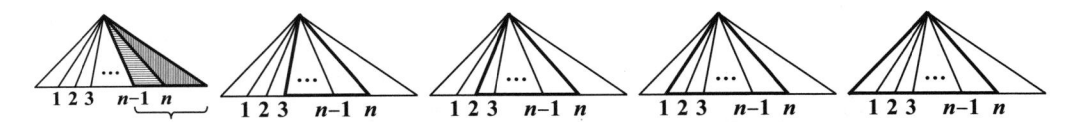

(a)多出2个小三角形　　(b)以横线阴影小三角形为基础,向左延伸到前面每个小三角形

图2.6　多出来的三角形

因此,我们得到一个递推式子: $f(n)=f(n-1)+n+1$,其中 $f(n)$ 表示连 n 根线时三角形的个数。初始值 $f(1)=3$ 。其实还可以推广到 $f(0)=1$,表示连0根线,有1个三角形。

这个递推式子很容易转换成递归函数,因此本题可以用递归方法求解。

此外,根据本题的递推式子,也可以得到直接计算 $f(n)$ 的公式。

$f(n) = n+1+f(n-1) = n+1+(n-1)+1+f(n-2) = n+1+(n-1)+1+(n-2)+1+f(n-3)$

$= n+1+(n-1)+1+(n-2)+1+\cdots+1+1+f(0)$

$= 1+2+3+\cdots+n+n+1 = (n+1)\times(n+2)/2$ 。

所以,本题也可以直接按上述公式计算三角形的个数。代码如下。

```
#include <bits/stdc++.h>
using namespace std;
int f(int n)
{
    if(n==0)   return 1;
    if(n==1)   return 3;
    return  f(n-1) + n + 1;              // 在 f(n-1) 的基础上加上新增的
```

```
}
int main()
{
    int n;  cin >>n;
    cout <<f(n) <<endl;              //方法1：用递归求解
    //cout <<(n+1)*(n+2)/2 <<endl;   //方法2：直接按公式求解
    return 0;
}
```

【微实例2.2】用数学归纳法证明在编程实例2.6中，连 n 根线时三角形的个数是 $f(n) = (n + 1) \times (n + 2)/2$。

证明：（1）当 $n = 0$ 时，没有连线，三角形的个数为1，把 $n = 0$ 代入上述公式，得到 $f(0) = 1$。

（2）当 $n = k - 1$ 时，$f(k - 1) = ((k - 1) + 1) \times ((k - 1) + 2)/2 = k \times (k + 1)/2$。

在 $(k - 1)$ 根线的基础上再连1根线，共连了 $n = k$ 根线，根据编程实例2.6的分析，会多出 $n + 1 = k + 1$ 个三角形。

因此，$f(k) = k \times (k + 1)/2 + k + 1 = (k + 1) \times (k + 2)/2$。

综上，根据数学归纳法的原理，对所有的自然数 n，连 n 根线都有 $f(n) = (n + 1) \times (n + 2)/2$ 个三角形。

2.8 数列问题实例——递推和递归求解

很多数列问题既可以用递推求解，也可以用递归求解。详见本节的编程实例。

【编程实例2.7】**阶乘**。请分别用递推和递归求阶乘 $n!$，$n \leq 20$。

分析： 第1章学习了阶乘 $n!$，阶乘增长速度非常快，21!就超出了 long long 型的范围。

在数学上，求阶乘，有两种表示方法。

① $n! = \underline{1 \times 2 \times 3 \times \cdots \times (n - 2) \times (n - 1)} \times n = (n - 1)! \times n$；

② $n! = (n - 1)! \times n$，$0! = 1! = 1$

这两种表示方法对应两种算法思想。

第①种表示方法要用循环结构来实现，其实就是递推，用到了 $i! = (i - 1)! \times i$，变量 F 的值始终为 i 的阶乘，i 增加1后，$F = F * i$，F 就是增加1后 i 的阶乘。代码如下。

```
#include <bits/stdc++.h>
using namespace std;
int main()
{
    int n;  cin >>n;
```

```
    long long F = 1;      //F要初始化为1
    for( int i=1; i<=n; i++ )   F = F*i;
    cout <<F <<endl;
    return 0;
}
```

第②种表示方法要用递归函数实现。假设有一个函数 f，能实现求阶乘，$f(n)$ 返回的就是 $n!$，那么 $f(n-1)$ 返回的就是 $(n-1)!$，在 f 函数里要调用 $f(n-1)$，返回 $n*f(n-1)$。递归结束条件是 n 为 1 或 0 时，直接返回 1。代码如下。

```
#include <bits/stdc++.h>
using namespace std;
long long f( int n ){
    if( n==0 )  return 1;    // 递归结束条件
    if( n==1 )  return 1;    // 递归结束条件
    return n*f(n-1);         // 递归调用
}
int main()
{
    int n;  cin >>n;
    cout <<f(n) <<endl;
    return 0;
}
```

如果输入 n 的值为 3，则上述程序的执行过程如图 2.7 所示。

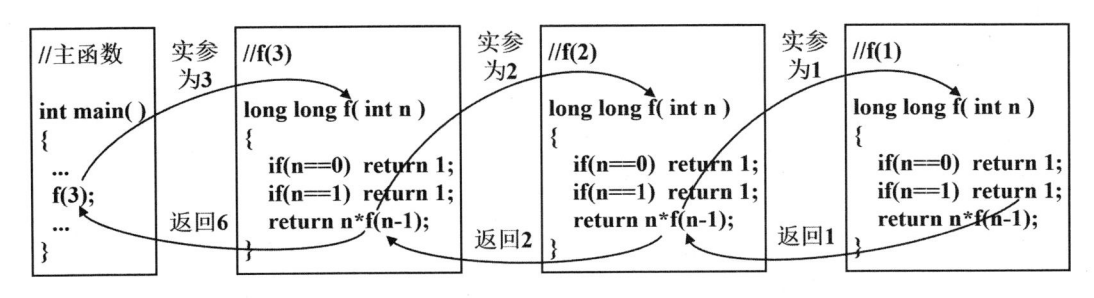

图 2.7 求 3! 的执行过程

【编程实例 2.8】$f(n) = \Sigma f(j)$，j 为 n 的因数且 $j < n$。在本题中，定义了一个数列，第 n 项用 $f(n)$ 表示。已知 $f(1) = 1$；当 $n > 1$ 时，$f(n) = \Sigma f(j)$，j 为 n 的因数且 $j < n$。Σ 表示求和。例如，$f(8) = f(1) + f(2) + f(4)$；$f(9) = f(1) + f(3)$。输入 n，$n \leq 1000$，输出 $f(n)$ 的值。本题要求分别用递推和递归求解。

分析：本题给出了一个递推式子求 $f(n)$，在求 $f(n)$ 时，需要用到所有的 $f(j)$，j 为 n 的因数，且 $j < n$。我们可以用一个数组 f 存储每一项的值，初始值 $f[1] = 1$，从第 2 项开始递推。代码如下。

```
#include <bits/stdc++.h>
using namespace std;
```

```
int main()
{
    int f[1010] = {0};
    f[1] = 1;
    int n;   cin >>n;
    for(int i=2; i<=n; i++){        // 求 f[i]
        for(int j=1; j<i; j++){     //f[j] (j<i) 都已经求出来了，可以直接拿来用
            if(i%j==0)   f[i] += f[j];
        }
    }
    cout <<f[n] <<endl;
    return 0;
}
```

本题也可以用递归实现。定义函数 f，实现求第 n 项。在 $f(n)$ 函数里，要调用 $f(j)$，j 为 n 的因数且 $j < n$，所以 f 函数是递归函数。累加所有的 $f(j)$ 并返回。代码如下。

```
#include <bits/stdc++.h>
using namespace std;
int f(int n)
{
    if(n==1)   return 1;
    int ans = 0;
    for(int j=1; j<n; j++){
        if(n%j==0)   ans += f(j);
    }
    return ans;
}
int main()
{
    int n;   cin >>n;
    cout <<f(n) <<endl;
    return 0;
}
```

2.9 递推和递归总结

本节以阶乘 $n!$ 的求解为例总结递推和递归。

递推是指从已知初始条件出发，往前递推出每一项的值，直到求得问题的解，如图 2.8 所示。为了求 n 的阶乘 $n!$，从 $1! = 1$ 开始，递推出 $2! = 1! \times 2 = 2$，$3! = 2! \times 3 = 6$，…，$n! = (n-1)! \times n = n$。

递归是指往后逐步递归，解决类似但规模更小的问题，直到递归结束条件，递归需要用递归函数实现，如图2.9所示。为了求$f(n)$，要调用$f(n-1)$，而$f(n-1)$又会调用$f(n-2)$，…，$f(2)$会调用$f(1)$，执行$f(1)$时，返回1；然后层层返回，在返回过程中把每个阶乘带回来，最终求得$n!$。

递推： $1!=1$　$1!\times 2=2!$　$2!\times 3=3!$　$3!\times 4=4!$　…　$(n-1)!\times n=n!$

图2.8　递推

在图2.9中，实线表示前进方向，即递归函数调用，虚线表示后退方向，即递归函数调用返回。

递归： $f(1)=1$　$f(2)=2\times f(1)$　…　$f(n-1)=(n-1)\times f(n-2)$　$f(n)=n\times f(n-1)$　$n!=f(n)$

图2.9　递归

2.10　递归存在的问题及解决方法

递归函数存在的问题是：如果有重复的递归调用，递归调用次数增长可能非常快，容易超时。例如，求斐波那契数列的第n项就有许多重复的递归调用，如图2.10所示。据测算，求斐波那契数列的第21项，递归函数f的调用次数就高达21891次。

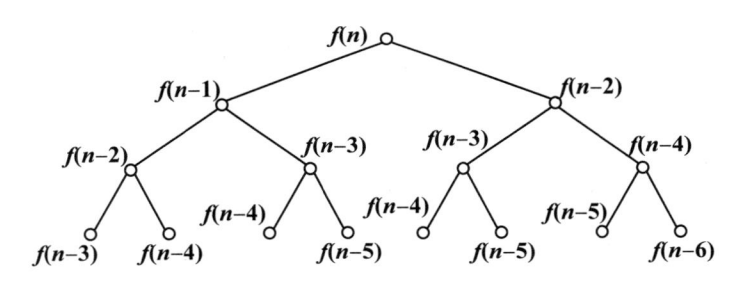

图2.10　递归函数可能有许多重复的递归调用

解决这一问题的方法是，定义一个数组存储已求得的解。具体有以下三个步骤。

（1）定义一个数组，设为a，存储已求得的解。数组a各元素要初始化为0。注意，如果答案增长很快，数组a可能需要定义成long long型。

（2）在递归函数$f()$里，首先判断$a[n]$是否已被计算过，如果是，直接返回$a[n]$。

（3）在递归函数$f()$的其他每个分支，都是先将求得的解存储在数组a，再返回该值。

以上三个步骤，必须一起使用，缺一不可。例如，如果存储了$a[n]$，但在第（2）点没有判断$a[n]$的值是否存在，显然$a[n]$没有起到作用；如果在每个分支没有存储$a[n]$的值，显然第（2）点的判断也不起作用。

编程实例2.5用递归求斐波那契数列第n项，n如果大于40，可能就会超时。我们可以按上述步骤改进编程实例2.5，详见编程实例2.9。

【编程实例2.9】递归求斐波那契数列（改进）。设计递归函数，求斐波那契数列第n项，$n \leq 92$。

分析：定义long long型数组a，存储斐波那契数列的每一项。数组a是全局变量，所有元素自动初始化为0。在递归函数f里，首先判断第n项$a[n]$是否已经求出来了，如果是，直接返回$a[n]$。在接下来的每个分支，都是先存储$a[n]$的值再返回。

由于避免了重复调用，在用本题的代码求第21项时，递归函数f的调用次数才39次，而且其中有18次执行到第1个if语句，检查到所需的这一项已经求出来了，就直接返回其值了。统计f函数调用次数的方法详见以下代码中被注释的语句。代码如下。

```
#include <bits/stdc++.h>
using namespace std;
long long a[100];
//int cnt1, cnt2;   //cnt1: f 函数执行次数，cnt1-cnt2: 直接返回 a[n] 的次数
long long f(int n)
{
    //cnt1++;
    if(a[n])   return a[n];
    //cnt2++;
    if(n==1 or n==2)   return a[n] = 1;
    else   return a[n] = f(n-1) + f(n-2);
}
int main()
{
    int n;  cin >>n;
    cout <<f(n) <<endl;
    //cout <<cnt1 <<" " <<cnt2 <<endl;
    return 0;
}
```

2.11 整数划分问题

有些问题可能存在多个递推式子，当然这些递推式子里引入的一些量，含义不一样。本节介绍整数划分问题，分析得出这个问题的一个递推式子，然后用递归求解。8.8节还会讨论整数划分问题，分析得出另一个递推式子，然后用递推求解。

【编程实例2.10】整数划分问题（递归求解）。将正整数n表示成一系列正整数之和：$n = n_1 + n_2 + \cdots + n_k$，其中$n_1 \geq n_2 \geq \cdots \geq n_k \geq 1$，$k \geq 1$。正整数$n$的这种表示称为$n$的划分。$n$的不同划分个数

称为 n 的划分数，记为 $p(n)$。例如，6 有以下 11 种不同的划分，所以 $p(6) = 11$。

$$6;$$
$$5 + 1;$$
$$4 + 2, 4 + 1 + 1;$$
$$3 + 3, 3 + 2 + 1, 3 + 1 + 1 + 1;$$
$$2 + 2 + 2, 2 + 2 + 1 + 1, 2 + 1 + 1 + 1 + 1;$$
$$1 + 1 + 1 + 1 + 1 + 1。$$

输入 n，$1 \leq n \leq 400$，求 n 的划分数 $p(n)$。注意，$p(n)$ 的增长速度非常快，例如 $p(120) = 1844349560$，$p(400) = 6727090051741041926$。所以本题需要用 long long 类型。

分析：正整数 n 的划分问题相当于将 n 个相同的球放入若干个相同的盒子，最少放 1 个盒子，最多放 n 个盒子。例如，$6 = 3 + 2 + 1$ 这种划分，相当于将 6 个相同的小球放入 3 个相同的盒子，这 3 个盒子中的小球数依次为 3、2、1，如图 2.11 所示。第 8 章在讨论小球放盒子问题时会介绍正整数划分问题的另一种求解方法。

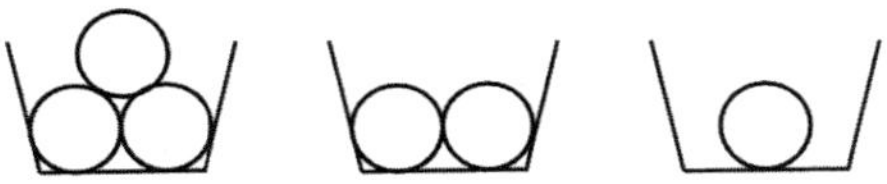

图 2.11 整数划分问题与小球放盒子问题

观察 6 的 11 种划分，分成了 6 行，每一行的划分，最前面的数也是最大的数 n_1 是一样的，这 6 行是按 n_1 的值从大到小排列的。

可以引入记号 $q(n, m)$，表示在正整数 n 的所有不同的划分中，最大加数 n_1 不大于 m（$n_1 \leq m$）的划分个数。本题要求的 $p(n)$，实际上就是 $q(n, n)$。

分析整数 6 的 11 种不同划分的构成，可以得到一个最重要的递推式子：

当 $1 < m < n$ 时，$q(n, m) = q(n - m, m) + q(n, m - 1)$

如图 2.12 所示，当 $n = 6$，$m = 3$ 时，有 $q(6, 3) = q(6 - 3, 3) + q(6, 2)$，$q(6, 3)$ 表示最大加数不超过 3 的划分数，即虚线以下 3 行包含的划分，且 $q(6, 3) = 7$，其中第一行是 3 开头的划分，个数是 $q(6 - 3, 3)$，即从 6 中扣除 3，剩下的值（$6 - 3 = 3$）的最大加数不超过 3 的划分，$q(6-3, 3) = 3$，后两行是 $q(6, 2)$，表示最大加数不超过 2 的划分数，$q(6, 2) = 4$。

图 2.12 整数的划分

再补充一些边界情形，就可以建立 $q(n, m)$（n, m 均为 ≥ 1 的整数）的递归关系，具体如下。

（1）当 $n = 1$ 或 $m = 1$ 时，$q(n, m) = 1$。

当最大加数 n_1 不大于 $m = 1$ 时，任何正整数 n 只有一种划分形式，即 $n = 1 + 1 + \cdots + 1$。

而当 $n = 1$ 时，也只有一种划分形式，即 $n = 1$。

（2）当 $m > n$ 时，$q(n, m) = q(n, n)$。

最大加数 n_1 实际上不能大于 n，因此当 $m > n$ 时，$q(n, m) = q(n, n)$。

（3）当 $n = m$ 时，$q(n, m) = q(n, n) = 1 + q(n, n-1)$。

正整数 n 的划分由 $n_1 = n$ 的划分（只有 1 种划分，就是 n 本身）和 $n_1 \leq n - 1$ 的划分组成。

（4）当 $n > m > 1$ 时，$q(n, m) = q(n, m-1) + q(n-m, m)$。

正整数 n 的最大加数 n_1 不大于 m 的划分（个数为 $q(n, m)$），由 $n_1 = m$ 的划分（个数为 $q(n-m, m)$）和 $n_1 \leq m - 1$ 的划分（个数为 $q(n, m-1)$）组成。

因此，可以得到公式（2.6）所示的递推公式。

$$q(n,m) = \begin{cases} 1 & n = 1 \text{ 或 } m = 1 \\ q(n, n) & n < m \\ 1 + q(n, n-1) & n = m \\ q(n, m-1) + q(n-m, m) & n > m > 1 \end{cases} \quad (2.6)$$

上述递推式子很容易转换成一个递归函数，因此本题可以用递归方法求解。代码如下。

```
#include <bits/stdc++.h>
using namespace std;
long long q( int n, int m )
{
    if( n<1 || m<1 )  return 0;
    else if( n==1 || m==1 )  return 1;   // 每个分支都是 return 语句，可以不写 else
    else if( n<m )  return q(n, n);
    else if( n==m )  return ( q(n,m-1)+1 );
    else  return ( q(n,m-1) + q(n-m,m) );
}
int main()
{
    int n;  cin >>n;
    cout <<q(n, n) <<endl;
    return 0;
}
```

很遗憾，上述代码很容易超时。可以测算出，仅仅是算 $p(150)$，即 $q(150, 150)$，所需时间就超过 300 秒，具体时间取决于所用的计算机。

以下对上述代码做一些改进，改进后的代码如下，其中粗体字为新增的代码。

```cpp
#include <bits/stdc++.h>
using namespace std;
long long r[401][401];          // 全局变量，编译器将各元素值初始化为0
long long q( int n, int m )
{
    if(r[n][m])   return r[n][m];
    if( n<1 || m<1 )   return r[n][m] = 0;
    if( n==1 || m==1 )   return r[n][m] = 1; // 每个分支都是return语句，可以不写else
    if( n<m )   return r[n][m] = q(n, n);
    if( n==m )   return r[n][m] = q(n,m-1)+1;
    return r[n][m] = q(n,m-1) + q(n-m,m);
}
int main()
{
    int i, j, n;
    cin >>n;
    cout <<q(n, n) <<endl;
    /*for( i=1; i<=400; i++ ) {   //求出所有的q(i, j)
        for( j=1; j<=i; j++ )   r[i][j] = q(i, j);
    }*/
    return 0;
}
```

以上程序首先定义一个二维数组r，用$r[n][m]$记录求得的$q(n, m)$；然后在递归函数q里，增加一条语句：当$r[n][m]$的值非0（意味着已经求出了$r[n][m]$），则不递归求解，而是直接返回其值。另外，在每个条件分支里都是先对$r[n][m]$赋值，再返回$r[n][m]$的值。

在main函数里，还可以用一个二重循环（被注释的代码）求出所有的$q(n, m)$，$m \leq n \leq 400$，即只求出二维数组r主对角线及以下元素的值。图2.13给出了求得的r数组部分元素的值，根据这些值，也可以验证上述递推式子。需要说明的是，在同一个r数组里，包含整数1～400的划分数，即对角线上的值。

	1	2	3	4	5	6	7	8	9	10
1	1									
2	1	2								
3	1	2	3							
4	1	3	4	5						
5	1	3	5	6	7					
6	1	4	7	9	10	11				
7	1	4	8	11	13	14	15			
8	1	5	10	15	18	20	21	22		
9	1	5	12	18	23	26	28	29	30	
10	1	6	14	23	30	35	38	40	41	42

图2.13　r数组部分元素的值

可以测算出上述代码求$p(1) \sim p(400)$，总共花费几毫秒的时间。所以，牺牲一点点存储空间，换来的是时间效率极大的提升。

第 3 章
初等几何

本章内容

几何是研究空间结构及性质的一门数学学科。本章介绍C++编程与信息学竞赛中涉及的初等几何知识，包括：三角形的判定，多边形的判定，凸多边形和凹多边形，勾股定理和勾股数，锐角三角形和钝角三角形的判定，周长、面积、表面积和体积的计算，内角和、角度和弧度的相互转换，直角坐标系和距离公式，网格坐标系，三维坐标系，等等；不包括信息学竞赛中很少涉及的凸包算法等。

3.1 三角形的判定

三角形的稳定性使得三角形结构在生活中处处可见，如图3.1所示。

图3.1 三角形的稳定性实例

三角形的稳定性体现在只要给定了三条边的长度 a、b、c，假设能构成三角形，那么得到的三角形一定是唯一的，三个角的角度也是确定的。

【**编程实例3.1**】**三角形的判定**。给定三角形三条边的长度 a、b、c，判断能否构成三角形。

分析：三角形的判定常用以下两种方法。

方法1：三角形任意两条边的和大于第三边。

方法2：如果能确定三条边的大小关系，假定 $a \leq b \leq c$，那就只需要判断两条短边之和大于最长的边。可以通过两次判断和交换，使得 c 变成最大值，这样就只需要判断 $a+b>c$ 是否成立。

在编程解题时，将三条边的长度存入数组 a，对数组 a 按从小到大排序，最长的边自然就排到最后了。因为本书不是专门讲算法的书，所以尽可能用最简单的代码实现。代码如下。

```
#include <bits/stdc++.h>
using namespace std;
int main()
{
    int a, b, c;
    cin >>a >>b >>c;
    //if(a+b>c and a+c>b and b+c>a)    //方法1
    //    cout <<"yes" <<endl;
    //else  cout <<"no" <<endl;
    if(a>b)   swap(a, b);    // 通过两次交换使得 c 变成最大值
    if(b>c)   swap(b, c);
    if(a+b>c)   cout <<"yes" <<endl;   //方法2
    else   cout <<"no" <<endl;
    return 0;
}
```

3.2 多边形的判定

四边形是不稳定的。四边形的不稳定性在生活中也大有用途，如图3.2所示。

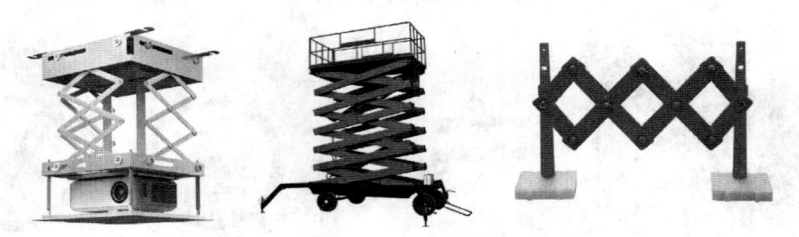

图3.2 四边形的不稳定性实例

四边形的不稳定性体现在给定了四条边的长度 a、b、c、d，假设能构成四边形，得到的四边形不是唯一的。例如，给定四条边的边长均为 a，能构成角度任意的菱形，包括四个角均为90度的正方形。

【编程实例3.2】四边形的判定。给定四边形四条边的长度 a、b、c、d，判断能否构成四边形。

分析：判定四条边能否构成四边形，常用以下两种方法。

方法1：任意三条边的长度之和都大于第四条边，则能构成四边形。

方法2：先找出最长的一条边，然后判断其余三条边的长度之和是否大于最长边的长度，如果大于，才能构成四边形；否则就不能构成四边形，如图3.3所示。

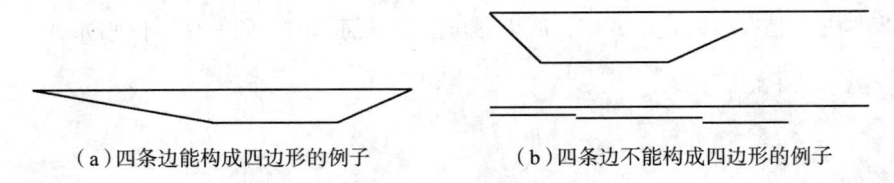

(a) 四条边能构成四边形的例子　　　　(b) 四条边不能构成四边形的例子

图3.3 四边形的判定

找出最长的边 mx，可以用3个if语句实现。但是要注意，这种方法只求出 a、b、c、d 的最大值 mx 是多少，并不知道最大值是 a、b、c、d 中的哪个数，从而也无法确定三条较短的边。适当变通一下，先求出四条边长度之和 $s = a + b + c + d$，那么其他三条边的长度之和就是 $s - mx$。因此只需判断 $s - mx$ 是否大于 mx 即可。代码如下。

```
#include <bits/stdc++.h>
using namespace std;
int main()
{
    int a, b, c, d;
    cin >>a >>b >>c >>d;
    //if(a+b+c>d and a+b+d>c and a+c+d>b and b+c+d>a)    //方法1
```

```
//      cout <<"yes" <<endl;
//else   cout <<"no" <<endl;
int s = a+b+c+d;            // 四条边之和
int mx = a;                 // 求最长边
if(b>mx)   mx = b;
if(c>mx)   mx = c;
if(d>mx)   mx = d;
if(s-mx > mx)               // 方法 2：s-mx 就是其他三条边长度之和
    cout <<"yes" <<endl;
else   cout <<"no" <<endl;
return 0;
}
```

推广开来，判断 n（$n \geq 3$）条边是否可以构成 n 边形，要先找出最长的一条边，然后判断其余边的长度之和是否大于最长边的长度，如果大于，就可以构成 n 边形。

3.3 凸多边形和凹多边形

在汉语里，"凹"和"凸"是象形字，"凹"是指低于周围，"凸"是指高于周围。

所谓凸多边形，是指在多边形内，任意两点的连线上的所有点全部位于多边形内，如图 3.4（a）所示的多边形就是凸多边形。

所谓凹多边形，是指在多边形内，存在某两点，它们连线上的某些点位于多边形外。在图 3.4（b）中，两个点的连线上，就有一些点位于多边形外，因此这个多边形就是凹多边形。

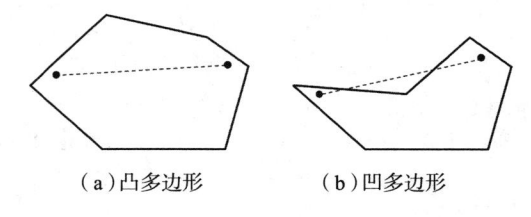

（a）凸多边形　　　（b）凹多边形

图 3.4　凸多边形和凹多边形

3.4 勾股定理

勾股定理是一个基本的几何定理，描述的是：**直角三角形的两条直角边的平方和等于斜边的平方**。假设两条直角边为 a 和 b，斜边为 c，则有 $a^2 + b^2 = c^2$，如图 3.5 所示。

中国古代称直角三角形为勾股形，并且直角边中较小者为勾，另一长直角边为股，斜边为弦，所以称这个定理为勾股定理。在

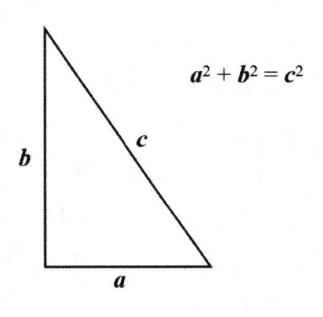

图 3.5　勾股定理

中国，周朝时期的商高提出了"勾三股四弦五"的勾股定理的特例。因此，也有人将勾股定理称为"商高定理"。

【编程实例3.3】**直角三角形的判断**。输入三个整数 a、b、c，判断以它们为长度的边能否组成直角三角形。

分析：假设直角三角形的两条直角边为 a 和 b，斜边为 c，那么 a, b, c 满足勾股定理 $a^2 + b^2 = c^2$。我们可以利用勾股定理来判定直角三角形，但是首先得知道斜边是哪条边。斜边就是最长的那条边。用两条 if 语句可以求出 a、b、c 中的最大值，但不知道最大值是 a、b、c 中的哪一个，也不知道其余两条边是哪两条边。当然也可以参照编程实例3.1中的方法，通过两次交换，把 c 变成最大值。

在本题中，我们换一种思路，假设 a、b、c 三者中的最大值是 m，我们不需要知道 m 是哪条边。先求出 $a^2 + b^2 + c^2$，如果这三条边构成直角三角形，a^2、b^2、c^2 这三项中有两项的和是 m^2，另一项就是 m^2，因此一定有 $a^2 + b^2 + c^2 = m^2 + m^2$。这样我们就不需要知道最长的边是哪条边了。代码如下。

```
#include <bits/stdc++.h>
using namespace std;
int main()
{
    int a, b, c;
    cin >>a >>b >>c;
    int m = a;
    if(b>m)  m = b;
    if(c>m)  m = c;
    int x = a*a + b*b + c*c;
    if(2*m*m == x)   cout <<"yes" <<endl;
    else  cout <<"no" <<endl;
    return 0;
}
```

3.5 勾股数

在勾股定理中，$a^2 + b^2 = c^2$，且 a、b、c 均为正整数的组合情形是比较少见的。**勾股数**就是满足勾股定理的一组正整数 (a, b, c，且 $a < b < c$)。常见的勾股数有 (3, 4, 5), (5, 12, 13), (6, 8, 10) 等，其中 (6, 8, 10) 这组勾股数是 (3, 4, 5) 这组勾股数放大2倍得到的。

对任意一个大于等于3的正整数 a，是否都存在另外两个正整数 b 和 c，$a < b < c$，使得 a、b、c 是一组勾股数呢？答案是肯定的，甚至可以用口诀"**奇数平方写连续，偶数半方加减1**"来确定 b 和 c 的值。

【微实例3.1】分别求 $a = 9$ 和 $a = 10$ 的勾股数组合。

解：$a = 9$ 是奇数，$9^2 = 81$，81可以拆成两个连续的整数40和41之和，那么取 $b = 40$，$c = 41$，(9, 40, 41)就是一组勾股数。$a = 10$ 是偶数，a的一半是5，5的平方是25，那么取 $b = 25 - 1 = 24$、$c = 25 + 1 = 26$，(10, 24, 26)就是一组勾股数。

上述规律背后的原理其实非常简单，假设 a、b、c 满足勾股定理（$a < b < c$，$a \geq 3$），则有 $a^2 = c^2 - b^2 = (c + b)(c - b)$。如果 a 为奇数，a^2 也是奇数，a^2 可以拆成两个连续的整数 b 和 c 之和，即取 $b = \dfrac{a^2 - 1}{2}$，$c = \dfrac{a^2 + 1}{2}$，这样 $c + b = a^2$，$c - b = 1$，$a^2 = (c + b)(c - b)$ 成立。如果 a 为偶数，a^2 也是偶数，$\left(\dfrac{a}{2}\right)^2 = \dfrac{a^2}{4}$，取 $b = \dfrac{a^2}{4} - 1$，$c = \dfrac{a^2}{4} + 1$，这样 $c + b = \dfrac{a^2}{2}$，$c - b = 2$，$a^2 = (c + b)(c - b)$ 成立。

注意，当 $a = 3$ 时，按照上述口诀计算出来的勾股数组合为(3, 4, 5)；当 $a = 4$ 时，计算出来的勾股数组合为(4, 3, 5)，因为我们约定 $a < b < c$，所以这个勾股数组合也是(3, 4, 5)。

另外，**同一个正整数 a 构成的勾股数组合 (a, b, c) 可能不止一个**。

例如，当 $a = 24$ 时，有4组勾股数组合，即(24, 32, 40)、(24, 45, 51)、(24, 70, 74)、(24, 143, 145)，其中只有(24, 143, 145)这组勾股数是根据上述口诀计算出来的，(24, 32, 40)是由(3, 4, 5)放大8倍得到的，(24, 45, 51)是由(8, 15, 17)放大3倍得到的，(24, 70, 74)是由(12, 35, 37)放大2倍得到的。此外，(20, 21, 29)这组勾股数并不符合上述口诀，也不是某组勾股数放大得到的。因此，要得到正整数 a 构成的所有勾股数组合，并不容易。

【**编程实例3.4**】**求勾股数**。输入一个正整数 a，$5 \leq a \leq 100000000$，按口诀"奇数平方写连续，偶数半方加减1"计算勾股数组合 (a, b, c) 中的另外两个数 b、c，$a < b < c$。

分析：根据上述口诀可以直接求出 b 和 c 的值。本题用到了平方运算，所以需要用 long long 类型。代码如下。

```
#include <bits/stdc++.h>
using namespace std;
typedef long long LL;
int main()
{
    LL a, b, c, t;
    cin >>a;
    if(a%2){   //a为奇数
        b = a*a/2;   c = a*a/2 + 1;    // 这里是整数的除法
    }
    else{   //a为偶数
        t = a/2;  t *= t;  b = t - 1;  c = t + 1;
    }
    cout <<b <<" " <<c <<endl;
    return 0;
}
```

【编程实例3.5】满足勾股定理的整数组合。在本题中,输入 x 和 y,x 和 y 均为整数且 $x<y$,统计有多少组不同的整数 a、b、c,$x \leq a < b < c \leq y$,且满足勾股定理 $a^2 + b^2 = c^2$。$1 \leq y - x \leq 10000$,x、y 均不超过 int 型的范围。

分析:注意,由 a 开头的勾股数组合可能不止一个,所以本题不能用前面的勾股数口诀来求解。本题只能用枚举算法求解。枚举 a 和 b 的组合,a 的取值范围为 $[x, y]$,b 的取值范围为 $[a, y]$,不枚举 c,而是判断 $\sqrt{a^2 + b^2}$ 是否为整数。方法:把 sqrt($a * a + b * b$) 赋值给整数 c,然后判断 $a*a + b*b == c*c$ 是否成立。当然,要保证 $c \leq y$。但这里有一个风险,浮点数在计算机里无法精确表示,更保险的做法是加上一个较小的浮点数,如 c = sqrt($a*a + b*b$) + 0.0005。如果还要枚举 c,代码会超时。另外,本题输入数据虽然没有超出 int 型范围,但因为用到了平方运算,所以还是需要用 long long 类型。代码如下。

```
#include <bits/stdc++.h>
using namespace std;
int main()
{
    long long x, y;
    long long a, b, c, ans = 0;
    cin >>x >>y;
    for(a=x; a<=y; a++){         //枚举求 a, b 的值
        for(b=a; b<=y; b++){     //c的值不需要枚举
            c = sqrt(a*a+b*b)+0.0005;
            if(c>y)  break;
            if(a*a + b*b == c*c)
                ans++;
        }
    }
    cout <<ans <<endl;
    return 0;
}
```

【编程实例3.6】$a^2 + b^2 = c^2$ 且 b 和 c 是相邻的两个整数。我们知道 (3, 4, 5) 这三个数满足勾股定理,(5, 12, 13) 这三个数也满足勾股定理,而且这两组数中较大的两个数都是相邻的两个整数。具体来说,有三个整数 a、b、c,且 $a < b < c$,满足勾股定理,b 和 c 是相邻的两个整数。那么 1~n 范围内有多少个组合满足这个要求呢?$n \leq 100000000$。

分析:应用本节前面介绍的勾股数规律可以简化本题的求解。这里仍采用通用的枚举法求解,但如果用二重循环枚举 a 和 b 的组合,肯定会超时。稍加分析,$c^2 - b^2 = a^2$,且 $c = b + 1$,而 $c^2 - b^2 = (c + b)(c - b) = c + b$。因此,只需要枚举相邻两个整数 b 和 $b + 1$,判断它们的和是否为平方数,用一重循环就可以实现了。代码如下。

```cpp
#include <bits/stdc++.h>
using namespace std;
int main()
{
    long long n, b, k, cnt = 0;   cin >>n;
    for(b=3; b+1<=n; b++){
        k = sqrt(b+b+1) + 0.000005;
        if(b+b+1 == k*k){
            //cout <<b <<" " <<b+1 <<endl;
            cnt++;
        }
    }
    cout <<cnt <<endl;
    return 0;
}
```

3.6 锐角三角形和钝角三角形的判定

三角形分为直角三角形、锐角三角形和钝角三角形。**直角**三角形存在一个角等于90°。**锐角三角形**的三个角均为锐角，即小于90°。**钝角**三角形存在一个角大于90°。

根据勾股定理可以判定直角三角形。给定三角形三条边的长度，怎么判断三角形是锐角三角形还是钝角三角形呢？详见编程实例3.7。

【编程实例3.7】识别三角形。输入三个正整数a、b、c，判断它们能否构成三角形；如果能构成三角形，还需要判断是锐角三角形、直角三角形还是钝角三角形。

分析：如图3.6所示，假定a、b、c能构成三角形，其中c是最长的边。进一步，如果$a^2 + b^2 = c^2$，那么a、b、c构成的三角形是直角三角形；$a^2 + b^2 > c^2$，则是锐角三角形；如果$a^2 + b^2 < c^2$，则是钝角三角形。

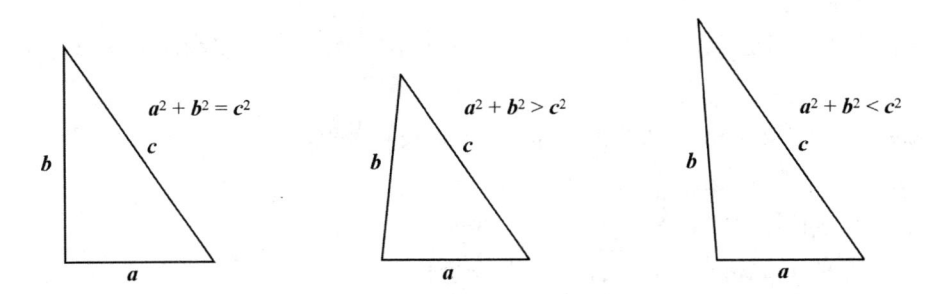

图3.6 直角三角形、锐角三角形和钝角三角形

在本题中，通过两次比较和交换，把c变成最长的边。先判断$a + b \leq c$是否成立，如果成立就

不能构成三角形；否则，能构成三角形。再进一步判断 $a^2 + b^2 = c^2$ 是否成立，如果成立就是直角三角形；否则，进一步判断 $a^2 + b^2 > c^2$ 是否成立，如果成立就是锐角三角形，不成立就是钝角三角形。代码如下。

```cpp
#include <bits/stdc++.h>
using namespace std;
int main()
{
    int a, b, c;   cin >>a >>b >>c;
    int t;
    if(a>b){
        t = a;   a = b;   b = t;    //或用 swap(a, b)
    }
    if(b>c){
        t = b;   b = c;   c = t;    //或用 swap(b, c)
    }
    // 执行上述两个if语句后, c一定是最长的边
    if(a+b<=c)   cout <<"no" <<endl;                      // 不能构成三角形
    else if(a*a+b*b==c*c)   cout <<"right" <<endl;        // 直角三角形
    else if(a*a+b*b>c*c)    cout <<"acute" <<endl;        // 锐角三角形
    else   cout <<"obtuse" <<endl;                        // 钝角三角形
    return 0;
}
```

3.7 周长、面积、表面积和体积

在初等几何里，一个主要内容是研究怎么计算物体的周长、面积、表面积和体积。

当物体占据的空间是二维空间时，围绕这个物体一周的长度就是该物体的**周长**，周长的单位是长度单位，如厘米、米等。

当物体占据的空间是二维空间时，所占空间的大小称为该物体的**面积**，面积单位有平方厘米、平方米等。

对常见的规则的平面图形，很容易计算它们的周长和面积。

（1）三角形：周长 = 三条边的长度之和，面积 = 底×高÷2。

（2）长方形：周长 =（长 + 宽）×2，面积 = 长×宽。

（3）正方形：周长 = 边长×4，面积 = 边长×边长。

（4）梯形：周长 = 四条边的长度之和，面积 =（上底 + 下底）×高÷2。

当物体占据的空间是三维空间时，所有面的面积之和称为**表面积**，表面积单位和面积单位是一样的。

当物体占据的空间是三维空间时，所占空间的大小称为该物体的**体积**，体积单位有立方厘米、立方米等。

对常见的规则的立体图形，计算表面积和体积的公式如下。

（1）长方体：设三条棱长度为 a、b、c，则表面积 $= 2 \times (ab + bc + ac)$，体积 $= a \times b \times c$。

（2）正方体：设边长为 a，则表面积 $= 6 \times a \times a = 6a^2$，体积 $= a \times a \times a = a^3$。

【编程实例3.8】求等腰梯形的面积。如图 3.7 所示，已知等腰梯形的上底 a、下底 b 和腰 c 的长度，求梯形的面积。

分析：本题的关键是求出梯形的高 h。根据勾股定理，可知 $h^2 + [(b - a)/2]^2 = c^2$，由此可求出 h；再根据公式 $(a + b) \times h/2$，可以求出梯形的面积。代码如下。

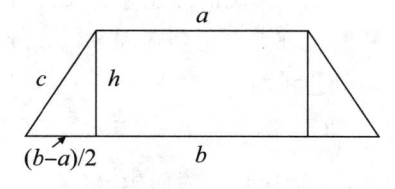

图 3.7 求等腰梯形的面积

```
#include <bits/stdc++.h>
using namespace std;
int main()
{
    double a, b, c;
    cin >>a >>b >>c;
    double h = sqrt(c*c - (b-a)*(b-a)/4);
    double area = (a+b)*h/2;
    cout <<fixed <<setprecision(2) <<area <<endl;
    return 0;
}
```

3.8 圆周率的故事

上一节介绍了长方形和正方形的周长和面积的计算。圆的周长应该怎么计算呢？古时候，人们就发现，无论圆多大（如图 3.8 所示），圆的周长除以圆的直径，得到的商是一样的，是一个无限不循环小数 3.1415926……一个数除以另一个数，得到的商，在数学上称为**比率**、**比值**。因此，圆的周长除以圆的直径，得到的商称为**圆周率**，用字母 π 表示。

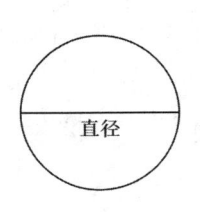

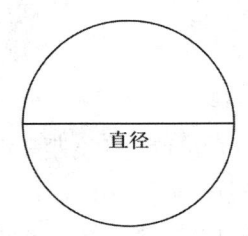

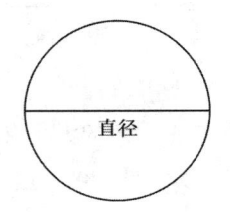

图 3.8 圆的周长与直径的关系

约1500年前，我国古代数学家祖冲之计算出圆周率的值在3.1415926和3.1415927之间，成为世界上第一个将圆周率的值精确到小数点后第7位的人。

圆的直径记为d，半径记为r，周长记为C，关于圆的周长、直径、半径，有以下公式。

$$\frac{C}{d} = \pi, \quad C = \pi \times d = 2 \times \pi \times r \tag{3.1}$$

在计算圆的面积和周长、圆球的表面积和体积、圆柱体的表面积和体积、圆锥体的表面积和体积时，都需要用到圆周率。假设圆和圆球的半径为r，圆柱体和圆锥体的底面半径为r、高为h，相应的公式如下。

（1）圆：直径 = $2 \times r$，周长 = $2 \times \pi \times r$，面积 = $\pi \times r \times r = \pi r^2$。

（2）圆球：表面积 = $4 \times \pi \times r^2$，体积 = $4 \times \pi \times r \times r \times r / 3 = \frac{4}{3}\pi r^3$。

（3）圆柱体：表面积 = $2 \times \pi \times r \times h + 2 \times \pi \times r^2$，体积 = $\pi \times r \times r \times h = \pi r^2 h$。

（4）圆锥体：表面积 = $\pi r l + \pi r^2$（其中l为母线长，$l = \sqrt{r^2 + h^2}$），体积 = $\pi \times r^2 \times h / 3 = \frac{1}{3}\pi r^2 h$。

3.9 内角和、角度和弧度

我们知道，一个三角形，无论是锐角三角形、直角三角形还是钝角三角形，三个内角之和都是180°。一个四边形，无论是什么形状，四个内角之和都是360°。

实际上，对任意n边形（$n \geq 3$），无论是凸多边形还是凹多边形（如图3.9所示），其n个内角和都满足以下**内角和公式**。

$$n\text{边形内角和} = (n-2) \times 180° \tag{3.2}$$

根据内角和公式，我们可以求出正n边形每个内角的大小。

$$\text{正}n\text{边形每个内角} = (n-2) \times 180°/n \tag{3.3}$$

例如，等边三角形每个角是60°，正方形每个角是90°，正五边形每个角是108°，正六边形每个角是120°，等等。

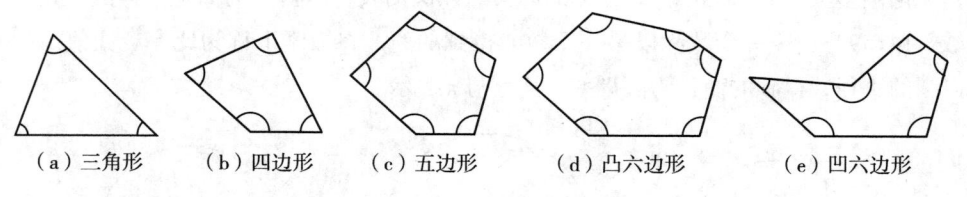

（a）三角形　（b）四边形　（c）五边形　（d）凸六边形　（e）凹六边形

图3.9　多边形内角和

此外，在数学上，角的大小有两种度量单位：**角度制**和**弧度制**。

直角是90°、平角是180°，这些量的单位都是角度。

一周360°，换算成弧度就是2π。平角180°，换算成弧度就是π。角度和弧度的对应关系如图3.10（a）所示。

根据图3.10（b）所示的转换关系，得到由角度转弧度的公式为：

$$弧度 = \pi \times 角度/180° \quad (3.4)$$

由弧度转角度的公式为：

$$角度 = 180° \times 弧度/\pi \quad (3.5)$$

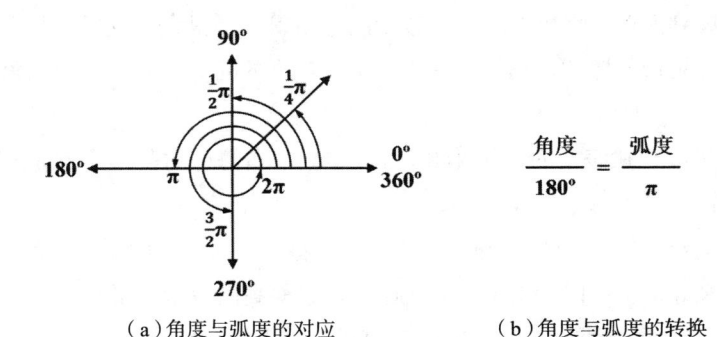

（a）角度与弧度的对应　　　　　　（b）角度与弧度的转换

图3.10　角度和弧度

【**编程实例3.9**】**角度和弧度的转换**。输入角度转换成弧度，输入弧度转换成角度。首先输入一个字符c，中间有一个空格，然后输入一个浮点数a，$a \leqslant 1000$，如果c为'A'，则a的单位是角度，要求将角度转换成弧度；如果c为'R'，则a的单位是弧度，要求将弧度转换成角度。输出转换后的弧度或角度，保留小数点后两位小数。π可以取3.1415926。

分析：本题需要判断输入的字符c是'A'还是'R'，用公式（3.4）或（3.5）转换即可。代码如下。

```
#include <bits/stdc++.h>
using namespace std;
int main()
{
    char c;   double a;    // 本题输入的 a 是浮点数
    cin >>c >>a;
    double pi = 3.1415926, ans;
    if(c=='A')   ans = pi*a/180;
    else   ans = a*180/pi;
    cout <<fixed <<setprecision(2) <<ans <<endl;
    return 0;
}
```

3.10　海伦−秦九韶公式

对一个直角三角形，如果已知两条直角边的长度为a和b，可以很容易求出这个直角三角形的面积为：$a \times b/2$。但是普通的三角形，怎么求它的面积呢？需要考虑以下问题。

已知三角形三条边的边长为 a、b、c，假定可以构成三角形，求这个三角形的面积 S。

上述问题可以用海伦公式（或称为**海伦-秦九韶公式**）求解。

$$S = \sqrt{p \times (p-a) \times (p-b) \times (p-c)}, \text{ 其中 } p = \frac{a+b+c}{2} \quad (3.6)$$

古希腊的数学发展到亚历山大里亚时期，数学的应用得到了很大的发展，其突出的一点就是三角术的发展。在求解三角形问题的过程中，其中一个比较难的问题是如何利用三角形的三条边直接求出三角形的面积。

因为这个公式最早出现在海伦的著作《测地术》中，并在海伦的著作《测量仪器》和《度量数》中给出了证明，因此被命名为海伦公式。

中国宋代的数学家秦九韶在1247年独立提出了"三斜求积术"，虽然与海伦公式形式上有所不同，但与海伦公式完全等价，可以看出中国古代已经具有很高的数学水平。

【**编程实例3.10**】**求三角形面积（1）**。输入三角形三条边的长度 a、b、c，假定输入的三条边长可以构成三角形，根据海伦公式求三角形面积，如图3.11所示。

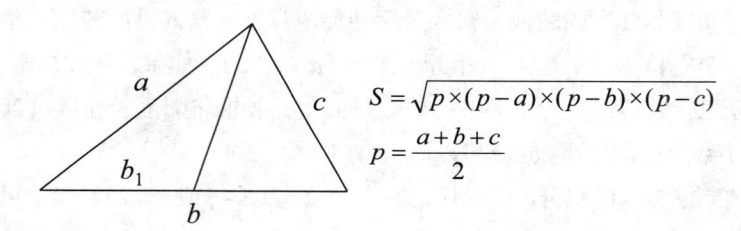

图 3.11　海伦-秦九韶公式

分析：根据输入的三条边的边长 a、b、c，先计算 $p = \dfrac{a+b+c}{2}$，再根据海伦公式求三角形的面积。代码如下。

```
#include <bits/stdc++.h>
using namespace std;
int main()
{
    double a, b, c, area, p;
    cin >>a >>b >>c;                                    //输入三角形三条边的边长
    p = (a+b+c)/2;
    area = sqrt( p*(p-a)*(p-b)*(p-c) );                 //计算三角形的面积
    cout <<fixed <<setprecision(2) <<area <<endl;       //输出面积
    return 0;
}
```

3.11 直角坐标系和距离公式

为了表示地图中一个点的位置，需要引入坐标系。常用的坐标系是**笛卡儿坐标系**。例如，我们可以以自己当前所处的位置为原点，记为 O；由西向东画一条射线，记为 x 轴，由南向北再画一条射线，记为 y 轴，两条射线的夹角为 90°。因此，笛卡儿坐标系也称为**直角坐标系**。

直角坐标系其实是由数轴发展起来的，是由两根垂直的数轴，即 x 轴和 y 轴，联合起来表示一个点的位置。

假设树人小学东门位于原点西南方向，如图 3.12 所示，在水平方向上离原点 500 米，在竖直方向上离原点 300 米，则树人小学东门的坐标可记为 (-500, -300)。

也就是说，在笛卡儿坐标系中，一个点的坐标可以表示为 (x, y)，x 坐标在前，y 坐标在后。x 坐标表示该点在水平方向与原点的距离，**x 坐标为正表示在原点的东面，x 坐标为负表示在原点的西面**。y 坐标表示该点在竖直方向与原点的距离，**y 坐标为正表示在原点的北面，y 坐标为负表示在原点的南面**。

在图 3.12 中，地铁站的坐标为 (50, 400)，表示地铁站在原点的东北方向，在水平方向上距离原点 50 米，在竖直方向上距离原点 400 米。

已知平面坐标系中两个点 A 和 B 的坐标分别为 $A(x_1, y_1)$、$B(x_2, y_2)$，怎么求这两个点的距离 d 呢？距离 d 就是线段 AB 的长度。这个问题其实很简单。

如图 3.13 所示，从 B 点引出一条平行于 y 轴的虚线，从 A 点引出一条平行于 x 轴的虚线，这两条虚线相交，且构成的夹角为 90°。这两条虚线和 A、B 之间的连线就构成了一个直角三角形，两条虚线是直角边，长度分别为 $|x_2 - x_1|$、$|y_2 - y_1|$。

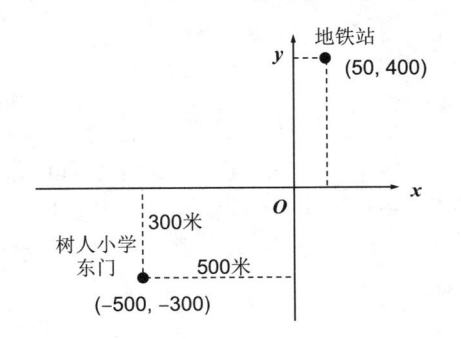

图 3.12　笛卡儿坐标系（直角坐标系）

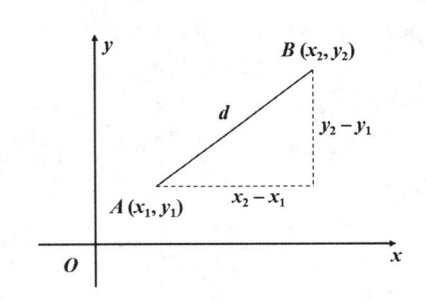

图 3.13　求平面上两个点的距离

根据勾股定理，就能得到以下距离公式。

$$d = \sqrt{(x_2 - x_1)^2 + (y_2 - y_1)^2} \tag{3.7}$$

【**编程实例 3.11**】**求三角形面积（2）**。输入平面上不共线的三个点的坐标，如图 3.14 所示，计算由这三个点构成的三角形的面积，输入数据保证这三个点可以构成三角形。

分析：本题求解步骤如下。

（1）输入三个点的坐标。

（2）利用距离公式，求出三条边的长度。

（3）利用海伦公式，求出三角形的面积。

（4）输出面积。

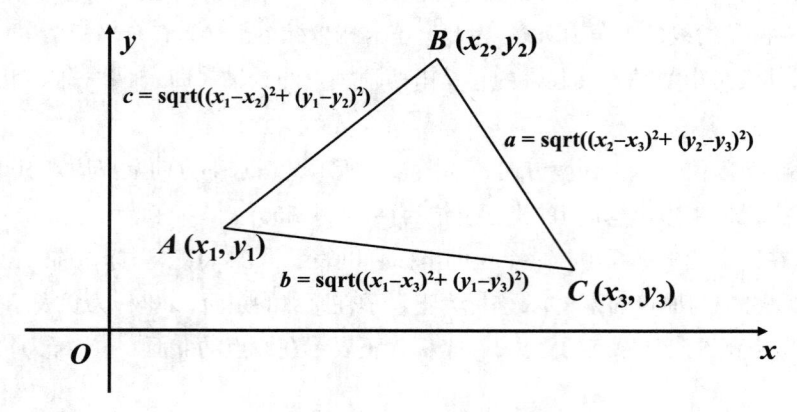

图 3.14　由平面上的三个点构成的三角形

代码如下。

```
#include <bits/stdc++.h>
using namespace std;
int main()
{
    double x1, y1, x2, y2, x3, y3;
    cin >>x1 >>y1 >>x2 >>y2 >>x3 >>y3;                      // 这 6 个数据的顺序不能错
    double c = sqrt((x1-x2)*(x1-x2) + (y1-y2)*(y1-y2));     // 计算三条边的边长
    double b = sqrt((x1-x3)*(x1-x3) + (y1-y3)*(y1-y3));
    double a = sqrt((x2-x3)*(x2-x3) + (y2-y3)*(y2-y3));
    double p = (a+b+c)/2;
    double area = sqrt( p*(p-a)*(p-b)*(p-c) );              // 计算三角形的面积
    cout <<fixed <<setprecision(2) <<area <<endl;           // 输出面积
    return 0;
}
```

3.12　网格坐标系

迷宫、棋盘的地图往往是 n 行 m 列规则的网格状地图，地图中每一个格子称为一个方格。如图 3.15 所示，第 3 行、第 4 列的方格，其坐标可记为 (3, 4)。

在编程语言中，如果用数组存储网格地图，行和列的序号是从0开始的，但可以选择从第1行、第1列开始存储地图。

一般地，网格中一个方格的坐标可记为(x, y)，x表示行坐标，y表示列坐标，但是x坐标轴是竖直向下的，y坐标轴是水平向右的，网格坐标系中的x坐标（行）相当于笛卡儿坐标系中的y坐标（但方向相反），y坐标（列）相当于笛卡儿坐标系中的x坐标。

为了避免上述混淆，一般建议用(i, j)或(r, c)表示网格地图中的坐标，其中i、r表示行，j、c表示列。

【编程实例3.12】矩形区域内有多少个方格。在一个由方格组成的无限大网格中，给定一个矩形区域对角两个顶点的位置，$r1, c1, r2, c2$均为整数，$r1$和$r2$表示行，$c1$和$c2$表示列，如图3.16所示。统计矩形区域内有多少个方格。测试数据保证$(r1, c1)$和$(r2, c2)$不是同一个点。

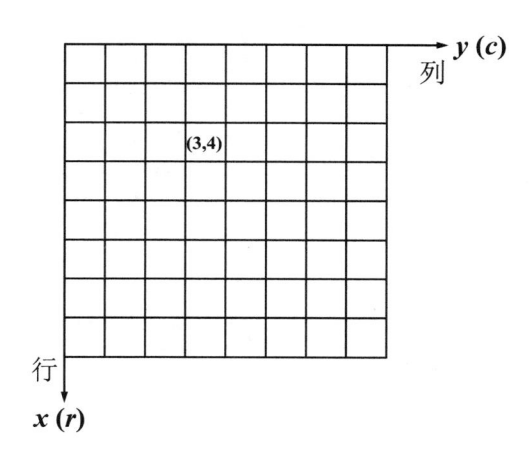

图3.15 网格坐标系

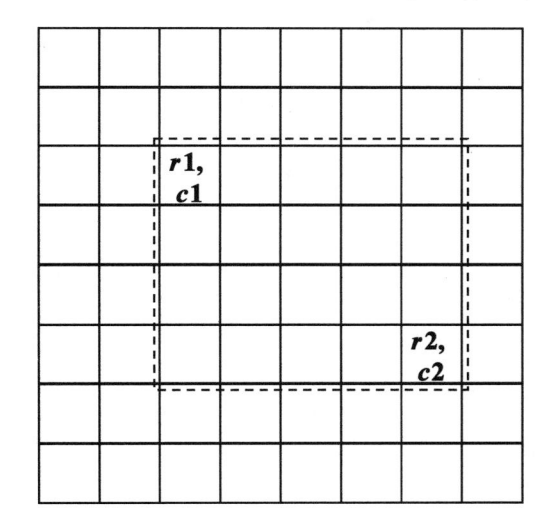

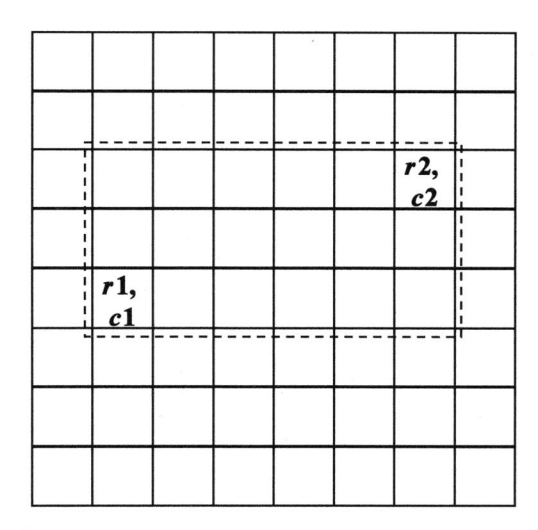

图3.16 矩形区域内有多少个方格

分析：由矩形对角两个顶点就可以确定矩形4个顶点的坐标。左上角顶点的坐标一定是$(\min(r1, r2), \min(c1, c2))$，右上角顶点的坐标一定是$(\min(r1, r2), \max(c1, c2))$，左下角顶点的坐标一定是$(\max(r1, r2), \min(c1, c2))$，右下角顶点的坐标一定是$(\max(r1, r2), \max(c1, c2))$。从而可以确定矩形的长是$\max(c1, c2) - \min(c1, c2) + 1$，宽是$\max(r1, r2) - \min(r1, r2) + 1$，注意要加1。本题的答案就是长乘宽。代码如下。

```
#include <bits/stdc++.h>
using namespace std;
int main()
```

```
{
    int r1, c1, r2, c2;
    cin >>r1 >>c1 >>r2 >>c2;
    int a = max(c1, c2) - min(c1, c2) + 1;   // 矩形的长
    int b = max(r1, r2) - min(r1, r2) + 1;   // 矩形的宽
    cout <<a*b <<endl;
    return 0;
}
```

3.13 从一维到二维再到三维

1.11 节用来表示数的数轴相当于一维空间，3.11 节介绍的直角坐标系是二维空间。我们生活在三维空间。可以引入三维坐标系表示三维空间中点的坐标，如图 3.17 所示。

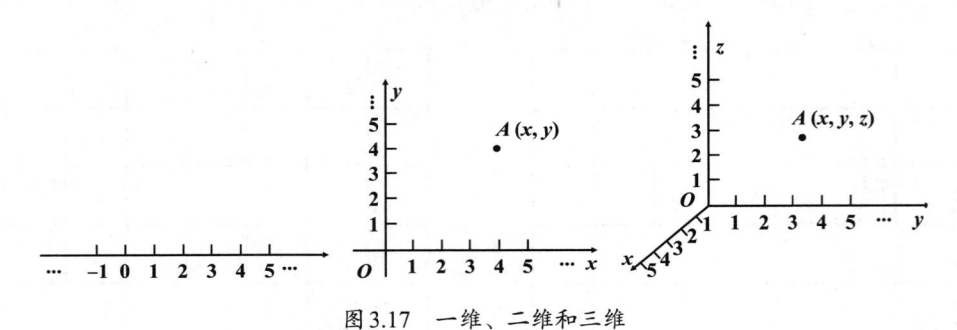

图 3.17　一维、二维和三维

信息学竞赛里涉及三维空间几何的知识不多，同学们了解即可。

第 4 章
进制及进制转换

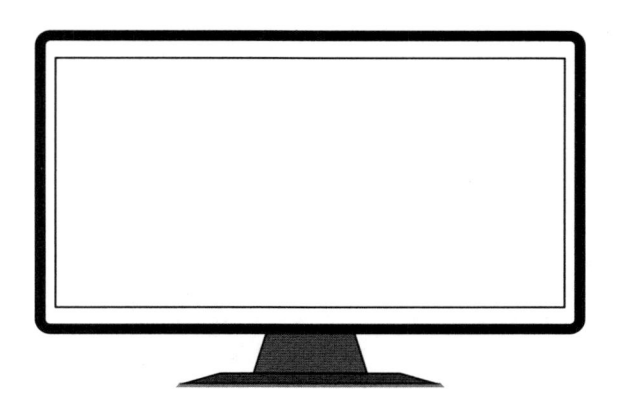

本章内容

本章从小学数学的数位和计数单位概念出发，自然延伸到进位计数制（简称进制）的讲解，主要内容包括：科学记数法，数量级及浮点数的由来，常用的进制及其相互转换方法，数据存储单位的定义与换算，位运算及其应用，原码、反码和补码，标准模板库中的位组，有符号整数和无符号整数的溢出问题，等等。

4.1 数位和计数单位

在小学阶段的数学，学过数位和计数单位，如表4.1所示。

计数单位：用来计量数字的单位。个（一）、十、百、千、万……亿都是计数单位。同一个数字，例如，6出现在个位，表示6个一；6出现在十位，表示6个十；6出现在百位，表示6个一百，等等。

数位：在用数字表示数的时候，这些计数单位要按照一定顺序排列起来，它们所占的位置叫作数位。

因此，$6666 = 6 \times 1000 + 6 \times 100 + 6 \times 10 + 6 \times 1$。

表4.1 数位和计数单位

数位	千位	百位	十位	个位
	6	6	6	6
计数单位	千（1000）	百（100）	十（10）	一（1）
计数单位（10^n形式）	10^3	10^2	10^1	10^0

设某一位的计数单位是100…0，该位后面还有n位，1后面就有n个0，即10^n。个位的后面没有其他位了，因此计数单位就是1，即$10^0 = 1$。根据第1章介绍的幂运算，我们知道，对任意的数a（$a \neq 0$），都有$a^0 = 1$。

4.2 科学记数法及浮点数的由来

科学记数法是一种记数的方法。把一个数表示成放大或缩小以后的数与10的n次幂相乘的形式，这种记数法称为**科学记数法**。例如：$80000000 = 8 \times 10^7$；$19971400000000 = 1.99714 \times 10^{13}$。在C++程序中，10的幂是一般是用E或e表示。因此，1.99714E13表示19971400000000。

注意，在C++中，输出一个大于10^6的浮点数，默认会以科学记数法的格式输出。

例如，以下程序片段将输出3.14159e+006，保留6位有效数字。

```
double pi = 3141592.6;
cout <<pi <<endl;
```

10的n次幂，读成"10的n次方"，是n个10相乘，得到的结果是1000…0，即1后面有n个0。

在生活中，经常用**数量级**来表示数量大小的级别。数量级一般就是指10的多少次幂，如表4.2所示。

例如，某个国家的人口有几亿，亿是10^8，数量级是8；另一个国家人口有几千万，千万就是

10^7，数量级是7，那么我们可以说这两个国家的人口相差一个数量级。又如，某个人每个月的工资是几万元，另一个人每个月的工资只有几千元，那么这两个人的工资也相差一个数量级。

表4.2 数量级

数	科学记数法	数量级	数	科学记数法	数量级
0.001	10^{-3}	−3	100	10^2	2
0.01	10^{-2}	−2	1000	10^3	3
0.1	10^{-1}	−1	10000	10^4	4
1	10^0	0	100000	10^5	5
10	10^1	1	1000000	10^6	6

在数学上，包含小数部分的数称为实数，例如，5是整数，5.0是实数。实数在计算机中用浮点数表示。但是浮点数 ≠ 实数，因为计算机中存储的浮点数，其精度（就是小数部分的位数）是有限的。例如，圆周率是一个无限不循环小数，3.1415926……但在计算机中只能存储有限位的小数。

什么是浮点数呢？以456.278为例，它可以表示成456.278 × 1、4.56278 × 100、0.456278 × 1000、45.6278 × 10等多种形式，小数点的位置是不固定的，即小数点是浮动的。

与浮点数相对的是定点数。在数学上就是用定点数表示实数，小数点位于个位后面。3.1415926、456.278、−27.45，这些都是定点数。

对上面三个实数，可以规范地表示成0.31415926×10^1、0.456278×10^3、-0.2745×10^2，10^1、10^3、10^2分别是10、1000、100。这样，每个浮点数就可以分成**尾数**（如0.456278）和**阶码**（如3）两部分来表示和存储，把尾数统一成小于1且小数点后第1位不为0。虽然这里尾数部分的小数点是固定的，但在浮点数运算（加、减、乘、除）过程中，可能需要调整尾数和阶码。例如，在比较两个浮点数的大小时，先把它们的阶码调整成一样的，那么尾数越大的浮点数也就越大。所以浮点数的小数点是不固定的，因此称为**浮点数**。

当然，在计算机中，整数和浮点数都是以二进制形式存储的。对浮点数，其表示方法远比上面描述的要更复杂。例如，浮点数的尾数和阶码都是用本章介绍的二进制表示的。

4.3 进制及十进制

所谓**进位计数制**，简称**进制**，是指用一组固定的符号和统一的规则来表示数值的方法，按进位的方法进行计数。进位计数制包含以下3个要素。

（1）**数码**：计数使用的符号。
（2）**基数**：使用数码的个数。

（3）位权：数码在不同位上的权值。**位权其实就是小学学过的计数单位。**

人类在生活中采用的是十进制。为什么采用十进制呢？这肯定跟人类有十根手指相关。早期人类在逐渐掌握数数的过程中，慢慢学会了用数手指头的方式来数数。

数学上用的也是十进制，所以我们对十进制非常熟悉。

十进制包含以下3个要素。

（1）数码：0, 1, 2, 3, 4, 5, 6, 7, 8, 9，共十个。

（2）基数：就是"十"（10）。

（3）位权：个位是1，即10^0；十位是10，即10^1；百位是100，即10^2，等等。

一个十进制数表示的数值大小等于每一位上的数字与位权的乘积之和。

例如，$4315 = 4 \times 10^3 + 3 \times 10^2 + 1 \times 10^1 + 5 \times 10^0$。

注意，十进制里没有"十"这个数字，"10"是两位数。在十进制里，9 + 1，要进位，变成了10，10是两位数。

【**编程实例4.1**】**补数**。1234 + 8765 = 9999，我们发现，1234和8765这两个数，每一位加起来都等于9，我们可以认为这两个数互为补数。在本题中，输入一个十进制正整数，求它的补数。如果得到的补数的最高位为0，则忽略。

分析：输入1234，用9999减去它，得到的就是它的补数，但首先得构造出9999这个数。9999 = 10000 - 1。我们需要统计出输入的数的位数，如果是四位数，构造10000（1后面4个零），再减1，就是9999了。对输入的正整数n，可以在求n的位数过程中构造出$f = 1000\cdots0$，n有几位数就有几个0。本题的答案就是$f - 1 - n$。代码如下。

```
#include <bits/stdc++.h>
using namespace std;
int main()
{
    int n;   cin >>n;
    int t = n;
    int f = 1;
    while(t){    // 在求 t 的位数过程中构造出 f = 1000…0(n 有几位数就有几个 0)
        f = f*10;   t /= 10;
    }
    cout <<f - 1 - n <<endl;
    return 0;
}
```

4.4 二进制

计算机使用二进制来存储和处理所有类型的数据，这些数据包括数值型数据（如整数、浮点数）

和非数值型数据（如字符串、文字、多媒体内容）。对于数值型数据，整数通过二进制补码形式进行存储；浮点数则遵循IEEE 754等标准进行二进制编码。对非数值型数据：字符和字符串通过字符编码（如ASCII、Unicode）转换成二进制；文字、图片、视频和音频等多媒体数据则通过特定的编码格式（如JPEG、MPEG、MP3）进行二进制表示和存储。

所谓二**进制**，就是只使用0和1这两个数字来表示数据。二进制包含以下3个要素。

（1）数码：0，1，共两个。

（2）基数：就是"二"（10）；

（3）位权：第i位的位权是2^i，$i = 0, 1, 2, \cdots$。

在计算机中为什么要采用二进制呢？主要有以下原因。

第一，二进制仅用两个数码，利用两种截然不同的状态来代表0和1，是很容易实现的，比如，电路的通和断、电压的高和低等，而且也稳定和容易控制。

第二，二进制的四则运算规则十分简单，而且四则运算最后都可以归结为加法运算和移位，这样，电子计算机中的运算器线路也变得十分简单了。

第三，在电子计算机中采用二进制表示数可以节省设备。

虽然计算机是采用二进制来表示和存储数据的，但在有些场合也可能采用其他进制，比如，以紧凑的十六进制方式显示。因此，我们要掌握多种进制。

我们要熟记二进制的位权，包括整数部分的位权和小数部分的位权。

（1）整数部分的位权

二进制整数部分的位权为2^n，$n \geq 0$。此外，我们也要熟记常见的$2^n - 1$，如表4.3所示。

在十进制里，10^5是100000，是最小的6位数，$100000 - 1 = 99999$是最大的5位数。推广开来，10^n就是$1000\cdots0$（1后面有n个零），是最小的$n + 1$位数，$10^n - 1$是最大的n位数$999\cdots9$（n个9）。十进制数$999\cdots9$加1就变成了$1000\cdots0$。

在二进制里，数值为2^n的二进制数是最小的$n + 1$位数，其二进制形式为$1000\cdots0$（1后面有n个零），数值为$2^n - 1$的二进制数是最大的n位二进制数$111\cdots1$（n个1）。二进制数$111\cdots1$加1就变成了$1000\cdots0$。

表4.3 常见的一些2^n及2^n-1（$n \geq 0$）

指数形式	十进制	二进制	指数形式	十进制	二进制
2^0	1	1	2^0-1	0	0
2^1	2	10	2^1-1	1	1
2^2	4	100	2^2-1	3	11
2^3	8	1000	2^3-1	7	111
2^4	16	10000	2^4-1	15	1111
2^5	32	100000	2^5-1	31	11111

续表

指数形式	十进制	二进制	指数形式	十进制	二进制
2^6	64	1000000	2^6-1	63	111111
2^7	128	10000000	2^7-1	127	1111111
2^8	256	1 00000000	2^8-1	255	11111111
2^9	512	10 00000000	2^9-1	511	1 11111111
2^{10}	1024	100 00000000	$2^{10}-1$	1023	11 11111111
2^{11}	2048	1000 00000000	$2^{11}-1$	2047	111 11111111
2^{12}	4096	10000 00000000	$2^{12}-1$	4095	1111 11111111
2^{13}	8192	100000 00000000	$2^{13}-1$	8191	11111 11111111
2^{14}	16384	1000000 00000000	$2^{14}-1$	16383	111111 11111111
2^{15}	32768	10000000 00000000	$2^{15}-1$	32767	1111111 11111111
2^{16}	65536	1 00000000 00000000	$2^{16}-1$	65535	11111111 11111111
2^{31}	2147483648		$2^{31}-1$	2147483647	
2^{32}	4294967296		$2^{32}-1$	4294967295	
2^{63}	9223372036854775808		$2^{63}-1$	9223372036854775807	
2^{64}	18446744073709551616		$2^{64}-1$	18446744073709551615	

二进制整数部分的位权有以下规律。

①**每个位权都比前面所有的位权的和刚好大1**。例如，$1+2+4=7$，刚好比8小1；$1+2+4+8+16+32+64+128+256+512=1023$，刚好比1024小1。根据等比数列的求和公式很容易推出这个结论。

②**两个相同的位权相加，一定等于下一个位权**。例如，$2+2=4$，$128+128=256$。

著名的2048游戏就是根据第2个规律设计的，两个权值挨在一块就能变成下一个权值，例如两个8相邻，就能变成一个16。

在图4.1所示的游戏中，按向下的方向键，两个2、两个8、两个32都能合并，然后翻倍，就变成下一个权值。

（2）小数部分的位权

二进制小数部分的权值如表4.4所示。

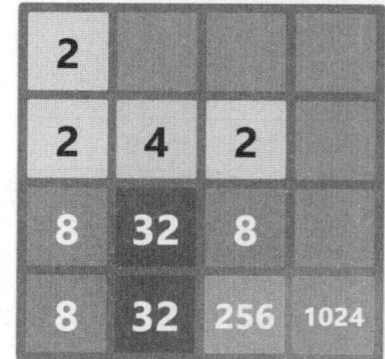

图4.1　2048游戏（1）

表4.4 二进制小数部分的权值

小数点	小数点后第1位	小数点后第2位	小数点后第3位	小数点后第4位	
.	0.5	0.25	0.125	0.0625	…

结论：m进制整数部分的权值，第0位为1（m^0），从第0位开始向左，每次乘以m；m进制小数部分的权值，从小数点右边第1位开始，每次除以m。

我们从小就会用十进制数数。同学们，现在学了二进制，你们会用二进制数数吗？用二进制数数时，通常我们可以固定二进制的位数。例如，用4位二进制数数，0000，0001，0010，0011，0100，…，如表4.5所示。

表4.5 各种进制的对应关系

十进制	二进制	八进制	十六进制
0	0000	0	0
1	0001	1	1
2	0010	2	2
3	0011	3	3
4	0100	4	4
5	0101	5	5
6	0110	6	6
7	0111	7	7
8	1000	10	8
9	1001	11	9
10	1010	12	A
11	1011	13	B
12	1100	14	C
13	1101	15	D
14	1110	16	E
15	1111	17	F
16	10000	20	10
…	…	…	…

二进制数加减法运算规则为：**逢二进一，借一作二**。具体如下。

（1）加法：$0+0=0$、$1+0=1$、$0+1=1$、$1+1=10$。

（2）减法：$0-0=0$、$10-1=1$、$1-0=1$、$1-1=0$。

图 4.2 以一个字节的运算为例，给出了二进制加减法的示例。在图 4.2（a）中，最高位的进位 1 被舍弃，因为一个字节只有 8 位，超出的位要被舍弃，在计算机里称为**溢出**。

```
    1 0 0 1 1 0 1 1              1 0 0 1 1 0 1 1
 +  0 1 1 1 1 1 0 1 1          -  0 1 1 1 1 0 0 1
   ─────────────────            ─────────────────
  [1] 0 0 0 1 0 1 0 0            0 0 1 0 0 0 1 0
   舍弃
```

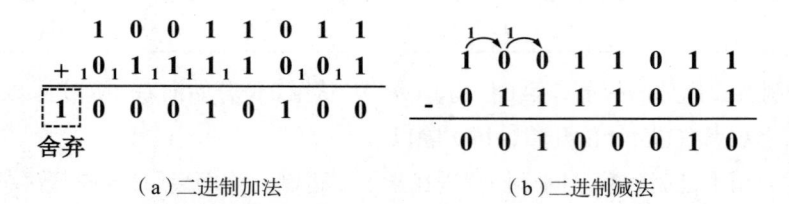

（a）二进制加法　　　　　　　　（b）二进制减法

图 4.2　二进制的加减法

【**编程实例 4.2**】**2048 游戏**。假定 2048 游戏初始时有两个数字 2，再假定每次按下方向键，如果移动了方块，就会随机选一个空白位置放置一个新的数字 2。注意，真正的 2048 游戏可能会放数字 2 也可能会放数字 4，但本题假定每次都是放数字 2。

现在给出 2048 游戏的界面，问至少按了多少次方向键？为什么是至少呢？因为不是每次按方向键都会出现一个新的数字 2，在图 4.3 右图中，按向下的方向键↓和向右的方向键→，因为方格没有移动，所以不会出现新的数字 2。

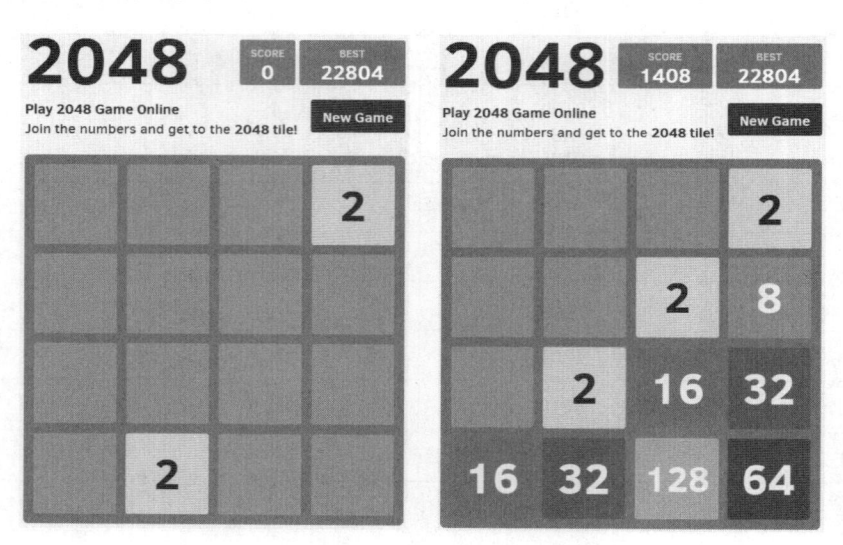

图 4.3　2048 游戏（2）

输入数据占 4 行，每行有 4 个整数，用空格隔开，表示一个方块里有数字，如果整数为 0，则表示这个方块里没有数字。输出至少按了方向键多少次。

分析：读入 4 行 4 列共 16 个整数，对每个整数，计算出它包含多少个 2，就是 2 的多少倍。16 个整数统计下来，得到的总和再减 2，就是本题的答案。代码如下。

```cpp
#include <bits/stdc++.h>
using namespace std;
int main()
{
```

```
    int t, cnt = 0;
    for(int i=1; i<=16; i++){
        cin >>t;   cnt += t/2;
    }
    cout <<cnt-2 <<endl;
    return 0;
}
```

【编程实例4.3】二进制加法进位。输入两个十进制非负整数 a 和 b，统计它们在计算机里以二进制形式执行加法时的进位次数，输入数据保证 a 和 b 的和不会超出 int 型范围。

分析：本题有两种求解方法。

方法一：用 int 型变量读入两个十进制整数 a 和 b，将它们转换成二进制数。用数组存储二进制数，再模拟二进制加法的运算过程求这两个二进制数的和，在这个过程中统计进位次数。由于测试数据保证这两个整数的和不会超出 int 型范围，所以不用考虑有没有运算完的情形，直接运算到第31位即可。代码略。

方法二：定义两个 bitset < 32 > 数 as 和 bs，bitset 详见4.15节，将读入的两个十进制整数 a 和 b，赋值给 as 和 bs，会自动转换成二进制。后面的处理和方法一完全一样，甚至，也是通过方括号加下标的方式访问 as 和 bs 中的每个二进制位。

以上两种方法都要用变量 c 表示当前进位。对进位问题，容易忽视的地方是，当前位的运算没有进位时，一定要将 c 置为0。方法二的代码如下。

```
#include <bits/stdc++.h>
using namespace std;
int a, b, t;
bitset<32> as, bs;
int main()
{
    int i, j;
    cin >>a >>b;
    as = a;   bs = b;        // 自动将 a 和 b 转换成二进制
    int c = 0,   cnt = 0;  //c: 当前进位，cnt: 进位次数
    for(i=0; i<=31; i++){
        t = as[i] + bs[i] + c;
        if(t>1){             // 当前有进位
            c = 1;   cnt++;
        }
        else   c = 0;        // 当前没有进位（这行代码不能省略）
    }
    cout <<cnt <<endl;
    return 0;
}
```

4.5 二值的表示

在生活中，经常出现只取两种值的情形。例如，开关的开/关，灯的亮/灭，人的性别为男/女，年份是闰年/平年，自然数中的质数/合数（0和1除外），能/不能构成三角形，是/不是直角三角形，是/不是大写字母，矩阵中有/没有鞍点，等等。

亮和灭，能和不能，是和不是，有和没有，用与不用，不是这样就是那样，这种取值都是二值，即只有两个值。二值有时可以按二进制思想进行处理，两个值分别对应0和1，详见以下例子。

【编程实例4.4】子弹装箱。某部队要进行射击训练，准备了1023发子弹，放到10个箱子里，箱子编号为1～10。假设这10个箱子中的子弹数分别为$a1, a2, a3, \cdots, a10$，子弹数从小到大排列，箱子中的子弹数是固定的。现在该部队要取出一定数目的子弹，要求任意给一个小于等于1023的数目，比如172，总能用若干个箱子中的子弹数组成，而没有剩余。假设$a3 + a4 + a6 + a8 = 172$，那么就从第3、第4、第6、第8个箱子中取子弹，输出8+6+4+3。

输入一个正整数n，$1 \leq n \leq 1023$，输出选用箱子的方案，用加号"+"将箱子编号从大到小连接起来。

分析：10个箱子，对给定的子弹数n，每个箱子要么取，要么不取，可以按二进制思想进行处理，每个箱子中的子弹数就是二进制的位权。二进制前10个位权依次为1，2，4，8，16，32，64，128，256，512，加起来刚好是1023。本题的处理思路是：将n转换成二进制，二进制位为1则要用对应箱子中的子弹，为0则不用。例如，172的二进制形式是10101100，右边为最低位（第1位），因此要用第3、第4、第6、第8个箱子中的子弹。代码如下。

```
#include <bits/stdc++.h>
using namespace std;
int main()
{
    int bin[11] = {0};    //n转换成二进制中的各位 (bin[1]表示二进制的第0位)
    int n;  cin >>n;      // 子弹数
    int i = 1, t = n;
    while(t){
        bin[i] = t%2;  t = t/2;  i++;
    }
    bool first = true;
    for( i=10; i>=1; i-- ){
        if( bin[i] ){
            if( first ){ cout <<i; first = false; }
            else   cout <<"+" <<i;
        }
    }
```

```
    cout <<endl;
    return 0;
}
```

4.6 计量数据大小的单位

重量有很多单位，克、千克（也称为公斤）、吨，不同单位之间还存在换算的问题。

与此类似，在计算机中，计量数据大小和存储器存储容量也有一些单位。以下介绍这些单位及换算关系。

（1）最小单位——**位(bit)**：在计算机中的二进制数系统中，位简写为b，也称为比特，每个0或1就是一个位(bit)。

（2）基本单位——**字节(byte)**：简写为B，1个字节包含8位。例如，在计算机中如果用四个字节存储十进制整数123456789，转换成二进制为00000111010110111100110100010101，则这四个字节的内容如图4.4所示，左边是高字节，右边是低字节。图4.4用不同的底纹来分隔四个字节。

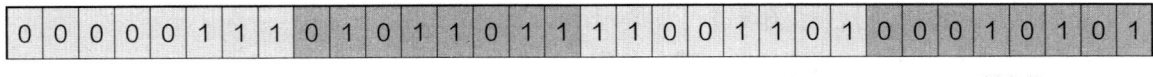

| 0 | 0 | 0 | 0 | 0 | 1 | 1 | 1 | 0 | 1 | 0 | 1 | 1 | 0 | 1 | 1 | 1 | 1 | 0 | 0 | 1 | 1 | 0 | 1 | 0 | 0 | 0 | 1 | 0 | 1 | 0 | 1 |

高字节　　　　　　　　　　　　　　　　　　　　　　　　　　　　低字节

图4.4　整数"123456789"四个字节的存储内容

注意，在数学上，最高位前面如果有0，一般要舍去，所以，0083647要写成83647，但是在计算机中往往用固定的位数表示数，例如，int型是4个字节即32位，不足32位，要在前面补0；相反，如果运算结果超出了位数，**即溢出**，就会舍弃不存储。

（3）**1KB**（千字节）= 1024B = 2^{10} B。在很多场合，为了计量的方便，1024B ≈ 1000B = 10^3B（1千字节）。

（4）**1MB**（兆字节）= 1024KB = $2^{10} \times 2^{10}$ B = 2^{20} B，近似为1,000,000B = 10^6B（1百万字节）。

（5）**1GB**（吉字节，千兆）= 1024MB = $2^{10} \times 2^{20}$ B = 2^{30} B，近似为1,000,000,000B = 10^9B（十亿字节）。

（6）**1TB**（太字节，千吉）= 1024GB = $2^{10} \times 2^{30}$ B = 2^{40} B，近似为1,000,000,000,000B = 10^{12}B（万亿字节）。

我们买的U盘，如512GB的U盘，其实际容量大约为476GB，这是什么原因？原来，U盘厂商在生产制造U盘时，是按1000来换算存储单位大小的，而在计算机中显示U盘容量时，是按1024来换算存储单位大小的。

因此，512GB的U盘，实际字节数为512 × 1000 × 1000 × 1000B = 512000000000B。显示的大小为512000000000/(1024 × 1024 × 1024) = 476.84 GB。

4.7 八进制和十六进制

在计算机中存储数据时采用的是二进制。二进制的缺点是：一个很小的整数，用二进制表示都需要很多位。而1位八进制相当于3位二进制，1位十六进制相当于4位二进制。所以在输入输出数据时，可能会以八进制或十进制形式紧凑地表示或显示。

八进制包含以下3个要素。

（1）数码：0, 1, 2, 3, 4, 5, 6, 7，共八个。

（2）基数：就是"八"（10）。

（3）位权：第 i 位的位权是 8^i，$i = 0, 1, 2, \cdots$。

十六进制包含以下3个要素。

（1）数码：0, 1, 2, 3, 4, 5, 6, 7, 8, 9十个数字，以及A, B, C, D, E, F六个字母，共十六个。同学们要熟记6个字母的数码对应的数值，A为10，B为11，C为12，D为13，E为14，F为15。

（2）基数：就是"十六"（10）。

（3）位权：第 i 位的位权是 16^i，$i = 0, 1, 2, \cdots$。

八进制数加减法运算规则：**逢8进一，借一作8**。

十六进制数加减法运算规则：**逢16进一，借一作16**。

图4.5给出了4位八进制、4位十六进制加减法的示例，在图4.5（a）中，求得的和，最高位的1被舍弃。

```
        7 0 6 5           7 0 6 5          A 1 F 2           A 1 F 2
     + 1 2 3 4          - 1 2 3 4        + 1 2 3 4         - 1 2 3 4
  舍弃 1 0 3 2 1          5 6 3 1          B 4 2 6           8 F B E
   （a）八进制加法    （b）八进制减法    （c）十六进制加法    （d）十六进制减法
```

图4.5 八进制、十六进制加减法

4.8 其他进制

参照二进制、八进制、十进制和十六进制，可以定义其他进制。例如，四进制使用的数码是0, 1, 2, 3，共四个；基数就是"四"（10）；第 i 位的位权是 4^i，$i = 0, 1, 2, \cdots$。

此外，在编程解题时可能还会遇到其他进位计数制，如以下例子。

【**编程实例4.5**】skew二进制。在skew二进制里，第 k 位的权值为 $2^{(k+1)} - 1$，skew二进制的数码为0和1，最低的非0位可以取2。例如：

$$10120_{(skew2)} = 1*(2^5-1)+0*(2^4-1)+1*(2^3-1)+2*(2^2-1)+0*(2^1-1)$$
$$= 31+0+7+6+0 = 44$$

skew二进制的前10个数为0，1，2，10，11，12，20，100，101和102。

输入一个skew二进制数，位数不超过32位，输出对应的十进制数。

分析：对输入的skew二进制数，不能视为整型数据读入，必须以数字字符串的形式读入。在把skew二进制数转换成十进制时，只需把每位按权值展开求和即可。在本题中，skew二进制中第k位的权值为$2^{(k+1)}-1$。本题可以巧妙地表示每位的权值。定义变量为w，初值为2，w每次乘以2，第k位的权值为$w-1$。代码如下。

```cpp
#include <bits/stdc++.h>
using namespace std;
int main()
{
    char str[40];   cin >>str;            // 读入的每个skew二进制数，用字符数组存放
    int len = strlen(str),  num = 0; //num为对应的十进制数
    int w = 2;                            // 每位的权值为w-1，w每次要乘以2
    for( int i=len-1; i>=0; i-- ) {
        num += (str[i]-'0')*( w - 1 );   w *= 2;
    }
    cout <<num <<endl;
    return 0;
}
```

4.9 二进制、八进制和十六进制的相互转换

不同进制之间存在相互转换的问题，也就是将某一进制下的数，转换成另一种进制。最简单的转换是：二进制、八进制和十六进制的相互转换。

（1）二进制和十六进制的相互转换

二进制转换成十六进制的方法如下。

①**分组**：对二进制位分组，从小数点向左、向右分组，4个二进制位为一组，最高位不足4位在左边补零、最低位不足4位在右边补零。例如，对二进制1101001101.0101101，分组后为：0011 0100 1101.0101 1010。

②**转换**：根据表4.5的对应关系将每组二进制转换成十六进制，结果如下。

$$(0011\ 0100\ 1101.0101\ 1010)_2 = (34D.5A)_{16}$$

十六进制转换成二进制的方法是：与上面的方法相反，是把每一位十六进制转换成4位二进制，

整数部分最高位的0和小数部分最低位的0要去掉，但要注意中间的0不能去掉。

（2）二进制和八进制的相互转换

与二进制和十六进制的相互转换规则类似。二进制转换成八进制时，3位为一组。

例如，对二进制1101001101.0101101，分组后为：001 101 001 101.010 110 100。转换后为：$(1515.264)_8$。

八进制转换成二进制时，把每一位八进制转换成3位二进制。

4.10 其他进制转换成十进制

各种进制之间的转换主要有两种形式：将**其他进制的数转换成十进制**；将**十进制数转换成其他进制**。

将其他进制的数转换成十进制，规则很简单，只需"**按权值展开**"即可。

例如：

$$(1101.11)_2 = 1*2^3 + 1*2^2 + 0*2^1 + 1*2^0 + 1*2^{-1} + 1*2^{-2}$$
$$= 8 + 4 + 0 + 1 + 0.5 + 0.25$$
$$= (13.75)_{10}$$

$$(7065.12)_8 = 7*8^3 + 0*8^2 + 6*8^1 + 5*8^0 + 1*8^{-1} + 2*8^{-2}$$
$$= 3584 + 0 + 48 + 5 + 0.125 + 0.03125$$
$$= (3637.15625)_{10}$$

【**编程实例4.6**】m进制数转换成十进制。输入一个正整数m，$1 < m \leq 36$，再输入一个m进制正整数，要求将这个m进制数转换成十进制数并输出。测试数据保证输入的m进制数是有效的，即每位数字都是m进制下的数码，当$m > 10$时，m进制的数码为数字0—9和字母表前$(m-10)$个大写字母，最高位不为0；转换后得到的十进制数不超出int型范围。

分析：从m进制的最低位（第0位）开始，将每位数字乘以权值w，再累加起来即可。w的初值为1，每次循环后w更新为$w*m$。对m进制的每位数字，要判断是数字字符还是大写字母，转换成数值再乘以权值。代码如下。

```
#include <bits/stdc++.h>
using namespace std;
char sm[50];
int len;    //m进制的位数
int m;
int n10;    // 转换后得到的十进制数
int main()
{
```

```
    cin >>m >>sm;
    len = strlen(sm);
    int w = 1;
    for(int i=len-1; i>=0; i--){
        if(sm[i]<='9')  n10 += (sm[i]-'0')*w;
        else  n10 += (sm[i]-'A'+10)*w;
        w *= m;
    }
    cout <<n10 <<endl;
    return 0;
}
```

4.11 十进制转换成其他进制

将十进制数 n 转换成 m 进制，有通用方法。当 n 较小时，转换成二进制也可以用权值凑。

（1）十进制转换成其他进制的通用方法

以十进制转换成二进制为例。方法是：对整数部分，除以2取余数，注意**先得到的余数放在低位，后得到的余数放在高位**，余数0不能舍去；对小数部分，乘以2取整数，注意**先得到的整数放在高位，后得到的整数放在低位**，整数0不能舍去。

【微实例4.1】将十进制数23.625转换成二进制。

解：转换过程如图4.6所示，注意整数部分除以2得到的余数的顺序，以及小数部分乘以2得到的整数的顺序，余数0和整数0都不能省略。

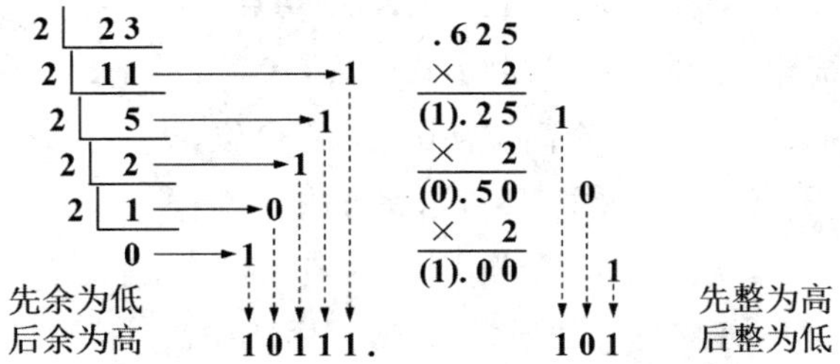

因此，$(23.625)_{10} = (10111.101)_2$。

图4.6 十进制数转换成二进制

微实例4.1是非常理想的情形，就是小数部分能准确地转换成二进制。但更多的时候是无法准确转换成二进制的，这时只需得到所要求的二进制位数就可以停止转换了。

将十进制转换成其他任何一种进制（假设为 m 进制），其原理与将十进制转换成二进制的原理是一样的：整数部分，就是除以 m 取余；小数部分，就是乘以 m 取整。

（2）十进制转换成二进制——用权值拼凑

对比较小的十进制数（比如100以内）n，也可以用权值拼凑的方法快速转换成二进制。方法是：找比 n 小的最大的二进制权值，这个权值一定要用；用 n 减去这个权值，对剩下的数做类似的处理。

例如，将99转换成二进制，比99小的最大权值是64，64要用。99－64＝35。比35小的最大权值是32，32要用。35－32＝3。而3＝2＋1。因此，99＝64＋32＋2＋1。因此，$(99)_{10} = (1100011)_2$。

【编程实例4.7】数码1的位置。 输入一个正整数n，不超出int型范围，求它的二进制形式中数码1的位置，最低位为第0位。例如，$(13)_{10} = (1101)_2$，则数码1的位置为0 2 3。

分析：本题有多种求解方法，可以用进制转换实现，也可以用按位运算、bitset实现。

用进制转换实现的代码如下。

```
#include <bits/stdc++.h>
using namespace std;
int main()
{
    int n;  cin >>n;
    int pos = 0,  t = n;
    int first = 1;
    while(t>0){
        if(t%2==1){
            if(first)  first = 0;
            else   cout <<" ";
            cout <<pos;
        }
        t /= 2;  pos++;
    }
    return 0;
}
```

【编程实例4.8】二进制数码0和1的个数（非负整数）。 输入一个非负整数n，不超出int型范围，统计它的32位二进制形式中数码0和1的个数。注意，在计算机中表示一个32位二进制数时，如果不足32位，要在高位补0，凑足32位。

分析：本题有四种求解方法。

方法一：自己编程实现十进制转二进制，然后统计数字1和数字0的个数。

方法二：用位运算实现，用"if(n & 1 << i) …"判断正整数n的二进制形式的第i位是否为1。

方法三：用位运算实现，n &= $n-1$的功能是将n二进制表示中最低位的1变为0，通过循环反复对n进行上述处理直至n为0，就可以统计n的二进制形式有多少个1。

方法四：用bitset实现。将n赋值给一个bitset数bt，会自动转换成二进制形式。再通过bt调用count()函数，就能统计数码1的个数。方法一的代码如下。

```
#include <bits/stdc++.h>
using namespace std;
int main()
{
    int bin[32] = {0};              // 存储转换后得到每位二进制
    int n;  cin >>n;
    int t = n, i = 31;
```

```
        while(t){                       //将转换后得到的二进制数字逆序存放
            bin[i--] = t%2;  t = t/2;   //这样第0位就是最高位
        }
        int cnt1 = 0;     //数码1的个数
        for(i=0; i<32; i++){
            if(bin[i]==1)  cnt1++;
        }
        cout <<32 - cnt1 <<" " <<cnt1 <<endl;
        return 0;
}
```

【编程实例4.9】m进制各位数字之和。输入两个十进制正整数n和m，n不超出int型范围，$m \leq 20$，求将n转换成m进制后，每一位数字的数值之和。

分析：将十进制正整数n转换成m进制，规则都是一样的，反复将n除以m直至商为0，在这个过程中得到的每一个余数，就是m进制下的每一位数字。当$m>9$时，m进制里的数码除了0—9外，还需要用到大写字母。但是本题，对得到的m进制数字，如果大于9，不需要转换成字母，直接把余数的数值累加起来即可。代码如下。

```
#include <bits/stdc++.h>
using namespace std;
int main()
{
    int n, m;  cin >>n >>m;
    int s = 0;    //m进制下各位数字之和
    while(n){     //将n转换成m进制
        s += n%m;  n /= m;
    }
    cout <<s <<endl;
    return 0;
}
```

【编程实例4.10】十进制转换成m进制。输入一个十进制正整数n，不超出int型范围，再输入一个正整数m，$1 < m \leq 36$，要求将n转换成m进制并输出。如果$m > 10$，m进制中的数码除了0—9外，还要按顺序使用字母表前$(m - 10)$个大写字母。

分析：十进制正整数n转换成m进制，方法是：反复将n对m取余，再除以m，直至商为0；在存储余数时，当余数<10，转换成数字字符，否则转换成大写字母；在这个过程中把余数按"先余为低、后余为高"的顺序组合成m进制数。可以用字符数组s存储得到的余数，转换成数字字符或大写字母；然后把s逆序后再输出。代码如下。

```
#include <bits/stdc++.h>
using namespace std;
```

```
int main()
{
    int n, m;
    char s[50] = {0};
    cin >>n >>m;
    int t = n, len = 0;
    while(t){
        if(t%m<10)   s[len++] = t%m + '0';
        else    s[len++] = t%m - 10 + 'A';
        t /= m;
    }
    for(int i=0; i<len/2; i++)    // 逆序，也可以用reverse(s, s+len)
        swap(s[i], s[len-1-i]);
    cout <<s <<endl;
    return 0;
}
```

4.12 理解整型(int, long long)的范围

在C++中，编译系统为整型变量分配4个字节，32位，每一位可以取0或1，因此可以表示2^{32}个数。整型分为无符号整型和有符号整型，前者为unsigned int，后者为signed int，但signed可以省略，因此程序中经常使用的int其实是有符号整型。

所谓无符号整型，就是32位二进制全部用来表示数值，因此表示整数的范围（二进制形式）是：00000000 00000000 00000000 00000000～11111111 11111111 11111111 11111111，对应十进制的整数范围为0～4294967295（$2^{32}-1$）。

所谓有符号整型，就是可以表示正数和负数，最高位用来表示数的符号，0表示正数，1表示负数，因此就只有31位用来表示数值。负数因为涉及补码，比较复杂，详见4.14节。对有符号整型，非负整数的范围是00000000 00000000 00000000 00000000～01111111 11111111 11111111 11111111，对应的十进制数为0～2147483647（$2^{31}-1$），负数的范围是-2147483648（-2^{31}）～-1。因此，有符号整型能表示的正数，最大是2147483647，同学们只需记住大概范围是21亿、10位数。

在程序中，如果整数超出了整型范围，可以尝试着用long long型变量存储。在C++中，编译系统为long long型变量分配8个字节，64位，因此可以表示2^{64}个数。long long型也分为无符号long long型和有符号long long型，前者为unsigned long long，后者为signed long long，但signed可以省略。

程序中常用的是有符号long long型，而且经常省略signed，直接用long long，它能表示的正数，

最大是 $2^{63}-1$，即 9223372036854775807，同学们只需记住大概范围是 19 位数。

在编程解题时要熟记 int 型、long long 型的范围。例如，如果输入整数最大可以取到 10^5，程序中用到了整数的平方运算，$(10^5)^2=10^{10}$，10^{10} 是 100 亿，超出了 int 型的范围，必须用 long long 型，否则轻则运行结果错误，重则陷入死循环，详见 4.16 节。

4.13 位运算及应用

所谓**位运算**，也称为**按位运算**，是 C/C++ 语言中的一类特殊运算，它是以二进制位为单位进行运算的，因此位运算只能用于整型数据、字符型数据。

其实，十进制整数的加减法也是以十进制位为单位进行运算的，而且有进位和借位。二进制的按位运算没有进位或借位。此外，一个十进制数乘以 1000，如 8317 * 1000，相当于左移了 3 位，类似于二进制移位运算。

C/C++ 语言提供了 6 种位运算。

（1）&：按位与。

（2）|：按位或。

（3）^：按位异或。

（4）~：按位取反。

（5）<<：左移。

（6）>>：右移。

上面 6 种位运算可以分为**按位逻辑运算**和**移位运算**两类，其中前面 4 种属于按位逻辑运算，后面两种属于移位运算。另外，位运算符还可以与赋值运算符一起组成复合赋值运算符，如 &=、|=、^=、>>=、<<= 等。下面分别介绍上述 6 种位运算。

注意，本节是以无符号整数为例来讲解按位运算的。有符号整数也可以执行按位运算，但是在计算机中有符号整数是以补码形式存储的，其按位运算比较复杂。

（1）按位与运算

按位与运算符"&"是双目运算符。其功能是将参与运算的两个数对应的各二进制位相与，即只有当对应的两个二进制位均为 1 时，运算结果中对应位才为 1，否则为 0，即 1&1 = 1、1&0 = 0、0&1 = 0、0&0 = 0。

例如，用 1 个字节表示 11 和 13，那么"11&13"的运算过程如下，如果用 4 个字节表示，运算过程类似。

```
    00001011
&   00001101
结果：00001001
```

因此，"11&13"的运算结果为9，得到的结果是一个整数。

按位与运算通常用来对某些位清零或保留某些位。例如，假设无符号整型变量 a 占4个字节，要取 a 的最低字节，可做运算"a&255"，因为255的二进制形式为"00000000 00000000 00000000 11111111"。如果要取最高字节，可做运算"a&4278190080"，因为4278190080的二进制形式为"11111111 00000000 00000000 00000000"，注意，此时 a 必须定义成unsigned int型。

因此，按位与运算通常有以下两种应用。

①**清零整数 a 中的特定位**，可做运算"$a = a$&mask"，其中mask称为"掩模"，此时需要将mask中的对应位设置为0，其他位设置为1。

②**取整数 a 中的指定位**，可做运算"$a = a$&mask"，此时需要将mask中的对应位设置为1，其他位设置为0。

（2）按位或运算

按位或运算符"|"也是双目运算符。其功能是将参与运算的两个数对应的各二进制位相或，即只要对应的两个二进制位有一个为1时，运算结果中对应位就为1，否则为0，即 1|1 = 1、1|0 = 1、0|1 = 1、0|0 = 0。

例如，用1个字节表示11和13，那么"11|13"的运算过程如下。

   0 0 0 0 1 0 1 1
  | 0 0 0 0 1 1 0 1
结果：0 0 0 0 1 1 1 1

因此，"11|13"的运算结果为15，得到的结果是一个整数。

按位或运算通常用来将整数 a 中某些位设置为1，其他位不变。可做运算"$a = a$|mask"，此时需要将mask中的对应位设置为1，其他位设置为0。

（3）按位异或运算

按位异或运算符"^"也是双目运算符。其功能是将参与运算的两个数对应的各二进制位相"异或"，即当对应的两个二进制位不相同时，运算结果中对应位才为1，否则为0，即 1^1 = 0、1^0 = 1、0^1 = 1、0^0 = 0，即"相同则为0、不同则为1"。

例如，用1个字节表示11和13，那么"11^13"的运算过程如下。

   0 0 0 0 1 0 1 1
  ^ 0 0 0 0 1 1 0 1
结果：0 0 0 0 0 1 1 0

因此，"11^13"的运算结果为6，得到的结果也是一个整数。

按位异或运算通常用来将整数 a 中某些特定位取反，其他位不变。可做运算"$a = a$^mask"，此时需要将mask中的对应位设置为1，其他位设置为0。

（4）取反运算

取反运算符"~"为单目运算符。其功能是对参与运算的数的各二进制位求反，0变成1，1变成0，即 ~1 = 0、~0 = 1。

例如，用1个字节表示9，那么"~9"的运算过程为：~(00001001)，结果为：11110110，即246。对n位无符号二进制数取反，跟用2^n-1减去这个数，效果是一样的。

（5）左移运算

左移运算符" << "是双目运算符，其形式为"a << k"，其功能把整数a的各二进制位全部左移k位，高位丢弃，低位补0，**每左移1位相当于将a乘以2**，其实就是$(10)_2$。注意，如果左移前a的最高位为1，左移后要溢出。

例如，"9 << 2"的运算结果为00100100，即36。

其实，任何一个M进制数左移一位都相当于乘以M进制下的$(10)_M$。例如，$(78901)_{10}$左移一位，得到$(789010)_{10}$，也相当于在十进制里乘了10。

（6）右移运算

右移运算符" >> "是双目运算符，其形式为"a >> k"，其功能是把整数a的各二进制位全部右移k位，**每右移1位相当于将a除以2**。对于左边移出的空位，如果是正数则空位补0，若为负数，可以补0或补1，这取决于编译系统。移入0称为逻辑右移，移入1称为算术右移。

例如，"9 >> 2"的运算结果为00000010，即2。

位运算在编程解题中的应用非常广泛。本节总结以下应用。

（1）**判断正整数n的二进制形式的第i位是否为1**，有两种写法。

①可以用if(n & 1 << i)。原理是：将1左移i位，得到一个二进制形式第i位为1、其他位为0的整数，再跟n进行按位与运算，这样如果n的第i位为1，得到的结果为一个不为0的整数，如果n的第i位为0，得到的结果为0。注意，<< 的优先级高于&。

②也可以用if(n >> i & 1)。这种写法是把正整数n右移i位，即把第i位变成第0位，再跟1进行按位与运算，这样如果n的第i位为1，得到的结果为1，如果n的第i位为0，得到的结果为0。

类比例子：有32个学生上体育课，排成一排，每个学生可能戴了红领巾也可能没戴，老师想检查某个学生（从右边数过来第i个学生，i = 0, 1, …, 31）有没有戴红领巾，老师最初和第0个学生对齐，如图4.7所示。有以下两种方法。

①学生不动，老师左移i位，这样老师就和第i个学生对齐了，这是n & 1 << i。

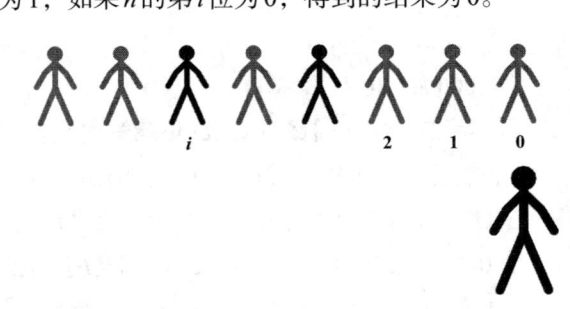

图4.7 体育老师检查学生有没有戴红领巾

②老师不动，学生整体向右移i个位置，最右边的i个学生就出队列了，第i个学生出现在第0个位置，这个学生也和老师对齐了，这是n >> i & 1。

（2）**判断正整数n的二进制形式的第i位是否为0**：if(!(n & 1 << i))。

（3）**2^k的表示**：1 << k，将1左移k位，得到的整数为2^k。注意不要溢出。

（4）**将正整数n除以2**：n >> 1。注意，这是整数的除法。

（5）**判断正整数n是否为奇数**：if(n & 1)。注意，奇数的二进制形式第0位为1。

（6）判断正整数n是否为偶数：if(!(n & 1))。注意，偶数的二进制形式第0位为0。

（7）**统计正整数n的二进制形式中有多少个1**。n &= n – 1的功能是将n的二进制表示中最低位的**1变为0**。例如，n = 00110100，则n – 1 = 00110011。

  00110100 (n)

 & 00110011 (n – 1)

 = 00110000

继续，n = 00110000，则n – 1 = 00101111

  00110000 (n)

 & 00101111 (n – 1)

 = 00100000

继续，n = 00100000，则n – 1 = 00011111

  00100000 (n)

 & 00011111 (n – 1)

 = 00000000

因此，通过循环反复对n进行上述处理直至n为0，就可以统计n的二进制形式中有多少个1。注意，对负整数，采用这种方法也能统计其补码形式中有多少个1。

（8）**保留正整数n的二进制形式中最低位的1**：n &= (–n)。

注意：由n的补码求–n的补码，方法是从n的补码出发，最右侧所有的0及第1个1保持不变，其余位（包括符号位）全部变反。

例如，n = 00110100，则 –n = 11001100

  00110100 (n)

 & 11001100 (–n)

 = 00000100

【**编程实例4.11**】**统计好数(位运算实现)**。在一个二进制数中，如果数字1的个数多于数字0的个数，则这个二进制数就称为好数。例如：

$(1101)_2$，其中1的个数为3，0的个数为1，则此数是好数；

$(1010)_2$，其中1的个数为2，0的个数也为2，则此数不是好数；

$(11000)_2$，其中1的个数为2，0的个数为3，则此数不是好数。

输入n，$n \leq 20$，统计n位二进制中好数的个数。注意，在表示一个二进制数时，最高位可以为0。本题要求用位运算实现。

分析：n位二进制，取值范围是$0 \sim (2^n – 1)$（十进制），枚举这个范围内的每个整数t，对t，用位运算"$t >> j$&1"检查第$0 \sim (n – 1)$位是否为1，并统计数码1的个数，从而判断好数并计数。代码如下。

```
#include <bits/stdc++.h>
using namespace std;
int main()
{
    int n;   cin >>n;
    int pn = 1 << n;                //2^n
    int cnt = 0;                    // 好数的个数
    for(int i=0; i<pn; i++){        //n 位二进制的取值
        int t = i;
        int cnt0 = 0, cnt1 = 0; //i 的二进制形式中数码 0 和数码 1 的个数
        for(int j=0; j<n; j++){
            if(t>>j&1)   cnt1++;
        }
        cnt0 = n - cnt1;
        if(cnt1>cnt0)   cnt++;
    }
    cout <<cnt <<endl;
    return 0;
}
```

4.14 原码、反码、补码

在计算机中，无符号整数的所有二进制位都用来表示数值。而有符号整数除了表示数值外，还要用二进制位来表示符号。约定用最高位来表示符号位，0表示非负数，1表示负数。在这个基础上，有符号数有原码、反码、补码三种表示方法。

（1）原码

最高位为符号位，0为正数，1为负数，其余位是数值位。

因此，$[57]_{原} = (00111001)_2$，$[-57]_{原} = (10111001)_2$。

（2）反码

正数的反码就是原码，负数的反码就是在其原码的基础上，符号位不变，数值位按位取反。

因此，$[57]_{反} = (00111001)_2$，$[-57]_{反} = (11000110)_2$。

（3）补码

正数的补码就是原码；负数的补码就是在其反码的基础上加1。

因此，$[57]_{补} = (00111001)_2$，$[-57]_{补} = (11000111)_2$。

综上所述，正数的原码、反码和补码是一样的。所以，我们只需关注负数的原码、反码和补码。在原码、反码和补码中，原码是最好理解的。有了原码，为什么还要引入反码和补码呢？其实，

在计算机中，**对有符号整数，存储的不是原码，也不是反码，而是补码**。原码虽然容易理解，但用原码进行运算，是非常复杂的。补码的运算容易实现，运算结果也是补码。另外，补码的减法是转换成加法实现的，因为 $[a]_补 - [b]_补 = [a]_补 + [-b]_补$。

前面在描述负数的补码时，要从原码转换成反码，再加1变成补码，非常麻烦。其实关于补码，有以下几种快速的转换方法。

（1）负数的原码→补码

因为正整数的补码就是原码，所以我们只考虑负数的原码转补码。

快速转换方法：从负数的原码的最低位（右边）往最高位（左边）看，最右边所有的0及第1个1不变，其余位取反，符号位不变（仍为1）。举例说明：

$$[-57]_原 = [10111001]_2，[-57]_补 = [11000111]_2$$
$$[-72]_原 = [11001000]_2，[-72]_补 = [10111000]_2$$

（2）负数的补码→原码

快速转换方法：从补码的最低位（右边）往最高位（左边）看，最右边所有的0及第1个1不变，其余位取反，符号位不变。

（3）一个数的补码→相反数的补码

快速转换方法：从补码的最低位（右边）往最高位（左边）看，最右边所有的0及第1个1不变，其余位取反（含符号位）。举例说明：

$[-57]_补 = [11000111]_2$，按上述方法变换后，得到 $[57]_补 = [00111001]_2$。

$[72]_补 = [01001000]_2$，按上述方法变换后，得到 $[-72]_补 = [10111000]_2$。

另外，我们还需要特别注意一些特殊的数的补码，具体如下。

（1）-1的补码

用1个字节表示-1的补码，为11111111，可以用上面第（3）种快速转换方法验证一下，该补码确实表示-1。如果用4个字节表示-1的补码，为11111111 11111111 11111111 11111111。

C++语言中的memset函数，可以快速把一个有符号整型或char型数组各元素初始化为0或-1，如果是整型数组，不能初始化为其他值。对有符号整型数组中的元素，如果每个字节设置为0，每个元素自然也为0；如果每个字节初始化为-1（补码形式为11111111），每个元素的补码为11111111 11111111 11111111 11111111，也是-1；如果每个字节都初始化为1，那么每个元素的值是00000001 00000001 00000001 00000001（十进制为16843009）。

（2）0的补码

用1个字节表示，就是00000000；用4个字节表示，每个字节都是00000000。

（3）-2^{n-1}的补码

用1个字节表示有符号整数，最小的负整数是 -2^7，十进制是-128，其补码是 $(10000000)_2$。

用4个字节表示有符号整数，最小的负整数是 -2^{31}，十进制是-2147483648，其补码是 $(10000000\ 00000000\ 00000000\ 00000000)_2$。

【编程实例4.12】二进制数码0和1的个数(任意整数)。输入一个整数（正整数、0或负整数），不超出int型范围，统计它的32位二进制形式中数码0和1的个数。注意，在计算机中表示一个有符号的整数时，是采用补码来表示的。

分析：编程实例4.8中的后三种方法对本题中的负整数仍适用。

用位运算"$n >> i$ & 1"实现的代码如下。

```
#include <bits/stdc++.h>
using namespace std;
int main()
{
    int cnt1 = 0;      // 数码1的个数
    int n;  cin >>n;
    for(int i=0; i<32; i++){
        if(n>>i & 1)  cnt1++;   //>>的优先级高于&，所以可以不加括号
    }
    cout <<32 - cnt1 <<" " <<cnt1 <<endl;
    return 0;
}
```

用位运算"n &= $n - 1$"实现的代码如下。

```
#include <bits/stdc++.h>
using namespace std;
int main()
{
    int cnt1 = 0;      // 数码1的个数
    int n;  cin >>n;
    while(n){
        cnt1++;  n &= n - 1;
    }
    cout <<32 - cnt1 <<" " <<cnt1 <<endl;
    return 0;
}
```

【编程实例4.13】补码。输入一个整数（可以取负整数）x，不超出int型范围，统计x在二进制补码表示形式中1的个数，并求仅保留x补码表示形式最低位的1得到的整数。

分析：本题需要用位运算x &= $x - 1$、x & $-x$实现。代码如下。

```
#include <bits/stdc++.h>
using namespace std;
int f(int x)   // 统计 x 在二进制补码表示形式中 1 的个数，对负数依然适用
{
    int ret = 0;
```

```
        for( ; x; x &= x - 1 )   ret++;
        return ret;
}
int g(int x)    // 仅保留 x 补码表示形式最低位的 1 得到的整数，对负数依然适用
{
        return x & -x;
}
int main()
{
        int n; cin >>n;
        cout <<f(n) <<" " <<g(n) <<endl;
        return 0;
}
```

4.15 标准模板库中的位组

标准模板库（Standard Template Library，STL）是C++标准库的核心组件，不用单独安装。它基于模板机制，实现了通用的数据结构和算法，具有高度的类型安全性和可复用性。

STL提供了3种通用实体：容器、迭代器和算法。可以直接使用STL中的实体来求解问题。容器就是一种数据结构，用来存储结点。不同类型的容器在其内部以不同的方式组织结点。迭代器提供统一的访问容器元素的方式，行为类似指针。算法通过迭代器操作容器中的元素（如排序、查找、遍历等）。

STL中常用的容器包括：栈（stack）、队列（queue）、优先队列（priority_queue）等。STL中的容器是用类模板实现的，这意味着用户可以指定容器中元素的类型。STL中的容器提供了丰富的成员函数，用来实现所需的功能。

bitset是STL中的一种容器，用来表示多位二进制数。"bitset < 1000 > b"表示定义一个1000位的二进制数b。

bitset类可以很方便地将一个十进制数转换成二进制。代码如下。

```
int n = 52792;
bitset<16> b(n);     // 将整数 n 转换成 16 位二进制，也可以写成 bitset<16> b = n;
string str1=b.to_string();    // 将 b 转换成一个字符串
```

注意，对十进制负整数，bitset类也能转换成二进制，此时得到的是该负整数的补码。

可以通过"[ ]"运算符直接得到第k位二进制的值，也可以通过赋值运算符改变该位的值。例如，$b[k]=1$表示将二进制数b的第k个位置的值设置为1。注意，最右侧为低位第0位，左侧为高位。

bitset常用的成员函数有以下几种。

（1）count()：统计有多少位为1。

（2）any()：若至少有一位为1，则返回true。

（3）none()：若所有位均为0，则返回true。

（4）set()：将所有位置为1。

（5）set(pos)：将指定位置pos置为1（从0开始计数）。

（6）set(pos, val)：将位置pos的值设为val。

（7）reset()：将所有位置为0。

（8）flip()：将所有位按位取反。

（9）size()：返回大小（位数）。

（10）to_ulong()：返回对应的unsigned long值，如果值超出范围，则报错。

（11）to_string()：返回二进制字符串表示。

和int型、double型一样，也可以定义bitset数组。

```
bitset<1010> s[10010];    //数组，有10010个bitset数，每个数转换成二进制有1010位
```

bitset类型支持按位运算，例如，$s[i]\&s[j]$，运算结果仍为bitset类型。

注意，可以把一个32位/64位有符号整数或无符号整数赋值给bitset，若为负整数，bitset会存储其补码形式。反过来，不能直接将bitset赋值给整数类型，只能通过to_ulong()或to_ullong()方法转换，这些方法将bitset的二进制视为无符号长整数。标准库未提供直接将bitset的补码二进制解释为有符号整数的功能，需手动处理符号位（若需要）。

可以输出一个bitset，输出结果就是在该bitset中存储的二进制数。代码如下。

```
bitset<3> s1;
bitset<4> s2;
for(int i=-4; i<=3; i++){    //3位的二进制
    s1 = i;
    cout <<s1 <<endl;
}
for(int i=-8; i<=7; i++){    //4位的二进制
    s2 = i;
    cout <<s2 <<endl;
}
```

输出结果如下。

```
100        //3位二进制，能表示的最小的负数，-4
101
110
111        // 这是-1的补码
000
```

```
001
010
011        //3 位二进制，能表示的最大的正数，3
1000       //4 位二进制，能表示的最小的负数，-8
1001
1010
1011
1100
1101
1110
1111       // 这是 -1 的补码
0000
0001
0010
0011
0100
0101
0110
0111       //4 位二进制，能表示的最大的正数，7
```

【编程实例4.14】一生去过多少个城市。人的一生可能会有多次旅行，出差、开会、访亲等。每次旅行可能会途经多个城市。等到老了走不动的时候，可能会想，我这辈子到底去过多少个不同的城市呢？城市用两个字母的组合表示，取值为 $aa, ab, ac, \cdots, za, zb, \cdots, zz$，因此最多有 $26 \times 26 = 676$ 个不同的城市。输入 n 次旅行途经的每个城市，统计去过的城市个数。

分析：本题用 bitset 实现非常容易。定义长度为 676 的 bitset 数 ans，bitset < 676 > ans，对 n 次旅行途经的每个城市，转换成取值范围为 $0 \sim 675$ 的编号 t，将 ans[t] 初始化为1。最后通过 ans 调用 count() 函数，统计 ans 中数字1的个数，即途经的城市数。代码如下。

```cpp
#include <bits/stdc++.h>
using namespace std;
int main()
{
    int n, m, t;   cin >>n;
    char s[10];        // 读入的城市名字
    bitset<676> ans;
    for(int i=1; i<=n; i++){
        cin >>m;
        for(int j=1; j<=m; j++){
            cin >>s;
            t = (s[0]-'a')*26 + s[1]-'a';
            ans[t] = 1;
        }
    }
```

```
        }
        cout <<ans.count() <<endl;   //输出 ans 中数字 1 的个数(数字 1 表示途经的城市)
        return 0;
}
```

【编程实例4.15】**是不是去过同一个城市**。给定一些人去过的城市,再查询两个人是否去过同一个城市。城市用两个字母的组合表示,取值为 *aa, ab, ac,*⋯, *za, zb,*⋯, *zz*,因此最多有 $26 \times 26 = 676$ 个不同的城市。先输入 n 个人,每个人去过哪些城市,再查询 q 次,每次查询两个人 i 和 j,输出他们是否去过同一个城市。

分析:定义一个bitset数组,bitset<676> bts[maxn],记录每个人去过哪些城市,将第 i 个人去过的城市汇总到bitset数 bts[i]。bitset数也可以执行按位运算,在查询 i 和 j 时,用(bts[i]&bts[j]).count()统计 i 和 j 都去过的城市个数,如果大于0,则输出Yes,否则输出No。代码如下。

```
#include <bits/stdc++.h>
using namespace std;
const int maxn = 1010;
bitset<676> bts[maxn];       //bitset 数组:记录每个人去过哪些城市
bitset<676> bt1;
int main()
{
    int i, j;
    int n, m, q, t;
    char s[10];          // 读入的城市名字
    cin >>n;   //n 个人
    for(i=1; i<=n; i++){
        cin >>m;         // 第 i 个人去过 m 个城市
        while(m--){
            cin >>s;     // 读入城市名字
            t = (s[0]-'a')*26 + s[1]-'a';
            bt1 = 1;
            bts[i] |= bt1<<t;    //将第 i 个人去过的城市汇总到 bitset 数 bts[i]
        }
    }
    cin >>q;
    while(q--){
        cin >>i >>j;
        // 统计 s[i]&s[j] 运算结果(也是一个 bitset 数)包含 1 的个数
        if((bts[i]&bts[j]).count())    // 如果 i 和 j 都去过 k 个城市,则 bts[i][k] 和
                                       //bts[j][k] 均为 1
            cout <<"Yes" <<endl;
        else   cout <<"No" <<endl;
    }
```

```
    return 0;
}
```

4.16 有符号和无符号整数的溢出问题

在C++中，整数分为有符号整数和无符号整数。有符号整数是用补码存储的。

有符号整数：char, short, int, long long。

无符号整数：unsigned char, unsigned short, unsigned int, unsigned long long。

这两种整数都存在溢出问题。

在C++中，每种类型的变量都是用固定大小的字节存储的。所谓**溢出**，就是指运算结果超出该类型能表示的范围时，仅保留最低有效位（即截断高位），导致存储的值与预期不符。

一旦出现溢出，变量里存储的数值可能并非我们预期的，而且通常这种溢出编译器是检测不出来的。所以就需要我们正确理解溢出问题，在编写程序时有效地预防。

本节以一个字节的整数的取值为例，两个、四个、八个字节的整数是类似的。

考虑这样一个问题：一个字节的无符号整数和有符号整数，都能表示256个数，我们让这个整数从0开始取值，每次递增1，循环256次，会输出怎样的结果呢？

同学们可以运行以下程序。

```cpp
#include <bits/stdc++.h>
using namespace std;
int main()
{
    unsigned char c = 0;    //改成：char c;
    for(int i=0; i<256; i++){
        cout <<int(c) <<endl;
        c++;
    }
    return 0;
}
```

运行以上程序，我们会发现，对一个字节的无符号整数，会按图4.8所示的顺序循环取值。递增到255，再加1，就变成二进制"100000000"，溢出了，截取最后一个字节，所以就变成0了。

$0 \to 1 \to 2 \to 3 \to \cdots \to 126 \to 127 \to 128 \to 129 \to 130 \to \cdots \to 253 \to 254 \to 255$

图4.8 一个字节的无符号整数的取值循环

而对一个字节的有符号整数，会按如图4.9所示的顺序循环取值。递增到127，再加1，就变成二进制"10000000",这是-128的补码,也就是从127递增1,就跳到-128了。再递增1,就变成了"10000001",这是-127的补码。继续递增1,…,直到取值为-1,其补码是"11111111",再加1,就变成二进制"100000000",溢出了,截取最后一个字节,所以就变成0了。

$$0 \to 1 \to 2 \to 3 \to \cdots \to \cdots \to 126 \to 127 \to -128 \to -127 \to -126 \to \cdots \to \cdots \to -3 \to -2 \to -1$$

图4.9 一个字节的有符号整数的取值循环

对unsigned int型,取值循环是0, 1,…, 4294967295。对int型,取值循环是0, 1,…, 2147483647, -2147483648, -2147483647,…, -3, -2, -1。

广义上讲,对有符号正整数,其预期取值超出了正整数的范围,可能变成了一个负数的补码,这种情形也称为**溢出**。在编写程序时,如果遇到一些莫名其妙的问题,可能是因为溢出造成的。

考虑以下程序,本意是求哪些数的立方 ≤ 2147483647,因为 1290^3 = 2146689000 < 2147483647,而 1291^3 = 2151685171 > 2147483647。所以,这个程序会输出1～1290吗?

实际上,这个程序会陷入死循环。原因是i是int型,$i*i*i$也是int型,当i取1291时,$i*i*i$的值已经溢出了,$i*i*i$ = 2151685171,其二进制为"10000000 01000000 00011100 00110011",这是一个负数的补码,循环条件依然满足,此后$i*i*i$一直在正数和负数之间循环地取值,从来没超过2147483647,所以就陷入死循环了。把int改成unsigned int,就不会陷入死循环,也能输出1～1290。

```
#include <bits/stdc++.h>
using namespace std;
int main()
{
    for(int i=0; i*i*i<=2147483647; i++)    //i必须改成unsigned int
        cout <<i <<endl;
    return 0;
}
```

第 5 章
数论基础

本章内容

本章介绍数论基础知识，包括整除、因数和倍数，质数及筛选法，带余数除法，最大公约数和最小公倍数的求解，格点问题，扩展欧几里得算法，唯一分解定理及应用，求n和$n!$的标准质因数分解式，同余理论及应用，欧拉函数，快速幂算法等知识。

5.1 整除、因数和倍数

数论是研究整数基本性质的一门数学。由于数论中有着非常丰富的算法和具体的应用，所以数论也是信息学竞赛中一种重要的题目类型。

小学阶段的数学，很多内容都属于数论的范畴。所以本章的部分内容在第1章已经学过了，但本章会引入正式的定义和规范的符号。

定义 5.1 设 a、b 是整数，$a \neq 0$，如果存在整数 q 使得 $b = aq$ 成立，则称 **b 可被 a 整除**，记作 $a|b$，此时称 **b 是 a 的倍数**，**a 是 b 的因数**（也可称为**约数**）；如果不存在整数 q 使得 $b = aq$ 成立，则称 **b 不被 a 整除**，记作 $a \nmid b$。例如，$2|8$，$3|54$，$7|98$；$3\nmid 8$，$7\nmid 99$。

注意：①数学上，乘法式子里的乘号可以省略，因此 $a \times q$ 可以表示为 aq。②定义5.1里并没有要求 $q \neq 0$，因此，当 $b = 0$ 时，$b = a \times 0$ 总是成立的。因此，**0能被任何非零整数 a 整除**，也可以说，**0是任何非零整数的倍数**（0倍）。③在数学和程序里，都不允许除数 a 为0，在程序里如果出现除数为0，则运行出错，终止程序。

定理 5.1 整除的性质

（1）传递性：若 $a|b$ 且 $b|c \Rightarrow a|c$。例如，$3|6$ 且 $6|18$，则有 $3|18$。"$\Rightarrow$"表示"能推出"。

（2）线性组合性：$a|b$ 且 $a|c \Leftrightarrow$ 对任意的整数 x 和 y，有 $a|(bx + cy)$。"$\Leftrightarrow$"表示"等价于"。

一般地，$a|b_1$，$\cdots$，$a|b_k$ 同时成立 $\Leftrightarrow$ 对任意的整数 x_1，$\cdots$，x_k，有 $a|(b_1x_1 + \cdots + b_kx_k)$。

（3）比例性：设 $m \neq 0$，那么，$a|b \Leftrightarrow ma|mb$。

定义 5.2 设 b 是整数，显然，± 1，$\pm b$ 一定是 b 的约数，它们称为 b 的**显然约数**；b 的其他约数（如果有的话）称为 b 的**非显然约数**或**真因数**。

定理 5.2 设整数 $b \neq 0$，d_1，d_2，$\cdots$，d_k 是它的全体约数。那么，b/d_1，b/d_2，$\cdots$，b/d_k 也是它的全体约数。也就是说，当 d 遍历完 b 的全体约数时，b/d 也遍历完 b 的全体约数。此外，若 $b > 0$，当 d 遍历完 b 的全体正约数时，b/d 也遍历完 b 的全体正约数。

以 $b = 24$ 为例，1, 2, 3, 4, 6, 8, 12, 24 是 b 的全体正约数，b 除以这些约数，依次得到24, 12, 8, 6, 4, 3, 2, 1，也是 b 的全体正约数。

推论 平方数的正约数个数一定是奇数，非平方数的正约数个数一定是偶数。

这是因为，对任意正整数 b，如果 d 是它的正约数，则 b/d 也是它的正约数，约数总是成对出现的（d 和 b/d），而且这些成对出现的正约数是分布在 $k = \sqrt{b}$ 左右两侧的。如果 b 是平方数，当 $d = b/d = \sqrt{b}$ 时，d 和 b/d 是同一个数，因此，b 的正约数的个数一定是奇数。

【编程实例5.1】求正整数的所有因数。输入一个正整数 n，按从小到大的顺序输出它的所有正因数，$n \leq 1000000000000$。

分析：由于 n 可以取很大的值，直接枚举每个数 i，判定 i 是否为 n 的因数，肯定会超时。根据定理5.2，对正整数 n，如果 i 是它的因数，则 n/i 也是它的因数，用这种方式只需枚举到 $i*i \leq n$，

但要注意判断 i 和 n/i 是否相等。把 n 的所有因数存入向量 v，再按从小到大排序。代码如下。

```cpp
#include <bits/stdc++.h>
using namespace std;
int main()
{
    long long n;   cin >>n;
    vector<long long> v;
    for(long long i=1; i*i<=n; i++){
        if(n%i==0){
            v.push_back(i);
            if(i!=n/i)   v.push_back(n/i);
        }
    }
    sort(v.begin(), v.end());
    for(auto e : v)
        cout <<e <<" ";
    return 0;
}
```

【关于 auto 的说明】

在早期的 C 和 C++ 语言标准中，auto 关键字用于修饰具有自动存储器的局部变量。在 C++ 11 标准中，标准委员会赋予了 auto 全新的含义，auto 不再是一个存储类型指示符，而是作为一个新的类型指示符来指示编译器，auto 声明的变量必须由编译器在编译时期推导而得。

注意：使用 auto 定义变量时必须对其进行初始化，在编译阶段编译器需要根据初始化表达式来推导 auto 的实际类型。因此 auto 并非一种"类型"的声明，而是一个类型声明时的"占位符"，编译器在编译期会将 auto 替换为变量实际的类型。

例如，在本题的代码中，在最后的 for 循环里用了 auto，编译器能自动推测 i 表示向量中的每个元素。

5.2 质数及筛选法

定义 5.3 设整数 $p \neq 0$，$p \neq \pm 1$。如果除了显然约数 ± 1，$\pm p$ 外，p 没有其他的约数，那么，p 就称为**质数**（或**素数**）。若整数 $a \neq 0$，$a \neq \pm 1$，若 a 不是**质数**，则称 a 为**合数**。

注意，0、±1 既不是质数也不是合数。

定理 5.3 若 a 是合数，则必有质数 p，使得 $p|a$。**合数 a 的最小非显然约数必为质数**。

定义 5.4 一个整数的因数如果是质数，则这个因数称为该整数的**质因数**（或**素因数**）。

定理5.4　设整数 $a \geq 2$，若 a 是合数，则必有质数 p，使得 $p|a$，$p \leq \sqrt{a}$。

【编程实例5.2】求正整数的质因数。输入一个正整数 n，$2 \leq n \leq 100000000$，按从小到大的顺序输出它不同的质因数。例如，如果 n 为24，它不同的质因数为2和3。

分析：对输入的正整数 n，从 $k=2$ 开始，判断 k 是否为 n 的因数，如果是，则用while循环将 n 除以 k 并更新 n 的值，直至 n 不能被 k 整除为止；此后 k 加1，重复类似的处理，直至 n 变为1。本题的算法很特别，要求 n 的质因数，但全程没有涉及质数的判断，依据的原理是定理5.3，n 的最小因数（1除外）一定是质因数。代码如下。

```
#include <bits/stdc++.h>
using namespace std;
int main()
{
    int n;  cin >>n;
    int k = 2;
    while(1){
        if(n%k==0)   cout <<k <<" ";
        while(n%k==0)   n /= k;
        if(n==1)   break;
        k++;
    }
    return 0;
}
```

注意，在本题中，$n \leq 100000000$，所以上述程序不会超时。如果 n 取更大的值，当 n 的最大质因数非常大时，例如 $n = 2 \times 1000000007$，上述程序会超时。5.7节会介绍更好的方法。

对于"筛选出给定范围内所有质数"这一问题，第1章介绍了埃拉托斯特尼筛选法（简称埃氏筛选法）：为了求出 $2 \sim N$（N 为大于2的正整数）范围内的所有质数，可以依次删除 p 的倍数（保留 p 本身），p 为质数，且 $p \leq \sqrt{N}$，剩下的数就是质数。其实现详见编程实例5.3。

【编程实例5.3】埃氏筛选法。输入正整数 N，求 $1 \sim N$ 范围内质数的个数，$2 \leq N \leq 10000000$。

分析：根据埃氏筛选法的思想，首先在 na 数组里从 na[2]~na[N] 依次存放 $2 \sim N$ 的所有自然数。从 $p=2$ 开始，只要 na[p] 不为0（na[p] 的值就是 p），就将 na[p] 的倍数（na[p] 本身除外）删除，实现时只需将 na 数组里对应元素的值置为0即可。根据定理5.4，N 以内的合数 a，必有质数 p，$p \leq \sqrt{N}$，使得 $p|a$，所以 p 一直循环到 $\sqrt{N}$ 即可。最后，na 数组里非零的元素就是保留下来的质数，把保留下来的质数保存到 pri 数组里，变量 num 记录统计到的质数个数。

埃氏筛选法要求 p 为质数，但在实现时，无需判断 na[p]（其值就是循环变量 p）是否为质数，因为如果 na[p] 为合数，根据定理5.4，它一定有小于它本身的质因数，从而 na[p] 在之前就已经被置为0了。代码如下。

```cpp
#include <bits/stdc++.h>
using namespace std;
#define MAXN 10000010
int na[MAXN];           // 初始时，na[i]就是i，存储所有的自然数
int pri[MAXN];          // 存储所有的质数
int num;                //1～N范围内所有质数的个数
// 生成m以内的质数表
void ptable(int m)   // 求1～m范围内的质数并存储在pri数组
{
    int i, j, p;
    for(i=0; i<=m; i++)   na[i] = i;     // 先把1～m范围内的自然数准备好
    for(p=2; p*p<=m; p++){                // 如果p是质数,把p作为工具删除p的倍数
        if(na[p]){ // 只要na[p]不为0,na[p]没有被删除掉,na[p]就是p,一定是质数
            for(j=2*p; j<=m; j+=p)
                na[j] = 0;                // 将p的倍数那些位置上的数删除掉
        }
    }
    for(i=2, j=0; i<=m; i++){
        if(na[i])  pri[j++] = na[i];
    }
    num = j;
}
int main()
{
    int n;   cin >>n;
    ptable(n);     // 把1～n范围内的质数筛选出来,并存储到一个表（数组）里
    cout <<num <<endl;
    return 0;
}
```

注意：在上述实现方法中，对给定的质数 p，依次删除 p 的 2 倍、3 倍、…，直至超过 N。而在筛选法的改进——线性筛法中，是对给定的自然数 i，依次删除 $pri[0]$ 的 i 倍、$pri[1]$ 的 i 倍、…。

上面的代码从质数 p 出发，删除 p 的倍数（保留 p 本身），可能将同一个合数删除多次，例如 $n = 30$，当 $p = 2$，3，5时，都会将30删除一次，当 n 很大时，就会很浪费时间。

埃氏筛选法的改进——线性筛法

基本思想：确保每个合数只被它的最小质因数删除一次。

实现方法如下。使用全局数组 na（初始自动置为 0），$na[i] = 0$ 表示 i 为质数，$na[i] = 1$ 表示 i 不是质数。用 pri 数组存储已找到的质数。从 $i = 2$ 开始遍历每个自然数 i，如果 $na[i]$ 为 0，则 i 为质数，马上把 i 存入 pri 数组中。然后对当前的自然数 i，乘以当前质数表中前面一些质数 $pri[j]$，$pri[j] * i$ 一定是合数，把 $na[\,pri[j] * i\,]$ 置为 1，即删除合数 $pri[j] * i$。对每个自然数 i，"提前结束当前删

除合数的工作"的条件为：i%pri[j] == 0。这是因为，由于是从小到大枚举质数pri[j]，则pri[j]是pri[j]*i的最小质因数；当i%pri[j] == 0时，即i是pri[j]的倍数，假设i = pri[j] * t，终止当前删除合数的工作；如果不终止，那么接下来要被删除的合数依次是pri[j + 1], pri[j + 2],…与i相乘得到的合数，但这些合数的最小质因数不是pri[j + 1], pri[j + 2],…，以pri[j + 1] * i为例，pri[j + 1] * i = pri[j + 1] * pri[j] * t，它的最小质因数至少也应该是pri[j]；如果不停止删除合数工作，就会使得一个合数被删除多次。

例如，当i = 2时，判断出2是质数，存入pri数组，此时pri数组已存入了1个质数，就是2，然后删除2 * 2 = 4，即将na[2 * 2]置为1。接着因为i%pri[j]为0，结束当前删除合数的工作。继续，当i = 3时，判断出3是质数，存入pri数组，此时pri数组已存入了两个质数，就是2和3，然后删除2 * 3 = 6、3 * 3 = 9。接着因为i%pri[j]为0，结束当前删除合数的工作。

按照上述方法实现的ptable函数的代码如下。

```
int na[MAXN];          //na[i]为0表示i是质数,na[i]为1表示i不是质数
int pri[MAXN], num;    //pri: 存储2~N内的质数, num: 2~N范围内质数个数
void ptable( int m )
{
    int i, j;
    num = 0;
    for(i=2; i<=m; i++) {   // 检查每个自然数i=2, …, m
        if(!na[i])   pri[num++] = i;   // 若i是质数，保存至pri数组中
        // 对当前的自然数i，乘以当前质数表中前面一些素数pri[j]，但不能超过m
        for(j=0; j<num && pri[j]*i<=m; j++){
            na[ pri[j]*i ] = 1;   //pri[j]*i是合数
            if(i%pri[j] == 0)   break; // 若i是pri[j]倍数,结束当前删除工作
                                //if语句不能放前面
        }
    }
}
```

线性筛法能确保每个合数只被最小的质因数删除一次，所以复杂度为$O(n)$，因此被称为线性筛。同学们可以在上述程序的基础上增加一些代码，统计删除合数的总次数。

更神奇的是，在线性筛中增加几行代码，能实现在筛选出1~n范围内所有质数的同时，求出1~n每个数的欧拉函数值，详见5.12节。

【编程实例5.4】验证哥德巴赫猜想（加强版）。编程实现：对于一个给定的偶数n，输出哥德巴赫猜想中满足条件的质数对的个数。注意，对两个质数p1和p2，(p1, p2)和(p2, p1)是同一个质数对。

输入数据第一行为正整数t，代表测试数据个数，$2 \leq t \leq 10000$。接下来有t行，每行为一个整数n，n为偶数且范围在[4, 100000]。对每个测试数据中的整数n，输出满足要求的质数对的个数。

分析：本题要处理多个测试数据。对每个测试数据中的n，直接枚举p1可能会超时。更好的枚举方法是按以下3个步骤进行。

（1）先采用筛选法求出 2～100000 的所有质数，保存在数组 pri 中。

（2）定义一个数组 cnt，cnt[i] 表示整数 i（包括奇数和偶数）的满足条件的质数对的个数。然后枚举所有不同的质数对 (pri[i], pri[j])，其中 pri[i] ≤ pri[j]，如果其和 s 不超过 100000，则 cnt[s] 自增 1，表示找到 s 的一种质数分解形式。请注意，由于质数 2 是偶数，所以对某些奇数，如 25，也存在满足条件的质数对，如 25 = 2 + 23。

（3）对输入的每个偶数 n，输出求得的质数对的个数 cnt[n]。代码如下。

```cpp
#include <bits/stdc++.h>
using namespace std;
#define MAX 100000
bool na[MAX+10];        //na[i]为0表示i是质数,na[i]为1表示i不是质数
int pri[10000];         // 存储100000以内的质数，共有9592个
int num;                //1～MAX范围内所有质数的个数
int cnt[MAX+10];        //cnt[i]为整数i(包括奇偶数)的满足条件的质数对的个数
void ptable( int m )
{
    int i, j;
    for(i=2; i<=m; i++) {                    // 检查每个自然数i=2, …, m
        if(!na[i])  pri[num++] = i;          // 若i是质数，保存至pri数组中
        // 对当前的自然数i,乘以当前质数表中前面一些质数pri[j],但不能超过m
        for(j=0; j<num && pri[j]*i<=m; j++){
            na[ pri[j]*i ] = 1;              //pri[j]*i是合数
            if(i%pri[j] == 0)  break; // 若i是pri[j]倍数,结束当前删除工作
        }
    }
}
int main()
{
    int i, j;
    ptable(MAX);
    // 枚举所有不同的质数对(pri[i], pri[j]),如果其和s不超过MAX
    int s;   // 则cnt[s]自增1,表示找到s的一种质数分解形式
    for( i=0; i<num; i++ ) {
        for( j=i; j<num; j++ ) {
            s = pri[i] + pri[j];
            if( s<=MAX )  cnt[s]++;
        }
    }
    int t, n;  cin >>t;            //t:查询次数, n:输入的偶数
    for(i=1; i<=t; i++){
        cin >>n;
        cout <<cnt[n] <<endl;  // 对输入的偶数n,输出求得的质数对的个数
```

    }
    return 0;
}
```

## 5.3 带余数除法

**定理5.5（带余数除法）** 设 $a$ 与 $b$ 是两个给定的整数，$a \neq 0$。那么一定存在唯一的一对整数 $q$ 和 $r$，使得：

$$b = qa + r, \quad 0 \leq r < |a| \tag{5.1}$$

**推论**：$a|b$（即 $a$ 整除 $b$）的充要条件是 $r = 0$。

在定理5.5中，$b$ 是被除数，$a$ 是除数（$a \neq 0$），我们可以写出带余数除法算式：

$$b \div a = q \cdots\cdots r \tag{5.2}$$

例如：$55 \div 8 = 6 \cdots\cdots 7$。

式（5.1）还可以写成下式（5.3）：

$$b - r = a \times q \tag{5.3}$$

**定理5.6** 设 $a$ 与 $b$ 是两个给定的整数，$a \neq 0$，设 $d$ 是给定的整数。那么一定存在唯一的一对整数 $q_1$ 和 $r_1$，使得：

$$b = q_1 a + r_1, \quad d \leq r_1 < |a| + d \tag{5.4}$$

**推论**：$a|b$ 的充要条件是 $a|r_1$。

根据定理5.6，通过调整商 $q_1$ 的值，可以使得余数 $r_1$ 落入长度为 $|a|$ 的区间 $[d, |a| + d - 1]$。

例如，$b = 55$，$a = 8$，如果想让 $b$ 除以 $a$ 得到的余数落入 $[13, 20]$ 这个长度为8的区间，可以将商 $q_1$ 设置为5，这样，$55 = 8 \times 5 + 15$；如果 $b = 56$，则有 $56 = 8 \times 5 + 16$，由于 $8|16$，所以，$8|56$。

**定理5.7** 设整数 $a > 0$，任意正整数 $b$ 被 $a$ 除后所得的最小非负余数是且仅是 $0, 1, \cdots, a - 1$ 这 $a$ 个数中的一个。

在公式（5.2）中，共有四个量：**被除数 $b$、除数 $a$、商 $q$、余数 $r$**。如果每个量，可能已知也可能未知，共有 $2^4 = 16$ 种组合。我们可以约定未知为0、已知为1，那么这16种组合可以用二进制来表示，就是从0000到1111，转换成十进制就是 $0 \sim 15$。本节用 $0 \sim 15$ 代表这16种组合的编号。

为方便讨论，本节作出以下约定。

（1）$0 \leq$ 余数 $r < a$。哪怕 $r = 0$，也要写出这个余数。$r = 0$，意味着 $b$ 能被 $a$ 整除。

（2）$b$、$a$、$q$、$r$ 都是（非负）整数，**除数 $a$ 可以大于被除数 $b$，但商 $q$ 一定小于或等于被除数 $b$，余数 $r$ 也一定小于或等于被除数 $b$**。
```

（3）**商 q 可以取 0，但除数 a 不能取 0。在数学和计算机中，除数 a 都是不能为 0 的。**

（4）在数学上，如果除数 a 是已知的，题目一般会保证 $a \neq 0$；如果除数 a 是未知的，是求出来的，解题时要保证 $a \neq 0$。

（5）在编程解题时，如果 a 是输入数据，输入数据也应该视为已知，这时要看题目在"数据规模与约定"中有没有保证 $a \neq 0$，如果没有保证，程序要判断；如果 a 是求出来的，程序要保证 $a \neq 0$。

表 5.1 给出了四个量已知/未知的 16 种组合，"?" 表示未知。有些组合无法讨论，理由见表 5.1。有些组合简单讨论一下，就能得出结论。表 5.1 中有 3 种组合需要进一步讨论。

表 5.1　四个量已知/未知的 16 种组合

序号	被除数 b	除数 a	商 q	余数 r	结论	理由
0	?	?	?	?	无法讨论	四个量都是未知的，无法讨论
1	?	?	?	已知	无法讨论	三个量是未知的，无法讨论，只知道除数 a 必须大于余数 r，被除数 b 必须大于或等于余数 r
2	?	?	已知	?	无法讨论	三个量是未知的，无法讨论，只知道被除数 b 必须大于或等于商 q
3	?	?	已知	已知	可以简单讨论	a 有无穷多个取值 $a=1, 2, \cdots$，对 a 的每个取值，被除数 $b=a*q+r$
4	?	已知 ($a \neq 0$)	?	?	可以简单讨论	r 的取值为 $0, 1, \cdots, a-1$，对 r 的每个取值，商 q、被除数 b 有多个取值组合但满足 $b = a*q+r$
5	?	已知 ($a \neq 0$)	?	已知	可以简单讨论	q 有无穷多个取值 $q=0, 1, 2, \cdots$，对 q 的每个取值，被除数 $b=a*q+r$
6	?	已知 ($a \neq 0$)	已知	?	可以简单讨论	r 有 a 个取值 $r=0, 1, 2, \cdots, (a-1)$，对 r 的每个取值，被除数 $b=a*q+r$
7	?	已知 ($a \neq 0$)	已知	已知	没有必要讨论	被除数是确定的，$b=q*a+r$
8	已知	?	?	?	可以简单讨论	a 有无穷多个取值 $a=1, 2, \cdots$，对 b、a 的每一对取值，可以求出 $q=b/a$（整数除法）和 $r=b\%a$
9	已知	?	?	已知	需要进一步讨论	必须保证 $0 \leq r \leq b$
10	已知	?	已知	?	需要进一步讨论	必须保证 $0 \leq q \leq b$
11	已知	?	已知	已知	需要进一步讨论	必须保证 $0 \leq q, r \leq b$
12	已知	已知 ($a \neq 0$)	?	?	没有必要讨论	商 q 和余数 r 都是确定的 $q = b/a, r = b\%a$
13	已知	已知 ($a \neq 0$)	?	已知	没有必要讨论	必须保证 $0 \leq r \leq b$ 且 $r=b\%a$ 商 q 是确定的，$q = (b-r)/a$
14	已知	已知 ($a \neq 0$)	已知	?	没有必要讨论	必须保证 $0 \leq q \leq b$ 且 $q=b/a$ 余数 r 是确定的，$r = b\%a$

续表

序号	被除数 b	除数 a	商 q	余数 r	结论	理由
15	已知	已知($a\neq 0$)	已知	已知	没有必要讨论	四个量都是确定的 必须保证 $q=b/a$, $r=b\%a$

第9、第10、第11种组合需要进一步讨论。

第9种组合：被除数 b 和余数 r 已知（必须保证 $0 \leq r \leq b$），除数 a 和商 q 未知。

可以求解的问题：除数 a 和商 q，有多少种不同的取值组合？详见编程实例5.5。

【**编程实例5.5**】带余数除法（b 和 r 已知）。在带余数除法算式中 "$b \div a = q \cdots\cdots r$"，只知道被除数 b 和余数 r，$0 \leq r < b \leq 10^9$，而并不知道除数 a 和商 q。那么除数 a 有多少种可能？

本题有多组测试数据。输入的第一行为一个正整数 T，表示数据组数。然后有 T 行，每行有一个正整数 b 和自然数 r，分别表示带余数除法的被除数和余数。测试数据保证 $r<b$。

对每组测试数据，输出一行，为一个自然数，表示除数的不同取值数量。

分析：由于 $(b-r)=a*q$，因此 $b-r$ 有多少个因数，a、q 就有多少个组合，每个组合都是确定的。

但这里有个**陷阱**，比如，$b=3$、$r=1$，$b-r=2$，2有两个因数，1和2，$a=2$、$q=1$ 是合理的，但 $a=1$、$q=2$ 是不合理的，因为如果 $a=1$，那么商 $q=3$、余数 $r=0$。是哪里出问题了呢？这是因为 a 必须大于 r，在这个例子里，如果 a 取1，求得 $r=0$，这是不对的。

正确的解法：求出 $b-r$ 有多少个因数，a 只能大于 r 的因数，对 a 的每个取值，$q=(b-r)/a$。

这里还有一个特例，如果 $r=b$，$b-r=0$，不能按上述方法求解。当 $r=b$，除数 a 可以取 $>b$ 的任意整数，商 $q=0$。但本题保证 $r<b$，所以本题不需要处理这种特例。代码如下。

```
#include <bits/stdc++.h>
using namespace std;
long long b, a, q, r;
int t;
int main()
{
    cin >>t;
    while(t--){
        cin >>b >>r;
        long long m = b-r, cnt = 0;
        for(long long i=1; i*i<=m; i++){
            if(m%i==0){
                if(i>r)   cnt++;
                if( (m/i != i) and m/i > r )   cnt++;
            }
        }
        cout <<cnt <<endl;
    }
```

```
    return 0;
}
```

第10种组合：被除数 b 和商 q 已知（必须保证 $0 \leq q \leq b$），除数 a 和余数 r 未知。

可以求解的问题：除数 a 和余数 r，有多少种不同的取值组合？余数 r 取值总和是多少？ 详见编程实例5.6。

【编程实例5.6】带余数除法（b 和 q 已知）。在带余数除法算式中"$b \div a = q \cdots\cdots r$"，只知道被除数 b 和商 q，$0 \leq q \leq 10^9$，$0 < b \leq 10^9$，$q \leq b$，不知道除数 a 和余数 r。那么除数 a 和余数 r，有多少种不同的取值组合？余数 r 取值总和是多少？

本题有多组测试数据。输入的第一行为一个正整数 T，表示数据组数。然后有 T 行，每行有一个正整数 b 和自然数 q，分别表示带余数除法的被除数和商。

对每组测试数据，输出一行，为两个整数，用一个空格隔开，分别表示余数的不同取值数量和余数所有可能取值的和。

分析：本题要特判，如果商 $q = 0$，除数 a 必须大于 b，a 可以取无穷多个值，但余数 r 就只有一个取值 $r = b$。如果商 $q \neq 0$，除数 a 的范围是确定的，为 $(b/(q+1), b/q]$，这里的除法是整数的除法，区间为左开右闭，"("表示取不到，"]"表示能取到，$a = b/q$ 时，$b \div a$ 的商是 q，当 $a = b/(q+1)$ 时，$b \div a$ 的商是 $q+1$，所以 a 取不到 $b/(q+1)$。对 b、a、q 的每一个取值组合，余数 r 的值是确定的，但 r 的取值有没有重复呢？答案是没有重复。因此 r 的取值个数是 $b/q - b/(q+1)$。

r 的取值个数可能为0吗？完全有可能，如果 $b/q = b/(q+1)$，r 的取值个数就为0。例如，$b = 492$，$q = 29$，$b/q = 16$，$b/(q+1) = 16$。

以下举例说明余数 r 的取值没有重复。

表5.2是商 $q = 1$ 的例子。除数 a 是连续的，余数 r 也是连续的。

表5.2 商 $q = 1$ 的例子

22÷?=1……?	除数 a	余数 r	22÷?=1……?	除数 a	余数 r	22÷?=1……?	除数 a	余数 r
\	12	10	\	16	6	\	20	2
\	13	9	\	17	5	\	21	1
\	14	8	\	18	4	\	22	0
\	15	7	\	19	3			

表5.3是商 $q = 3$ 的例子。除数 a 是连续的，余数 r 的取值构成以 $q = 3$ 为公差的等差数列。我们写出以下式子就一目了然了。

$$55 = 3 \times 18 + 1$$
$$55 = 3 \times 17 + 4$$
$$55 = 3 \times 16 + 7$$
$$55 = 3 \times 15 + 10$$
$$55 = 3 \times 14 + 13$$

表5.3 商 $q = 3$ 的例子

$55÷? = 3……?$	除数 a	余数 r	$55÷? = 3……?$	除数 a	余数 r
\	14	13	\	17	4
\	15	10	\	18	1
\	16	7			

结论：如果商 $q = 1$，除数 a 和余数 r 都是连续的。如果商 $q > 1$，除数 a 是连续的，余数 r 的取值构成了一个**等差数列**，这个等差数列的**首项为 $b\%(b/q)$、末项为 $b - (b/(q + 1) + 1) * q$、公差为 q、总共有 $b/q - b/(q + 1)$ 项**，如表5.4所示。实际上，如果 $q = 1$，也是符合上述结论的。

表5.4 除数 a 和余数 r 的取值规律

$b÷? = q……?$	除数 a	余数 r	$b÷? = q……?$	除数 a	余数 r
\	$b/(q+1)+1$	$b - (b/(q+1)+1)*q$	\	…	…
\	…	…	\	$b/q-2$	$b\%(b/q) + 2*q$
\	…	…	\	$b/q-1$	$b\%(b/q) + q$
\	…	…	\	b/q	$b\%(b/q)$
\	…	…			

代码如下。

```cpp
#include <bits/stdc++.h>
using namespace std;
long long b, a1, a2, q;
int t;
int main()
{
    cin >>t;
    while(t--){
        cin >>b >>q;
        if(q==0){
            cout <<1 <<" " <<b <<endl;  continue;
        }
        a1 = b/q;   a2 = b/(q+1);
        long long m = a1 - a2;              // 项数
        long long t1 = b%(b/q);             // 首项
        long long s = m*t1 + m*(m-1)*q/2;   // 等差数列求和公式
        cout <<a1 - a2 <<" " <<s <<endl;
```

```
    }
    return 0;
}
```

第11种组合：被除数 b、商 q、余数 r 已知（必须保证 $0 \leq q, r \leq b$），除数 a 未知。

分析：如果商 $q = 0$，那么被除数 b 和余数 r 必须相等才有意义，此时除数 a 可以取大于 b 的任意整数。如果商 $q \neq 0$，除数 a 和余数 r 的取值不是任意的，可以求出除数 $a = b/q$，余数 r 必须等于 $b \% a$ 才有意义。

5.4 最大公约数理论及应用

定义 5.5 设 a_1, a_2 是两个整数，如果 $d|a_1$ 且 $d|a_2$，那么，d 就称为 a_1 和 a_2 的**公约数**。一般地，设 a_1, a_2, $\cdots$, a_k 是 k 个整数，如果 $d|a_1$, $\cdots$, $d|a_k$，那么，d 就称为 a_1, a_2, $\cdots$, a_k 的**公约数**。

定义 5.6 设 a_1, a_2 是两个不全为零的整数，把 a_1 和 a_2 的公约数中最大的整数称为 a_1 和 a_2 的**最大公约数**，记作 (a_1, a_2)。一般地，设 a_1, a_2, $\cdots$, a_k 是 k 个不全为零的整数，把 a_1, a_2, $\cdots$, a_k 的公约数中最大的整数称为 a_1, a_2, $\cdots$, a_k 的**最大公约数**，记作 $(a_1, a_2, \cdots, a_k)$。

注意，对不为零的整数 a，有 $(a, 0) = a$。

定义 5.7 若 $(a_1, a_2) = 1$，则称 a_1 和 a_2 是**互质**的。一般地，若 $(a_1, \cdots, a_k) = 1$，则称 a_1, $\cdots$, a_k 是互质的。例如，3 和 8 是互质的，8 和 9 也是互质的。

注意，a_1 和 a_2 是否互质与 a_1 和 a_2 是否为质数没有直接联系，但是如果 a_1 和 a_2 均为质数（$a_1 \neq a_2$），那么 a_1 和 a_2 肯定互质；如果 a_1 是质数，且 a_2 不是 a_1 的倍数，那么 a_1 和 a_2 也一定互质。

定理 5.8 如果存在整数 x_1, $\cdots$, x_k，使得 $a_1x_1 + \cdots + a_kx_k = 1$，则 a_1, $\cdots$, a_k 是互质的。

例如，8 和 9 互质，取 $x_1 = -1$，$x_2 = 1$，则 $8x_1 + 9x_2 = 1$。

又如，7 和 9 互质，取 $x_1 = 4$，$x_2 = -3$，则 $7x_1 + 9x_2 = 1$。

定义 5.8 设 a_1, a_2 是两个均不等于零的整数，如果 $a_1|l$ 且 $a_2|l$，则称 l 是 a_1 和 a_2 的公倍数。一般地，设 a_1, $\cdots$, a_k 是 k 个均不等于零的整数，如果 $a_1|l$, $\cdots$, $a_k|l$，则称 l 是 a_1, $\cdots$, a_k 的**公倍数**。

定义 5.9 设 a_1, a_2 是两个均不等于零的整数，把 a_1 和 a_2 的正的公倍数中最小的整数称为 a_1 和 a_2 的**最小公倍数**，记作 $[a_1, a_2]$。一般地，设 a_1, $\cdots$, a_k 是 k 个均不等于零的整数，把 a_1, $\cdots$, a_k 的正的公倍数中最小的整数称为 a_1, $\cdots$, a_k 的**最小公倍数**，记作 $[a_1, \cdots, a_k]$。

【微实例 5.1】 求 24 和 36 的最大公约数和最小公倍数。

解：在小学数学，我们学过动手求最大公约数和最小公倍数，如图 5.1 所示。方法是：对两个数 a 和 b，提取它们的公共质因数直至剩下的两个数互质为止，那么最大公约数就是提取出来的所有因数的乘积，最小公倍数就是提取出来的所有因数和剩下两个数的乘积。

在图 5.1 中，求 $(24, 36)$ 和 $[24, 36]$，提取到的公共质因数为 2, 2, 3，剩下的 2 个数为 2 和 3，最大公约数 $(24, 36) = 2 \times 2 \times 3 = 12$，最小公倍数 $[24, 36] = 2 \times 2 \times 3 \times 2 \times 3 = 72$。

```
        ⎛ 2 | 24   36
最大公约数为: ⎜ × |
2×2×3=12   ⎜ 2 | 12   18
           ⎝ × |
             3 | 6    9      最小公倍数为:
             + |             2×2×3×2×3=72
               2 × 3
```

图 5.1　动手求最大公约数和最小公倍数

【编程实例5.7】通过提取质因数的方法求最大公约数和最小公倍数。输入两个正整数 a 和 b，不超出 int 型范围，按图 5.1 所示的方法求 a 和 b 的最大公约数和最小公倍数。

分析：对正整数 a 和 b，反复找它们最小的公约数 k（1除外），然后将 a、b 除以 k，并将 k 乘到变量 g 中，直至 a 和 b 除了 1 以外没有其他公约数为止。此后 g、$g*a*b$ 分别就是原始的 a 和 b 的最大公约数和最小公倍数。本题因为用到了乘法，所以需要用 long long 型。代码如下。

```cpp
#include <bits/stdc++.h>
using namespace std;
int main()
{
    long long a, b;  cin >>a >>b;
    long long g = 1, k = 2;   //g: 最大公约数, k: 最小的公约数
    while(1){
        int k1 = 1;
        for( ; k<=a and k<=b; k++){
            if(a%k==0 and b%k==0){
                k1 = k;  a /= k;  b /= k;  break;
            }
        }
        if(k1==1)  break;   //a和b除了1以外,没有其他公约数,算法结束
        g *= k;
    }
    cout <<g <<" " <<g*a*b <<endl;
    return 0;
}
```

上述方法效率较低。在程序中，求最大公约数要采用辗转相除法，也称为欧几里得算法。

定理 5.9（辗转相除法） 设 u_0, u_1 是给定的两个整数，$u_1 \neq 0$，$u_1 \nmid u_0$，则一定可以重复应用带余数除法得到下面 $k+1$ 个等式。

$$u_0 = q_0 u_1 + u_2, \qquad 0 < u_2 < |u_1|,$$
$$u_1 = q_1 u_2 + u_3, \qquad 0 < u_3 < u_2,$$
$$u_2 = q_2 u_3 + u_4, \qquad 0 < u_4 < u_3,$$
$$\cdots \qquad\qquad\qquad \cdots$$
$$u_{k-2} = q_{k-2} u_{k-1} + u_k, \qquad 0 < u_k < u_{k-1},$$

$$u_{k-1} = q_{k-1}u_k + u_{k+1}, \qquad 0 < u_{k+1} < u_k,$$
$$u_k = q_k u_{k+1}$$

此时，$u_{k+1} = (u_0, u_1)$。

以上算法称为**辗转相除法**或欧几里得**算法**。辗转相除法就是反复将较大的数表示成"较小的数的若干倍 + 余数"，直至余数为0，此时较小的数就是最大公约数。

辗转相除法求最大公约数：设 a, b 是给定的两个整数，设 a 为这两个整数中的较大者，b 为较小者（如果不满足，交换 a 和 b 即可）。

（1）令 $m = a$，$n = b$。

（2）如果 n 为0，最大公约数为 m。

（3）取 m 对 n 的余数，即 $r = m\%n$，如果 r 的值为0，最大公约数为 n，否则执行第（4）步。

（4）令 $m = n$，$n = r$，即 m 的值为 n 的值，而 n 的值为余数 r，并转向第（3）步。

整个算法的流程图如图5.2所示。注意，对绝大多数整数对来说，只需两三次循环就可以求出最大公约数了。

例如，假设输入的两个正整数为18和33，则交换后 $a = 33$，$b = 18$，用辗转相除法求最大公约数的过程如图5.3所示。

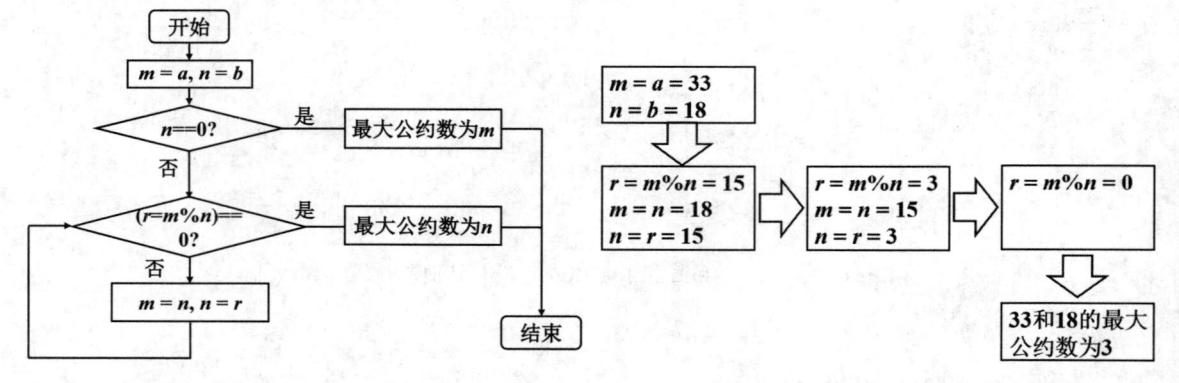

图5.2 辗转相除法的流程图

图5.3 辗转相除法求两个整数的最大公约数

【**编程实例5.8**】**求两个数的最大公约数**。输入两个非负整数 a, b，a, b 不同时为0，且不超出 int 型范围，求它们的最大公约数并输出。

分析：辗转相除法可以采用非递归方式（循环结构）实现，也可以采用递归方式实现，对绝大多数整数对来说，只需两三次递归调用就可以结束了。

（1）用非递归方式（循环结构）实现

图5.2所示的辗转相除法流程图本身就包含循环结构，因此可以用循环实现。代码如下。

```
#include <bits/stdc++.h>
using namespace std;
int gcd( int m, int n )          //求m和n的最大公约数
{
```

```
    if(n==0)   return m;        //(m, 0) = m
    int r;
    while( (r=m%n)!=0 ){ m = n; n = r; }
    return n;
}
int main()
{
    int a, b;  cin >>a >>b;
    if( a<b )  swap(a, b);    // 交换a和b,使a为较大者
    cout <<gcd(a, b) <<endl;
    return 0;
}
```

注意，在main函数中，如果 $a < b$，则不交换，直接调用gcd函数，也能求得最大公约数，只不过gcd函数中while循环要多执行一次，第一次循环就是交换两个数。

（2）用递归方式实现

辗转相除法也可以采用递归方式实现。其递归思想是：在求最大公约数的过程中，如果n的值为0，则最大公约数就是m；否则递归求n和m%n（就是余数r）的最大公约数。因此，上述代码中的gcd函数可改写成以下代码。

```
int gcd( int m, int n )        // 求m和n的最大公约数
{
    if( n==0 )  return m;    //(m, 0) = m
    else  return gcd(n, m%n);
}
```

上述gcd函数中的代码也可以简写成以下代码。

```
    return (n == 0) ? m : gcd(n, m % n);
```

在使用上述递归函数gcd求gcd(33, 18)时，要递归调用gcd(18, 15)；在执行gcd(18, 15)时又递归调用gcd(15, 3)；在执行gcd(15, 3)时又递归调用gcd(3, 0)；最后在执行gcd(3, 0)时，因为参数n的值为0，所以最终求得的最大公约数为3。

注意，不管是用非递归方式还是用递归方式，辗转相除法的效率都非常高，原因是在将m对n取余（m%n）时，会从m中去除n的很多倍直至不足n为止，所以，m和n的值减小得非常快。但有一些数（如55和34），辗转相除法的效率相对较低，每次都只能从较大数里去除较小数的1倍，或者说 $m = n + r$（r为m%n），这些数其实构成了斐波那契数列，第1、2项分别为1，2，此后每一项都是前两项之和。

【编程实例5.9】有理数的个数（基础版）。我们知道，任何有理数都可以表示成分数q/p的形式，p, q为整数。当p和q的最大公约数不为1时，q/p还可以化简，化简成p和q互质的自然数。如，9/12 = 3/4，因此9/12和3/4是同一个有理数。

限定分子 q、分母 p 的范围为 $[1, n]$，$n \leq 1000$，我们想知道不同的有理数 q/p 有多少个。

分析：在本题中，最大的有理数为 $n/1$，最小的有理数为 $1/n$。注意，本题的意思不等价于"求 $(0, n]$ 范围内的有理数的个数"。比如，$1/(n+1)$、$1/(n+2)$、$1/(n+3)$ 等也是 $(0, n]$ 范围内的有理数，但不在本题统计的有理数之列。事实上，$(0, n]$ 范围内的有理数有无穷个。

因为 $n \leq 1000$，可以枚举每个分数 i/j，i 的范围为 $[1, n]$，j 的范围为 $[1, n]$，在二维数组 vs 里设置 $vs[i/\gcd(i,j)][j/\gcd(i,j)]$ 为 1。最后统计 1 的个数。也可以在枚举过程中统计 1 的个数，但只能统计新增的 1 的个数。因此，枚举到 (i, j) 组合时，判断 $vs[i/\gcd(i,j)][j/\gcd(i,j)]$ 是否为 0，如果是，计数器加 1，并且设置 $vs[i/\gcd(i,j)][j/\gcd(i,j)]$ 为 1。下次检测到 $vs[i/\gcd(i,j)][j/\gcd(i,j)]$ 为 1，计数器就不会再加 1 了。

	1	2	3	4	5	6	7	8
1	1	1	1	1	1	1	1	1
2	1	0	1	0	1	0	1	0
3	1	1	0	1	1	0	1	1
4	1	0	1	0	1	0	1	0
5	1	1	1	1	0	1	1	1
6	1	0	0	0	1	0	1	0
7	1	1	1	1	1	1	0	1
8	1	0	1	0	1	0	1	0

图 5.4 在 vs 数组里标记每个最简分数

例如，当 $n = 8$ 时，vs 数组里记录的每一个 1 对应一个不同的最简分数，如图 5.4 所示。代码如下。

```cpp
#include <bits/stdc++.h>
using namespace std;
int vs[1010][1010];    //vs[i][j] 取值为 1 表示有 i/j 这个最简分数
int gcd( int a, int b )
{
    return (b == 0) ? a : gcd(b, a % b);
}
int main()
{
    int n;   cin >>n;
    int cnt = 0;      // 计数器 (count)
    int ti, tj, g;
    for(int i=1; i<=n; i++){
        for(int j=1; j<=n; j++){    // 枚举 (i, j) 所有组合
            g = gcd(i, j);
            ti = i/g,  tj = j/g;
            if(vs[ti][tj] == 0)   cnt++, vs[ti][tj] = 1;
        }
    }
    cout <<cnt <<endl;
    return 0;
}
```

定理 5.10 多个数的最大公约数，可以通过逐步求两个数的最大公约数来实现。用数学语言来

表示就是以下两个式子。

（1）$(a_1, a_2, a_3, \cdots, a_k) = ((a_1, a_2), a_3, \cdots, a_k)$

（2）$(a_1, \cdots, a_{k+r}) = ((a_1, \cdots, a_k), (a_{k+1}, \cdots, a_{k+r}))$

定理5.11（最小公倍数和最大公约数的关系） $[a_1, a_2](a_1, a_2) = |a_1 a_2|$，即 $[a_1, a_2] = |a_1 a_2|/(a_1, a_2)$。

定理5.12 多个数的最小公倍数也可以通过逐步求两个数的最小公倍数来实现。用数学语言来表示就是以下两个式子。

（1）$[a_1, a_2, a_3, \cdots, a_k] = [[a_1, a_2], a_3, \cdots, a_k]$

（2）$[a_1, \cdots, a_{k+r}] = [[a_1, \cdots, a_k], [a_{k+1}, \cdots, a_{k+r}]]$

定理5.13 设 $a_1, \cdots, a_k$ 是不全为0的整数，则有：

（1）$(a_1, \cdots, a_k) = \min\{s = a_1 x_1 + \cdots + a_k x_k : x_j \in Z(1 \leq j \leq k), s > 0\}$，即 $a_1, \cdots, a_k$ 的最大公约数等于 $a_1, \cdots, a_k$ 的所有整数线性组合组成的集合 S 中的最小整数；

（2）一定存在一组整数 $x_{1,0}, \cdots x_{k,0}$，使得 $(a_1, \cdots, a_k) = a_1 x_{1,0} + \cdots + a_k x_{k,0}$。

【编程实例5.10】求一组数的最小公倍数。输入一组正整数，求它们的最小公倍数。

分析：定义一个函数lcm，用于求两个数 a, b 的最小公倍数，需要调用求最大公约数的函数gcd。在main函数中，先输入一个数，保存到变量 L，然后依次读入下一个数 t，求 L 和 t 的最小公倍数，并更新为 L 的值。代码如下。

```
#include <bits/stdc++.h>
using namespace std;
typedef long long LL;
LL gcd( LL a, LL b )      // 求a和b的最大公约数
{
    return (b == 0) ? a : gcd(b, a % b);
}
LL lcm( LL a, LL b )      // 求a和b的最小公倍数
{
    return a*b/gcd(a,b);
}
int main()
{
    LL n;  cin >>n;
    LL t, L;
    cin >>L;
    for(int i=2; i<=n; i++){
        cin >>t;
        L = lcm(L, t);
    }
    cout <<L <<endl;
    return 0;
}
```

5.5 格点问题

第3章介绍了直角坐标系和网格坐标系。在直角坐标系中，x坐标和y坐标均为整数的点，称为格点，也称为整点，如图5.5所示。在网格坐标系中，网格中的方格、行坐标和列坐标也均为整数，因此方格有时也可以视为格点进行处理。

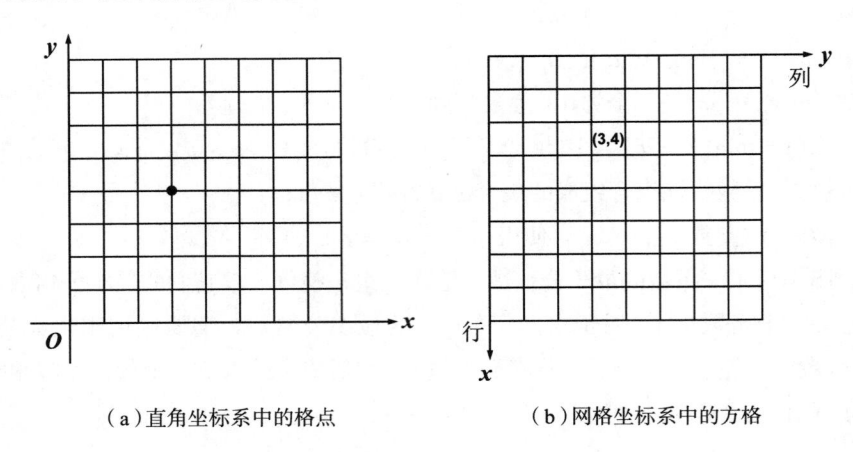

（a）直角坐标系中的格点　　　　（b）网格坐标系中的方格

图 5.5　格点

格点问题的处理，有时需要用到数论中的知识，比如，求最大公约数的算法，详见以下编程实例。

【编程实例5.11】求两点之间的格点个数。给定直角坐标系中两个点 A 和 B 的坐标 $(a_x, a_y)(b_x, b_y)$，a_x, a_y, b_x, b_y 均为整数，求线段 AB 上 A 和 B 之间的格点个数（不包括 A 和 B）。本题需要处理多个测试数据。

分析：如图5.6（a）所示，不管 A 和 B 的相对位置是怎样的，通过平移和左右翻转、水平翻转，总是可以转换成如图5.6（b）所示的一般情形，即把 A 移到原点，把 B 移到 A 的右上方。

记 A 和 B 的 x 坐标差的绝对值为 xx，y 坐标差的绝对值为 yy。记 $g = \gcd(xx, yy)$，当 g 为1时，线段 AB 上 A 和 B 之间没有格点；否则，当 $g > 1$ 时，A 和 B 之间就有格点。

当 $g > 1$ 时，线段 AB 上 A 和 B 之间有多少个格点呢？举例分析。

设 A 为 $(1, 2)$，B 为 $(25, 20)$，则 $xx = 24$，$yy = 18$，$g = \gcd(xx, yy) = 6$。易知，A 和 B 之间第一个格点的坐标为 $(24/6, 18/6)$，即 $(4, 3)$。这个点的 x 坐标和 y 坐标同时放大2倍、3倍、4倍、5倍，得到点 $(8, 6)(12, 9)(16, 12)(20, 15)$，都是格点。同时放大6倍，得到点 $(24, 18)$，这其实就是 B。因此，线段 AB 上 A 和 B 之间的格点数目是 $g - 1$。

本题还要处理一种特殊情况，由于在取余运算里，模不能为0，所以对 xx 为0或 yy 为0的情形，要特殊处理一下。

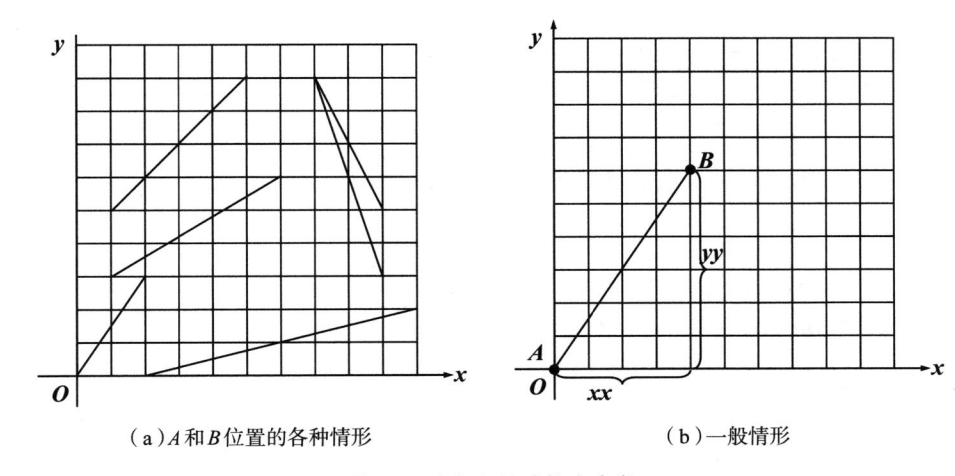

(a)A和B位置的各种情形　　　　　　(b)一般情形

图5.6　两点之间的格点个数

代码如下。

```cpp
#include <bits/stdc++.h>
using namespace std;
int gcd( int m, int n )     //求m和n的最大公约数
{
    return (b == 0) ? a : gcd(b, a % b);
}
int main()
{
    int ax, ay, bx, by;
    int n;  cin >>n;
    while(n--){
        cin >>ax >>ay >>bx >>by;
        int xx = abs(ax-bx), yy = abs(ay-by);
        if(xx==0 or yy==0){     //特殊情形
            if(xx==0 and yy>1)    cout <<yy-1 <<endl;
            else if(yy==0 and xx>1)  cout <<xx-1 <<endl;
            else   cout <<0 <<endl;
            continue;
        }
        int g = gcd(xx, yy);
        cout <<g - 1 <<endl;
    }
    return 0;
}
```

5.6 扩展欧几里得算法

问题：给定正整数 a 和 b，求满足以下式子的整数 x 和 y：

$$(a, b) = xa + yb \tag{5.5}$$

例如，$(81, 111) = 3$，由于 $81 \times 11 + 111 \times (-8) = 3$，因此 $x = 11, y = -8$。

扩展欧几里得算法：求上述问题的算法，并能同时求出 (a, b)。

算法执行过程：设 a 和 b 为两个整数（假设 $a > b$），如果 b 为 0，则 $x = 1, y = 0$ 即为所求，且最大公约数为 a；否则递归地求解 b 和 $a\%b$ 的同类问题（设解为 x_2 和 y_2），并且 $x = y_2, y = x_2 - a/b * y_2$ 为所求的解。注意：a/b 是整数的除法，不保留小数；如果 $a < b$，不用交换 a 和 b、直接执行算法也可以。

求解 x, y 的方法的理解：不妨设 $a > b$，显然当 $b = 0$，$\gcd(a, b) = a$，此时 $x = 1$，$y = 0$；当 $ab \ne 0$ 时，设

$$ax_1 + by_1 = \gcd(a, b)$$
$$bx_2 + (a\%b)y_2 = \gcd(b, a\%b)$$

根据欧几里得算法有 $\gcd(a, b) = \gcd(b, a\%b)$；则 $ax_1 + by_1 = bx_2 + (a\%b)y_2$。

由 $a \% b = a - \left(\dfrac{a}{b}\right) * b$，展开后为：

$$ax_1 + by_1 = bx_2 + (a - (a/b) * b)y_2 = ay_2 + b(x_2 - (a/b) * y_2)$$

将 a, b 视为自变量，两边恒等，则系数必须相等，因此有 $x_1 = y_2$，$y_1 = x_2 - (a/b) * y_2$。这样我们就基于 x_2，y_2 得到了求解 x_1，y_1 的方法。

扩展欧几里得算法的实现代码如下。

```
int ext_gcd( int a, int b, int& x, int& y )
{
   int t, ret;
   if( b==0 ) {    //b==0, (a, 0) = a*1 + b*0
      x = 1, y = 0;    return a;
   }
   ret = ext_gcd( b, a%b, x, y );
   t = x, x = y, y = t-a/b*y;     // [记忆] 类似于交换 x 和 y 的三行代码
   return ret;
}
```

关于扩展欧几里得算法的实现，有以下注意事项。

（1）形参 x 和 y 必须定义成有符号的整数（如 int），因为 x 和 y 可能取负数。

（2）形参 x 和 y 必须定义引用类型。

（3）当$(a, b) = 1$，即a和b互质时，可以用扩展欧几里得算法求a对模b的逆（为x），b对模a的逆（为y），但求得的x可能会小于0或大于b，求得的y可能会小于0或大于a，所以要用以下代码修正。注意：a对模b的逆，是同余理论中的概念，详见5.9节。

```
x = (x % b + b) % b;    //防止 x<0 或 x>b 作的修正
y = (y % a + a) % a;    //防止 y<0 或 y>a 作的修正
```

5.7 唯一分解定理及应用

唯一分解定理也称为算术基本定理，是数论中一个非常重要的定理。对一个整数进行质因数分解后，能解决很多问题，所以唯一分解定理在信息学竞赛里非常重要。

定理5.14（唯一分解定理、算术基本定理） 设整数$a \geq 2$，那么a一定可以表示为若干个质数的乘积（包括a本身是质数），即

$$a = p_1 p_2 \cdots p_t \tag{5.6}$$

其中$p_j (1 \leq j \leq t)$是质数，且在不计次序的意义下，式（5.6）是唯一的。

把（5.6）式中相同的质数合并，得

$$a = p_1^{\alpha_1} p_2^{\alpha_2} \cdots p_s^{\alpha_s} \tag{5.7}$$

（5.7）式称为a的**标准质因数分解式**。

例如，$6600 = 2 \times 2 \times 2 \times 3 \times 5 \times 5 \times 11 = 2^3 \times 3^1 \times 5^2 \times 11^1$，最后一个式子就是6600的标准质因数分解式。

【编程实例5.12】求标准质因数分解式。输入一个正整数n，输出它的标准质因数分解式，n不超出int型范围。输出格式如：1023 = 3^1 * 11^1 * 31^1。

分析：定义$pri[]$数组存储n的不同质因数，$pri[1]$为第1个质因数，定义$idx[]$数组存储每个质因数的指数，变量num记录不同质因数的个数。

以下dec(a)函数巧妙地求出了a的所有不相同的质因数，并求出了各质因数的指数，但全程没有涉及质数的判断。之所以不需要判断i是否为质数，是因为正整数t的最小非显然约数i一定是质数，将t反复除以i，这样就能从t中去除i的成分，对剩下的t，它的最小非显然约数也是质数。

具体方法是：t的初始值为a，从$i = 2$开始判断，如果i能整除t，则i是a的质因数，将i存入pri数组，然后反复用t除以i，直至不能除尽为止，在这个过程中累加指数。然后，i递增1，寻找下一个质因数。

例如，设$t = 280$，因为2是280的约数，所以2是280的最小非显然约数，且2是质数，然后反复将280除以2，$280 \div 2 = 140$，$140 \div 2 = 70$，$70 \div 2 = 35$，共进行三次除法运算后得到35；35的最小非显然约数是5，5也是质数，将35除以5得到7；7的最小非显然约数是7，且7是质数。代码如下。

```cpp
#include <bits/stdc++.h>
using namespace std;
#define N 100
int pri[N];            // 质因数 (prime[1] 为第 1 个质因数)
int idx[N];            // 对应的指数
int num;               // 质因数的个数
void dec( int a )      // 巧妙地求出了所有不相同的质因数，并求出了各质因数的指数
{
    int t = a, i;
    for( i=2; i<=t; i++) {  // 最后一轮循环 t 为 a 的最大质因数，然后 t/i 变为 1, 此后结束
                            // 循环
        if( t%i==0 ) {      //i 为质因数
            pri[++num] = i;
            while(t%i==0)   t /= i,   idx[num]++;
        }
    }
}
int main()
{
    int n;   cin >>n;
    dec(n);
    cout <<n <<"=";
    cout <<pri[1] <<"^" <<idx[1];
    for(int i=2; i<=num; i++)
        cout <<"*" <<pri[i] <<"^" <<idx[i];
    cout <<endl;
    return 0;
}
```

注意，如果 n 的最大质因数非常大，例如 $n = 2 \times 1000000007$，dec 函数中的 for 循环一直要循环到 1000000007，会超时。所以，推荐另一种写法，将循环条件改为 $i * i \leq t$，详见以下代码。但这种写法在 for 循环结束后还要判断 t 是否大于 1。如果 for 循环结束后 t 为 1，则在 a 的质因数分解式中，最大质因数的指数至少为 2；如果 for 循环结束后 $t > 1$，则在 a 的质因数分解式中，最大质因数的指数为 1，t 就是 a 的最大质因数。代码如下。

```cpp
void dec( int a )                     // 巧妙地求出了所有不相同的质因数，并求出了各质因数的指数
{
    int t = a, i;
    for( i=2; i*i<=t; i++) {  // 循环条件改为 i*i<=t
        if( t%i==0 ) {        //i 为质因数
            pri[++num] = i;
            while(t%i==0)   t /= i,   idx[num]++;
```

```
        }
    }
    if(t>1){                        //t 是 a 的最大质因数
        pri[++num] = t;   idx[num]++;
    }
}
```

注意，有的文献将因数称为除数，由此还引出了除数函数、除数和函数，在本节剩余部分，"除数"就是"因数"。

定理5.15 设 a 为正整数，$\tau(a)$ 表示 a 的所有正除数的个数（包括1和 a 本身），$\tau(a)$ 通常称为 a 的**除数函数**。那么，$\tau(1) = 1$，若 $a > 1$ 且有标准质因数分解式（5.7），则

$$\tau(a) = (\alpha_1 + 1)\cdots(\alpha_s + 1) = \tau(p_1^{\alpha_1})\cdots\tau(p_s^{\alpha_s}) \tag{5.8}$$

这是因为，由分解式（5.7）可知，a 的正除数可以表示成 $p_1^{i_1} p_2^{i_2} \cdots p_s^{i_s}$，$i_1$ 的取值为 $0 \sim \alpha_1$（共 $\alpha_1 + 1$ 个取值），i_2 的取值为 $0 \sim \alpha_2$，$\cdots$，i_s 的取值为 $0 \sim \alpha_s$，根据排列组合中的乘法原理，可得式（5.8）。

例如，24的正除数有1，2，3，4，6，8，12，24，一共是8个，而 $24 = 2^3 \times 3^1$，$8 = (3 + 1) \times (1 + 1)$。

定理5.16 设 a 为正整数，$\sigma(a)$ 表示 a 的所有正除数之和，$\sigma(a)$ 通常称为 a 的**除数和函数**。那么，$\sigma(1) = 1$，当 $a > 1$ 且有标准质因数分解式（5.7），则：

$$\sigma(a) = \frac{p_1^{\alpha_1+1} - 1}{p_1 - 1} \cdots \frac{p_s^{\alpha_s+1} - 1}{p_s - 1} = \prod_{j=1}^{s} \frac{p_j^{\alpha_j+1} - 1}{p_j - 1} = \sigma(p_1^{\alpha_1})\cdots\sigma(p_s^{\alpha_s}) \tag{5.9}$$

例如，$24 = 2^3 \times 3^1$，24的8个正除数依次为 $2^0 \times 3^0$、$2^1 \times 3^0$、$2^0 \times 3^1$、$2^2 \times 3^0$、$2^1 \times 3^1$、$2^3 \times 3^0$、$2^2 \times 3^1$、$2^3 \times 3^1$，这8个正除数其实是 $(2^0 + 2^1 + 2^2 + 2^3) \times (3^0 + 3^1)$ 的展开式中的8项，因此24的正除数的和就是 $(2^0 + 2^1 + 2^2 + 2^3) \times (3^0 + 3^1)$，而 $(2^0 + 2^1 + 2^2 + 2^3)$ 是 2^3 的所有正除数的和，$(3^0 + 3^1)$ 是 3^1 的所有正除数的和，因此 $\sigma(24) = \sigma(2^3) \times \sigma(3^1)$。

由分解式（5.7）及上面的例子可知，$\sigma(a) = \sigma(p_1^{\alpha_1}) \cdots \sigma(p_s^{\alpha_s})$，而 $p_1^{\alpha_1}$ 的正除数依次为 p_1^0，p_1^1，$\cdots$，$p_1^{\alpha_1}$，根据等比数列求和公式，可知它们的和为 $(p_1^{\alpha_1+1} - 1)/(p_1 - 1)$。

【**编程实例5.13**】**求正除数个数及正除数的和**。输入一个正整数 n，求它的正除数个数和所有正除数的和，$2 \leq n \leq 1000000$。

分析：求出正整数 n 的标准质因数分解式后，根据定理5.15和定理5.16，求 n 的所有正除数个数和所有正除数的和就非常简单了，本题分别定义 tao() 函数和 sigma() 函数来实现。

本题代码如下，对输入的正整数 n，先调用 dec() 函数求 n 的标准质因数分解式，然后调用 tao() 和 sigma() 函数求 n 的正除数个数和所有正除数的和。

注意，在 sigma() 函数中，如果 n 值很大，质因数 p_i 很大，在求 $p_i^{\alpha_i+1}$ 时可能会超出 int 范围，所以需要用 long long 型。代码如下。

```
#include <bits/stdc++.h>
using namespace std;
#define N 100
```

```cpp
#define N 100
int pri[N];              // 质因数 (prime[1] 为第 1 个质因数 )
int idx[N];              // 对应的指数
int num;                 // 质因数的个数
void dec( int a )        // 巧妙地求出了所有不相同的质因数，并求出了各质因数的指数
{
    int t = a, i;
    for( i=2; i*i<=t; i++) {
        if( t%i==0 ) {   //i 为质因数
            pri[++num] = i;
            while(t%i==0)   t /= i,   idx[num]++;
        }
    }
    if(t>1){   //t 是 a 的最大质因数
        pri[++num] = t;   idx[num]++;
    }
}
int tao( int a )         // 求正整数 a 的除数函数 τ(a)
{
    int i, t = 1;
    for( i=1; i<=num; i++ )   t *= idx[i] + 1;
    return (t);
}
long long sigma(int a)   // 求正整数 a 的除数和函数 σ(a)
{
    long long i, t = 1;
    for(i=1; i<=num; i++){
        long long k = pow(pri[i], idx[i]+1);
        t = t * ( k- 1) / (pri[i] - 1);
    }
    return t;
}
int main()
{
    int n;   cin >>n;   dec( n );
    cout <<tao(n) <<endl;
    cout <<sigma(n) <<endl;
    return 0;
}
```

【**编程实例5.14**】**分解成互质的两个数的乘积**。一个正整数 n，可以分解成多对互质的数 a 和 b 的乘积。例如，$30 = 5 \times 6$、$30 = 2 \times 15$，$30 = 3 \times 10$，$30 = 1 \times 30$，5 和 6 是互质的，2 和 15 是互质的，

3和10是互质的，1和30也是互质的。在本题中，输入一个正整数n，$n \leq 100000000$，求n可以分成多少对互质的数a和b的乘积。注意，互换a和b，视为同一对互质的数。

分析：如果n有k个不同的质因数，则本题的答案为$2^k/2$。举例说明：假设对n进行质因数分解，得到$n = p^i q^j s^u t^v$，即n有4个不同的质因数，从这4项中选择若干项（包括0项）组成a，其余项组成b，a和b一定互质。每一项都可以选择包含或不包含在a中，因此共有2^4种选择。此外，互换a和b视为相同的组合，所以还要除以2。因此本题转换成求n的不同质因数的个数。代码如下。

```
#include <bits/stdc++.h>
using namespace std;
int main()
{
    int n;  cin >>n;
    int i, k = 0;              //k: n的不同质因数的个数
    for(i=2; i*i<=n; i++){     // 求n的不同质因数的个数
        if(n%i==0){
            while(n%i==0)   n /= i;
            k++;
        }
    }
    if(n>1)   k++;             //n>1: 在原始n的质因数分解式中，最大质因数的指数为1
    int ans = 1;
    for(i=1; i<k; i++)         // 少乘了一次2
        ans *= 2;
    cout <<ans <<endl;         // 所以答案不用除以2
    return 0;
}
```

5.8 求$n!$的标准质因数分解式

问题的引入：任何一个正整数n，都可以分解为一系列质数的乘积，那么$n!$是否也可以分解为一系列质数的乘积呢？答案是肯定的，因为$n!$也是一个整数。

进一步，在$n!$的标准质因数分解式里，$1 \sim n$范围内的每个质数都会出现，所以$n!$的标准质因数分解式一定是：

$$n! = 2^{\alpha_1} 3^{\alpha_2} 5^{\alpha_3} 7^{\alpha_4} \cdots p_s^{\alpha_s} \tag{5.10}$$

其中p_s是n以内最大的质数。

现在的问题是如何确定每个质数p_i的指数α_i。以$p_3 = 5$为例，5的指数是怎么产生的呢？一定是

$1\sim n$ 这些数里包含了 5 的倍数，每一个 5 的倍数会分解出 1 个 5，每一个 25 的倍数会分解出两个 5，每一个 125 的倍数会分解出 3 个 5，每一个 625 的倍数会分解出 4 个 5，……所以 5 的指数就是 $n/5 + n/25 + n/125 + n/625 + \cdots$。注意，这里的除法是 C++ 语言里整数的除法，不保留小数。$n/5$ 表示 $1\sim n$ 范围内 5 的倍数的个数，每 5 个数恰有一个是 5 的倍数；25 的倍数也是 5 的倍数，本来每一个 25 的倍数要分解出两个 5，但 $n/5$ 已经把 25 的倍数算了一遍，所以只能加上 $n/25$；同理还要加上 $n/125$、$n/625$、…。

事实上，每个质数 p_i 的指数 α_i 都可以采用这种方式来计算。这就是定理 5.17。

定理 5.17 设 n 是一个给定的正整数，p 是一个给定的质数，α 是 $p^\alpha | n!$ 的最大整数，那么 α 可以通过式（5.11）计算，[ ] 表示取整。

$$\alpha = \alpha(p, n) = \sum_{j=1}^{\infty} \left[\frac{n}{p^j} \right] \qquad (5.11)$$

式（5.11）实际上是有限和，因为必有整数 k 满足 $p^k \leq n < p^{k+1}$，此后，对大于 k 的正整数 j，$[n/p^j]$ 为 0。这样式（5.11）就是：

$$\alpha = \sum_{j=1}^{k} \left[\frac{n}{p^j} \right] \qquad (5.12)$$

随着 n 的增长，$n!$ 末尾的 0 越来越多。那么 $n!$ 末尾有多少个 0 呢？

这个问题有非常简单的方法：由于 $n!$ 的标准质因数分解式中因子 2 的指数一定大于 5 的指数，所以 $n!$ 末尾 0 的个数其实就是 5 的指数；所以答案就是 $n/5 + n/25 + n/125 + n/625 + \cdots$一直加到某一项的值为 0 为止。

【微实例 5.2】求 20! 的最小质因数和最大质因数，以及它们在 20! 的质因数分解式中的指数。

解： 20! = 2432902008176640000，它的最小质因数和最大质因数一定就是 20 以内的最小质数和最大质数，分别为 2 和 19。在 20! 的质因数分解式中，2 的指数为 $20/2 + 20/4 + 20/8 + 20/16 = 18$，注意这里的除法为整数除法；19 的指数为 1。

5.9 同余理论及应用

所谓同余，就是 a 和 b 对 m 取余得到的余数相同。具体的定义如下。

定义 5.10（同余） 设 $m \neq 0$。若 $m | (a-b)$，即 $a-b = km$，则称 m 为**模**，**a 同余于 b 模 m**，以及 **b 是 a 对模 m 的剩余**，记作

$$a \equiv b \pmod{m} \qquad (5.13)$$

不然，则称 **a 不同余于 b 模 m**，**b 不是 a 对模 m 的剩余**，记作

$$a \not\equiv b \pmod{m} \qquad (5.14)$$

式（5.13）称为**模m的同余式**，或简称为**同余式**。

注意，$a-b=km$可以改写为$a-km=b$，即从a中减去了m的整数倍，所以称b是a对模m的**剩余**。

生活中的同余例子：如果两个人生肖相同，例如都"属羊"，那么他们年龄相差一定是12的整数倍，包括年龄相同，即相差0岁。

在（5.13）式中，若$0 \leq b < m$，则称b是a对模m的**最小非负剩余**；若$1 \leq b \leq m$，则称b是a对模m的**最小正剩余**；若$-m/2 < b \leq m/2$（或$-m/2 \leq b < m/2$），则称b是a对模m的**绝对最小剩余**。

定理5.18　a同余于b模m的充要条件是a和b被m除后所得的最小非负余数相等，即

$$a = q_1 m + r_1, \quad 0 \leq r_1 < m$$
$$b = q_2 m + r_2, \quad 0 \leq r_2 < m$$

则$r_1 = r_2$。"同余"按其词义来说就是"余数相同"，该定理正好说明了这一点。

定理5.19　同余的性质如下。

性质Ⅰ：同余是一种等价关系。

等价关系包含自反性、对称性和传递性。对同余关系，自反性是指a和a同余模m；对称性是指如果a和b同余模m，那么b和a同余模m；传递性是指如果a和b同余模m、b和c同余模m，那么a和c同余模m。

性质Ⅱ：同余式可以相加，即若有

$$a \equiv b \pmod{m}, \quad c \equiv d \pmod{m}$$

则

$$a + c \equiv (b + d) \pmod{m}$$

由该性质，可得到一个在信息学竞赛中很有用的公式：

$$(a+c)\%m = (a\%m + c\%m)\%m \tag{5.15}$$

其含义为，$(a+c)$对m的余数，等于a和c分别对m的余数相加，该余数可能大于m，所以还需要进一步对m取余数。

性质Ⅲ：同余式可以相乘，即若有

$$a \equiv b \pmod{m}, \quad c \equiv d \pmod{m}$$

则

$$ac \equiv bd \pmod{m}$$

由该性质可得到另一个在信息学竞赛中很有用的公式：

$$(a \times c)\%m = (a\%m \times c\%m)\%m \tag{5.16}$$

其含义为，$(a \times c)$对m的余数，等于a和c分别对m的余数相乘，该余数可能大于m，所以还需要进一步对m取余数。

此外，在幂运算中也可以运用同余理论。a^b 表示 b 个 a 相乘，根据（5.16）式很容易推出以下有用的公式：

$$(a^b)\%m = ((a\%m)^b)\%m \tag{5.17}$$

也就是说，求 $(a^b)\%m$，可以先将底数 a 对 m 取余再做幂运算，在做幂运算过程中又可以利用公式(5.16)。因此，$(a^b)\%m = ((a\%m)^b)\%m$。但是要注意，不能将指数 b 对 m 取余，当指数 b 非常大时，需要用快速幂算法求解。有一种特殊情形是，指数 b 很大，且存在正整数 d（d 值较小），使得 $a^d\%m=1$，则可以先将指数 b 对 d 取余，即 $(a^b)\%m = (a^{b\%d})\%m$，这是因为 a 的(d 的倍数)次方对 m 取余都为 1，所以只需要考虑 a 的($b\%d$)次方。

同余理论上述三个公式通常用于以下情形：参与取余数的数可能比较大，利用这三个公式可以保证参与取余运算的数不会太大，具体应用详见编程实例5.15。

【**编程实例5.15**】**求 $n!$ 的最后非零位。** 输入一个正整数 n，$2 \leq n \leq 1000$，求 $n!$ 的最后非零位。

分析：将 $1 \sim n$ 存入数组 a 的第 $1 \sim n$ 个元素处，即 $a[i] = i$。根据 n 的值，可以计算出 $n!$ 末尾0的个数，记作 z。把 $a[1], a[2], a[3], \cdots, a[n]$ 中除掉所有的5，然后把 $a[1], a[2], a[3], \cdots, a[n]$ 中除掉 z 个2。最后，利用同余理论求剩余 $a[1] * a[2] * a[3] * \cdots * a[n]$ 的个位。代码如下。

```
#include <bits/stdc++.h>
using namespace std;
int a[1010];
int main()
{
    int n;  cin >>n;
    for(int i=1; i<=n; i++)
        a[i] = i;
    int z = n/5 + n/25 + n/125 + n/625;   //n!末尾0的个数
    int cnt = 0;
    for(int i=1; i<=n; i++){     //把1, 2, 3,…, n中除掉所有的5
        while(a[i]%5==0)
            a[i] /= 5;
    }
    for(int i=2; i<=n; i+=2){    //从2, 4, 6,…, n中除去z个2
        if(cnt==z)  break;
        while(1){
            if(a[i]%2==0){
                a[i] /= 2;
                cnt++;
                if(cnt==z)  break;
            }
            else  break;
        }
    }
```

```
        if(cnt==z)   break;
    }
    int r = 1;
    for(int i=1; i<=n; i++)     // 同余理论
        r = r*a[i]%10;
    cout <<r <<endl;
    return 0;
}
```

本题似乎还有一种更简便的求解方法：只保留当前 $1*2*3*\cdots*i$ 的最后非零位，用这个数字和下一个数相乘，再记录非零位。实现方法是：r 初始化为 1，依次乘以 i，如果个位为 0，则除以 10，直到个位不为 0 为止，再将 r 更新为 $r\%10$。

以上方法其实是错的。原因是 r 只保留一位数字是不够的，1000 以内 5 的次方，最大的数是 625，是 5 的 4 次方，也就是说每次乘以 i，每次最多产生 4 个 0。例如，如果 $1*2*3*\cdots*624$ 的最后两位非零位为 16，乘以 625，会产生 4 个 0，这 4 个 0 是 "16" 这两位数字共同贡献的。

纠正：只需保留最后 4 位非零位，也就是对 10000 取余，余数记为 r，最后再取 r 的个位即可。代码如下。

```
#include <bits/stdc++.h>
using namespace std;
int main()
{
    int n;   cin >>n;
    int r = 1;
    for(int i=1; i<=n; i++){
        r = r*i;
        while(r%10==0)
            r = r/10;
        r = r%10000;
    }
    cout <<r%10 <<endl;
    return 0;
}
```

定义 5.11（同余类、剩余类） 对给定的模 m，整数的同余关系是一个等价关系。全体整数可按对模 m 是否同余分为若干个两两不相交的集合，使得在同一个集合中的任意两个整数对模 m 一定同余，而属于不同集合中的两个整数对模 m 一定不同余。每一个这样的集合称为**模 m 的同余类**，或**模 m 的剩余类**。用 r mod m 表示 r 所属的模 m 的同余类。

例如，全体整数对模 $m=3$ 取余，一定落入三个集合之一 $\{\cdots, -8, -5, -2, 1, 4, 7, 10, 13, \cdots\}$、$\{\cdots, -7, -4, -1, 2, 5, 8, 11, 14, \cdots\}$、$\{\cdots, -9, -6, -3, 0, 3, 6, 9, 12, \cdots\}$，每个集合中任意两个整数对模 3 同

余，余数分别是 1, 2, 0，这三个集合都是模 3 的同余类，分别记作 1 mod 3、2 mod 3、0 mod 3。

定理 5.20 对给定的模 m，有且恰有 m 个不同的模 m 的同余类，它们是 0 mod m，1 mod m，$\cdots$，$(m-1)$ mod m。

5.10 数论倒数——a 对模 m 的逆

初等数学里有倒数，数论里也有"倒数"。如果两个数 a 和 c，它们的乘积关于模 m 余 1，那么我们称 a 和 c 互为关于模 m 的"数论倒数"。

注意，初等数学里的倒数是唯一的，但"数论倒数"不是唯一的。

数论倒数其实是 a 对模 m 的逆，具体定义如下。

定义 5.12（a 对模 m 的逆） 若整数 $m \geq 1$，$(a, m) = 1$，即 a 和 m 互质，则存在 c 使得：

$$ac \equiv 1 \pmod{m} \tag{5.18}$$

把 c 称为 **a 对模 m 的逆**，记作 $a^{-1} \pmod{m}$，在不引起混淆时可简记为 a^{-1}。同时，一定存在 d，使得：

$$md \equiv 1 \pmod{a} \tag{5.19}$$

把 d 称为 **m 对模 a 的逆**，记作 $m^{-1} \pmod{a}$，在不引起混淆时可简记为 m^{-1}。

逆的含义是：如果两个数是互质的，一定可以求出一个数的多少倍对另一个数取余，余数为 1，这个倍数就是逆。

例如，$a = 5$，$m = 12$，则 $(a, m) = 1$，且 $c = a^{-1} = 5$，5 对模 12 的逆为 5，因为 $5 \times 5 \equiv 1 \pmod{12}$；$d = m^{-1} = 3$，12 对模 5 的逆为 3，因为 $12 \times 3 \equiv 1 \pmod{5}$。注意，$a$ 对模 m 的逆不唯一。很显然，$5 \times (5 + 12) \equiv 1 \pmod{12}$，因此 $5 + 12 = 17$ 也是 5 对 12 的逆。

又如，$a = 9$，$m = 13$，则 $(a, m) = 1$，且 $c = a^{-1} = 3$，因为 $9 \times 3 \equiv 1 \pmod{13}$。

给定两个互质的正整数 a 和 m，$(a, m) = 1$，利用扩展欧几里得算法可以同时求 a 对模 m 的逆（a^{-1}）、m 对模 a 的逆（m^{-1}），方法是：利用扩展欧几里得算法求出 $(a, m) = xa + ym$ 中的 x 和 y 后，则 $a^{-1} = x$，$m^{-1} = y$。这是因为 $1 = (a, m) = xa + ym$，则有 $xa + ym \equiv 1 \pmod{m}$、$xa + ym \equiv 1 \pmod{a}$，在求 a^{-1} 时，ym 肯定能被 m 整除，所以求出的 x 满足 $xa \equiv 1 \pmod{m}$，因此 x 就是 a^{-1}。同理，y 就是 m^{-1}。

5.11 同余方程及同余方程组

定义 5.13（同余方程） 设整数系数多项式为：

$$f(x) = a_n x^n + \cdots + a_1 x + a_0, \quad a_n, a_{n-1}, \cdots, a_0 \in \mathbf{Z} \tag{5.20}$$

若存在整数 x 满足同余式：

$$f(x) \equiv 0 \pmod{m} \tag{5.21}$$

则称（5.21）式为模 m 的同余方程。若整数 c 满足：

$$f(c) \equiv 0 \pmod{m} \tag{5.22}$$

则称 c 是同余方程（5.21）的一个解。此时，所有满足 $x \equiv c \pmod{m}$ 的整数 x 均被视为同一个解，并把这个解记为：

$$x \equiv c \pmod{m}$$

把同余方程（5.21）的所有对模 m 两两不同余的解的个数称为同余方程的**解数**。显然，模 m 的同余方程的解数至多为 m。

定义 5.14（一次同余方程） 设 $m \nmid a$，同余方程：

$$ax \equiv b \pmod{m} \tag{5.23}$$

称为**模 m 的一次同余方程**。

定理 5.21 当 $(a, m) = 1$ 时，同余方程（5.23）必有解，且其解数为 1。

定理 5.22 同余方程（5.23）有解的充要条件是以下（5.24）式成立。

$$(a, m) \mid b \tag{5.24}$$

在有解时，它的解数为 (a, m)；若 x_0 是同余方程（5.23）的解，则它的 (a, m) 个解是：

$$x \equiv x_0 + \frac{m}{(a,m)} \times t \pmod{m}, \quad t = 0, \cdots, (a, m) - 1 \tag{5.25}$$

定义 5.15（同余方程组） 把含有变量 x 的一组同余式：

$$f_j(x) \equiv 0 \pmod{m_j}, \quad 1 \leq j \leq k \tag{5.26}$$

称为**同余方程组**。若整数 c 同时满足：

$$f_j(c) \equiv 0 \pmod{m_j}, \quad 1 \leq j \leq k$$

则称 c 是**同余方程组（5.26）的解**。此时，所有满足

$$x \equiv c \pmod{m}, \quad m = [m_1, m_2, \cdots, m_k] \tag{5.27}$$

式（5.27）中的任意整数也是同余方程组（5.26）的解，把这些解都看作相同的。因此同余方程组的**解数**定义与同余方程的解数定义类似。

定理 5.23（孙子定理，也称中国剩余定理） 设 $m_1, \cdots, m_k$ 是两两互质的正整数。那么，对任意整数 $a_1, \cdots, a_k$，一次同余方程组：

$$x \equiv a_j \pmod{m_j}, \quad 1 \leq j \leq k \tag{5.28}$$

式（5.28）必有解，且解数为 1。事实上，同余方程组（5.28）的解是：

$$x \equiv M_1 M_1^{-1} a_1 + \cdots + M_k M_k^{-1} a_k \pmod{m} \tag{5.29}$$

其中，$m = m_1 \cdots m_k$，$m = m_j M_j (1 \leq j \leq k)$，以及 M_j^{-1} 满足：
$$M_j M_j^{-1} \equiv 1 \pmod{m_j}, \quad 1 \leq j \leq k \tag{5.30}$$

即 M_j^{-1} 是 M_j 对模 m_j 的逆。

注意，$M_j = m/m_j$，因此 M_j 就是 $m_1, \cdots, m_k$ 中除去 m_j 后 $k-1$ 个整数的乘积。

5.12 欧拉函数

考虑这样一个问题：以 n（$n > 1$）为分母的最简真分数有多少个？

如果 $n = 20$，符合要求的分数有：$\dfrac{1}{20}, \dfrac{3}{20}, \dfrac{7}{20}, \dfrac{9}{20}, \dfrac{11}{20}, \dfrac{13}{20}, \dfrac{17}{20}, \dfrac{19}{20}$，共 8 个。这些分数的分子有什么规律呢？我们发现，这些分数的分子和分母是互质的。

上述问题的答案就是：$1 \sim n$ 范围内与 n 互质的正整数的个数，其实就是本节要学习的欧拉函数。

定义 5.16 设 n 是正整数，$\varphi(n)$ 是 $1, 2, \cdots, n$ 中和 n 互质的正整数个数，$\varphi(n)$ 称为**欧拉函数**，又称为 φ 函数。例如，$\varphi(8) = 4$，因为 $1 \sim 8$ 范围内与 8 互质的数有 4 个（1, 3, 5, 7）。

注意，当 $n \geq 2$ 时，n 与 n 肯定不互质，所以 $\varphi(n)$ 也是 $1, 2, \cdots, n-1$ 中和 n 互质的正整数个数。上述定义把范围扩大到 n，是考虑了 $\varphi(1) = 1$ 的特例，因为 1 和 1 的最大公约数 $(1,1)$ 为 1。

接下来讨论欧拉函数的计算。

定理 5.24 关于欧拉函数，有以下结论，其中 n 为大于 1 的自然数。

（1）如果 n 为质数，则 $\varphi(n) = n - 1$。

（2）如果 n 为某一个质数 p 的幂次，设 $n = p^\alpha$，则 $\varphi(p^\alpha) = p^\alpha - p^{\alpha-1} = (p-1) \times p^{\alpha-1} = n - n/p$。这是因为，$1 \sim p^\alpha$ 共 p^α 个数中，每 p 个数，就有一个数（就是 p 的倍数）跟 p 不互质。

实际上，第（1）点是第（2）点的特例，如果 n 为质数 p，那么 $n = p^1$。

（3）如果 n 为两个互质数 a, b 的乘积，即 $n = a \times b$，则 $\varphi(n) = \varphi(a \times b) = \varphi(a) \times \varphi(b)$。这个性质称为**欧拉函数的积性**。

注意，一个大于 1 的自然数 n，要么为某个质数为 p 的幂次（含 p^1），要么为两个互质数 a, b 的乘积。所以，根据上述 3 点可以计算每个大于 1 的自然数 n 的欧拉函数，详见编程实例 5.16。

例如，与 20 互质的正整数有 1, 3, 7, 9, 11, 13, 17, 19 共 8 个，即 $\varphi(20) = 8$。而 $20 = 4 \times 5$，$\varphi(4) = 2$，$\varphi(5) = 4$，$\varphi(20) = 8 = \varphi(4) \times \varphi(5)$。

根据定理 5.24，假设 n 的标准质因数分解式为 $n = p_1^{\alpha_1} p_2^{\alpha_2} \cdots p_s^{\alpha_s}$，易知 $p_i^{\alpha_i}$ 与 $p_j^{\alpha_j}$ 肯定互质；取 a 为 n 的标准质因数分解式中某些项的乘积、b 为其他所有项的乘积，则 a 与 b 互质且 $n = a \times b$，由此很容易得到：

$$\varphi(n) = \varphi\left(p_1^{\alpha_1}\right) \times \varphi\left(p_2^{\alpha_2}\right) \times \cdots \times \varphi\left(p_s^{\alpha_s}\right) \tag{5.31}$$

再根据定理 5.24 中的第（2）点，可知

$$\varphi(n) = (p_1 - 1) \times p_1^{\alpha_1 - 1} \times (p_2 - 1) \times p_2^{\alpha_2 - 1} \times \cdots \times (p_s - 1) \times p_s^{\alpha_s - 1}$$
$$= \frac{(p_1 - 1)}{p_1} \times p_1^{\alpha_1} \times \frac{(p_2 - 1)}{p_2} \times p_2^{\alpha_2} \times \cdots \times \frac{(p_s - 1)}{p_s} \times p_s^{\alpha_s}$$
$$= p_1^{\alpha_1} p_2^{\alpha_2} \cdots p_s^{\alpha_s} \left(1 - \frac{1}{p_1}\right)\left(1 - \frac{1}{p_2}\right) \cdots \left(1 - \frac{1}{p_s}\right)$$

以上最后一个式子实际上是定理5.25中的式（5.32）。

定理5.25 设 $n = p_1^{\alpha_1} p_2^{\alpha_2} \cdots p_s^{\alpha_s}$，则：

$$\varphi(n) = n \prod_{i=1}^{s} \left(1 - \frac{1}{p_i}\right)。 \tag{5.32}$$

例如，$\varphi(20) = 8$，而20的质因数有2、5两个，则 $\varphi(20) = 20 \times \left(1 - \frac{1}{2}\right) \times \left(1 - \frac{1}{5}\right) = 8$。

又如，120的质因数为2、3、5，则 $\varphi(120) = 120 \times \left(1 - \frac{1}{2}\right) \times \left(1 - \frac{1}{3}\right) \times \left(1 - \frac{1}{5}\right) = 60 \times \left(1 - \frac{1}{3}\right) \times \left(1 - \frac{1}{5}\right) = 40 \times \left(1 - \frac{1}{5}\right) = 32$。

定理5.26 若 a 与 m 互质，即 $(a, m) = 1$，则 $a^{\varphi(m)} \equiv 1 \pmod{m}$。

在定理5.26中，符号"$\equiv$"表示同余。举例说明，设 $a = 3, m = 20$，$(3, 20) = 1$，$\varphi(20) = 8$，则 $3^8 = 6561 \equiv 1 \pmod{20}$。

注意，如果只需求出某个正整数 n 的欧拉函数值，应用定理5.25求解即可，详见本节编程实例5.16。但如果需要用到1~n范围内很多数的欧拉函数值，按定理5.25求解可能会超时，这时就需要用欧拉函数线性筛法求解，详见本节编程实例5.17。

欧拉函数线性筛法可以在线性时间复杂度 $O(n)$ 内筛选出1~n范围内所有质数的同时求出1~n所有数的欧拉函数，需要用到以下3个性质（其中 p 为质数）。

性质1：$\varphi(p) = p - 1$。

性质2：如果 $i \bmod p = 0$（i 是 p 的倍数），则 $\varphi(i * p) = p * \varphi(i)$。

性质2的证明比较复杂，这里只举例。例如，$i = 14, p = 7$，则 $\varphi(14 \times 7) = 7 \times \varphi(14) = 7 \times 6 = 42$。

性质3：如果 $i \bmod p \neq 0$（i 不是 p 的倍数，则 i 和 p 是互质的），则 $\varphi(i * p) = (p - 1) * \varphi(i)$。

注意：如果 $i \bmod p \neq 0$，则 i 与 p 互质，根据欧拉函数的积性，有 $\varphi(i*p) = \varphi(i) \times \varphi(p)$，而 $\varphi(p) = p-1$。

欧拉函数线性筛法的代码详见编程实例5.17。

【编程实例5.16】最简真分数。输入一个正整数 n，求以 n 为分母的最简真分数有多少个？$2 \leq n \leq 1000000000$。

分析：分数 $\frac{m}{n}$ 为最简真分数，那么分子 m 满足：$1 \leq m \leq n$，且 $\gcd(m, n) = 1$，因此本题的答案就是 n 的欧拉函数值 $\varphi(n)$。

以下欧拉函数在按式（5.32）计算时，没有直接求$1/p_i$，这是因为整数相除不保留余数，即便用浮点数运算，也可能会因为丢失精度而导致计算结果是错的。假设n的标准质因数分解式为$n = p_1^{\alpha_1} p_2^{\alpha_2} \cdots p_s^{\alpha_s}$，对第1个质因数$p_1$，因为$\varphi(n) = n\left(1-\dfrac{1}{p_1}\right)\left(1-\dfrac{1}{p_2}\right)\cdots\left(1-\dfrac{1}{p_s}\right)$，首先计算$n - n/p_1$，该值记为res；然后对后续的每个质因数$p_i$，计算res - res/$p_i$并更新res的值，即res = res - res/p_i。在这一过程中，尽管res的值在变化，但肯定是能被n的质因数p_i整除的。

另外还需要考虑一种特殊情况：如果n的标准质因数分解式中最大的质因数p_s的指数α_s为1，当退出循环时$n>1$，这时还要乘上最后一项。代码如下。

```cpp
#include <bits/stdc++.h>
using namespace std;
int Euler(int n)
{
    int res = n;
    // 为了减少循环次数，循环到 i*i>n 即结束循环；但要考虑特殊情形，比如n=26, 23
    for( int i=2; i*i<=n; i++ ) {
        if(n%i==0) {              //i 是 n 的质因数
            res=res-res/i;
            while(n%i==0)  n=n/i; // 从 n 中除去 i 的若干倍，以便找下一个质因数
        }
    }
    // 循环结束后如果 n>1, 它的值是初始 n 的最大质因数, 且在质因数分解式中指数为 1
    if(n>1)   res=res-res/n;
    return  res;
}
int main()
{
    int n;  cin >>n;
    cout <<Euler(n) <<endl;
    return 0;
}
```

【编程实例5.17】有理数的个数（增强版）。限定分子q、分母p的范围为$[1, n]$，$n \leq 10000000$，统计不同的有理数q/p有多少个。

分析：当n最大取到10000000，用编程实例5.9中的方法求解肯定会超时。正确的解法是用欧拉函数线性筛法求解。

考虑以20为分母的有理数。以下分数已经化为最简分数了。

$$\dfrac{1}{20}, \dfrac{3}{20}, \dfrac{7}{20}, \dfrac{9}{20}, \dfrac{11}{20}, \dfrac{13}{20}, \dfrac{17}{20}, \dfrac{19}{20}, \dfrac{21}{20}, \dfrac{23}{20}, \dfrac{27}{20}, \dfrac{29}{20}, \cdots$$

在上述有理数中，分子小于20的有理数有8个，其实就是20的欧拉函数值$\varphi(20)$。21/20这个分数的倒数是20/21，这个倒数是分母为21、分子小于21的$\varphi(21)$个分数中的一个。

再考虑以20为分子的有理数。以下分数已经化为最简分数了。

$$\frac{20}{1}, \frac{20}{3}, \frac{20}{7}, \frac{20}{9}, \frac{20}{11}, \frac{20}{13}, \frac{20}{17}, \frac{20}{19}, \frac{20}{21}, \frac{20}{23}, \frac{20}{27}, \frac{20}{29}, \cdots$$

接下来考虑以 1, 2, …, 20, … 为分母的有理数。以下分数已经化为最简分数了。

$$\frac{1}{1}, \frac{2}{1}, \frac{3}{1}, \cdots, \frac{1}{2}, \frac{3}{2}, \frac{5}{2}, \cdots, \frac{1}{20}, \frac{3}{20}, \frac{7}{20}, \frac{9}{20}, \frac{11}{20}, \frac{13}{20}, \frac{17}{20}, \frac{19}{20}, \frac{21}{20}, \frac{23}{20}, \frac{27}{20}, \frac{29}{20}, \cdots \quad ①$$

再考虑以 1, 2, …, 20, … 为分子的有理数。以下分数已经化为最简分数了。

$$\frac{1}{1}, \frac{1}{2}, \frac{1}{3}, \cdots, \frac{2}{1}, \frac{2}{3}, \frac{2}{5}, \cdots, \frac{20}{1}, \frac{20}{3}, \frac{20}{7}, \frac{20}{9}, \frac{20}{11}, \frac{20}{13}, \frac{20}{17}, \frac{20}{19}, \frac{20}{21}, \frac{20}{23}, \frac{20}{27}, \frac{20}{29}, \cdots \quad ②$$

第①行每个假分数（大于1的分数，不含1/1），唯一地对应第②行中一个真分数（小于1的分数），把这些对应的分数互换位置，就得到了以下两行分数。

第①行变成了以下真分数（包括1/1），以下分数已经化为最简分数了。

$$\frac{1}{1}, \frac{1}{2}, \frac{1}{3}, \cdots, \frac{2}{2}, \frac{2}{3}, \frac{2}{5}, \cdots, \frac{1}{20}, \frac{3}{20}, \frac{7}{20}, \frac{9}{20}, \frac{11}{20}, \frac{13}{20}, \frac{17}{20}, \frac{19}{20}, \frac{20}{21}, \frac{20}{23}, \frac{20}{27}, \frac{20}{29}, \cdots \quad ③$$

第②行变成了以下假分数（包括1/1），以下分数已经化为最简分数了。

$$\frac{1}{1}, \frac{2}{1}, \frac{3}{1}, \cdots, \frac{2}{1}, \frac{3}{2}, \frac{5}{2}, \cdots, \frac{20}{1}, \frac{20}{3}, \frac{20}{7}, \frac{20}{9}, \frac{20}{11}, \frac{20}{13}, \frac{20}{17}, \frac{20}{19}, \frac{21}{20}, \frac{23}{20}, \frac{27}{20}, \frac{29}{20}, \cdots \quad ④$$

将第③行中的分数，剔除相同的，并按分母从小到大、分母相同再按分子从小到大排序，得到第⑤行。

$$\frac{1}{1}, \frac{1}{2}, \cdots, \frac{1}{20}, \frac{3}{20}, \frac{7}{20}, \frac{9}{20}, \frac{11}{20}, \frac{13}{20}, \frac{17}{20}, \frac{19}{20}, \frac{1}{21}, \frac{2}{21}, \frac{4}{21}, \frac{5}{21}, \frac{8}{21}, \frac{10}{21}, \frac{11}{21}, \frac{13}{21}, \frac{16}{21}, \frac{17}{21}, \frac{19}{21}, \frac{20}{21}, \cdots \quad ⑤$$

将第④行中的分数，剔除相同的，并按分子从小到大、分子相同再按分母从小到大排序，得到第⑥行。

$$\frac{1}{1}, \frac{2}{1}, \cdots, \frac{20}{1}, \frac{20}{3}, \frac{20}{7}, \frac{20}{9}, \frac{20}{11}, \frac{20}{13}, \frac{20}{17}, \frac{20}{19}, \frac{21}{1}, \frac{21}{2}, \frac{21}{4}, \frac{21}{5}, \frac{21}{8}, \frac{21}{10}, \frac{21}{11}, \frac{21}{13}, \frac{21}{16}, \frac{21}{17}, \frac{21}{19}, \frac{21}{20}, \cdots \quad ⑥$$

也就是说，我们求 $\varphi(1), \varphi(2), \varphi(3), \cdots, \varphi(n)$ 的和，就是第⑤行分数的个数。另外，第⑥行分数的个数，也是 $\varphi(1), \varphi(2), \varphi(3), \cdots, \varphi(n)$ 的和。

当然这里有一个特例，1/1 只有一个。所以，如果 $n = 1$，答案就是 1；如果 $n > 1$，答案就是 $2 \times \left(\sum_{i=1}^{n} \varphi(i) \right) - 1$。因为 $\varphi(1) = 1$，所以对 $n = 1$，也是可以按这个公式计算的，可以不特判。

求 1～n 的每个数的欧拉函数值，需要用欧拉函数线性筛选法。代码如下。

```
#include <bits/stdc++.h>
using namespace std;
const int MAXN = 10000010;
int vis[MAXN];              //vis[i]=0 表示 i 为质数，=1 表示 i 为合数
int pri[MAXN], num;         // 存所有的质数，及质数的个数
int phi[MAXN];              //phi[i] 为 i 的欧拉函数值 φ(i)
```

```
void Euler2(int n)    // 欧拉函数线性筛法：求 <=n 的所有质数及欧拉函数值
{
    phi[1] = 1;
    for(int i=2; i<=n; i++){
        if(!vis[i]){                //i 为质数
            pri[num++] = i;
            phi[i] = i-1;           //i 为质数,phi[i]=i-1
        }
        for(int j=0; j<num && i*pri[j]<=n; j++){
            vis[i*pri[j]] = 1; //i*pri[j] 不是质数
            if(i%pri[j]==0){    //i 是 pri[j] 的倍数
                phi[i*pri[j]] = phi[i]*pri[j];
                break;
            }
            else   //i 不是 pri[j] 的倍数,phi[pri[j]] 就是 (pri[j]-1)
                phi[i*pri[j]] = phi[i]*phi[pri[j]];   // 欧拉函数的积性
        }
    }
}
int main()
{
    int n;  cin >>n;
    if(n==1){
        cout <<1 <<endl;  return 0;
    }
    Euler2(n);
    long long ans = 0;
    for(int i=1; i<=n; i++)
        ans += phi[i];
    cout <<2*ans-1 <<endl;
    return 0;
}
```

【编程实例5.18】自定义数列。在本题中，我们来定义一个数列 f，用 $f[n]$ 表示这个数列的第 n 项。$f[1]=1$。

从第2项开始，这个数列满足以下规律。

（1）如果 n 是质数，那么 $f[n]=n-1$。

（2）如果 n 可以分解成两个互质数的乘积，即 $n=a\times b$，且 a 和 b 是互质的，那么 $f[n]=f[a]\times f[b]$。如果 n 还可以分解成另外两个互质数的乘积，比如，$n=a1\times b1$，且 $a1$ 和 $b1$ 是互质的，这个数列保证 $f[n]=f[a1]\times f[b1]$ 也成立。

注意，一个自然数 n，可以分解成多对互质数 a 和 b 的乘积，详见编程实例5.14。

另外，n可以分解成$n = 1 \times n$，1和n也是互质的（$n > 1$），那么根据第（2）点，$f[n] = f[1] \times f[n] = 1 \times f[n]$，这肯定也是成立的，但这不能用来求$f[n]$。

（3）如果n不能分解成两个互质数a和b的乘积，此时n一定就只有一个质因数，即$n = p^i$，p为质数，那么$f[n] = n - n/p$。

输入数据第一行为一个正整数q，表示测试数据的个数。接下来有q行，每行为一个正整数n，$n \leq 100000$。对每个测试数据中的n，输出一行，为$f[n]$的值。

分析：本题定义的数列$f[n]$，其实就是n的欧拉函数值。所以本题可以直接先求出1～100000每个数的欧拉函数值，然后根据输入的n输出$f[n]$。根据题目中的定义进行递推，也可以求出该数列中每项的值。以下代码采用递推方式求解，需要求出n的最小质因数，取a为n的标准质因数分解式中最小质因数所在的那一项，记作$b = n/a$。如果b为1，按第（3）点计算$f[n]$，如果b不为1，按第（2）点计算$f[n]$。代码如下。

```cpp
#include <bits/stdc++.h>
using namespace std;
int f[1000010];
bool prime(int n)    // 质数的判定
{
    if(n<=1)  return false;
    for(int i=2; i*i<=n; i++){
        if(n%i==0)  return false;
    }
    return true;
}
int main()
{
    f[1] = 1, f[2] = 1, f[3] = 2;
    for(int k=4; k<=100000; k++){
        if(prime(k))   f[k] = k - 1;        //(1) k 为质数
        else{
            int t = k, p = 2;
            while(t%p!=0) p++;              //p 是 k 的第一个质因数
            int t1 = 1, d = 0;
            while(t%p==0){                  // 从 k 中分解出 p^d
                t1 *= p;  t /= p;  d++;
            }
            if(t==1)   f[k] = k - k/p;      //(3) k = p^d
            else    f[k] = f[t1]*f[k/t1];   //(2) k 分解成2个互质数的乘积
        }
    }
    int q, n;   cin >>q;
```

```
    for(int i=1; i<=q; i++){
        cin >>n;
        cout <<f[n] <<endl;
    }
    return 0;
}
```

5.13 快速幂算法

快速幂算法可以将求 $a^n \bmod p$（n 值很大）的时间复杂度由 $O(n)$ 优化至 $O(\log n)$。

例如，要求 $3^{14} \% 1000$，如果直接求，则：

$$3^{14} \% 1000 = (3 \times 3 \times 3 \times 3 \times 3 \times 3 \times 3 \times 3 \times 3 \times 3 \times 3 \times 3 \times 3 \times 3)\%1000$$

如果乘法运算的结果会超出 int 型甚至 long long 型的范围，则可以根据同余理论在乘法过程中同时取余。这很容易实现，本节不讨论这个问题。

上述运算过程的时间复杂度是 $O(n)$，n 为指数，在上式中 $n = 14$。如果 n 很小，上述方法的运算时间几乎可以忽略不计，但如果 $n = 823816093931522017$ 呢？现实中会出现这么大的指数吗？在加密解密算法中，完全有可能！在加密解密算法中，运算量非常大，就是希望普通方法无法在几分钟、数小时甚至几百年内破解。

回到本问题，如何加快 3^{14} 的运算呢？

首先，$3^{14} = (3^2)^7 = 9^7$，指数下降了一半，运算量也下降了一半。

继续，$9^7 = 9^6 \times 9^1 = (9^2)^3 \times 9^1 = (81)^3 \times 9^1$，也就是说，当指数为奇数时，必须分出 1 次方来再继续把指数除以 2。

继续，$(81)^3 \times 9^1 = (81)^2 \times 81^1 \times 9^1$，到这里发现规律了，每次在分解指数时，如果指数为奇数，必须把当前底数的 1 次方分离出来。

继续，$(81)^2 \times 81^1 \times 9^1 = (81^2)^1 \times 81^1 \times 9^1 = 6561^1 \times 81^1 \times 9^1$。

继续，$6561^1 \times 81^1 \times 9^1 = 6561^0 \times 6561^1 \times 81^1 \times 9^1 = 1 \times 6561^1 \times 81^1 \times 9^1$，即在 6561^1 中，指数 1 为奇数，这时还是要把 6561^1 分离出来，然后剩余部分就是 $6561^0 = 1$，这时就不再分解下去了。

所以，$3^{14} = 6561 \times 81 \times 9$。观察这个式子有什么发现？6561、81、9 都是在分解指数的过程中，当指数为奇数时的底数。而且 $9 = 3^2$，$81 = 9^2$，$6561 = 81^2$，也就是说，在分解指数的过程中，底数也在求平方。因此，这里有一个重要的结论：在求 $ans = a^n$ 时，如果 n 为偶数，a 更新为 a^2，$n/ = 2$；如果 n 为奇数，先把 a 乘到 ans 里，即 $ans *= a$，a 更新为 a^2，$n /= 2$（一般在编程语言里，整数相除不保留余数）。最终 ans 就是要求的答案，即 a^n。

另外，判断奇偶数、除以 2，用位运算更快。

快速幂算法的实现详见编程实例5.19。

【编程实例5.19】快速幂算法。求 $a^b \bmod p$，a, b, p 均为正整数，且不超出 int 型范围。

分析：如果 b 值比较小，则可以定义如下 power 函数实现求 $a^b \bmod p$。代码如下。

```
#include <bits/stdc++.h>
using namespace std;
typedef long long LL;
LL power(LL a, LL b, LL p) {   //求c = a^b mod p并返回c
    LL i, ans = 1;
    for(i=1; i<=b; i++)
        ans = (ans*a)%p;
    return ans;
}
int main()
{
    LL a, b, p;   //求a^b mod p
    cin >>a >>b >>p;
    cout <<power(a, b, p) <<endl;
    return 0;
}
```

如果 b 可以取很大的值，如 $2^{31} - 1 = 2147483647$，假设计算机执行100000000（1亿）次运算需要1秒，像上述代码的 power 函数，执行一次 (ans * a)%p 算一次运算，那么当 b 取 2147483647 时，求 $a^b \bmod p$ 大概需要花20多秒。

根据前面介绍的快速幂算法的原理，在用快速幂算法求 $a^b \bmod p$ 时，如果 b 为奇数，先把 a^1 乘到答案 ans 里，然后不管 b 是否为奇数，都将 a 更新为 a^2、b 除以2，注意要利用同余理论在做乘法的同时取余。代码如下。

```
#include <bits/stdc++.h>
using namespace std;
typedef long long LL;
LL fpm(LL a, LL b, LL p)              // 快速幂求a^b mod p
{
    LL ans = 1;
    while(b){
        if(b&1)   ans = ans*a%p;   //b为奇数，把a乘到ans里
        a = a*a%p;                 //a更新为a的平方（注意要取余）
        b >>= 1;                   //b除以2
    }
    return ans;
}
int main()
```

```
{
    LL a, b, p;     //求a^b mod p
    cin >>a >>b >>p;
    cout <<fpm(a, b, p) <<endl;
    return 0;
}
```

此外，利用分治法及幂运算的性质，可以按公式（5.33）将 a^b 转化为 $a^{b/2}$ 进行计算：

$$a^b = \begin{cases} a^{b/2} \times a^{b/2} & b\text{为偶数} \\ a^{(b-1)/2} \times a \times a^{(b-1)/2} & b\text{为奇数} \end{cases} \quad (5.33)$$

从而快速幂算法也可以采用递归方式实现。对幂运算 $(a, b, p) = a^b \bmod p$，如果 b 为偶数，转换成 $(a, b/2, p)$ 进行运算；如果 b 为奇数，转换成 $(a, b-1, p)$ 进行运算，或者转换成 $(a, (b-1)/2, p)$ 进行运算。递归结束条件是如果 b 为 0，直接返回 1。用递归实现的快速幂算法代码如下。

```
LL fpm2(LL a, LL b, LL p)    //(递归)快速幂求 a^b mod p
{
    if(b==0)   return 1;        // 递归结束条件
    if(b%2==0){     //b为偶数
        LL m = fpm2(a, b/2, p);
        return (m*m)%p;
    }
    else{    //b为奇数
        //LL m = fpm2(a, b-1, p);      // 写法(1)
        //return (m*a)%p;
        LL m1 = fpm2(a, (b-1)/2, p); // 写法(2)
        return ((m1*m1)%p*a)%p; // 不能用 (m1*m1*a)%p,3 个数相乘可能会超出 long long
    }
}
```

【编程实例5.20】求 $1 + 2 + \cdots + 2^n$ 的个位。二进制的权值在计算机中非常重要，1, 2, 4, 8, 16, $\cdots$, 2147483648, $\cdots$, 2^n, $\cdots$。在本题中，输入 n 的值，n 的值不超出 long long 型范围，要求 $1 + 2 + \cdots + 2^n$ 的个位。

分析：$1 + 2 + \cdots + 2^n = 2^{n+1} - 1$，而 2^{n+1} 的个位不可能为 0 或 1，因此 $2^{n+1} - 1$ 的个位一定就是 2^{n+1} 的个位再减 1。本题需要用快速幂算法和同余理论求 2^{n+1} 的个位。代码如下。

```
#include <bits/stdc++.h>
using namespace std;
int main()
{
    long long a = 2, n;
    cin >>n;
    n++;     //n 要加 1
```

```
    long long r = 1;
    while(n){
        if(n&1)   r = r*a%10;    //n为奇数
        a = a*a%10;
        n >>= 1;                 //n除以2
    }
    cout <<r-1 <<endl;
    return 0;
}
```

本题要用到 2^{n+1} 的个位，2^{n+1} 的个位其实是有规律的，是 2, 4, 8, 6, 2, 4, 8, 6, 2, 4, 8, 6, …这样循环取值的，本题也可以利用这个规律求解。

第 6 章
初等代数

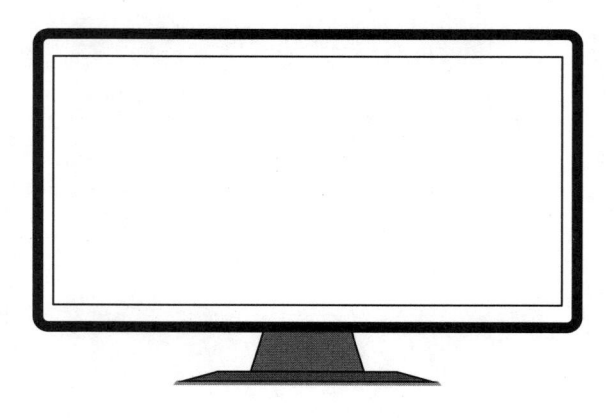

本章内容

本章介绍单项式与多项式、一元一次方程、一元二次方程、二元一次方程组、不定方程（组）、线性方程组的相关概念及这些方程的求解。

6.1 初等代数的研究内容

在数学中，我们经常需要解决一类基本问题：已知若干个量满足一个或多个等式关系，其中部分量的值是给定的，需要求解未知量。

例如，已知长方形的面积为 S，长为 a，求长方形的宽 b，如图 6.1 所示。

长方形的面积公式 $S = a \times b$，如果 S 和 a 已知，则可通过变形得到 $b = S \div a$。

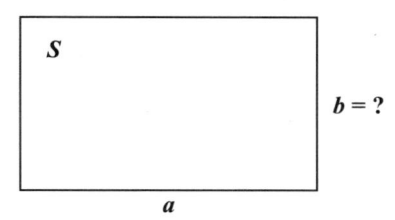

方程就是等式，就是若干个量满足的一个或一些等式。使等式成立的未知量的值称为方程的"解"或"根"。这类问题的核心是通过已知条件确定未知量，这是初等代数研究的基本内容之一。

图 6.1 已知长方形的面积和长，求宽

初等代数的研究路径通常从一元一次方程开始，随后分为两个方向：一方面讨论二元及三元的一次方程组，另一方面研究二次以上及可以转化为二次的方程（组）。沿着这两个方向继续发展，就需要讨论任意多个未知数的一次方程组，也叫线性方程组。

6.2 单项式与多项式

单项式：由数和字母的乘积组成的代数式称为单项式。单独的一个数或一个字母也是单项式。

单项式中的数字因数叫作这个单项式的**系数**，在一个单项式中，所有字母的指数的和叫作这个单项式的**次数**。

例如，a、-5、x、x^5、$2x^2y$ 都是单项式，它们的次数分别是 1、0、1、5、$2 + 1 = 3$。

单项式可以执行加、减、乘、除运算。运算规则如下。

（1）加减法则：单项式加减即合并同类项，也就是合并各同类项系数，字母不变。例如：$3x + 4x = 7x$，$9x^2 - 2x^2 = 7x^2$ 等。

（2）乘法法则：单项式相乘，把它们的系数、相同字母分别相乘，对于只在一个单项式里含有的字母，则连同它的指数作为积的一个因式。例如，$3x \times 4x = 12x^2$，$3x \times 4xy = 12x^2y$。

（3）除法法则：同底数幂（次方）相除，底数不变，指数相减，系数相除。例如，$12x^2y \div 4x = 3xy$。

几个单项式的和或差叫作**多项式**。在多项式中，每个单项式叫作多项式的**项**，不含字母的项叫作**常数项**。在多项式中，次数最高的项的次数，叫作这个多项式的**次数**。

例如，$2x^3 + 7xy + 5x - 2y + 6$ 就是一个多项式，次数为 3，6 是常数项。

单项式和多项式统称为**整式**。整式是有理式的一部分，在有理式中可以包含加、减、乘、除、乘方五种运算，但在整式中分母不能含有字母。

这里简单介绍一下多项式的乘法。先回顾一下"(2 + 3) × (8 − 5)"的展开。

$$(2 + 3) \times (8 - 5) = 2 \times 8 - 2 \times 5 + 3 \times 8 - 3 \times 5$$

规则是：用第一个式子里的每一项去乘以第二个式子里的每一项。

两个多项式的乘法也是这样运算的，运算完毕，还要合并同类项。例如

$$\begin{aligned}&\left(2x^2+5x-6\right)\times\left(3x^2-x+5\right)\\=&6x^4-2x^3+10x^2+15x^3-5x^2+25x-18x^2+6x-30\\=&6x^4+13x^3-13x^2+31x-30\end{aligned}$$

6.3 一元一次方程

一般地，如果方程中只含有一个未知量（元），且含有未知量的式子都是整式，未知量的次数都是1，这样的方程叫作**一元一次方程**。其一般形式是：

$$ax + b = 0\,(a \neq 0) \tag{6.1}$$

有时也写作：

$$ax = b\,(a \neq 0) \tag{6.2}$$

使得一元一次方程左右两边相等的未知量的值称为一元一次方程的**解**，也称为一元一次方程的**根**。

一元一次方程的解非常简单，方程（6.1）的解是 $x = -\dfrac{b}{a}$，方程（6.2）的解是 $x = \dfrac{b}{a}$。

在实际解题时，一元一次方程的形式可能不会像（6.1）式这么简单，可能包含很多个量，但只有一个量是未知的，其余量是已知的。**在求解时，需要把未知量放在左边，把已知量全部移到右边，这样就能求出一元一次方程的解**。详见编程实例6.1。

注意，**把一个量从一边移到另一边**，方法是：如果这个量移之前是乘法式子的一项，移到另一边要做除法，如果是分子，移到另一边要做分母；反之，如果是除数，移到另一边要做乘法，如果是分母，移到另一边要做分子。

【**编程实例6.1**】**求平行四边形的另一条高**。已知平行四边形的两条边长分别为 a 和 b，a 边对应的高为 h，a, b, h 均为整数，求 b 边对应的高 h_1。

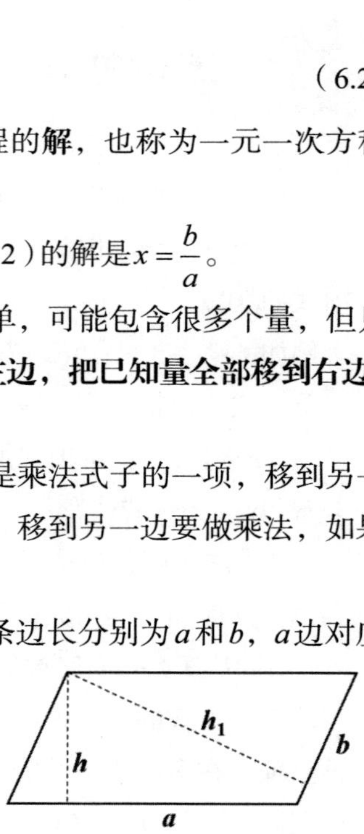

分析：平行四边形的面积是恒定的，设为 S。则 $S = a \times h$。假设 b 边对应的高为 h_1，则也有 $S = b \times h_1$。因此，$a \times h = b \times h_1$。在这个等式中，$a$、$b$、$h$ 是已知的，h_1 是要我们求的。我们要把未知量放在左边，把已知量全部移到右边。于是得到 $h_1 = \dfrac{a \times h}{b}$。

图6.2 求平行四边形的另一条高

注意，上述式子在用C++程序表示时，必须用1.0*a*h/b，不能表示成a*h/b。代码略。

【编程实例6.2】海狸。当海狸咬一棵树的时候，它从树干咬出一个特别的形状。树干上剩下的部分好像两个平截圆锥体用一个直径和高相等的圆柱体连接起来一样。有一只很好奇的海狸关心的不是要把树咬断，而是想计算出在给定要咬出一定体积的木屑的前提下，圆柱体的直径应该是多少。如图6.3所示，假定树干是一个直径为D的圆柱体，海狸咬的那一段高度也为D。那么给定要咬出体积为V的木屑，内圆柱体的直径d应该为多少？其中D和V都是整数。

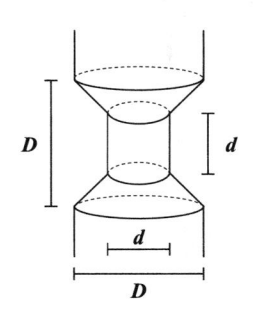

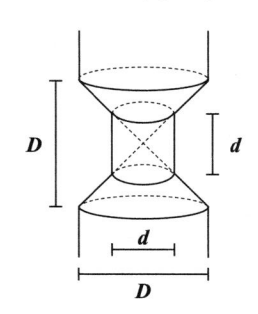

（a）海狸咬树示意图　　（b）两个圆锥体延伸

图6.3　海狸

分析：本题需要推导出V、D、d这三个量满足的等式。

在图6.3（b）中，外围高度为D、直径为D的圆柱体，体积是$\pi\left(\dfrac{D}{2}\right)^2 D = \pi\dfrac{D^3}{4}$。

同理，里面高度为d、直径为d的圆柱体，体积是$\pi\dfrac{d^3}{4}$。

每个平截圆锥体的体积是$\dfrac{1}{3}\pi\left(\dfrac{D}{2}\right)^2\dfrac{D}{2} - \dfrac{1}{3}\pi\left(\dfrac{d}{2}\right)^2\dfrac{d}{2} = \pi\dfrac{D^3}{24} - \pi\dfrac{d^3}{24}$。

两个平截圆锥体的体积是$\pi\dfrac{D^3}{12} - \pi\dfrac{d^3}{12}$。

因此，咬出来的木屑体积$V = \pi\dfrac{D^3}{4} - \left(\pi\dfrac{D^3}{12} - \pi\dfrac{d^3}{12}\right) - \pi\dfrac{d^3}{4} = \pi\dfrac{D^3}{6} - \pi\dfrac{d^3}{6}$。

在本题中，已知D和V，要求d。因此需要用D和V的值，把d表示出来：

$$\pi\dfrac{d^3}{6} = \left(\pi\dfrac{D^3}{6} - V\right)$$

$$d^3 = \left(D^3 - \dfrac{6V}{\pi}\right)$$

根据上式，就可以求得d的值。

注意，尽管本题得到的是关于d^3的等式，似乎不是一元一次方程，但我们可以引入$x = d^3$，这样就得到关于x的一元一次方程，再对x开3次方根，得到的就是d的值。代码如下：

```
#include <bits/stdc++.h>
using namespace std;
int main()
{
    int V, D;   double d, d3;    // 变量d3用于存储d的3次方，然后对其开3次方根求d
    double pi = 3.1415926;       // 把 π 表示出来
    cin >>D >>V;                 // 输入 D 和 V 的值
```

```
d3 = D*D*D-6*V/pi;   d = cbrt( d3 );            // 计算 d 的 3 次方及 d
cout <<fixed <<setprecision(3) <<d <<endl;      // 输出到小数点后 3 位有效数字
return 0;
}
```

6.4 一元二次方程

一般地，如果方程中只含有一个未知量（一元），并且未知量的最高次数是2（二次）的方程，叫作**一元二次方程**。

一元二次方程的一般形式是

$$ax^2 + bx + c = 0 (a \neq 0) \tag{6.3}$$

其中 ax^2 是二次项，a 是二次项系数；bx 是一次项，b 是一次项系数；c 是常数项。

使得一元二次方程左右两边相等的未知量的值就是这个一元二次方程的**解**，也叫作一元二次方程的**根**。

一元二次方程是否有实数解，取决于一元二次方程的**判别式** $\Delta = b^2 - 4ac$，Δ 是希腊字母，读作"delta"。

当 $\Delta > 0$ 时，方程 $ax^2 + bx + c = 0 (a \neq 0)$ 有两个不相等的实数根。

当 $\Delta = 0$ 时，方程 $ax^2 + bx + c = 0 (a \neq 0)$ 有两个相等的实数根。

当 $\Delta < 0$ 时，方程 $ax^2 + bx + c = 0 (a \neq 0)$ 没有实数根。

当 $\Delta \geq 0$ 时，方程 $ax^2 + bx + c = 0 (a \neq 0)$ 的实数根可写为：

$$x = \frac{-b \pm \sqrt{b^2 - 4ac}}{2a} \tag{6.4}$$

这个式子称为一元二次方程 $ax^2 + bx + c = 0 (a \neq 0)$ 的求根公式。

【微实例6.1】以下给出了一些一元二次方程的求解实例。

（1）$2x^2 + 4x + 3 = 0$，$\Delta = 4^2 - 4 \times 2 \times 3 = -8 < 0$，所以，这个一元二次方程没有实数根。

（2）$2x^2 + 7x + 3 = 0$，$\Delta = 7^2 - 4 \times 2 \times 3 = 25 > 0$，所以，这个一元二次方程有两个不相等的实数根，为 $x_1 = \frac{-7 + \sqrt{25}}{2 \times 2} = -\frac{1}{2}$，$x_2 = \frac{-7 - \sqrt{25}}{2 \times 2} = -3$。

（3）$2x^2 + 4x + 2 = 0$，$\Delta = 4^2 - 4 \times 2 \times 2 = 0$，所以，这个一元二次方程的两个实数根相等，为 $x_{1,2} = \frac{-4}{2 \times 2} = -1$。

【编程实例6.3】一元二次方程。现在给定一个一元二次方程的系数 a, b, c，其中 a, b, c 均为整数且 $a \neq 0$。你需要判断一元二次方程 $ax^2 + bx + c = 0$ 是否有实数解，并按要求的格式输出。

在本题中输出有理数 v 时须遵循以下规则。

（1）由有理数的定义，存在唯一的两个整数 p 和 q，满足 $q > 0$，$\gcd(p, q) = 1$ 且 $v = \dfrac{p}{q}$。

（2）若 $q = 1$，则输出 $\{p\}$，否则输出 $\{p\}/\{q\}$，其中 $\{n\}$ 代表整数 n 的值。

例如：

（1）当 $v = -0.5$ 时，p 和 q 的值分别为 -1 和 2，则输出 $-\dfrac{1}{2}$；

（2）当 $v = 0$ 时，p 和 q 的值分别为 0 和 1，则输出 0。

对于方程的求解，分以下两种情况讨论。

（1）若 $\Delta = b^2 - 4ac < 0$，则表明方程无实数解，此时应输出 NO。

（2）否则 $\Delta \geq 0$，此时方程有两解（可能相等），记其中较大者为 x，则：

①若 x 为有理数，则按有理数的格式输出 x；

②否则根据上文公式，x 可以被唯一表示为 $x = q1 + q2\sqrt{r}$ 的形式，其中 $q1, q2$ 为有理数，且 $q2 > 0$；r 为正整数且 $r > 1$，且不存在正整数 $d > 1$ 使 $d^2 | r$（r 不应是 d^2 的倍数）。

此时：

①若 $q1 \neq 0$，则按有理数的格式输出 $q1$，并输出一个加号；

②否则跳过这一步输出。

随后：

①若 $q2 = 1$，则输出 sqrt($\{r\}$)；

②否则若 $q2$ 为整数，则输出 $\{q2\}$ * sqrt($\{r\}$)；

③否则若 $q3 = 1/q2$ 为整数，则输出 sqrt($\{r\}$)/$\{q3\}$；

④否则可以证明存在唯一整数 c, d 满足 $c, d > 1$，$\gcd(c, d) = 1$ 且 $q2^2 = \dfrac{c}{d}$，此时输出 $\{c\}$ * sqrt($\{r\}$)/$\{d\}$。

上述表示中 $\{n\}$ 代表整数 $\{n\}$ 的值，详见样例。

如果方程有实数解，则按要求的格式输出两个实数解中的较大者。若方程没有实数解，则输出 NO。

输入数据第一行包含两个正整数 T, M，分别表示方程数和系数的绝对值上限。接下来 T 行，每行包含三个整数 a, b, c。

输出 T 行，每行包含一个字符串，表示对应询问的答案，格式如题目所述。每行输出的字符串中间不应包含任何空格。

分析：本题题目背景和题目描述非常烦琐，主要涉及以下数学知识。

（1）一元二次方程及其解。

（2）整数、有理数、无理数、实数的概念。

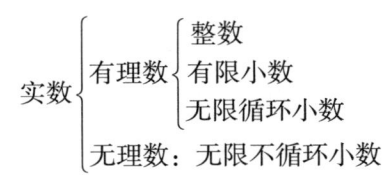

$$\text{实数}\begin{cases}\text{有理数}\begin{cases}\text{整数}\\\text{有限小数}\\\text{无限循环小数}\end{cases}\\\text{无理数：无限不循环小数}\end{cases}$$

有理数都可以表示成 $\dfrac{p}{q}$（p,q 为整数且 $\gcd(p,q)=1$）的形式。

如果掌握了上述知识，本题其实非常简单，本题甚至没有用到复杂的算法，只用到了求最大公约数的算法。代码如下。

```cpp
#include <bits/stdc++.h>
using namespace std;
int t, m, a, b, c;
int gcd(int a, int b)
{
    if(b==0)  return a;
    return gcd(b, a%b);
}
int main()
{
    cin >>t >>m;
    while(t--){
        cin >>a >>b >>c;
        int delta = b*b-4*a*c;
        if(delta<0){
            cout <<"NO" <<endl;  continue;
        }
        int ans1 = 1;   // 从 delta 中提取出平方因数
        for(int i=2; i*i<=delta; i++){   // 求得的 ans1 放在根号外面
            while(delta%(i*i)==0)
                ans1 *= i, delta /= i*i;
        }
        int aa = 2*a,  bb = -b;
        if(aa<0)  aa = -aa,  bb = -bb;  // 保证分母为正数
        if(delta==1)  delta = 0,  bb += ans1;  // 没有根号那部分了
        int gd1 = gcd(abs(bb), aa);
        int gd2 = gcd(ans1, aa);
        if(delta==0){  // 没有根号那部分
            if(bb%aa==0)  cout <<bb/aa;
            else  cout <<bb/gd1 <<"/" <<aa/gd1;   // 分数化简
        }
        else{   // 有根号那部分
            if(bb!=0){   // 有＋号，输出前面那部分
                if(bb%aa==0)  cout <<bb/aa;
                else  cout <<bb/gd1 <<"/" <<aa/gd1;
                cout <<"+";
            }
            if(ans1/gd2!=1)  cout <<ans1/gd2 <<"*";
```

```
            cout <<"sqrt(" <<delta <<")";
            if(aa/gd2!=1)  cout <<"/" <<aa/gd2;
        }
        cout <<endl;
    }
    return 0;
}
```

6.5 二元一次方程组

二元一次方程是指含有两个未知量（x和y），并且所含未知量的式子都是整式，含有未知量的项的次数都是1的方程。两个含有相同未知量的二元一次方程组合在一起，称为**二元一次方程组**。每个方程可化简为 $ax+by=c$ 的形式。

二元一次方程组的求解方法包括消元法、换元法等。本节只介绍消元法。

消元法又分为代入消元法、加减消元法等。

（1）代入消元法

代入消元法的一般步骤如下。

①选一个系数比较简单的方程进行变形，变成 $y=ax+b$ 或 $x=ay+b$ 的形式。

②将 $y=ax+b$ 或 $x=ay+b$ 代入另一个方程，消去一个未知量，从而将另一个方程变成一元一次方程。

③解这个一元一次方程，求出 x 或 y 值。

④将已求出的 x 或 y 值代入方程组中的任意一个方程，求出另一个未知量。

⑤把求得的两个未知量的值用大括号联立起来，这就是二元一次方程组的解。

【微实例6.2】用代入消元法解以下二元一次方程组。

$$\begin{cases} x+y=5 & ① \\ 6x+13y=89 & ② \end{cases}$$

解：由①得　　　　$x=5-y$　　　　③

把③代入②，得　　$6(5-y)+13y=89$

得　　　　　　　　$y=\dfrac{59}{7}$

把 $y=\dfrac{59}{7}$ 代入③，得 $x=5-\dfrac{59}{7}=-\dfrac{24}{7}$

于是 $\begin{cases} x=-\dfrac{24}{7} \\ y=\dfrac{59}{7} \end{cases}$ 为方程组的解。

我们把这种通过"代入"消去一个未知量，从而求出方程组的解的方法称为**代入消元法**，简称**代入法**。

（2）加减消元法

加减消元法的一般步骤如下。

①在二元一次方程组中，若有同一个未知量的系数相同（或互为相反数），则可直接相减（或相加），消去一个未知量。

②在二元一次方程组中，若不存在上述情况，可选择一个适当的数去乘方程的两边，使其中一个未知量的系数相同（或互为相反数），再把方程两边分别相减（或相加），消去一个未知量，得到一元一次方程。

③解这个一元一次方程。

④将求出的一元一次方程的解代入原方程组系数比较简单的方程，求另一个未知量的值。

⑤把求得的两个未知量的值用大括号联立起来，这就是二元一次方程组的解。

【微实例6.3】用加减消元法解以下二元一次方程组。

$$\begin{cases} x+y=5 & \text{①}\\ 6x+13y=89 & \text{②}\end{cases}$$

解：将①左右两边同时乘以6得

$$6x+6y=30 \qquad \text{③}$$

用②减③，得 $7y=59$

于是，求得 $y=\dfrac{59}{7}$

将 $y=\dfrac{59}{7}$ 代入①式，得 $x=5-\dfrac{59}{7}=-\dfrac{24}{7}$

这样也求得了上述二元一次方程组的解。

利用等式的性质使方程组中两个方程中的某一个未知量前的系数的绝对值相等，然后把两个方程相加（或相减），以消去这个未知量，使方程只含有一个未知量从而得以求解，再代入方程组的其中一个方程。这种解二元一次方程组的方法称为**加减消元法**，简称**加减法**。

注意，在实际解题时，特别是在编程解题时，还要判断求出来的解是否有意义。详见编程实例6.4。

【编程实例6.4】鸡兔同笼问题。鸡兔同笼，是中国古代著名趣题之一，大约在1500年前，《孙子算经》中就记载了这个有趣的问题。书中是这样叙述的：

今有雉兔同笼，上有三十五头，下有九十四足，问雉兔各几何？

这四句话的意思是：有若干只鸡兔在同一个笼子里，从上面数，有35个头，从下面数，有94只脚。问笼中各有多少只鸡和兔？

在本题中，输入头的数目 m 和脚的数目 n，求鸡的数目和兔的数目。

分析：设笼中鸡的数目是 x 只，兔的数目是 y 只，则可以得到以下两个等式。

$$x + y = m \qquad 头的数目$$
$$2x + 4y = n \qquad 脚的数目$$

这两个等式其实构成了一个方程组，解方程组得：$x = 2*m - \dfrac{n}{2}, y = \dfrac{n}{2} - m$。

由此，可以根据输入的 m 和 n 的值，求出鸡的数目 x 和兔的数目 y。

注意，本题的输入数据没有保证求得的鸡的数目和兔的数目是有效的，因此，如果 n 为奇数或 $2*m < n/2$ 或 $n/2 < m$，会输出"no answer"。代码如下。

```cpp
#include <bits/stdc++.h>
using namespace std;
int main()
{
    int m, n;          // 头的数目和脚的数目
    int x, y;          // 求得的鸡的数目和兔的数目
    cin >>m >>n;
    if(n%2 or 2*m<n/2 or n/2<m){
        cout <<"no answer" <<endl;  return 0;
    }
    x = 2*m - n/2;
    y = n/2 - m;
    cout <<x <<" " <<y <<endl;
    return 0;
}
```

【编程实例6.5】Uncore CPU。Outel 公司推出了第 13 代 Uncore CPU。此系列 CPU 有两类核心：一类是性能核心，每个核心的线程数为 2；另一类是能效核心，每个核心的线程数为 1。输入一个 CPU 总核心数 c 和总线程数 t，计算性能核心数 p 和能效核心数 e。测试数据保证存在非负整数解。

分析：本题的意思是，一个 CPU 里有若干个核心，核心有两类，其中一个性能核心有 2 个线程，一个能效核心有 1 个线程，已知总核心数和总线程数，求性能核心数和能效核心数。

本题类似于鸡兔同笼问题。

假设性能核心数和能效核心数分别为 p 和 e，则有以下两个等式。

$$p + e = c$$
$$2p + e = t$$

根据以上两个等式可得 $p = t - c$，$e = 2c - t$，或者 $e = c - p$。输入 c 和 t 的值，求出 p 和 e 的值并输出即可。代码如下。

```cpp
#include <bits/stdc++.h>
using namespace std;
int main()
{
```

```
    int c, t;
    cin >>c >>t;
    int p = t - c;
    int e = c - p;
    cout <<p <<" " <<e <<endl;
    return 0;
}
```

6.6 不定方程（组）

所谓**不定方程（组）**就是未知量的个数多于方程的个数的方程（组），其特点是解往往有多个，不能唯一确定。

如果未知量有 p 个，方程有 q 个，$p > q$，在用编程方法求解不定方程组时，可以枚举 $p - q$ 个量的组合，枚举的量也应该视为已知的，这样就能求出方程的解，从而可以通过枚举较少的量求出所有的解。

【编程实例6.6】百钱买百鸡问题。中国古代数学家张丘建在他的《算经》中提出了著名的"百钱买百鸡问题"：鸡翁一，值钱五，鸡母一，值钱三，鸡雏三，值钱一，百钱买百鸡，问翁、母、雏各几何？意思是说：1只公鸡值5钱，1只母鸡值3钱，3只小鸡值1钱，某人用100钱买了100只鸡，问公鸡（鸡翁）、母鸡（鸡母）、小鸡（鸡雏）各有多少只？

本题对百钱买百鸡问题进行拓展，输入一个正整数 m，$1 \leq m \leq 1000$。求用 m 钱买 m 只鸡的方案，如果不存在这样的方案，输出"no answer"。

分析：设公鸡、母鸡、小鸡的数量依次为 x, y, z，依题意，可以得到以下两个方程。

$$x + y + z = m$$

$$5x + 3y + z/3 = m$$

有3个未知量，却只有两个方程，所以这是一个不定方程组。

小鸡数量必须是3的倍数，我们可以假定 $z = 3k$，代入上述方程组，得到以下方程组。

$$x + y + 3k = m$$

$$5x + 3y + k = m$$

用编程的方法求解上述方程组时，可以枚举 k 的值。输入数据 m 和枚举的值 k 都应该视为已知，这样就得到以下二元一次方程组。

$$x + y = m - 3k$$

$$5x + 3y = m - k$$

求解上述方程组，得 $x = 4k - m$，$y = 2m - 7k$。只要 $x \geq 0$ 且 $y \geq 0$ 就是合理的解。

这样，我们只枚举 k 的值就能求出所有的解，k 最小取 0，最大取 $m/3$。而且从小到大枚举 k 的值，x 的取值也是从小到大，所以如果有多组解，一定是按公鸡数量从小到大的顺序输出每个解。代码如下。

```
#include <bits/stdc++.h>
using namespace std;
int main()
{
    int m;  cin >>m;
    bool flag = false;              // 是否有解的标志
    int x, y, z, k, cnt = 0;
    for( k=0; k<=m/3; k++ ){        // 从小到大枚举 k 的值 , x 的取值也是从小到大
        x = 4*k - m, y = 2*m - 7*k, z = 3*k;   // 求出 x, y, z
        if( x>=0 and y>=0 ){
            cnt++;  flag = true;
            cout <<x <<" " <<y <<" " <<z <<endl;
        }
    }
    if(!flag)  cout <<"no answer" <<endl;
    return 0;
}
```

6.7 线性方程组

如果一个方程组有 m 个方程，每个方程都含有 n 个相同的未知量，如（6.5）式所示。

$$\begin{cases} a_{11}x_1 + a_{12}x_2 + \cdots + a_{1n}x_n = b_1 \\ a_{21}x_1 + a_{22}x_2 + \cdots + a_{2n}x_n = b_2 \\ \quad\quad\quad\quad\quad\quad \vdots \\ a_{m1}x_1 + a_{m2}x_2 + \cdots + a_{mn}x_n = b_m \end{cases} \quad (6.5)$$

其中 $x_1, x_2, \cdots, x_n$ 是未知量，$a_{ij}(1 \leq i \leq m, 1 \leq j \leq n)$ 是系数，$b_1, b_2, \cdots, b_m$ 是常数项，那么这个方程组就称为**线性方程组**。

线性方程组的求解超出了本书的难度，C++编程与信息学竞赛里一般也不会涉及线性方程组的求解，同学们了解即可。

6.8 矩阵和矩阵的乘法运算

在线性方程组中，每个方程的系数构成了一个矩阵，如（6.6）式所示。

$$\begin{bmatrix} a_{11} & a_{12} & \cdots & a_{1n} \\ a_{21} & a_{22} & \cdots & a_{2n} \\ \cdots & \cdots & \cdots & \cdots \\ a_{m1} & a_{m2} & \cdots & a_{mn} \end{bmatrix} \quad (6.6)$$

具体来说，$m \times n$ 个数 a_{ij} ($i = 1, 2, \cdots, m; j = 1, 2, \cdots, n$) 排列成的矩形数表，称为 $m \times n$ **矩阵**。其中横排称为矩阵的**行**，纵排称为矩阵的**列**。矩阵中的每个数都称为矩阵的**元素**。

矩阵是数学上的概念，在程序中就是用二维数组来实现的。不严谨地说，矩阵就是二维数组。

矩阵还可以执行运算。两个矩阵 A 和 B 的加减运算，就是对应元素做加减，要求 A 和 B 的行数相同、列数也相同。

设矩阵 $A = (a_{ij})_{m \times s}$，$B = (b_{ij})_{s \times n}$。矩阵 A 与 B 的乘积定义为 $m \times n$ 阶矩阵 $C = (c_{ij})_{m \times n}$，其中：

$$c_{ij} = a_{i1}b_{1j} + a_{i2}b_{2j} + \ldots + a_{is}b_{sj} = \sum_{k=1}^{s} a_{ik}b_{kj} \ (i = 1, 2, \cdots, m; j = 1, 2, \cdots, n) \quad (6.7)$$

记作 $C = AB$。

由定义可以看出：只有在矩阵 A 的列数与矩阵 B 的行数相同时，AB 才有意义，此时称矩阵 A 和矩阵 B 是**维数相容的**。$C = AB$ 仍是一个矩阵，其行数与 A 的行数相同，其列数与 B 的列数相同。为了便于记忆，矩阵 A 与 B 的乘法可直观表示为图6.4。

$$\text{第} i \text{行} \begin{bmatrix} a_{11} & a_{12} & \cdots & a_{1s} \\ \vdots & \vdots & & \vdots \\ \boxed{a_{i1} \quad a_{i2} \quad \cdots \quad a_{is}} \\ \vdots & \vdots & & \vdots \\ a_{m1} & a_{m2} & \cdots & a_{ms} \end{bmatrix} \begin{bmatrix} b_{11} & \cdots & \boxed{b_{1j}} & \cdots & b_{1n} \\ b_{21} & \cdots & b_{2j} & \cdots & b_{2n} \\ \vdots & & \vdots & & \vdots \\ b_{s1} & \cdots & b_{sj} & \cdots & b_{sn} \end{bmatrix} = \begin{bmatrix} c_{11} & \cdots & c_{1j} & \cdots & c_{1n} \\ \vdots & & \vdots & & \vdots \\ c_{i1} & \cdots & \boxed{c_{ij}} & \cdots & c_{in} \\ \vdots & & \vdots & & \vdots \\ c_{m1} & \cdots & c_{mj} & \cdots & b_{mn} \end{bmatrix}$$

第 j 列

图6.4 矩阵的乘法

由（6.7）式和图6.4可以看出：乘积矩阵 C 位于第 i 行、第 j 列的元素 c_{ij} 等于 A 的第 i 行与 B 的第 j 列的对应元素之积。

【微实例6.4】已知矩阵 $A = \begin{bmatrix} 2 & -1 & 3 \\ 4 & 2 & 1 \end{bmatrix}$，$B = \begin{bmatrix} 5 & 1 \\ -3 & 2 \\ 4 & -1 \end{bmatrix}$，求 $C = AB$。

解：根据矩阵乘法的定义，可求得 $C = \begin{bmatrix} 2 & -1 & 3 \\ 4 & 2 & 1 \end{bmatrix} \begin{bmatrix} 5 & 1 \\ -3 & 2 \\ 4 & -1 \end{bmatrix} = \begin{bmatrix} 25 & -3 \\ 18 & 7 \end{bmatrix}$。

矩阵的其他内容超出了本书的难度，本书不再进一步讨论。

第 7 章
集合论

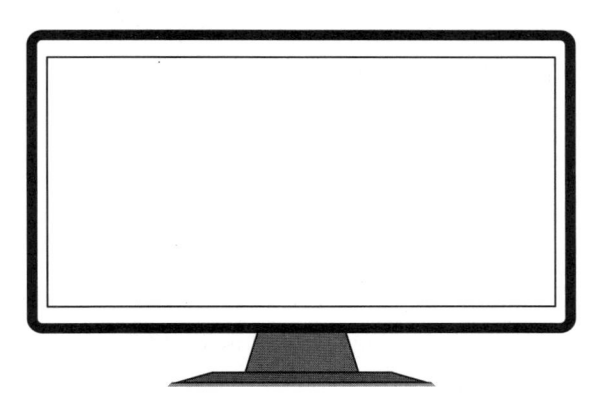

本章内容

本章介绍集合论，包括集合的概念、子集及幂集、集合的运算、STL中的集合、有限集的计数问题、容斥原理、元组、STL中的数对、笛卡儿积、关系、关系的表示、等价关系等。

7.1 集合的概念

集合（set）是数学中不能精确定义的基本概念。一般来说，把具有共同性质的一些东西，汇集成一个整体，就形成一个集合。例如，所有闰年构成的集合，全体自然数构成的集合，全体质数构成的集合，3的倍数构成的集合等。当然也可以把一些毫无联系的事物放在同一个集合里，如一只猫、π、"Hello"等，但是这种集合通常缺乏数学意义。

通常用大写字母或带下标的大写字母表示集合，如A、B、A_1、A_2。

组成集合的事物称为**元素**。通常用小写字母或带下标的小写字母表示集合的元素，如a、b、a_1、a_2。

若元素a属于集合A，记作$a \in A$；若元素a不属于集合A，记作$a \notin A$。

定义7.1 一个集合，若其元素个数是有限的，则称为**有限集**；否则就称为**无限集**。有限集A的元素个数称为集合A的**基数**，用符号$|A|$表示。

表示一个集合，可采用以下方法。

（1）**列举法**：用一对花括号将集合的元素列举出来，如$A = \{a, b, c, d\}$。当元素个数无限，但具有某种规律，可列出有限个元素再加上省略号，如$B = \{2, 4, 6, \cdots, 2n, \cdots\}$，$C = \{a, a^2, a^3, \cdots\}$。

（2）**描述法**：如果集合中的元素x具有某种共同性质，那就可以用$\{x \mid x$满足的性质$\}$这种形式来描述一个集合。

例如，$S_1 = \{x \mid x$是正奇数$\}$，相当于$S_1 = \{1, 3, 5, 7, 9, 11, 13, 15, 17, 19, \cdots\}$。

$S_2 = \{x \mid x$是100以内的质数$\}$，相当于$S_2 = \{2, 3, 5, 7, 11, 13, 17, 19, \cdots, 97\}$。

集合及元素具有以下性质。

（1）集合中的元素是无序的，如$\{a, b, c\}$ $\{b, c, a\}$ $\{c, a, b\}$表示同一个集合。

（2）集合中的元素不可重复，如$\{a, b, b, c\}$表示的集合就是$\{a, b, c\}$。

（3）集合的元素还可以是一个集合。如$S = \{1, a, \{a\}, \{a, b\}\}$，在这个例子中，$a \in S$、$\{a\} \in S$都成立，但$b \notin S$。

【**编程实例7.1**】集合表示实例——描述法。已知集合$A = \{x \mid x \in \mathbf{N}$且$x \leqslant n, x = 3k_1 + 1$且$x = k_2 * k_2, k_1, k_2 \in \mathbf{Z}\}$，其中$\mathbf{N}$为自然数集合、$\mathbf{Z}$为整数集合。输入正整数$n$的值，$10 \leqslant n \leqslant 100000$，要求输出集合$A$的所有元素。

分析：本题要采用枚举算法求解，有多种枚举算法，比如，可以枚举x、枚举k_1或枚举k_2。最好的方法是枚举k_2，因为k_2的取值个数最少。k_2最小取1，最大的值满足$k_2 * k_2 \leqslant n$，由于元素$x = k_2 * k_2 = 3k_1 + 1$，在枚举过程中要判断$k_2 * k_2 - 1$是否为3的倍数，如果是，则$k_2 * k_2$就是集合A的元素。代码如下。

```
#include <bits/stdc++.h>
using namespace std;
int main()
{
```

```
    int k2;
    int first = 1;
    int n;  cin >>n;
    cout <<'{';
    for(k2=1; k2*k2<=n; k2++){    // 枚举 k2 的取值
        if((k2*k2-1)%3==0){
            if(first){
                cout <<k2*k2;  first = 0;
            }
            else  cout <<", " <<k2*k2;
        }
    }
    cout <<"}" <<endl;
    return 0;
}
```

【编程实例7.2】集合表示实例——递归定义。集合 S 的定义如下。

（1）1属于 S。

（2）如果 x 属于 S，那么 $2x$ 和 $3x$ 也属于 S。

（3）只有满足条件（1）和（2）的正整数才属于 S。

把 S 中的元素按递增顺序排列。输入一个正整数 n，n 不超出 int 型范围，求集合 S 中不超过 n 的元素个数。

分析：集合 S 中的数是这样增长的，如图7.1所示。

```
1
2, 3
4, 6, 6, 9,       //6重复了，要过滤掉
8, 12, 12, 18, 18, 27,    //12,18重复了，要过滤掉
```

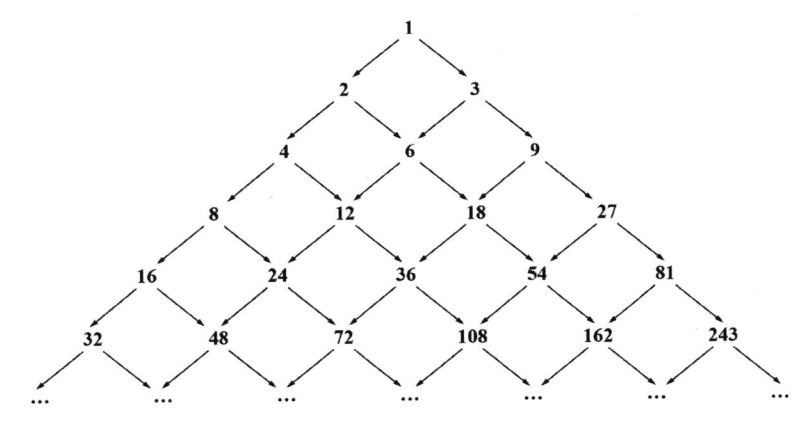

图7.1 集合 S 中的元素

S中的元素会沿着多个分支增长，增长最慢的一个分支是$1*2*2*2*2*2*2*\cdots$。在产生元素的过程中，有很多元素是重复的，重复的元素只能保留一个，如图7.1所示，int型范围内只有328个正的不重复的元素。如果继续增长，因为溢出和补码，就会出现负整数，负整数也会重复。所以本题要用long long型。

本题有两种求解方法。

方法1：用数组存储集合的元素，模拟按从小到大的顺序往数组中添加元素，一旦产生的数超过n，就不再添加了。

在本题中，我们可以用一个数组f来存储集合的元素。初始时，设置$f[1] = 1$，然后按从小到大的顺序生成并存储集合中其他元素，对每个元素x都直接插入$2x$和$3x$，可能会出现以下问题：对于不同的x和x'（$x' < x$），可能会出现$2x = 3x'$的情况，导致重复插入；$2x$可能小于某个$3x'$（$x' < x$），从而破坏数组的升序性质。因此，我们要换一种思路。

我们用两个变量i和j，i和j初始化为1，用来实现把新的元素$2*f[i]$、$3*f[j]$添加到数组f中。如果$2*f[i] = 3*f[j]$，只添加一个元素$2*f[i]$，i和j均增加1；如果$f[i]*2 < f[j]*3$，则只添加$f[i]*2$，然后i增加1；否则，即$f[i]*2 > f[j]*3$，则只添加$f[j]*3$，然后j增加1。按这样的方法，可以保证添加的元素没有重复，而且是按从小到大的顺序添加的，把$\leqslant n$的元素添加到数组f中，在这个过程中计数，最后输出元素个数即可。

方法2：用STL中的集合（set）实现。集合能自动剔除重复的元素，并默认按从小到大的顺序排序，这正好符合题目的要求。在本题中，可以定义集合st，先往集合中插入元素1。用一个迭代器its，指向集合中的第一个元素。用永真循环把$2*(*its)$、$3*(*its)$插入集合中，要求$2*(*its) \leqslant n$、$3*(*its) \leqslant n$，然后迭代器加1。如果加1后，迭代器等于st.end()，意味着没有新增的元素，就用break语句退出永真循环。最后输出集合的元素个数即可。

方法1的代码如下。

```
#include <bits/stdc++.h>
using namespace std;
#define N 1010
// 如果用 int, 当 n 取到最大 2147483647 时, 产生的项会出现负数
long long f[N], cnt;    // 从而没有哪一项会超过 2147483647, 这样会陷入死循环
int main()
{
    int i, j;   // 把 2*f[i], 3*f[j] 添加到数组 f 中
    int k;      // 当前生成第 k 项
    f[1] = 1;  cnt = 1;
    int n;   cin >>n;
    for(k=2, i=1, j=1;  ; k++){
        if(f[i]*2==f[j]*3){
            if(f[i]*2>n)   break;
            f[k]=f[i]*2;
```

```
            i++;   j++;   cnt++;
        }
        else if(f[i]*2<f[j]*3){
            if(f[i]*2>n)   break;
            f[k]=f[i++]*2;   cnt++;
        }
        else{
            if(f[j]*3>n)   break;
            f[k]=f[j++]*3;   cnt++;
        }
    }
    cout <<cnt <<endl;
    /*for(i=1; i<=cnt; i++)    // 按从小到大输出所有元素
        cout <<f[i] <<endl;*/
    return 0;
}
```

方法2的代码如下。

```
#include <bits/stdc++.h>
using namespace std;
set<long long> st;
set<long long>::iterator its;
int main()
{
    int n;   cin >>n;
    st.insert(1);
    its = st.begin();
    while(1){
        if(2*(*its)<=n)   st.insert( 2*(*its) );
        if(3*(*its)<=n)   st.insert( 3*(*its) );
        its++;
        if(its==st.end())   break;
    }
    cout <<st.size() <<endl;
    return 0;
}
```

7.2 子集及幂集

对集合 A，A 的子集就是由 A 的部分元素构成的一个集合。子集的正式定义如下。

定义 7.2　设 A、B 是任意两个集合，如果集合 B 的每一个元素都是集合 A 的元素，则称集合 B 为集合 A 的**子集**，或 B 包含在 A 内，或 A 包含 B，记作 $B \subseteq A$ 或 $A \supseteq B$。

$B \subseteq A$ 和 $A \supseteq B$ 的含义等价，但约定从左往右读，因此 $B \subseteq A$ 应读成 "B 包含于 A"，$A \supseteq B$ 应读成 "A 包含 B"。

例如，设 $A = \{a, b, c\}$，$B = \{a, c\}$，显然有 $B \subseteq A$。

定义 7.3　一般地，我们把不含任何元素的集合称为**空集**，记作 $\varnothing$。

根据空集和子集的定义，可以看到，对于每个非空集合 A，至少有两个不同的子集，A 和 $\varnothing$，即 $A \subseteq A$ 和 $\varnothing \subseteq A$。把集合 A 本身和空集 $\varnothing$ 称为 A 的**平凡子集**。

例如，设 $A = \{a, b, c\}$，则 A 的子集有 8 个：$\varnothing$，$\{a\}$，$\{b\}$，$\{c\}$，$\{a, b\}$，$\{a, c\}$，$\{b, c\}$，$\{a, b, c\}$。

定义 7.4　在一定范围内，如果所有集合均为某一集合的子集，则称该集合为**全集**，记作 E。

例如，在讨论闰年和平年时，我们可以把所有的年份构成的集合作为全集 E，这样闰年的集合、平年的集合，都是 E 的子集。

定义 7.5　给定集合 A，由集合 A 的所有子集为元素组成的集合，称为集合 A 的**幂集**，记作 $P(A)$ 或 2^A。

【微实例 7.1】设 $A = \{a, b, c\}$，求 A 的幂集 $P(A)$。

解：A 的子集有 $\varnothing$，$\{a\}$，$\{b\}$，$\{c\}$，$\{a, b\}$，$\{a, c\}$，$\{b, c\}$，$\{a, b, c\}$，因此 A 的幂集 $P(A) = \{\varnothing, \{a\}, \{b\}, \{c\}, \{a, b\}, \{a, c\}, \{b, c\}, \{a, b, c\}\}$。

定理 7.1　如果有限集合 A 有 n 个元素，则其幂集 $P(A)$ 有 2^n 个元素。

对集合 A 的子集 B，集合 A 中的每个元素，都可以属于或不属于 B，根据排列组合中的乘法原理，n 个元素就有 2^n 个不同的组合。如果 n 个元素都不属于子集 B，B 就是空集；如果 n 个元素都属于子集 B，那 B 就是 A 本身。

7.3　集合的运算

在集合论中，通常需要以集合为对象进行运算，而且运算的结果往往是一个新的集合。本节讨论集合的基本运算。

（1）集合的交集

定义 7.6　设任意两个集合 A 和 B，由集合 A 和 B 的所有共同元素组成的集合 S，称为集合 A 和 B 的**交集**，记作 $S = A \cap B$。

若集合 A、B 没有共同元素，即 $A \cap B = \varnothing$，此时可称 A 与 B **不相交**。

借助**维恩图**（也称**文氏图**），集合的交集如图 7.2（a）所示。

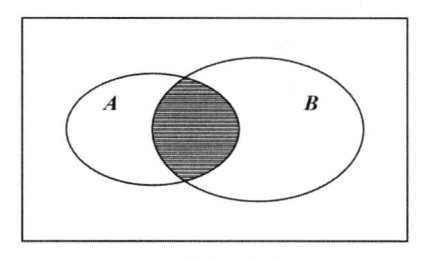

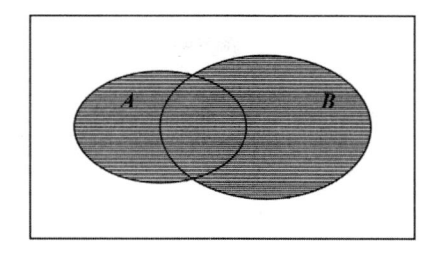

（a）集合的交集　　　　　　　　　　（b）集合的并集

图 7.2　集合的交集和并集

集合交运算的例子如下。

① 设 $A = \{0, 2, 4, 6, 8, 10, 12\}$，$B = \{1, 2, 3, 4, 5, 6\}$，$A \cap B = \{2, 4, 6\}$。

② 设 C 是平面上所有矩形的集合，D 是平面上所有菱形的集合，则 $C \cap D$ 是所有正方形的集合。

③ 设 E 是所有质数的集合，F 是所有合数的集合，则 $E \cap F$ 为空集。

（2）集合的并集

定义 7.7　设任意两个集合 A 和 B，所有属于 A 或属于 B 的元素组成的集合 S，称为集合 A 和 B 的**并集**，记作 $S = A \cup B$，有时也可以记为 $A + B$。

集合的并集如图 7.2（b）所示。

集合并运算的例子如下。

① 设 $A = \{1, 2, 3, 4\}$，$B = \{2, 4, 5\}$，$A \cup B = \{1, 2, 3, 4, 5\}$。

② 设 C 是奇数集合，D 是偶数集合，则 $C \cup D$ 是整数集合，$C \cap D = \varnothing$。

注意区分交运算和并运算。例如，记所有整数构成的集合为全集 E，4 的倍数构成集合 A，6 的倍数构成集合 B，既是 4 的倍数也是 6 的倍数（其实就是 4 和 6 的最小公倍数 12 的倍数）构成的集合就是 $A \cap B$，4 的倍数或 6 的倍数构成的集合就是 $A \cup B$。

（3）集合的补集

定义 7.8　设任意两个集合 A 和 B，所有属于 A 而不属于 B 的一切元素组成的集合 S，称为 B 相对于 A 的**补集**，或**相对补**，记作 $S = A - B$。

集合的补集如图 7.3（a）所示。

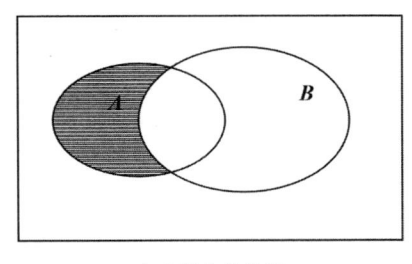

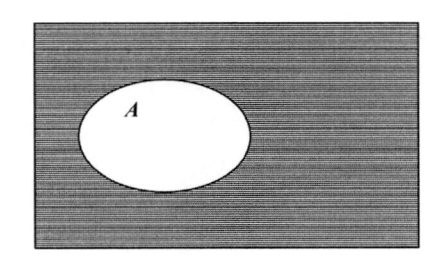

（a）集合的补集　　　　　　　　　　（b）集合的绝对补集

图 7.3　集合的补集和绝对补集

$A - B$ 的运算结果是从集合 A 中去除属于集合 B 的元素、保留不属于集合 B 的元素。

例如，设4的倍数构成集合A，6的倍数构成集合B，则$A-B$是能被4整除但不能被6整除的整数构成的集合，$A-B=\{4, 8, 16,\cdots\}$。

（4）集合的绝对补集

定义7.9　设E为全集，对任意集合A，A关于E的补集$E-A$，称为集合A的**绝对补集，或绝对补**，记作$\sim A$。

集合的绝对补集如图7.3（b）所示。

例如，设全集E为所有整数构成的集合，4的倍数构成集合A，则$\sim A$是不能被4整除的整数构成的集合。

（5）集合的对称差

定义7.10　设任意两个集合A和B，A和B的**对称差**记为集合S，其元素或属于A，或属于B，但不能既属于A又属于B，记作$S = A \oplus B$。

这种运算之所以称为对称差，是因为$A \oplus B = (A-B) \cup (B-A)$。

集合的对称差如图7.4所示。

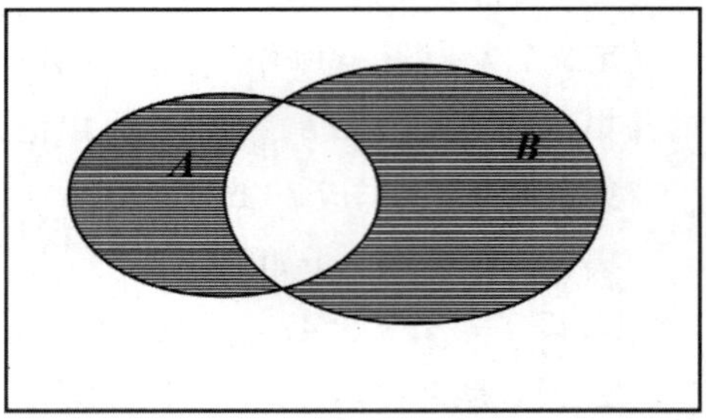

例如，设4的倍数构成集合A，6的倍数构成集合B，则$A \oplus B$是能被4整除但不能被6整除及能被6整除但不能被4整除的整数构成的集合，$A \oplus B = \{4, 8, 16,\cdots, 6, 18,\cdots\}$。

【**编程实例7.3**】**整数集合的交集**。给定两个非空整数集合，编写程序求这两个集合的交集。

图7.4　集合的对称差

输入包括两行，第一行首先是一个正整数n，表示集合A的元素个数，然后是n个整数，用空格隔开，表示集合A中的每个元素；第二行首先是一个正整数m，表示集合B的元素个数，然后是m个整数，用空格隔开，表示集合B中的每个元素。n和m不大于3000，每个元素的绝对值不大于$2^{31}-1$。

输出一行，为A、B的交集，交集的元素按递增顺序输出，每个元素之间用空格分隔。如果交集为空则输出"NULL"。

分析：将两个集合中的元素存入向量A和向量B中，对向量A和向量B分别按从小到大的顺序排序。对集合A的每个元素$A[i]$，在集合B中寻找$A[i]$是否存在，如果存在就输出。代码如下。

```
#include <bits/stdc++.h>
using namespace std;
int main()
{
    vector<int> A, B;
    vector<int>::iterator it;          // 向量的迭代器
    int i, n, m, t;
    cin >>n;
    for(i=0; i<n; i++){
```

```
        cin >>t;   A.push_back(t);      // 挨个存到A中
    }
    cin >>m;
    for(i=0; i<m; i++){
        cin >>t;   B.push_back(t);      // 挨个存到B中
    }
    int flag = 0;

    sort(A.begin(), A.end());           // 从小到大排序 ( 向量里都是整数,可以直接比较大小 )
    sort(B.begin(), B.end());
    for(i=0; i<A.size(); i++){
        it = find(B.begin(), B.end(), A[i]);
                                        //find: 在B中寻找A[i]是否存在,返回对应位置
        if(it != B.end()){              // 如果找到的话
            if(flag)   cout <<" ";      // 控制格式
            cout <<*it;                 // 仅仅输出同属于集合B的元素
            flag++;
        }
    }
    if(!flag)    cout <<"NULL";
    cout <<endl;
    return 0;
}
```

【编程实例7.4】整数集合的并集。给定n个整数集合$S_i = \{x \mid x \in \mathbf{Z}, a_i \leq x \leq b_i\}$,$1 \leq i \leq n$,$\mathbf{Z}$为整数集合,$a_i, b_i$为整数且$a_i \leq b_i$,求$|\bigcup_{i=1}^{n} S_i|$,即这$n$个集合的并集中的元素个数。输入数据第一行为正整数$n$,$2 \leq n \leq 100$,接下来有$n$行,每行为两个整数$a_i, b_i$。输出求得的答案。

分析:在本题中,可以将集合S_i理解为区间$[a_i, b_i]$,就是由整数$a_i, a_i+1, a_i+2, \cdots, b_i$构成的集合。$n$个集合,有些集合有共同的整数。本题要求的是$n$个集合合并后不重复的整数的个数。将$n$个集合先按左端点从小到大排序、左端点相同再按右端点从小到大排序。排序后,检查前后两个集合,记为第i和第$i+1$个集合。这两个集合的关系只有3种情形,如图7.5所示。

(a)合并第$i+1$个区间　　(b)把第i个区间延长　　(c)两个区间分离

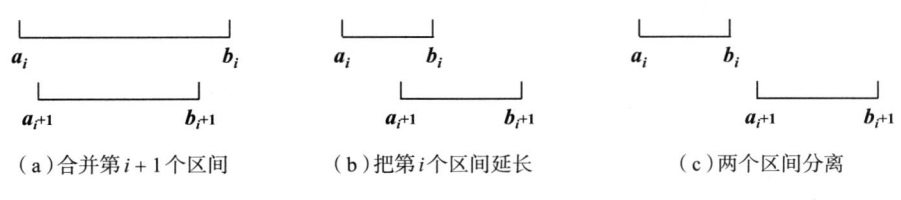

图7.5　整数集合的合并

优先判断图7.5(a)所示的情形:由于$a_i \leq a_i+1$,如果$b_i \geq b_i+1$,则第i个区间覆盖了第$i+1$个区间,因此可以把第$i+1$个区间删除。

再判断图 7.5（b）所示的情形：此时 $a_i \leq a_i + 1$ 且 $b_i < b_i + 1$，如果 $b_i \geq a_i + 1$，则可以把第 i 个和第 $i+1$ 个区间合并，或者说，把第 i 个区间的右端点延长到 $b_i + 1$，这时也可以把第 $i+1$ 个区间删除。

最后判断图 7.5（c）所示的情形：其他情形就是这种情形了，此时一定是 $b_i < a_i + 1$，两个区间分离。

对 n 个区间，处理覆盖和合并后，把剩下区间里的整数个数相加，就是答案了。代码如下。

```
#include <bits/stdc++.h>
using namespace std;
struct Set
{
    int a, b;    // 区间的端点
    int num;     // 集合中的整数个数
};
bool cmp( Set S1, Set S2 )        // 二级排序：先比较 a，再比较 b
{
    if( S1.a != S2.a )   return S1.a < S2.a;
    else   return S1.b < S2.b;
}
vector<Set> S;
int main()
{
    int n;   cin >>n;
    Set tmpS;
    for(int i=0; i<n; i++){
        cin >>tmpS.a >>tmpS.b;
        tmpS.num = tmpS.b - tmpS.a+1;
        S.push_back(tmpS);
    }
    sort(S.begin(), S.end(), cmp);
    for(int i=0; i+1<S.size(); ){
        if(S[i].b>=S[i+1].b)              // 排序后，S[i].a<=S[i+1].a
            S.erase(S.begin()+i+1);       // 删除第 i+1 个，但这个分支 i 不能 ++
        else if(S[i].b>=S[i+1].a){        // 该分支一定满足 S[i].b<S[i+1].b 了
            S[i].b = S[i+1].b;            // 合并第 i+1 个集合
            S[i].num = S[i].b-S[i].a+1;
            S.erase(S.begin()+i+1);       // 删除第 i+1 个，但这个分支 i 不能 ++
        }
        else   i++;
    }
    int cnt = 0;
    for(int i=0; i<S.size(); i++){        // 累加剩下的集合
        cnt += S[i].num;
```

```
    }
    cout <<cnt <<endl;
    return 0;
}
```

7.4 STL 中的集合

在 C++ 语言中，STL 提供的集合（set）是一个存储数据的容器，集合中的每个元素都是唯一的，不可重复。

构造一个 set 的代码如下。

```
set< 元素的类型 > st;
```

可以用赋值运算符"="给集合 st 初始化一些元素，格式如下。

```
set<int> st = {2, 3, 5, 7};        // 或写成：set<int> st; st = {2, 3, 5, 7};
```

set 常用的成员函数有以下几种。

（1）size()：求元素个数。

（2）empty()：判断是否为空。

（3）clear()：清空。

（4）begin()：开始位置。

（5）end()：结束位置。

（6）insert(x)：将元素 x 插入 set 中。

（7）erase(x)：在集合中删除元素 x，如果 x 不存在，则什么都不干。

（8）erase(it)：删除 it 指向的元素，it 为指向元素的迭代器。

（9）find(x)：查找元素 x 在集合中的位置，若不存在，则返回 end()。

（10）count(x)：统计等于 x 的元素个数。由于集合会剔除重复的元素，因此这个函数返回值为 1 或 0，返回 0 表示 x 不存在。

（11）lower_bound(x)：返回指向大于或等于 x 的最小元素的迭代器。

（12）upper_bound(x)：返回指向大于 x 的最小元素的迭代器。

在集合中存储的数据会自动去重，并默认按从小到大排序。

要引用集合中的元素，必须用迭代器实现，不能用"方括号+下标"的方式访问。

代码如下。

```
set<int> st;
set<int>::iterator its;
```

```
// 可以通过 insert 函数往集合中插入元素，元素会自动去重，并默认按从小到大排序
its = next(st.begin(), n-1);    // 元素序号也是从 0 开始,st.begin() 返回的是第 0 个元素
                                // 的迭代器
cout <<*its <<endl;             // 输出第 n 个元素
```

如果要输出集合中的所有元素，可以使用以下代码。

```
for (auto i : st)    // 输出集合中的所有元素
    cout << i <<" ";
```

注意，在C++语言中，集合的元素可以是集合，代码如下。

```
#include <bits/stdc++.h>
using namespace std;
int main()
{
    set<set<int>> s;
    set<int> s1; s1 = {9, 10};
    s1.insert(4);
    s1.insert(5);
    s1.insert(6);
    s.insert(s1);
    set<int> s2;
    s2.insert(-1);
    s2.insert(-2);
    s2.insert(-3);
    s.insert(s2);
    for( auto a : s){       // 自动推测 a 为 s 的元素，a 是集合
        for(auto b : a)     // 自动推测 b 是 a 的元素，b 是整数
            cout <<b <<endl;
    }
    return 0;
}
```

以上程序的输出结果如下。

```
-3
-2
-1
4
5
6
9
10
```

STL中的集合也可以执行交运算和并运算，分别需要通过set_intersection和set_union函数实现，代码如下。

```
#include <bits/stdc++.h>
using namespace std;
int main()
{
    set<int> st1 = {1, 2, 3, 4, 5, 6, 7, 8};
    set<int> st2 = {3, 6, 9, 12, 15, 18};
    set<int> st3;
    set<int> st4;
    set_union(st1.begin(), st1.end(), st2.begin(), st2.end(),
        insert_iterator<set<int>>(st3, st3.begin()));   //求并集
    set_intersection(st1.begin(), st1.end(), st2.begin(), st2.end(),
        insert_iterator<set<int>>(st4, st4.begin()));   //求交集
    for(auto e : st3)
        cout <<e <<" ";
    cout <<endl;
    for(auto e : st4)
        cout <<e <<" ";
    cout <<endl;
    return 0;
}
```

以上程序的输出结果如下。

```
1 2 3 4 5 6 7 8 9 12 15 18
3 6
```

在编程解题时，如果要剔除重复的元素，可以用STL中的集合快速实现，而且STL中的集合还能自动对元素按从小到大排序。详见本节以下编程实例。

【编程实例7.5】拼成三角形的个数。输入n个正整数，可能存在相同的整数。求以这n个正整数为长度的边长能拼成多少个不同的三角形。每个正整数表示的边长不能重复使用，所以不能用一个整数拼成一个等边三角形。两个三角形如果有一条边长度不相同，就是两个不同的三角形。注意：一个三角形，经过旋转、翻转等，得到的仍然是同一个三角形。假设三角形的三条边长为a、b、c，我们可以约定$a \leq b \leq c$，这样(a, b, c)就唯一地代表了这个三角形。

输入数据第一行为一个正整数n，$3 \leq n \leq 100$。第二行为n个小于或等于1000的正整数，用空格隔开。输出数据占一行，为求得的答案。

分析：用数组d存储输入的n个正整数，将数组d按从小到大排序，用三个循环变量枚举数组d中的元素，$0 \leq i < j < k < n$，令$a = d[i]$、$b = d[j]$、$c = d[k]$，由于$a \leq b \leq c$，所以只要$a + b > c$，就能构成三角形。

由于存在相同的整数，所以枚举过程中可能会得到相同的组合。本题要避免重复的组合，可以用集合实现。关键是要把每个组合视为一个整体，可以把符合题目要求的每个组合(a, b, c)构造成一个字符串，也可以构造成一个三元组，需要用7.8节的pair实现，再插入集合，集合能自动剔除重复的元素。代码如下。

```cpp
#include <bits/stdc++.h>
using namespace std;
int d[110], n;
set<string> st;
int main()
{
    cin >>n;
    for(int i=0; i<n; i++)
        cin >>d[i];
    sort(d, d+n);
    for(int i=0; i<n; i++){
        for(int j=i+1; j<n; j++){
            for(int k=j+1; k<n; k++){
                int a = d[i], b = d[j], c = d[k];
                if(a+b>c){
                    string s = to_string(a)+"+"+to_string(b)+"+"+to_string(c);
                    st.insert(s);
                }
            }
        }
    }
    cout <<st.size() <<endl;
    return 0;
}
```

【编程实例7.6】第 n 个回文数。一个数的最高位不为0，如果从左往右读和从右往左读，是同一个数，这种数称为回文数。所有回文正整数构成一个集合，记为 S。将 S 中的元素，按从小到大的顺序排列，求第 n 个元素。n 的值保证第 n 个回文数不会超过9位数。

分析：1位数的回文数，*，有9个。用*表示数字。

2位数的回文数，**，有9个。

3位数的回文数，***，根据乘法原理，有 $9 \times 10 = 90$ 个。

4位数的回文数，****，根据乘法原理，有 $9 \times 10 = 90$ 个。

5位数的回文数，*****，根据乘法原理，有 $9 \times 10 \times 10 = 900$ 个。

6位数的回文数，******，根据乘法原理，有 $9 \times 10 \times 10 = 900$ 个。

7位数的回文数，*******，根据乘法原理，有 $9 \times 10 \times 10 \times 10 = 9000$ 个。

8位数的回文数，********，根据乘法原理，有 $9 \times 10 \times 10 \times 10 = 9000$ 个。

9位数的回文数，*********，根据乘法原理，有 $9 \times 10 \times 10 \times 10 \times 10 = 90000$ 个。

共有109998个。

模拟生成所有的回文数，并添加到集合中，会自动按从小到大排序。最后输出第 n 个回文数即可。

以4位数、5位数的回文数为例。

4位数的回文数，****，左边一半的范围是10～99，用循环变量 i 表示这个数，那么十位上的数字就是 $i\%10$，个位上的数字是 $i/10$，因此这个回文数就是 $i*100+i\%10*10+i/10$。

5位数的回文数，*****，左边三位数字的范围是从100～999，用循环变量 i 表示这个数，那么十位上的数字就是 $i/10\%10$，个位上的数字是 $i/100$，因此这个回文数就是 $i*100+(i/10\%10)*10+i/100$。代码如下。

```cpp
#include <bits/stdc++.h>
using namespace std;
set<int> st;
set<int>::iterator its;              // 集合的迭代器
int main()
{
    for(int i=1; i<=9; i++)          //1 位数的回文数 *，9个
        st.insert(i);
    for(int i=1; i<=9; i++)          //2 位数的回文数 **，9个
        st.insert(i*10+i);
    for(int i=10; i<=99; i++)        //3 位数的回文数 ***，90个
        st.insert(i*10+i/10);
    for(int i=10; i<=99; i++)        //4 位数的回文数 ****，90个
        st.insert(i*100+i%10*10+i/10);
    for(int i=100; i<=999; i++)      //5 位数的回文数 *****，900个
        st.insert(i*100+(i/10%10)*10+i/100);
    for(int i=100; i<=999; i++)      //6 位数的回文数 ******，900个
        st.insert(i*1000+i%10*100+(i/10%10)*10+i/100);
    for(int i=1000; i<=9999; i++)    //7 位数的回文数 *******，9000个
        st.insert(i*1000+(i/10%10)*100+(i/100%10)*10+i/1000);
    for(int i=1000; i<=9999; i++)    //8 位数的回文数 ********，9000个
        st.insert(i*10000+i%10*1000+(i/10%10)*100+(i/100%10)*10+i/1000);
    for(int i=10000; i<=99999; i++)  //9 位数的回文数 *********，90000个
        st.insert(i*10000+(i/10%10)*1000+(i/100%10)*100+(i/1000%10)*10+
                  i/10000);
    int n;   cin >>n;
    its = next(st.begin(), n-1);     // 从第一个元素往后数 n-1 个元素就是第 n 个元素
    cout <<*its <<endl;
    return 0;
}
```

7.5 有限集的计数问题

有限集的计数问题是指这样一类问题：已知有限集中满足某些条件的子集的基数，即元素个数，求满足其他某些条件的子集的基数。

例如，某班有49名学生，有20名学生报了编程社团班学图形化编程，学了两个学期后，经过测试进入C++社团班的有12名学生，请问有多少名学生没有进入C++社团班。假设编程社团班的学生集合为A_1，C++社团班的学生集合为A_2，且$A_2 \subseteq A_1$，要求的是$|A_1| - |A_2|$。在这个例子里，$|A_1| - |A_2| = 20 - 12 = 8$。

设A_1、A_2为有限集，元素个数分别为$|A_1|$、$|A_2|$，则有限集计数满足以下基本关系式。

（1）$\max(|A_1|, |A_2|) \leq |A_1 \cup A_2| \leq |A_1| + |A_2|$。

（2）当$A_1 \cap A_2 = \varnothing$时，$|A_1 \cup A_2| = |A_1| + |A_2|$。

（3）$|A_1 \cap A_2| \leq \min(|A_1|, |A_2|)$。

（4）$|A_1| - |A_2| \leq |A_1 - A_2| \leq |A_1|$。

（5）$|A_1 - A_2| = |A_1| - |A_1 \cap A_2|$。

（6）若$A_2 \subseteq A_1$，则$|A_1 - A_2| = |A_1| - |A_2|$；而若$A_1 \subseteq A_2$，则$A_1 - A_2 = \varnothing$，因此$|A_1 - A_2| = 0$。

（7）$|A_1 \oplus A_2| = |A_1| + |A_2| - 2|A_1 \cap A_2|$。

以上关系式可以借助集合运算的维恩图来理解。以（5）为例，图7.6（a）和图7.6（b）分别描述了$A_2 \subseteq A_1$和$A_1 \subseteq A_2$时$|A_1 - A_2|$的取值。若$A_2 \subseteq A_1$，A_2的所有元素都属于A_1，$A_1 - A_2$就是从A_1里去掉属于A_2的元素，剩下的元素个数一定就是$|A_1| - |A_2|$。

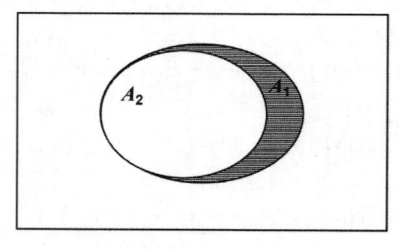

（a）$A_2 \subseteq A_1$ 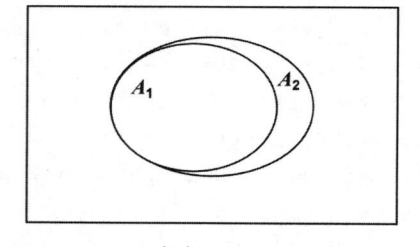　　　　　　　　　　（b）$A_1 \subseteq A_2$

图7.6　借助维恩图理解有限集计数的关系式

【**编程实例7.7**】**包含数字7的n位数**。数学上在表示一个数时，不能有前导0，因此，00123必须写成123。在本题中，要求n位数中，$n \leq 19$，包含数字7的数有多少个。包含数字7是指个位、十位、百位、……上出现了数字7。

分析：首先假设在表示一个数时，允许出现前导0（最高位可以为0），因此n位数的范围是0000…0 ～ 9999…9，共有10^n个。n位数中不含数字7的数的个数为：$9 \times 9 \times 9 \times 9 \times \cdots \times 9 = 9^n$。因此，包含数字7的$n$位数的个数为：$10^n - 9^n$。

但在本题中，表示一个数时，不允许出现前导0（最高位不能为0），因此n位数的范围是 1000⋯0 ～ 9999⋯9，共有9000⋯0个数。例如，5位数的范围是10000～99999，共有90000个。

求这种n位数包含数字7的数的个数，方法是：允许前导0的n位数中包含数字7的数的个数（就是$10^n - 9^n$）减去允许前导0的$n-1$位数中包含数字7的数的个数（就是$10^{n-1} - 9^{n-1}$），如图7.7所示。因此，本题的答案就是$(10^n - 9^n) - (10^{n-1} - 9^{n-1}) = (10^n - 10^{n-1}) - (9^n - 9^{n-1})$。其实$(10^n - 10^{n-1})$就是不允许有前导0的$n$位数的个数，共有9000⋯0个。

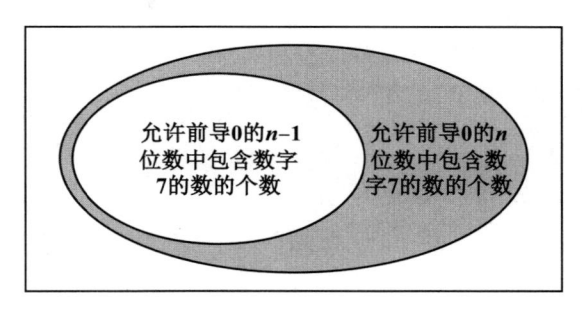

图7.7 包含数字7的n位数

上式中出现了$n-1$，需要单独考虑$n=1$的特殊情况。包含数字7的1位数只有1个，就是7。其实当$n=1$时，用$(10^n - 10^{n-1}) - (9^n - 9^{n-1})$这个公式计算出来，答案也是1。

注意，本题用pow函数来求10^n、9^n等，当n取到18、19时，结果是错误的。原因是pow函数的返回值是double型，浮点数在计算机中是以科学记数法存储的，分别存储尾码和阶码，尾码是一个小数。当n取到18、19时，尾码中的小数位数超过了double型的精度范围，导致结果是错误的。

例如，我们可以用计数器算一下$n=19$时的答案，答案是7799242917624007032。

$$(10^n - 9^n) - (10^{(n-1)} - 9^{(n-1)})$$
$$= (10000000000000000000 - 1350851717672992089) - (1000000000000000000 - 150094635296999121)$$
$$= 7799242917624007032$$

再运行用pow函数求解的代码，就会发现结果有误差。

因此，本题只能用for循环计算10^n、9^n等，而且必须用unsigned long long。当n最大取到19时，10^n还没有超出unsigned long long的范围。代码如下。

```
#include <bits/stdc++.h>
using namespace std;
int main()
{
    int n;  cin >>n;
    if(n==1){
        cout <<1 <<endl;  return 0;
    }
    // 用pow函数计算是错误的
    //long long ans = (pow(10, n) - pow(10, n-1)) - (pow(9, n) - pow(9, n-1));
    unsigned long long ans1 = 1, ans2 = 1, ans3 = 1, ans4 = 1, ans;
    for(int i=1; i<=n; i++)    //10^n
        ans1 = ans1*10;
    for(int i=1; i<=n; i++)    //9^n
```

```
            ans2 = ans2*9;
    for(int i=1; i<=n-1; i++)    //10^n
            ans3 = ans3*10;
    for(int i=1; i<=n-1; i++)    //9^n
            ans4 = ans4*9;
    ans = ans1 - ans2 - (ans3 - ans4);
    cout <<ans <<endl;
    return 0;
}
```

7.6 容斥原理

有限集计数往往还要用到容斥原理，也称为包含排斥原理。先看以下微实例。

【微实例7.2】下面是三年级（1）班参加跳绳、踢毽比赛的学生名单。

跳绳：杨明、陈东、刘红、李芳、王爱华、马超、丁旭、赵军、徐强。

踢毽：刘红、于丽、周晓、杨明、朱小东、李芳、陶伟、卢强。

请问，至少参加了一项比赛的有多少人，两项比赛都参加了的有多少人？

解：借助维恩图，可以清楚地表示本题中两个集合的元素，参加跳绳比赛的学生构成的集合记为A，参加踢毽比赛的学生构成的集合记为B，如图7.8所示。

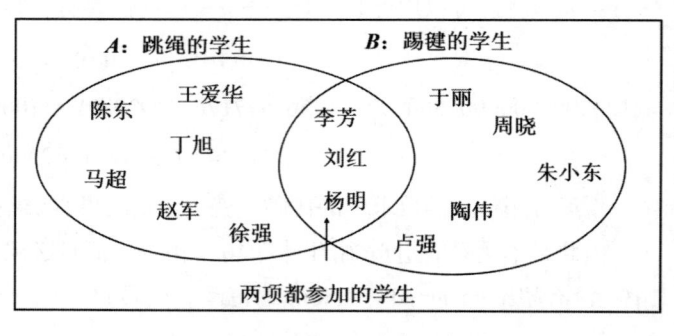

图7.8 跳绳和踢毽比赛

至少参加了一项比赛的学生，构成的集合是$A \cup B$。两项比赛都参加了的学生，构成的集合是$A \cap B$。由图7.8可知，$|A \cup B| = 14$，$|A \cap B| = 3$。

微实例7.2的求解需要用到两个集合的容斥原理：

$$|A \cup B| = |A| + |B| - |A \cap B| \tag{7.1}$$

式（7.1）的含义是，集合$A \cup B$的元素个数等于集合A元素个数加上集合B元素个数，但$A \cap B$这部分元素个数统计了两遍，所以要减去。

包含排斥原理的特例：如果$A \cap B = \emptyset$，那么$|A \cup B| = |A| + |B|$。

【编程实例7.8】**能被4或6整除的数**。求从1到n的整数中，能被4或6整除的数的个数，$n \leq 1000000000$。

分析：设A为从1到n的整数中能被4整除的数构成的集合，B为能被6整除的数构成的集合。

$A \cup B$ 表示能被4或6整除的数，$A \cap B$ 表示既能被4整除又能被6整除的数，即能被12整除。

可知 $|A| = \dfrac{n}{4}$，$|B| = \dfrac{n}{6}$，$|A \cap B| = \dfrac{n}{12}$。

由包含排斥原理，可求得 $|A \cup B| = \dfrac{n}{4} + \dfrac{n}{6} - \dfrac{n}{12}$。代码略。

三个集合的容斥原理，如（7.2）式所示。

$$|A \cup B \cup C| = |A| + |B| + |C| - |A \cap B| - |A \cap C| - |B \cap C| + |A \cap B \cap C| \tag{7.2}$$

公式（7.1）和（7.2）推广到一般情况，就是我们熟知的**容斥原理**，也称为**包含排斥原理**。

设全集 E 中的元素有 n 种不同的属性，第 i 种属性称为 P_i，拥有属性 P_i 的元素构成集合 S_i，其元素个数为 $|S_i|$，则至少拥有一种属性的元素（拥有属性 P_1 或 $P_2\cdots$ 或 P_n）的个数为 $|S_1 \cup S_2 \cup \cdots \cup S_n|$。

$$|S_1 \cup S_2 \cup \cdots \cup S_n| = \sum_{i=1}^{n}|S_i| - \sum_{i,j}|S_i \cap S_j| + \sum_{i,j,k}|S_i \cap S_j \cap S_k| - \cdots + (-1)^{n-1}|S_1 \cap S_2 \cap \cdots \cap S_n| \tag{7.3}$$

在编程解题时，如果能运用容斥原理，就可以直接计算答案，不需要枚举，详见以下实例。

【编程实例7.9】用容斥原理统计闰年个数。输入两个正整数 m 和 n，统计 $[m, n]$ 范围内闰年的个数。$[m, n]$ 表示大于或等于 m、小于或等于 n 的所有年份，$1800 \leqslant m < n \leqslant 10000000000$。

分析：如果枚举 $[m, n]$ 范围内每个年份并判断是否为闰年，肯定会超时。本题需要用容斥原理求解。

符合以下条件之一的年份为闰年。

① 能被4整除，但不能被100整除。

② 能被400整除。

例如2004年、2000年是闰年，2005年、2100年是平年。

用维恩图来表示可以清晰地观察到哪些年份是闰年。图7.9中只有阴影部分的年份才是闰年，外围的阴影部分表示能被4整除、但不能被100整除的年份，即条件①；内部的阴影部分表示能被400整除的年份，即条件②。二者并无交集。所以，$[1, n]$ 范围内闰年的个数为 $n/4 - n/100 + n/400$。

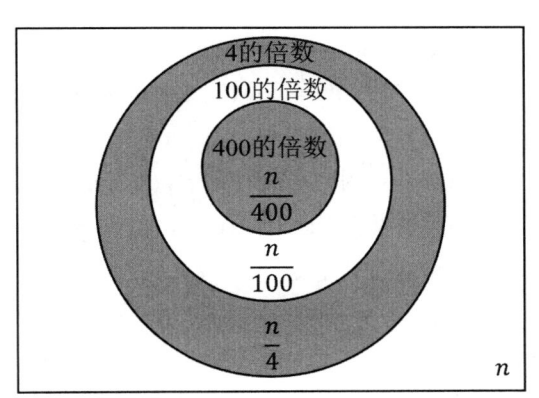

图7.9 用容斥原理统计闰年个数

对本题而言，还要减去 $[1, m-1]$ 范围内闰年的个数。

因此，本题的答案是 $n/4 - n/100 + n/400 - [(m-1)/4 - (m-1)/100 + (m-1)/400]$。代码如下。

```
#include <bits/stdc++.h>
using namespace std;
int main()
{
    long long m, n;
```

```
    cin >>m >>n;
    long long ans = n/4-n/100+n/400 - ((m-1)/4-(m-1)/100+(m-1)/400);
    cout <<ans <<endl;
    return 0;
}
```

【编程实例7.10】既不是平方也不是立方的数。给定一个正整数N，$1 \leq N \leq 10^{18}$，求1至N中，有多少个数既不是某个数的平方，也不是某个数的立方。

分析：设$1 \sim N$中所有的数构成的集合为全集E，平方数构成的集合为A，立方数构成的集合为B，本题要求的是$|E| - |A \cup B| = N - |A \cup B|$，如图7.10所示。

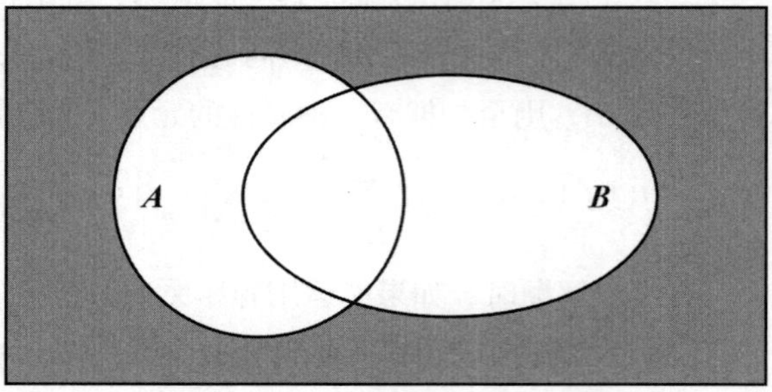

求$|A \cup B|$需要用包含排斥原理，$|A \cup B| = |A| + |B| - |A \cap B|$。$A \cap B$就是既是平方数也是立方数（也就是六次方数）的数构成的集合。

设$1 \sim N$中平方数个数$|A| = $ cnt2，立方数个数$|B| = $ cnt3，六次方数个数$|A \cap B| = $ cnt6。"平方数或立方数"的个数为$|A \cup B| = $ cnt2 + cnt3 − cnt6。再用N减去这个结果就是本题的答案。

图7.10 既不是平方也不是立方的数

怎么求cnt2、cnt3、cnt6呢？以cnt6为例。在$1 \sim N$的正整数中，六次方数个数cnt6 $= \sqrt[6]{N}$。但是在程序中用cnt6 = pow(N, 1.0/6)求解是有风险的，因为浮点数不能精确表示。解决这个问题有两种方法。

方法一：因为sqrt、cbrt、pow函数的运算结果即便是有误差，误差也非常小，特别是本题只需得到整数结果，因此可以在sqrt、cbrt、pow函数返回结果的基础上加上一个很小的浮点数，如0.0005，再赋值给一个整型变量。

方法二：用以下循环求cnt2、cnt3、cnt6的值，这种方法避免了浮点数的运算，求得的结果肯定是对的，但是求cnt2需要循环$\sqrt[2]{N}$次，当N取到10^{18}时，可能会超时。

```
    for(i=1; i*i<=N; i++)    // 用循环求解避免浮点数运算
        cnt2++;
    for(i=1; i*i*i<=N; i++)
        cnt3++;
    for(i=1; i*i*i*i*i*i<=N; i++)
        cnt6++;
```

方法一的代码如下。

```
#include <bits/stdc++.h>
using namespace std;
typedef long long LL;
```

```
int main()
{
    LL N, cnt, cnt2 = 0, cnt3 = 0, cnt6 = 0;
    cin >>N;
    cnt2 = sqrt(N) + 0.0005;
    cnt3 = cbrt(N) + 0.0005;
    cnt6 = pow(N, 1.0/6) + 0.0005;
    cnt = N - cnt2 - cnt3 + cnt6;
    cout <<cnt <<endl;
    return 0;
}
```

7.7 元组

在生活中，有许多事物是成对出现的，而且这种成对出现的事物往往还具有固定的顺序。例如，上和下、左和右、二维平面上一个点的坐标(x, y)。

定义7.11 两个具有固定次序的元素x、y组成一个**序偶**，也称**有序二元组**，简称二元组，记作$<x, y>$。

定义7.12 两个序偶相等，当且仅当对应的元素都相等，即$<x, y> = <u, v>$当且仅当$x = u$且$y = v$。

例如，平面直角坐标系中的一个点的坐标就可以构成一个有序序偶，可以用$<x, y>$表示。

序偶是讲究次序的，例如，$<1, 3>$和$<3, 1>$是平面上两个不同的点，这与集合不同，$\{1, 3\}$和$\{3, 1\}$是两个相等的集合。两个点$<x_1, y_1>$、$<x_2, y_2>$是同一个点，当且仅当$x_1 = x_2$且$y_1 = y_2$。

序偶的概念可以推广到三元组的情况。

定义7.13 **三元组**是一个序偶，其第一个元素本身也是一个序偶，可表示为$<<x, y>, z>$，可简记为$<x, y, z>$。

同理，四元组被定义为一个序偶，其第一个元素为三元组，四元组可表示为$<<x, y, z>, w>$，可简记为$<x, y, z, w>$。

一般地，n元组是一个序偶，其第一个元素为$(n-1)$元组，可表示为$<<x_1, x_2, \cdots, x_{n-1}>, x_n>$，可简记为$<x_1, x_2, \cdots, x_{n-1}, x_n>$。

n元组具有以下性质，它与集合是有区别的。

（1）n元组中的元素的顺序是固定的，而集合中的元素是没有顺序之分的。

（2）n元组中的元素可以重复，而集合中的元素不能重复。

（3）在具体的应用场合，n元组中的元素个数是固定的，就是n个，不能增加或减少，而集合中的元素可以增加或减少。

7.8 STL 中的数对（pair）

在 C++ 语言中，STL 中的数对（pair）可以将两个元素绑在一起作为一个合成元素，构成一个二元组。

pair 只有两个元素，分别是 first 和 second，按类似于结构体成员去访问即可。如果有一个 pair 类型的变量 p，它的两个元素就是 p.first 和 p.second。

pair 类型有两个参数，分别对应两个元素 first 和 second 的数据类型，它们可以是任意基本数据类型或容器，可以用以下形式定义一个 pair 类型。

```
pair<typename1, typename2> name;
```

如果要在定义 pair 时进行初始化，只需要跟上一对圆括号，里面填初始值即可，代码如下。

```
pair<string, int> p1("Hello", 4);
```

也可以像集合的初始化一样，用花括号把 2 个元素括起来，再赋值，代码如下。

```
pair<string, int> p1 = {"Hello", 4};    // 去掉等号（=）也是对的
```

如果要在代码中临时构建一个 pair，有以下三种方法。

（1）将类型定义写在前面，后面的圆括号内填两个元素的初始值，代码如下。

```
pair<string,int>("Hello", 4);
```

（2）使用 make_pair 函数：make_pair("Hello", 4)。

（3）在很多场合，可以用花括号把一个 pair 的两个元素括起来，就表示一个临时的 pair。

例如，可以定义一个向量，向量中的元素是 pair < int, int > 类型，以下代码在向量中插入了 < a, b > 和 < b, a > 这两个 pair。

```
vector< pair<int, int> > v;
int a = 3, b = 5;
v. push_back({a,b});   v.push_back({b,a});
```

两个 pair 类型数据可以直接使用 == 、! = 、< 、<= 、> 、>= 比较大小，比较规则是先以 first 的大小作为标准，只有当 first 相等时再去判别 second 的大小。

pair 常用于代替包含两个成员的结构体。

由于 pair 类型名太长了，在程序中，一般会用以下语句定义一个短一点的名字。

```
typedef pair<int, int> PII;
```

另外，pair 还可以嵌套，从而可以实现三元组、四元组等。而且两个元素都可以嵌套，这一点跟 7.7 节的元组不一样，代码如下。

```cpp
#include <bits/stdc++.h>
using namespace std;
typedef pair<pair<int, string>, int> PISI;
typedef pair<int, pair<int, string>> PIIS;
typedef pair<pair<int, int>, int> PIII;
int main()
{
    PISI p1({4, "Hello"}, 5);    //pair 的元素如果也是 pair,要用花括号括起来
    PIIS p2(5, {4, "Hello"});
    PIII p3({4, 5}, 6);
    cout <<p1.first.second <<endl;    // 输出 "Hello"
    cout <<p2.second.second <<endl;   // 输出 "Hello"
    cout <<p3.first.second <<endl;    // 输出 5
    return 0;
}
```

【编程实例7.11】外卖店优先级。假设"饱了么"外卖系统中维护着N家外卖店,编号为$1\sim N$。每家外卖店都有一个优先级,初始时(0时刻)优先级都为0。每经过1个时间单位,如果外卖店没有订单,则优先级会减少1,最低减到0;而如果外卖店有订单,则优先级不减反加,每个订单优先级加2。如果某家外卖店某时刻优先级大于5,则会被系统加入优先缓存中;如果优先级小于等于3,则会被清除出优先缓存。

给定T时刻以内的M条订单信息,请你计算T时刻时有多少外卖店在优先缓存中?

输入数据第一行包含3个整数N, M, T。接下来有M行,每行包含两个整数ts, id,表示ts时刻编号id的外卖店收到一个订单。输出一个整数代表答案。$1 \leq N, M, T \leq 100000$,$1 \leq ts \leq T$,$1 \leq id \leq N$。

分析:这是一道模拟题,朴素的求解思路是将M条订单信息先按时间从小到大排序、时间相同再按外卖店序号从小到大排序,时间复杂度为$O(M\log M)$;每条订单包含订单时刻ts和外卖店id,所以每条订单是一个pair,需要定义pair < int, int > 类型的数组order存储M条订单;然后依次处理每条订单信息,对每条订单信息,可能要更新N家外卖店的优先级,所以时间复杂度为$O(MN)$。注意,所有订单都是T时刻以内的。

当N, M取到100000,上述算法不能在1秒内运算完毕,要超时。

在处理每条订单信息时,为什么可能要更新N家外卖店的优先级呢?因为假设每条订单的时间不同,则该订单的外卖店优先级要增加,其他外卖店的优先级要降低。但如果前后几条订单的时间相同呢?哪些外卖店的优先级要调整,很复杂!

定义以下两个数组。

(1)p:长度为N,保存N家外卖店的优先级,每个元素初值为0。

(2)$last$:长度为N,保存N家外卖店上一个订单的时刻,每个元素初值为0。

更好的求解思路如下。

(1)合并订单——时间相同、外卖店相同的订单统一处理。

（2）对每条订单，只调整对应外卖店优先级，其他外卖店不用处理，因为 *last* 数组保存了每家外卖店上一个订单的时刻，所以这样处理完全是可行的。

该算法的时间复杂度为 max($O(MlogM)$, $O(M)$, $O(N)$)。代码如下。

```cpp
#include <bits/stdc++.h>
using namespace std;
typedef pair<int, int> PII;
const int MAXN = 100010;
const int MAXM = 100010;
int N, M, T;
int pri[MAXN];      //pri 记录外卖店优先级（初值为 0）
int last[MAXN];     //last 记录外卖店上一个订单的时刻（初值为 0）
bool st[MAXN];      // 外卖店是否在优先缓存中的标志
PII order[MAXM];    // 每个订单的时刻 (ts) 及外卖店 (id)
int main()
{
    int i, j;
    cin >>N >>M >>T;
    for(i = 0; i < M; i ++ )
        cin >>order[i].first >>order[i].second;
    // 按照订单时间先后排序，时间相同再按外卖店序号从小到大排序
    sort(order, order + M);
    for(i = 0; i < M; ){   // 只考虑有订单的时刻 (M 条订单 )
        j = i;
        while(j < M && order[j]==order[i])   j++;   // 同一时间同一店铺有多条订单
        int t = order[i].first, id = order[i].second, cnt = j-i;   // 订单数
        i=j;
        pri[id] -= t - last[id] - 1;    // 先减去没有订单的优先级
                                        (t 时刻有订单，这个时刻不算 )
        if(pri[id]<0)   pri[id] = 0;    // 优先级最低为 0
        if(pri[id]<=3)   st[id] = false; // 出缓存
        pri[id] += cnt*2;               // 加上 cnt 个订单带来的优先级
        if(pri[id] > 5)   st[id] = true; // 进缓存
        last[id] = t;                   // 维护 last
    }
    for(i = 1; i <= N; i++){            // 最后 T 时刻更新所有店铺优先级
        if(last[i]<T){
            pri[i] -= T - last[i];
            if(pri[i]<=3)   st[i]=false;
        }
    }
    int ans = 0;                        // 最终答案：在优先缓存中的外卖店数量
```

```
    for(i = 1; i <= N; i ++ )   ans += st[i];
    cout <<ans <<endl;
    return 0;
}
```

7.9 笛卡儿积

7.3节介绍了五种集合运算。本节介绍另一种运算——笛卡儿积。

序偶 $<x, y>$ 其元素可以分别属于不同的集合，因此给两个集合A和B，我们可以定义一种序偶的集合——笛卡儿积。

定义7.14 设A和B是任意两个集合，若序偶的第一个元素来自集合A，第二个元素来自集合B，所有这样序偶构成的集合，称为集合A与B的**笛卡儿积**，记作$A \times B$。

若A、B均是有限集，$|A| = m$，$|B| = n$，则$|A \times B| = m \times n$。

集合A与B的笛卡儿积也可以当作一种运算，运算结果仍是集合。笛卡儿积"$A \times B$"可读作"A乘以B"，因为在集合论中没有定义集合的乘法，所以不会引起混淆。

也可以在同一个集合A上执行笛卡儿积运算，即$A \times A$。

【**微实例7.3**】设$A = \{\alpha, \beta\}$、$B = \{a, b\}$，求$A \times B$和$A \times A$。

解：
$$A \times B = \{<\alpha, a>, <\alpha, b>, <\beta, a>, <\beta, b>\}$$
$$A \times A = \{<\alpha, \alpha>, <\alpha, \beta>, <\beta, \alpha>, <\beta, \beta>\}$$

7.10 关系

"关系"一词在日常生活中司空见惯，如同班同学关系、朋友关系、师生关系等。在数学上可以严格定义"关系"这个概念，而且"关系"这个概念在数学和计算机科学里都非常重要。

举个例子。某学校四年级成立了一个编程集训队，准备参加一项编程竞赛。集训队有6名学生，用a, b, c, d, e, f来表示。这6名学生中有些学生来自同一个班。假设a, b, c是同一个班的，d没有同班同学，e和f是同一个班的。能用本章学的知识来描述这种同班同学关系吗？我们可以用序偶来描述一对同班同学关系，这样就得到$<a, b>$，$<a, c>$，$<b, c>$，$<e, f>$这些序偶，$<a, b>$表示a和b是同班同学。反过来，b和a也是同班同学。还有a和他自己也应该是同班同学。我们把所有这些序偶放到一个集合R中。

$R = \{<a,a>, <a,b>, <a,c>, <b,a>, <b,b>, <b,c>, <c,a>, <c,b>, <c,c>,$
$<d,d>, <e,e>, <e,f>, <f,e>, <f,f>\}$

这样我们就用序偶的集合表示了集训队中的同班同学关系。

关系是序偶的集合，如果序偶的第一个元素和第二个元素分别属于不同的集合 X 和 Y，那么关系就是这两个集合笛卡儿积的子集，详见以下定义。

定义7.15 令 X 和 Y 是任意两个集合，笛卡儿积 $X \times Y$ 的子集 R 称为**从 X 到 Y 的关系**。当 $X = Y$ 时，$X \times X$ 的子集 R 称为 X **上的二元关系**。

【微实例7.4】 已知集合 $X = \{a, b, c\}$，$Y = \{1, 2\}$，请写出从 X 到 Y 的任意一个关系，以及 X 上的任意一个二元关系。

解：$X \times Y = \{<a,1>, <a,2>, <b,1>, <b,2>, <c,1>, <c,2>\}$，则 $X \times Y$ 的任意一个子集，如 $\{<a,2>, <b,1>, <c,1>, <c,2>\}$ 都是从 X 到 Y 的一个关系。

$X \times X = \{<a,a>, <a,b>, <a,c>, <b,a>, <b,b>, <b,c>, <c,a>, <c,b>, <c,c>\}$，则 $X \times X$ 的任意一个子集，如 $\{<a,b>, <b,c>, <c,b>, <c,c>\}$ 都是 X 上的一个二元关系。

【微实例7.5】 已知集合 $X = \{2, 5, 8, 10, 15\}$，请写出 X 上的"互质"关系 R。在本题中，$<a, b>$ 满足关系 R，当且仅当 a 和 b 互质。

解：把集合 X 中满足互质关系的两个元素 a, b，表示成序偶 $<a, b>$。所有这些序偶构成的集合就是关系。注意，a 和 b 互质，那么 b 和 a 也一定互质。

因此，$R = \{<2,5>, <5,2>, <2,15>, <15,2> <5,8>, <8,5>, <8,15>, <15,8>\}$。

【编程实例7.12】关系实例——整除关系。给定由正整数组成的集合 A，R 是 A 上的整除关系，$R = \{<x, y> | x, y \in A, y \% x == 0\}$，即序偶的第一个元素能整除第二个元素，请编程按字典序输出关系 R 中的所有序偶，每个序偶占一行。输入数据首先是正整数 n，表示集合 A 中的元素个数，$0 < n \leq 100$，然后是 n 个正整数（按从小到大的顺序列出）。

分析：把 n 个整数存入数组 A 中。注意，这 n 个整数已经按从小到大排序了。对本题定义的关系 R，可以直接输出各个序偶：如果第 i 个元素 $A[i]$ 能够整除第 j 个元素 $A[j]$，$i \leq j$，则输出序偶 $<A[i], A[j]>$。代码如下。

```
#include <bits/stdc++.h>
using namespace std;
int main()
{
    int i, j, n;
    int A[105];
    cin >>n;
    for(i=0; i<n; i++)   cin >>A[i];
    for(i=0; i<n; i++){
        for(j=i; j<n; j++){   //j从i开始取值，A[i]不可能整除前面的正整数
            if( A[j]%A[i]==0 )
```

```
            cout <<"<" <<A[i] <<"," <<A[j] <<">" <<endl;
        }
    }
    return 0;
}
```

【编程实例7.13】关系实例——互质关系。给定由正整数组成的集合A，R是A上的互质关系，$R = \{<x, y> | x, y \in A, x 和 y 互质\}$，请编程按字典序输出关系$R$中的所有序偶，每个序偶占一行。输入数据首先是正整数n，表示集合A中的元素个数，$0 < n \leq 100$，然后是n个正整数（按从小到大的顺序排列）。

分析：把n个整数存入数组A中。注意，这n个整数已经按从小到大排序了。如果第i个元素$A[i]$和第j个元素$A[j]$互质，则输出序偶$<A[i], A[j]>$。代码如下。

```
#include <bits/stdc++.h>
using namespace std;
int gcd(int a, int b)
{
    if(b==0)   return a;
    return  gcd(b, a%b);
}
int main()
{
    int i, j, n;
    int A[105];
    cin >>n;
    for(i=0; i<n; i++)   cin >>A[i];
    for(i=0; i<n; i++){
        for(j=0; j<n; j++){
            if( gcd(A[i], A[j])==1 )
                cout <<"<" <<A[i] <<"," <<A[j] <<">" <<endl;
        }
    }
    return 0;
}
```

7.11 关系的表示——关系矩阵

关系是一个集合，是由序偶构成的集合。上一节的微实例7.4和7.5是用集合的列举法来表示关系。我们也可以用矩阵，即二维数组来存储和表示关系。

设有两个有限集合：

$$X = \{x_1, x_2, \cdots, x_m\}, \quad Y = \{y_1, y_2, \cdots, y_n\}$$

R 为 X 到 Y 的一个二元关系，对应于关系 R 有一个关系矩阵：

$$M_R = [r_{ij}]_{m \times n}$$

其中 $r_{ij} = \begin{cases} 1, & \text{当} \langle x_i, y_j \rangle \in R \\ 0, & \text{当} \langle x_i, y_j \rangle \notin R \end{cases}$，$i = 1, 2, \cdots, m; j = 1, 2, \cdots, n$。

关系矩阵的元素取值为 1 或 0。同一个集合 X 上的关系也可以用关系矩阵表示。

【微实例 7.6】 已知集合 $X = \{2, 5, 8, 10, 15\}$，请写出 X 上的"互质"关系 R 的关系矩阵。

解： 微实例 7.5 已经求出了关系 $R = \{<2, 5>, <5, 2>, <2, 15>, <15, 2> <5, 8>, <8, 5>, <8, 15>, <15, 8>\}$。把集合 X 中的元素编上序号 1~5，则可以用以下矩阵来表示关系 R。

$$\begin{bmatrix} 0 & 1 & 0 & 0 & 1 \\ 1 & 0 & 1 & 0 & 0 \\ 0 & 1 & 0 & 0 & 1 \\ 0 & 0 & 0 & 0 & 0 \\ 1 & 0 & 1 & 0 & 0 \end{bmatrix}$$

7.12 等价关系

第 5 章提到，同余是一种等价关系。等价关系要满足 3 个性质：自反性、对称性和传递性。这 3 个性质的定义如下。

定义 7.16 设 R 为集合 X 上的二元关系，若对任意 $x \in X$，均有 $<x, x> \in R$，即 x 和 x 满足关系 R，则称 R 为 X 上的**自反关系**。

定义 7.17 设 R 为集合 X 上的二元关系，若对任意 $x, y \in X$，当 $<x, y> \in R$，就有 $<y, x> \in R$，即只要 x 和 y 满足关系 R，y 和 x 就满足关系 R，则称 R 为 X 上的**对称关系**。

定义 7.18 设 R 为集合 X 上的二元关系，若对任意 $x, y, z \in X$，当 $<x, y> \in R$ 且 $<y, z> \in R$，就有 $<x, z> \in R$，即由 x 和 y 满足关系 R、y 和 z 满足关系 R，能推出 x 和 z 满足关系 R，则称 R 为 X 上的**传递关系**。

在数学上，正整数之间常见的关系中，互质关系满足对称性，但不满足自反性和传递性；整除关系满足自反性和传递性，但不满足对称性；同余关系满足自反性、对称性和传递性。

定义 7.19 设 R 为定义在集合 X 上的一种二元关系，若 R 是自反的、对称的和传递的，则 R 称为 A 上的**等价关系**。

等价关系的例子如下。

（1）在某市全体居民构成的集合中，"住在同一个小区"的关系就是等价关系，这里假设每个人只住一个小区。

（2）在所有平面三角形的集合中，三角形的相似关系是等价关系，三角形的全等关系也是等价关系。

（3）数论中的同余关系也是一个经典的等价关系。

【编程实例7.14】**等价关系实例1——同余关系**。设 $A = \{1, 2, 3, \cdots, n\}$，已知 R 为 A 上的关系，$R = \{<x, y> | x \equiv y(\bmod m)\}$。给定 n 与 m，按字典序输出关系 R 中的所有序偶。

分析：对 $1 \sim n$ 中的两个数 i 和 j，当且仅当 abs$(j - i)\%m == 0$，i 和 j 才满足本题定义的关系 R，在循环过程中就可以输出每个序偶。代码如下。

```
#include <bits/stdc++.h>
using namespace std;
int main()
{
    int m, n;   cin >>n >>m;
    for(int i=1; i<=n; i++){
        for(int j=1; j<=n; j++){
            if( abs(j-i)%m==0 )
                cout <<"<" <<i <<"," <<j <<">" <<endl;
        }
    }
    return 0;
}
```

【编程实例7.15】**等价关系实例2——相同最小质因数**。输入一组共 n 个互不相同的正整数，构成一个集合 A。在 A 上定义关系 $R = \{<x, y> | x$ 和 y 的最小质因数相同, $x, y \in A\}$。将 n 个正整数按数本身的大小从小到大排序。输入数据第一行为正整数 n，$2 \leq n \leq 20$。第2行有 n 个正整数，用空格隔开，每个正整数的范围为 $[2, 10000]$。按字典序输出关系 R 中的所有序偶。

分析：定义结构体 num，表示一个数，包含两个成员，该数本身 n1 和它的最小质因数 n2。再定义一个结构体数组 A，存储输入的 n 个正整数，并求出最小质因数。按题目要求的顺序排序。对第 i 个正整数 $A[i]$ 和第 j 个正整数 $A[j]$，如果它们的最小质因数相同，则存在一个序偶 $<A[i], A[j]>$，按顺序输出这些序偶。代码如下。

```
#include <bits/stdc++.h>
using namespace std;
struct num{
    int n1, n2;          //n1: 该数本身，n2: 它的最小质因数
};
num A[30];               // 存 n 个正整数
bool cmp(num a1, num a2){ // 按数本身的大小从小到大排序
    return a1.n1 < a2.n1;
```

```
}
int main()
{
    int n;                      //n：集合A中的正整数个数
    int i, j, t1, t2;
    cin >>n;
    for( i=0; i<n; i++ ){
        cin >>t1;   A[i].n1 = t1;
        t2 = 2;
        while(t1%t2!=0)   t2++;
        A[i].n2 = t2;
    }
    sort(A, A+n, cmp);
    for(i=0; i<n; i++){
        for(j=0; j<n; j++)
            if(A[i].n2==A[j].n2)
                cout <<"<" <<A[i].n1 <<"," <<A[j].n1 <<">" <<endl;
    }
    return 0;
}
```

第 8 章
组合数学

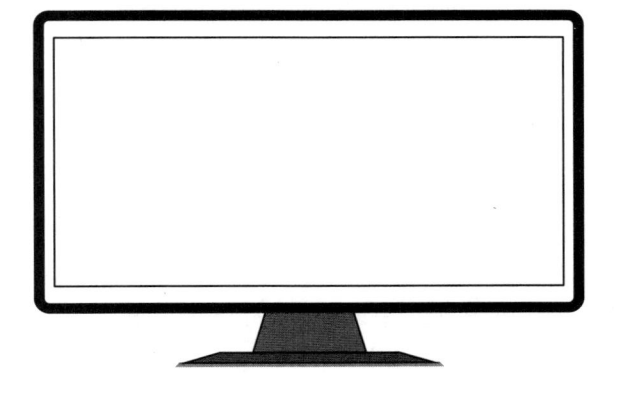

本章内容

本章介绍组合数学，包括加法原理和乘法原理、排列和组合的概念及计算公式、杨辉三角和组合数的联系、全排列及排列的字典序、各种排列组合问题的求解、第二类斯特林数和 Bell 数、小球放盒子问题的求解、卡特兰数列及其应用、抽屉原理（鸽巢原理）及其应用。

8.1 加法原理和乘法原理

加法原理和乘法原理是组合数学中两个最基本的原理。

加法原理：完成一个任务有几类方式，**每类方式都可以独立完成这个任务**，每类方式有几种不同的方法，那么完成这个任务的方法总数就是每类方式的方法数之和。

加法原理具体是指：做一件事情，完成它有 n 类方式，第一类方式有 M_1 种方法，第二类方式有 M_2 种方法，……，第 n 类方式有 M_n 种方法，那么完成这件事情共有 $M_1 + M_2 + \cdots + M_n$ 种方法。

例如，从重庆去北京，有以下几种方式：坐火车、坐飞机、自驾。如果有 a 趟火车可以去北京，有 b 趟航班去北京，有 c 条公路路线去北京，那么总共有 $a + b + c$ 种方法去北京。

乘法原理：完成一个任务有几个步骤，**完成这个任务必须包含每个步骤**，每个步骤有几种不同的方法，那么完成这个任务的方法总数就是每个步骤方法数的乘积。

乘法原理具体是指：完成一个任务需要 n 个步骤，第一步有 M_1 种不同的方法，第二步有 M_2 种不同的方法，……，第 n 步有 M_n 种不同的方法，那么完成这件事共有 $M_1 \times M_2 \times \cdots \times M_n$ 种不同的方法。

【微实例8.1】四个数字 2, 3, 5, 7 可以构成多少个两位数？

解：答案是 $4 \times 4 = 16$ 个，即 22, 23, 25, 27, 32, 33, 35, 37, 52, 53, 55, 57, 72, 73, 75, 77。组成一个两位数有两个步骤：第 1 步，在十位上放数字，有 4 种方法；第 2 步：在个位上放数字，也有 4 种方法。

【编程实例8.1】午饭和晚饭的搭配。午饭可以吃中餐或西餐，吃中餐有 x 种方案（如吃米饭、面条、馒头等），吃西餐有 y 种方案（如吃意面、汉堡包等）。晚饭也可以吃中餐或西餐，吃中餐有 u 种方案（如吃火锅、粤菜等），吃西餐有 v 种方案（如吃法国菜、牛排等）。但是，如果午饭吃的是中餐，晚饭就只能吃中餐；如果午饭吃的是西餐，晚饭就只能吃西餐。请问午饭和晚饭共有多少种不同的搭配方案。输入 x, y, u, v，输出答案。

分析：答案就是 $x \times u + y \times v$，这里用到了乘法原理和加法原理。代码略。

8.2 排列和组合

定义8.1（排列） 从 n 个不同元素中，任取 m 个不同的元素**按照一定的顺序**排成一列，称为从 n 个不同元素中取出 m 个元素的一个**排列**（**Permutation**），$m \leq n$，n 为正整数，m 为自然数；从 n 个不同元素中取出 m 个元素的所有排列的个数，称为**排列数**，用符号 $P(n, m)$、$A(n, m)$、P_n^m 或 A_n^m 表示。

求排列数的计算公式为：

$$P_n^m = \underbrace{n(n-1)(n-2)\cdots(n-m+1)}_{m\text{个数相乘}} = \frac{n!}{(n-m)!} \tag{8.1}$$

对(8.1)式的理解：从n个元素中，依次选出m个元素放到m个位置上，位置编了序号，如图8.1所示，这就意味着选出来的m个元素是有顺序的；在（1）号位置上，可以从n个元素中选一个放上，有n种可能；在（2）号位置上，只能从剩下的$n-1$个元素中选一个放上，有$n-1$种可能……最后一个位置，是（m）号位置，只能从剩下的$n-m+1$个元素中选一个放上，有$n-m+1$种可能。根据乘法原理，就得到了(8.1)式。

（1）	（2）	（3）	（4）	……	（$m-1$）	（m）
有n种可能	有$n-1$种可能	有$n-2$种可能	有$n-3$种可能		有$n-m+2$种可能	有$n-m+1$种可能

图8.1 排列公式的理解

【微实例8.2】四个数字2, 3, 5, 7可以构成多少个两位数字不同的两位数？

解：答案是$4 \times 3 = 12$个，即23, 25, 27, 32, 35, 37, 52, 53, 57, 72, 73, 75。组成一个两位数有两个步骤：第1步，在十位上放数字，有4种方法；第2步：在个位上放数字，由于个位上的数字不能和十位上的数字相同，因此就只有3种方法。这个例子也相当于从4个数字里选出两个数字，排成一列，所以有P_4^2种方案。

定义8.2（全排列） 在排列问题中，如果$m=n$，即从n个不同元素中取n个元素排成一列，这种排列称为**全排列**。

根据(8.1)式可知，n个元素的全排列共有$P_n^n = n!$种方案。8.4节还会详细介绍全排列。

定义8.3（组合） 从n个不同元素中，无序选取m个元素构成一组，称为从n个不同元素中取出m个元素的一个**组合**（**Combination**），$m \leq n$，n为正整数，m为自然数；从n个不同元素中取出m个元素的所有组合的个数，称为**组合数**，用符号$C(n,m)$或C_n^m表示。

【微实例8.3】{2, 3, 5, 7}这个集合有多少个包含两个元素的子集？

解：答案是$4 \times 3/2 = 6$个，即C_4^2个，这6个子集是{2, 3}, {2, 5}, {2, 7}, {3, 5}, {3, 7}, {5, 7}。为什么要除以2呢？这是因为集合中的元素是无序的，{2, 3}和{3, 2}是同一个子集。

组合数和排列数的关系：从n个元素中选m个元素组成的排列，可以分成两步，第1步，先从n个元素中选出m个，不考虑顺序，有C_n^m种方法；第2步，选出来的m个元素，按顺序排成一列，是全排列问题，有$m!$种方法。根据乘法原理，得到公式(8.2)。

$$P_n^m = C_n^m \times m! \tag{8.2}$$

因此就得到了求组合数的计算公式，为：

$$C_n^m = \frac{P_n^m}{m!} = \frac{n!}{m!(n-m)!} \tag{8.3}$$

注意，$P_n^n = n!$，$C_n^n = 1$。

求组合数还有以下几个常用的公式。

（1）从n个元素中选出m个元素，每一个方案中，剩下的$n-m$个元素就构成了一个从n个元素中选出$n-m$个元素的方案，因此

$$C_n^m = C_n^{n-m} \tag{8.4}$$

根据公式（8.4），当 $m > n/2$ 时，求 C_n^m 可以转换成求 C_n^{n-m}。

例如，$C_{10}^8 = C_{10}^2 = 10 \times 9/2 = 45$。

（2）从 n 个元素中选出 m 个元素的组合数 C_n^m，等于选某个元素（比如第 1 个元素）再从 $n-1$ 个元素中选 $m-1$ 个元素的组合数 C_{n-1}^{m-1}，加上不选这个元素，这样就需要从 $n-1$ 个元素中选 m 个元素的组合数 C_{n-1}^m，因此就得到以下公式：

$$C_n^m = C_{n-1}^{m-1} + C_{n-1}^m \tag{8.5}$$

另外，P_n^0 和 C_n^0 都是有意义的，且 $P_n^0 = C_n^0 = 1$。从 n 个元素里选出 0 个，不管是排列还是组合问题，方案数都是 1。根据（8.1）式、（8.3）式、（8.4）式这些公式，计算出来的结果也能印证这个结论。

【编程实例 8.2】$P(n, m)$ 和 $C(n, m)$ 末尾 0 的个数。由于排列数和组合数都涉及阶乘运算，所以当 n 较大时，$P(n, m)$ 和 $C(n, m)$ 末尾可能有较多的零。在本题中，输入两个自然数 n 和 m，保证 $m \leq n$，求 $P(n, m)$ 和 $C(n, m)$ 末尾 0 的个数。

分析：用 $n/5 + n/25 + n/125 + \cdots$ 这种方式求出 $n!$、$(n-m)!$ 和 $m!$ 的标准质因数分解式中 2 的指数和 5 的指数，从而可以求出 $P(n, m) = n!/(n-m)!$ 的标准质因数分解式中 2 的指数和 5 的指数，取较小者，就是 $P(n, m)$ 末尾 0 的个数。同理可以求 $C(n, m)$ 末尾 0 的个数。注意，不能只求 5 的指数，因为 2 的指数可能会小于 5 的指数。例如，$C(20, 4) = 4845$，正因为 2 的指数小于 5 的指数，才会导致最末尾的非零数字为 5。代码如下。

```
#include <bits/stdc++.h>
using namespace std;
int main()
{
    int n, m, nm;   cin >>n >>m;  nm = n - m;
    int t15 = 0,  t25 = 0,  t35 = 0;   //n!,(n-m)!,m!中5的指数
    int t12 = 0,  t22 = 0,  t32 = 0;   //n!,(n-m)!,m!中2的指数
    int t = 5;
    while(n>=t){     //求n!中5的指数
        t15 += n/t;   t = t*5;
    }
    t = 5;
    while(nm>=t){    //求(n-m)!中5的指数
        t25 += (nm)/t;   t = t*5;
    }
    t = 5;
    while(m>=t){     //求m!中5的指数
        t35 += m/t;   t = t*5;
    }
```

```
        t = 2;
        while(n>=t){      //求 n! 中 2 的指数
            t12 += n/t;   t = t*2;
        }
        t = 2;
        while(nm>=t){     //求 (n-m)! 中 2 的指数
            t22 += (nm)/t;
            t = t*2;
        }
        t = 2;
        while(m>=t){      //求 m! 中 2 的指数
            t32 += m/t;   t = t*2;
        }
        int ans1 = (t15-t25)>(t12-t22) ? (t12-t22) : (t15-t25);
        int ans2 = (t15-t25-t35)>(t12-t22-t32) ? (t12-t22-t32) : (t15-t25-t35);
        cout <<ans1 <<" " <<ans2 <<endl;
        return 0;
}
```

8.3 杨辉三角

杨辉三角是中国数学史上的一个伟大成就,是二项式系数在三角形中的一种几何排列。中国南宋数学家杨辉在1261年所著的《详解九章算法》一书中提出了杨辉三角。在欧洲,帕斯卡在1654年才发现了杨辉三角的规律,所以又称为帕斯卡三角形。帕斯卡的发现比杨辉要迟393年。

杨辉三角一般按等边三角形列出,如图8.2(a)所示,每一行首尾两个数字均为1,其他数字都是上一行左上和右上两个数字之和。

```
              1                           1
             1 1                          1 1
            1 2 1                         1 2 1
           1 3 3 1                        1 3 3 1
          1 4 6 4 1                       1 4 6 4 1
         1 5 10 10 5 1                    1 5 10 10 5 1
        1 6 15 20 15 6 1                  1 6 15 20 15 6 1
       1 7 21 35 35 21 7 1                1 7 21 35 35 21 7 1
      1 8 28 56 70 56 28 8 1              1 8 28 56 70 56 28 8 1
     1 9 36 84 126 126 84 36 9 1          1 9 36 84 126 126 84 36 9 1
```

(a)按等边三角形显示　　　　　　　　　　(b)按直角三角形显示

图8.2　杨辉三角

杨辉三角跟组合数联系紧密，但必须按图8.2（b）所示的直角三角形列出。杨辉三角跟组合数的联系如下。

（1）行号从0开始计，每一行各个数的序号也从0开始计。

（2）第n行有$n+1$个数，分别为C_n^0，C_n^1，C_n^2，…，C_n^{n-1}，C_n^n。

（3）第n行$n+1$个数加起来，和为2^n，即$C_n^0 + C_n^1 + C_n^2 + \cdots + C_n^{n-1} + C_n^n = 2^n$。

这个公式的理解：从n个元素里选0个，1个，…，n个元素的方案数之和，相当于每个元素都可以选或不选，根据乘法原理，答案就是$2 \times 2 \times \cdots \times 2 = 2^n$；如果每个元素都不选，就是$C_n^0$；如果每个元素都选，就是$C_n^n$。

（4）每一行首尾两个数均为1，也就是$C_n^0 = C_n^n = 1$。这也印证了C_0^0是有意义的。

（5）每一行其他数等于左上方和正上方2个数之和，也就是$C_n^m = C_{n-1}^{m-1} + C_{n-1}^m$，这其实就是公式（8.5）。

8.4 全排列及排列的字典序

在排列的定义中，如果$m = n$，即从n个不同元素中取n个元素排成一列，所有的排列方案就是**全排列**，记为$P(n, n)$。$P(n, n) = n!$。

对全排列中的$n!$个排列，可以按字典序排序。例如，假设$n = 3$，且3个元素为1，2，3，则6个排列如下。

123　132　213　231　312　321

任何事物都可以排序，只要指定了排序规则。字典序的说法源自字典中的单词是按字母顺序排列的。对两个单词，先比较第1个字母，相同就看第2个字母，以此类推，直到字母不同为止，并根据这两个不同字母的顺序确定单词的顺序。n个数排列的字典序，也是先比较第1个数，相同再比较第2个数，以此类推。

又如，假设$n = 4$，且4个元素为a, g, m, p（约定$a < g < m < p$），这24个排列按字典序排序如下。

agmp　agpm　amgp　ampg　apgm　apmg　gamp　gapm
gmap　gmpa　gpam　gpma　magp　mapg　mgap　mgpa
mpag　mpga　pagm　pamg　pgam　pgma　pmag　pmga

在编程解题时，有时需要生成一个序列的所有排列，用于枚举或搜索。这里介绍生成序列全排列的两个函数：prev_permutation和next_permutation。这两个函数都包含在头文件<algorithm>中，它们的作用是一样的，区别就在于前者生成的是当前排列的下一个排列，后者生成的是当前排列的上一个排列。至于这里的"前一个"和"后一个"，可以理解为序列字典序上的前一个和后一个排列。

prev_permutation和next_permutation函数的原型如下。

```
bool prev_permutation(iterator start, iterator end);
bool next_permutation(iterator start, iterator end);
```

参数 start 和 end 类似于 sort 函数的两个参数，start 表示整个序列存储空间的起始地址，end 表示整个序列存储空间结束后下一个字节的地址，如果序列（设为数组 a）中记录个数为 n，则 end 参数的值就是 $a + n$。

如果当前序列不存在前一个/下一个排列时，函数返回 false，否则返回 true。

注意，新的排列仍然存储在原序列中。

例如，对上一节的例子，可以用以下代码生成 a, g, m, p 四个元素的全排列（用字符表示这四个元素）。

```
char arr[20] = "agmp";
do{
    cout <<arr[0] <<" " <<arr[1] <<" " <<arr[2] <<" " <<arr[3] <<endl;
}
while(next_permutation(arr, arr + 4));
```

【编程实例8.3】由给定字母组成的所有单词。给定几个英文字母，不超过10个，按字典序输出由这几个字母组成的所有可能的单词。注意，在本题中字母的顺序定义为：'A' < 'a' < 'B' < 'b' <…< 'Z' < 'z'。比如，给定的字母是 'a'、'A' 和 'b'，程序要按顺序输出 "Aab"、"Aba"、"aAb"、"abA"、"bAa" 和 "baA"，这是由这3个字母组合的所有可能的单词。

在给定的字母中不会出现相同的字母。注意，同一个字母的大小写在本题中认为是两个不同的字母。

分析：本题需要枚举求解，可以用 next_permutation 函数实现。首先将输入的字符串存储到字符数组 s，按题目中的规则对 s 中的字符进行排序，这需要自己定义 cmp 函数，详见以下代码。

本题在使用 next_permutation 函数进行枚举时，如果直接输出 s 数组中的字符串再生成下一个字符串，得到的答案是错误的，如果 s 数组中有 n 个字符，正确的程序应该输出 $n!$ 个单词，但直接对 s 数组产生下一个排列，生成的单词数可能会少于 $n!$。这是因为本题定义的字符顺序不是 ASCII 编码顺序，排序后第一个输出的单词是符合题目要求的字典序最小的单词，但是 next_permutation 函数在生成下一个单词时，会按 ASCII 顺序来生成下一个单词。如果给定的字母是 'A'、'b'、'c' 和 'C'，排序后，输出的第一个单词是 "AbCc"，是对的；但下一个单词是 "ACbc"，就错了，正确的是 "AbcC"。

解决这一问题的方法是，s 数组排序后不动。再定义一个整型数组 a，初始化为 {0, 1, 2, 3,…}，在用 next_permutation 函数生成下一个排列时，生成数组 a 的下一个排列，每次得到一个新的排列，是将数组 a 各元素的取值作为下标，到 s 数组里取出字符再一个个输出，用这种方式输出的单词数才是 $n!$，而且顺序也符合字典序。代码如下。

```
#include <bits/stdc++.h>
using namespace std;
```

```
#define maxn 30
char s[maxn];          // 读入的字符串
int a[maxn] = {0, 1, 2, 3, 4, 5, 6, 7, 8, 9, 10, 11, 12, 13, 14};
int len;               // 读入字符串的长度
bool cmp(char c1, char c2){
    int t1, t2;        // 把字符转换成数字，A是1，a是2，B是3，b是4,…
    if(c1>='A' and c1<='Z')    t1 = 2*(c1-'A'+1)-1;   // 大写字母
    else    t1 = 2*(c1-'a'+1);      // 小写字母
    if(c2>='A' and c2<='Z')    t2 = 2*(c2-'A'+1)-1;   // 大写字母
    else    t2 = 2*(c2-'a'+1);      // 小写字母
    return t1 < t2;
}
int main()
{
    cin >>s;   len = strlen(s);
    sort(s, s+len, cmp);
    do{
        for(int i=0; i<len; i++)
            cout <<s[a[i]];
        cout <<endl;
    }
    while(next_permutation(a, a+len));
    return 0;
}
```

8.5 排列组合问题求解

求排列组合问题时，首先要判断是顺序无关还是顺序有关，特别是有时题目不会明确告知，需要根据经验常识来判断。比如，从49个学生中选出2个学生出来担任班长和副班长，这是排列问题，因为 a 当班长 b 当副班长和 b 当班长 a 当副班长是两个不同的方案；但是选2个学生抬桌子，我们不关心谁抬左边谁抬右边，所以这是组合问题。

求排列组合问题，通常有以下方法。

（1）特殊优先

特殊元素，优先处理；特殊位置，优先考虑。

【微实例8.4】由0, 2, 3, 5这四个数字，可以组成多少个3位数？要求组成的3位数为5的倍数且每位数字都不同。

解：5的倍数，个位必须为0或5。先考虑个位为0，然后就需要从剩下的3个数字中选2个出来，是排列问题，方案数为 $P(3, 2) = 6$。再考虑个位为 5，然后从 2 和 3 里选一个数字放在百位，再从剩下的 2 个数字（包括 0）中选 1 个出来放在十位，方案数为 $2 \times 2 = 4$。因此答案为 10。

【微实例8.5】 在 8 位二进制数中，最高位可以为 0，至少包含 3 位 1 且为 8 的倍数的数有多少个？

解：8 的倍数，那么最低 3 位必须为 0，即 *****000。其余 5 位至少要选 3 位放 1，也就是选 3 位或 4 位或 5 位，答案是 $C(5, 3) + C(5, 4) + C(5, 5) = 10 + 5 + 1 = 16$。

【微实例8.6】 有如图 8.3 所示的四位密码锁，每位数字为 0～9。如果要采用暴力枚举方法破解密码，需要尝试多少次？如果已知右边第 2 位为 5，又需要尝试多少次？如果已知有两位数字为 6 和 7，但不知道是哪两位数字，又需要尝试多少次？

解：四位密码锁，如果没有任何提示信息，显然需要尝试 10000 次，从 0000 到 9999。如果已知右边第 2 位为 5，需要尝试 1000 次，从 0050 到 9959。如果已知有两位数字为 6 和 7，但不知道是哪两位数字，需要先从 4 位数字中选出 2 位，而且是排列问题，有 $P(4, 2) = 12$ 种可能，剩下两位数字还需要尝试 100 次，所以总次数是 1200 次。

图 8.3　四位密码锁

（2）捆绑法和插空法

捆绑法：在解决排列问题的时候，有些问题需要把某些元素放在一起，可以把这些元素看成一个整体，再与其他元素一起排列，同时注意捆绑元素的内部排列，这种方法叫捆绑法。

【微实例8.7】 5 个小朋友并排站成一列，其中有两个小朋友是双胞胎，如果要求这两个双胞胎必须相邻，则有多少种不同的排列方法？

解：将两个双胞胎捆绑到一起，相当于只有 4 个人，有 $P(4, 4)$ 种排列方法，双胞胎两个人内部还有 $P(2, 2)$ 种站法，因此答案是 $P(4, 4) \times P(2, 2) = 48$。

插空法：在解决对于某几个元素要求不相邻的问题时，先将其他元素排好，再将指定的不相邻的元素插入已排好元素的间隙或两端位置，从而将问题解决的方法叫插空法。

【微实例8.8】 在 8 位二进制数中，最高位可以为 0，包含 3 个 1 但没有连续两位为 1 的偶数有多少个？

解：偶数，二进制最低位为 0。8 位二进制，3 个 1，那么就有 5 个 0。我们先把 5 个 0 放好，即 *0*0*0*0*0，* 表示空位。最低位 0 的右边不能放 1，这样就剩下 5 个空位。我们从 5 个空位中选出 3 个放 1，这样 1 就不连续了，因此答案是 $C(5, 3) = C(5, 2) = 10$。

（3）排除法

排除法：先计算出所有情况的答案，再把不符合条件的答案排除掉的方法叫排除法。

【微实例8.9】 在 8 位二进制数中，最高位可以为 0，包含 3 个 1 且这 3 个 1 不是连续的"111"的二进制数有多少个？

解：从 8 位中选出 3 位来，放 1，有 $C(8, 3) = 56$ 种方案，再排除 3 个 1 连续的方案数。包含 3 个 1 且这 3 个 1 连续，可以用捆绑法 + 插空法求解，先放好 5 个 0，即 *0*0*0*0*0*，从 6 个空位中选择1个空位来放捆绑好的3个1，这样就有6种方案。因此答案为56 − 6 = 50。

（4）隔板法

隔板法：隔板法使用的前提是所有元素必须相同，然后需要把这些元素分成若干组，每组至少有一个元素的计算方法。

【微实例8.10】10个三好学生名额分配到7个班级，每个班级至少有一个名额，一共有多少种不同的分配方案？

解：10个三好学生，中间有9个空，即 * * * * * * * * * *。

每个班至少有1个名额，我们只要把隔板放进空里就能实现。

$$*|* *|*|*|* * *|*|*$$

在9个空中选出6个空，插入6个隔板就能分为7组，每组至少有一个名额。

因此，本题的答案就是 C(9, 6) = C(9, 3) = 84。

【微实例8.11】某年级有10个班级，要组建一支足球队，有18名队员，要求每个班级至少有一名队员，有多少种分配方法？

解：本题等价于在站成一行的18人之间插入9个隔板，将其分成10组，那么每组至少有一人，18人之间有17个间隔，所以本题的答案是 C(17, 9) = 24310。

（5）除法原理

排列组合中除了有加法原理、乘法原理，还有除法原理。

除法原理应用在以下情形：如果不方便求组合数 C_n^m，可以先求 P_n^m，再根据公式（8.3）求组合数 $C_n^m = \dfrac{P_n^m}{m!}$。

【微实例8.12】6个人，两个人组一队，总共组成三队，不区分队伍的编号。不同的组队情况有多少种？

解：6个人组成三队，每队2人，如果队伍有编号，我们可以先给1队选2人，再给2队选2人，最后给3队选2人，方案数是 C(6,2) × C(4,2) × C(2,2) = 90。注意，前面在描述的时候提到队伍的编号，所以这是排列问题。但本题不区分队伍编号，也就是3个队伍之间没有先后，例如，1队2队3队，3队2队1队是同样的组队方案，而这样的队伍排列方案数有 P(3,3) = 3! = 6。所以最后结果为 90/6 = 15。

8.6 特殊的排列组合问题

（1）可重复排列

如果有 n 个不同的元素，每个元素有无穷多个，或者每个元素可以用任意多次，从中选出 m 个排成一列。这种排列问题就是**可重复排列**。

可重复排列相当于在 m 个位置上放元素，每个位置上都有 n 种可能。因此，可重复排列的方案数是 n^m。

例如，我们熟知的二进制，k 位二进制，每位可以为 0 或 1，因此可以表示为 2^k 个不同的二进制数，从 $0000\cdots0$ 到 $1111\cdots1$，取值范围是 $0 \sim (2^k - 1)$。注意，最大值不是 2^k。

（2）圆排列

n 个元素围成一圈，就是**圆排列**，所有可能的方案数记为 Q_n，则有 $Q_n = (n-1)!$。

这是因为每一个圆排列，都可以在 n 个位置断开，断开后形成 n 个不同的全排列，因此 $Q_n \times n = n!$。从而，$Q_n = n!/n = (n-1)!$。

【微实例8.13】7个人围成一圈玩游戏，要求其中2个人必须相邻，请问有多少种排列方案？

解：把这2个人视为一个人，就只有6个人，6个人的圆排列是 $(6-1)! = 120$，这2个人内部再排列，有2种方案，因此答案是 $120 \times 2 = 240$。

（3）错位排列

n 个元素，$1,2,3,\cdots,n$，排成一列，所有元素都不在它们原来的位置上，这种排列称为**错位排列**。例如，当 $n = 3$ 时，只有 231 和 312 这两种排列满足要求。

n 个元素错位排列方案数记为 D_n。$D_1 = 0, D_2 = 1, D_3 = 2, D_4 = 9, D_5 = 44, D_6 = 265$。

【微实例8.14】有4个学生参加考试，考试结束后，老师让他们相互交换批改试卷，要求自己不能批改自己的试卷，请问有多少种方案？

解：假设4个学生的编号是1、2、3、4，则本题就是要求1、2、3、4的某些排列，使得1、2、3、4都不在自己的位置（最左边是1的位置）上，这就是错位排列。按从小到大的顺序写出所有合法的排列：2143、2341、2413、3142、3412、3421、4123、4312、4321，一共是9种。

错位排列有递推公式，也有直接计算公式。

先推导递推公式。n 个元素的错位排列，可以分为两步。

①把第 n 个元素放在一个位置上，不能放在第 n 个位置上，所以一共有 $n-1$ 种方法，比如可以放在第 k 个位置上，$k \neq n$。

②放编号为 k 的元素，这时有两种情况：第一种情况是把第 k 个元素放到位置 n，那么剩下的 $n-2$ 个元素的错位排列就有 D_{n-2} 种方法；第二种情况是不把第 k 个元素放到位置 n，这就对应 $n-1$ 个元素的错位排列问题，有 D_{n-1} 种方法。

综上，得到求 D_n 的递推公式：

$$D_n = (n-1) \times (D_{n-2} + D_{n-1}) \tag{8.6}$$

初始值，$D_1 = 0, D_2 = 1$。这样就可以递推出每一项 D_n。

【编程实例8.4】用递推公式求错位排列数。输入 n，$n \leq 20$，输出 D_n。例如，输入 n 的值为20，输出的答案为895014631192902121。

分析：直接用递推公式（8.6）及初始条件求解，需要用递归函数实现。注意，由于（8.6）式依赖两项，用递归函数求解有很多重复的递归调用，所以必须用数组存储每一项 D_n。当然，由于 D_n 增长很快，本题限制 $n \leq 20$，不做这种处理也不会超时。代码如下。

```
#include <bits/stdc++.h>
using namespace std;
long long d[30];
long long f(int n)
{
    if(d[n])   return d[n];
    if(n==1)   return d[n] = 0;
    if(n==2)   return d[n] = 1;
    return   d[n] = (n-1)*(f(n-2) + f(n-1));
}
int main()
{
    int n;   cin >>n;
    cout <<f(n) <<endl;
    return 0;
}
```

利用第7章介绍的容斥原理，还可以推导出直接求 D_n 的计算公式。

设 A_i 表示 n 个数的全排列中 i 这个数刚好在第 i 个位置的排列的集合，则错位排列的方案数为：$D_n = n! - |\bigcup_{i=1}^{n} A_i|$，$|\bigcup_{i=1}^{n} A_i|$ 表示至少有一个数在正确位置的方案数，而且方案没有重复。

根据容斥原理，有：

$$\left|\bigcup_{i=1}^{n} A_i\right| = \sum_{i=1}^{n}|A_i| - \sum_{i,j}|A_i \cap A_j| + \sum_{i,j,k}|A_i \cap A_j \cap A_k| - \cdots + (-1)^{n-1}|A_1 \cap A_2 \cap \cdots \cap A_n|$$

先计算 $\sum_{i=1}^{n}|A_i|$。这个式子表示有1个数字在正确的位置上，选出这个数字，有 $C(n,1)$ 种情况，对于每一种情况，剩下的 $n-1$ 个数任意排列，即 $n-1$ 个数的全排列，于是有 $C(n,1) \times (n-1)! = n! = n!/1$ 种情况。这里计算出来为什么是 $n!$ 呢？这是因为 A_i 之间是有重复的，所以才要根据容斥原理减去重复的，第一次减去两两相交的，又多减了，又要加上三个相交的……

再算 $\sum_{i,j}|A_i \cap A_j|$。这个式子表示有2个数字在正确的位置上，选出这2个数字，有 $C(n,2)$ 种情况，对于每一种情况，剩下的 $(n-2)$ 个数任意排列，于是有 $C(n,2) \times (n-2)! = n!/2$ 种情况。

一般地，$\sum|A_{i_1} \cap A_{i_2} \cap \cdots \cap A_{i_r}|$ 表示有 r 个数在正确的位置上，另外 $(n-r)$ 个数任意排列，所以

$$\sum|A_{i_1} \cap A_{i_2} \cap \cdots \cap A_{i_r}| = C(n,r) \times (n-r)! = \frac{n!}{r! \times (n-r)!} \times (n-r)! = \frac{n!}{r!}$$

综上，得到了错位排列的计算公式：

$$D_n = n! \times \left(1 - \frac{1}{1!} + \frac{1}{2!} - \frac{1}{3!} + \cdots + (-1)^n \times \frac{1}{n!}\right) \tag{8.7}$$

【编程实例8.5】用计算公式求错位排列数。 输入 n，$n \leqslant 20$，输出 D_n。例如，输入 n 的值为20，输出的答案为895014631192902121。

分析：直接用公式（8.7）求解即可。但是要注意，必须把 $n!$ 乘进去，即把 $n!$ 乘以括号内每一项，前两项的结果为0，不用计算，从 $n! \times \frac{1}{2!}$ 开始计算每一项。可以定义函数 $f(n, r)$，用于计算 $n! \times \frac{1}{r!} = (r+1) \times (r+1) \times \cdots \times n$。每一项的符号变反，可以定义变量 $flag$，初值为1，每循环一次，乘以-1，这样 $flag$ 就按1，-1，1，-1，…循环取值。将 $f(n, r)$ 乘以 $flag$ 再累加起来即可。代码如下。

```
#include <bits/stdc++.h>
using namespace std;
long long f(int n, int r)   //求n!/r!
{
    long long rt = 1;
    for(int i=r+1; i<=n; i++)
        rt *= i;
    return rt;
}
int main()
{
    int n;  cin >>n;
    if(n==1){
        cout <<0 <<endl;  return 0;
    }
    long long ans = 0, flag = 1;
    for(int i=2; i<=n; i++){
        ans += f(n, i)*flag;  flag = -1*flag;
    }
    cout <<ans <<endl;
    return 0;
}
```

8.7 第二类斯特林数和 Bell 数

第二类斯特林（Stirling）数 $S(n, r)$ 的含义是：将 n 个不同的球放入 r（$1 \leqslant r \leqslant n$）个相同的盒子中，且每个盒子至少有一个球的放置方案数。

可以采用以下递推公式计算 $S(n, r)$：

$$S(n, r) = S(n-1, r-1) + r \cdot S(n-1, r), \quad 2 \leq r \leq n \tag{8.8}$$

上述递推公式的含义是：因为球是不同的，相当于对球进行编号，编号最靠后的球视为最后一个球。将 n 个不同的球放入 r 个相同的盒子，方案数为 $S(n, r)$，可以分为两种情形，第一种情形是把最后一个球单独放入一个盒子，则问题转化为将其余 $n-1$ 个不同的球放入 $r-1$ 个相同的盒子，方案数为 $S(n-1, r-1)$；第二种情形是先将除最后一个球外的其余 $n-1$ 个不同的球放入 r 个相同的盒子，然后选一个盒子来放最后一个球，由于球是不同的，所以方案数为 $r \cdot S(n-1, r)$。这两种情形是互斥的，所以总的方案数是这两种情形方案数的总和。

$S(n, r)$ 具有以下性质。

（1）$S(n, 1) = 1$。

（2）$S(n, 2) = 2^{n-1} - 1$。$S(n, 2)$ 表示将 n 个不同的球放入两个相同的盒子的方案数。求解方法是：固定 n 个球的位置，每个球的编码为 0 或 1，把编码为 0 的球放入盒子 A，把编码为 1 的球放入盒子 B，这样 n 位二进制编码就代表一种放置方案，要去除 $000\cdots0$ 和 $111\cdots1$ 这两种编码方案；此外，A 和 B 这两个盒子是相同的。因此，总的方案数是 $(2^n - 2)/2 = 2^{n-1} - 1$。

（3）$S(n, n-1) = C_n^2$。C_n^2 表示从 n 个不同的球中选出两个球的组合数，这两个球放入其中一个盒子，剩余 $n-2$ 个球放入其余 $n-2$ 个盒子，每个盒子放一个球。

（4）$S(n, n) = 1$。

【编程实例8.6】求第二类斯特林数。输入 n，$n \leq 20$，输出所有的第二类斯特林数 $S(n, r)$，$1 \leq r \leq n$。

分析：直接用递推公式（8.8）及前面提到的边界条件求解，需要用递归函数实现。注意，由于递推公式（8.8）是二维的，而且依赖两项的和，直接递归求解很容易超时。所以，必须用数组 s 存储每一个斯特林数 $S(n, r)$，实现方法详见第 2 章。注意，本题需要用 long long 类型。利用该程序，可以输出 $n \leq 8$ 时的第二类斯特林数，行号为 n 的值，如图 8.4 所示。

行号：1	1							
2	1	1						
3	1	3	1					
4	1	7	6	1				
5	1	15	25	10	1			
6	1	31	90	65	15	1		
7	1	63	301	350	140	21	1	
8	1	127	966	1701	1050	266	28	1

图 8.4 第二类斯特林数

代码如下。

```cpp
#include <bits/stdc++.h>
using namespace std;
long long s[110][110];
long long f(int n, int r)
{
    if(s[n][r])   return s[n][r];
    if(r==1)   return s[n][r] = 1;
    if(n==r)   return s[n][r] = 1;
    return  s[n][r] = f(n-1, r-1) + r*f(n-1, r);
}
int main()
{
    int n;   cin >>n;
    for(int i=1; i<=20; i++){
        for(int j=1; j<=i; j++)
            f(i, j);
    }
    for(int r=1; r<=n; r++)
        cout <<s[n][r] <<" ";
    cout <<endl;
    return 0;
}
```

现在讨论另一个问题：将 n 个不同的球放入若干个相同的盒子中（每个盒子至少有一个球）的方案数，记为 B_n，也称为 **Bell数**，显然盒子数至少为 1 个，最多为 n 个。本来 n 应该大于 0，$B_1 = 1$，但一般要延伸到 $n = 0$，且约定 $B_0 = 1$。

Bell数是所有第二类斯特林数 $S(n,r)$ 的和，即

$$B_n = \sum_{r=1}^{n} S(n,r) \tag{8.9}$$

现在推导求 Bell 数的递推公式。因为球是不同的，相当于对球进行编号，编号最靠后的球视为最后一个球。将 n 个不同的球放入若干个相同的盒子中，可以按以下步骤进行：把最后一个球（记为 q）单独拿出来；对其余 $n-1$ 个不同的球，分成两堆，其中一堆为 k 个，先将这 k 个球放入若干个相同的盒子中，每个盒子至少有一个球，另一堆球全部放入另一个盒子（记为 P），放置这 n 个球的方案数为 $C_{n-1}^{k} B_k$；由于盒子是相同的，所以 q 放入哪个盒子都一样，假设放入盒子 P 中。因此，得到以下递推公式。

$$B_n = \sum_{k=0}^{n-1} C_{n-1}^{k} B_k, \ B_0 = 1 \tag{8.10}$$

【**编程实例 8.7**】用两种方法求 Bell 数。输入 n，$n \leq 20$，分别用计算公式（8.9）和递推公式（8.10）计算 Bell 数 B_n。

分析：用计算公式（8.9）实现需要用到 $S(n, r)$。用递推公式（8.10）实现，除了需要用到递归函数 $f(n)$ 求 B_n，还需要定义函数 $c(n, m)$ 求组合数 $C(n, m)$。代码如下。

```cpp
#include <bits/stdc++.h>
using namespace std;
long long s[110][110];
long long b[110];
long long f1(int n, int r)    //求S(n, r)
{
    if(s[n][r])  return s[n][r];
    if(r==1)  return s[n][r] = 1;
    if(n==r)  return s[n][r] = 1;
    return  s[n][r] = f1(n-1, r-1) + r*f1(n-1, r);
}
long long c(int n, int m)    //求组合数C(n, m)
{
    long long rt = 1;
    for(int i=1; i<=n; i++)
        rt *= i;
    for(int i=1; i<=m; i++)
        rt /= i;
    for(int i=1; i<=n-m; i++)
        rt /= i;
    return rt;
}
long long f2(int n)    //通过递推公式求Bn
{
    if(b[n])  return b[n];
    if(n==0)  return b[n] = 1;
    if(n==1)  return b[n] = 1;
    long long rt = 0;
    for(int k=0; k<n; k++)
        rt += c(n-1, k)*f2(k);
    return b[n] = rt;
}
int main()
{
    int n;   cin >>n;
    for(int i=1; i<=20; i++){    //求所有的S(n, r)
        for(int j=1; j<=i; j++)
            f1(i, j);
    }
    long long bn1 = 0, bn2;
```

```
    for(int r=1; r<=n; r++)    // 通过 S(n, r) 求 Bn
        bn1 += s[n][r];
    bn2 = f2(n);
    cout <<bn1 <<" " <<bn2 <<endl;
    return 0;
}
```

可以构造如图 8.5 所示的 Bell 三角形（类似于杨辉三角）。构造方法如下。

（1）行号从 0 开始计，每一行各个数的序号也从 0 开始计。

（2）第 0 行第 0 项是 1，即 $a[0][0] = 1$。

（3）对于 $n > 0$，第 n 行第 0 项等于第 $n-1$ 行最后一项，即 $a[n][0] = a[n-1][n-1]$。

（4）对于 $m, n > 0$，第 n 行第 m 项等于它左边和左上方的两个数之和，即 $a[n][m] = a[n][m-1] + a[n-1][m-1]$。

构造这样的 Bell 三角形后，第 n 行的首项就是 Bell 数 B_n，例如，第 4 行首项为 $B_4 = 15$。

行号: 0	1						
1	1	2					
2	2	3	5				
3	5	7	10	15			
4	15	20	27	37	52		
5	52	67	87	114	151	203	
6	203	255	322	409	523	674	877
7	877	1080	1335	1657	2066	2589	3263	4140

图 8.5　Bell 三角形

此外，对比图 8.4 和图 8.5 发现，图 8.5 每行行首的数是 Bell 数 B_n，等于图 8.4 同一行所有数的和。

8.8　小球放盒子问题

本节讨论将 n 个小球放入 m 个盒子的问题。这个问题看似简单，其实比较复杂，需要讨论各种情形。n 个球是否相同、m 个盒子是否相同、是否允许有空盒子、n 和 m 的大小关系，4 个条件共有 $2^4 = 16$ 种组合。

表 8.1 总结了这 16 种情形下的方案数，其中 $S(n, m)$ 表示第二类斯特林数，$f[i][j]$ 表示将整数 i 分解成 j 个整数之和的方案数，也表示把 i 个相同的球放到 j 个相同的盒子里的方案数（每个盒子都

不为空）。

表8.1 各种情况下小球放盒子的方案数

序号	n个球	m个盒子	是否允许有空盒子	n和m的关系	方案数
（1）	各不相同	各不相同	不允许	$1 \leq m \leq n$	$m! \times S(n,m)$
（2）	各不相同	各不相同	不允许	$1 \leq n < m$	0
（3）	各不相同	各不相同	允许	$1 \leq m \leq n$	m^n
（4）	各不相同	各不相同	允许	$1 \leq n < m$	m^n
（5）	各不相同	完全相同	不允许	$1 \leq m \leq n$	$S(n,m)$
（6）	各不相同	完全相同	不允许	$1 \leq n < m$	0
（7）	各不相同	完全相同	允许	$1 \leq m \leq n$	$\sum_{i=1}^{m} S(n,i)$
（8）	各不相同	完全相同	允许	$1 \leq n < m$	$\sum_{i=1}^{n} S(n,i)$
（9）	完全相同	各不相同	不允许	$1 \leq m \leq n$	C_{n-1}^{m-1}
（10）	完全相同	各不相同	不允许	$1 \leq n < m$	0
（11）	完全相同	各不相同	允许	$1 \leq m \leq n$	$C_{n+m-1}^{m-1} = C_{n+m-1}^{n}$
（12）	完全相同	各不相同	允许	$1 \leq n < m$	$C_{n+m-1}^{m-1} = C_{n+m-1}^{n}$
（13）	完全相同	完全相同	不允许	$1 \leq m \leq n$	相当于整数划分问题中将n划分成m个数之和的方案数$f[n][m]$
（14）	完全相同	完全相同	不允许	$1 \leq n < m$	0
（15）	完全相同	完全相同	允许	$1 \leq m \leq n$	第（13）种情形的前缀和$\sum_{i=1}^{m} f[n][i]$
（16）	完全相同	完全相同	允许	$1 \leq n < m$	就是整数划分问题的方案数$\sum_{i=1}^{n} f[n][i]$

（1）球各不相同，盒子各不相同，不允许有空盒子，$1 \leq m \leq n$。

先假设盒子相同，则方案数是$S(n, m)$，再考虑盒子不同，还要乘上$m!$。

因此答案是$m! \times S(n, m)$。

（2）球各不相同，盒子各不相同，不允许有空盒子，$1 \leq n < m$。

由于$m > n$，而n个球至多可放入n个盒子里，所以必定有空盒。故满足此条件的方案数为0。

（3）球各不相同，盒子各不相同，允许有空盒子，$1 \leq m \leq n$。

每个小球都可以放到m个盒子里，因此答案就是m^n。

（4）球各不相同，盒子各不相同，允许有空盒子，$1 \leq n < m$。

每个小球都可以放到 m 个盒子里，因此答案就是 m^n。

（5）球各不相同，盒子完全相同，不允许有空盒子，$1 \leq m \leq n$。

答案是第二类斯特林数 $S(n,m)$。编程实例8.6采用递归求解 $S(n,m)$。其实也可以用动态规划（DP）算法求解，DP算法的核心就是递推。

引入**状态**：$g[i][j]$ 表示放前 i 个球、用了 j 个盒子的方案数，注意球各不相同。

状态转移方程为：
$$g[i][j] = g[i-1][j-1] + g[i-1][j]*j$$

这个状态转移方程其实就是公式（8.8）。这个式子的含义是，讨论当前新加入的第 i 个球要放在哪，第一种放法是第 i 个球单独放一个盒子，剩下的 $i-1$ 个球放 $j-1$ 个盒子，方案数为 $g[i-1][j-1]$；第二种放法是前面 $i-1$ 个球已经放了 j 个盒子，然后在这 j 个盒子里挑一个放第 i 个球，因为有 j 个盒子，而球是不同的，第 i 个球放入每个盒子都是不同的方案，所以方案数就是 $g[i-1][j]*j$，这两种情形是互斥的，二者加起来就是 $g[i][j]$。

（6）球各不相同，盒子完全相同，不允许有空盒子，$1 \leq n < m$。

由于 $m > n$，而 n 个球至多可放入 n 个盒子里，所以必定有空盒。故满足此条件的方案数为0。

（7）球各不相同，盒子完全相同，允许有空盒子，$1 \leq m \leq n$。

答案是第二类斯特林数的前缀和 $\sum_{i=1}^{m} S(n,i)$。有 m 个盒子，最少放1个盒子，最多放 m 个盒子，**如果放了 i 个盒子、其余盒子都是空的**，方案数就是 $S(n,i)$，加起来即可。

注意，当 $m = n$ 时，这种情形的方案数就是Bell数 $B_n = \sum_{i=1}^{n} S(n,i)$。

（8）球各不相同，盒子完全相同，允许有空盒子，$1 \leq n < m$。

由于 $m > n$，但只有 n 个球，所以最少放1个盒子，最多放 n 个盒子，总方案数是：$S(n,1) + S(n,2) + \cdots + S(n,n) = \sum_{i=1}^{n} S(n,i)$，也就是Bell数。

（9）球完全相同，盒子各不相同，不允许有空盒子，$1 \leq m \leq n$。

可以用经典的隔板法求解，把 m 个盒子看作 $m-1$ 个木板，然后要插入 $n-1$ 个空隙里，所以答案就是 C_{n-1}^{m-1}。

（10）球完全相同，盒子各不相同，不允许有空盒子，$1 \leq n < m$。

由于 $m > n$，而 n 个球至多可放入 n 个盒子里，所以必定有空盒。故满足此条件的方案数为0。

（11）球完全相同，盒子各不相同，允许有空盒子，$1 \leq m \leq n$。

这种情形就是前面第（9）种情形的变形，可以添加 m 个小球放到 m 个盒子里，每个盒子放一个球，这样就保证了盒子非空，问题就变成了 $n+m$ 个球放入 m 个不同的盒子，盒子不允许为空，答案就是 $C_{n+m-1}^{m-1} = C_{n+m-1}^{n}$。

（12）球完全相同，盒子各不相同，允许有空盒子，$1 \leq n < m$。

跟第（11）种情形的分析完全一样，答案也是 $C_{n+m-1}^{m-1} = C_{n+m-1}^{n}$，注意 $n < m$。

(13) 球完全相同，盒子完全相同，不允许有空盒子，$1 \leq m \leq n$。

这种情形其实就相当于**整数划分问题中将 n 划分成 m 个数之和的方案数**，就是把球看作数字，把盒子看作每一份。整数划分问题详见编程实例2.10。编程实例2.10用递归方法求解，其实这个问题也可以用DP算法求解，DP算法就是递推。

引入**状态**：$f[i][j]$ 表示把前 i 个球，放到 j 个不为空的盒子里的方案数，球完全相同，盒子完全相同，可以假设 j 个盒子里球的数量是从多到少，允许相邻盒子里球的数量相同。在整数划分问题里，$f[i][j]$ 表示将 i 分解成 j 个数之和的方案数，$f[6][3]$ 为3，表示将6分解成3个数之和，有3种方案：$4+1+1, 3+2+1, 2+2+2$。在表示一种分解方案时，可以把 j 个数按从大到小排列。

转移方程为：

$$f[i][j] = f[i-1][j-1] + f[i-j][j]$$

上述公式的含义是：第 j 个盒子里球的数量要么为1，要么 >1。如果为1，意味着，前 $j-1$ 个盒子里放了 $i-1$ 个球，方案数为 $f[i-1][j-1]$；如果 >1，那么从 j 个盒子里各减去一个球，这 j 个盒子还是不为空，这意味着要在 j 个盒子里放 $i-j$ 个球，方案数为 $f[i-j][j]$。

因此，这种情形下的方案数就是 $f[n][m]$。

(14) 球完全相同，盒子完全相同，不允许有空盒子，$1 \leq n < m$。

由于 $m > n$，而 n 个球至多可放入 n 个盒子里，所以必定有空盒。故满足此条件的方案数为0。

(15) 球完全相同，盒子完全相同，允许有空盒子，$1 \leq m \leq n$。

有 m 个盒子，最少放1个盒子，最多放 m 个盒子，**如果放了 i 个盒子、其余盒子都是空的**，那么就是第(13)种情况，加起来即可。因此，这种情形的解就是前面第(13)种情况的前缀之和 $\sum_{i=1}^{m} f[n][i]$。

(16) 球完全相同，盒子完全相同，允许有空盒子，$1 \leq n < m$。

由于 $m > n$，但只有 n 个球，所以最少放1个盒子，最多放 n 个盒子。因此，这种情形的解就是前面第(13)种情况下前 n 项之和 $\sum_{i=1}^{n} f[n][i]$，也是**整数划分问题的解**。用DP算法求解详见编程实例8.8。

【**编程实例8.8**】整数划分问题（递推求解）。用DP算法求解整数划分问题。

分析：DP算法有四个要素，状态、状态转移方程、初始值、问题的答案，前面在分析第(13)种情形时已经给出了前两个要素，即状态和状态转移方程。

状态：$f[i][j]$，表示将整数 i 分解成 j 个数之和的方案数。

状态转移方程：$f[i][j] = f[i-1][j-1] + f[i-j][j]$。

第三个要素：初始值 $f[1][1]=1$；第四个要素：问题的答案，即整数 n 的划分数，就是所有 $f[n][i]$ 之和，$i \leq n$。

```
#include <bits/stdc++.h>
using namespace std;
```

```
long long f[401][401];    //f[i][j]：把前 i 个球，放到 j 个不为空的盒子里的方案数
int main()
{
    f[1][1] = 1;    // 初始值
    for(int i=2; i<=400; i++){
        for(int j=1; j<=i; j++)
            f[i][j] = f[i-1][j-1] + f[i-j][j];    // 状态转移方程
    }
    int n;   cin >>n;
    long long ans = 0;
    for(int i=1; i<=n; i++)    // 方案数为所有 f[n][i] 之和，i<=n
        ans += f[n][i];
    cout <<ans <<endl;
    return 0;
}
```

【编程实例8.9】放苹果。把 n 个同样的苹果放在 m 个同样的盘子里，允许有的盘子空着不放，问共有多少种不同的分法？注意，5, 1, 1 和 1, 5, 1 是同一种分法。输入两个正整数 n, m，$1 \leq n, m \leq 10$，输出方案数。

分析：本题没有限定 m 和 n 的关系，可能 $m \leq n$，也可能 $m > n$。本题其实就是表8.1中的第（15）、（16）种情形，可以分 $m \leq n$、$m > n$ 两种情况求解，如果 $m \leq n$，答案就是 $\sum_{i=1}^{m} f[n][i]$；如果 $m > n$，答案就是 $\sum_{i=1}^{n} f[n][i]$。

本题也可以换一种递推思路求解。

由于盘子是一样的，5, 1, 1 和 1, 5, 1 是同一种分法。因此，可以假设各个盘子里的苹果数是从大到小的。考虑最后一个盘子，即第 n 个盘子，只有两种情况：可能是空的，也可能不为空。注意，如果考虑最后一个盘子放 0, 1, 2, …，问题就复杂了。

假设用 f(n, m) 表示 n 个苹果放到 m 个盘子里的方案数。f(n, m) 可以分成以下两种情形。

①第 m 个盘子是空的，就是 n 个苹果要放入 m − 1 个盘子，方案数是 f(n, m − 1)。

②第 m 个盘子不为空，意思是至少有一个苹果，也意味着每个盘子里至少有一个苹果，那么可以把每个盘子里的苹果数减1，也就是说这种情形的方案数跟每个盘子里的苹果数减1后放入 m 个盘子的方案数是一样的，为 f(n − m, m)。

因此，f(n, m) = f(n, m − 1) + f(n − m, m)。再考虑一些边界情况，就可以写出递归函数。

本题由于 t, n, m 的值都很小，所以可以直接用递归实现。如果数据很大，则必须用二维数组存储 f(n, m) 的值，f 函数也要做相应的修改。代码如下。

```
#include <bits/stdc++.h>
using namespace std;
int f(int n, int m)
```

```
{
    if(n == 0 or m == 1)
        return 1;      // 如果盘子只有1个，无论苹果有多少个都只有一种放法
    if(m > n)          // 如果盘子的个数大于苹果的个数
        return f(n, n);
    else
        return f(n, m - 1) + f(n - m, m);
}
int main()
{
    int n, m;  cin >>n >>m;
    cout <<f(n, m) <<endl;
    return 0;
}
```

【编程实例8.10】吃糖果（升级版）。有 n 颗一样的糖果，每天至少吃1颗。用 m 天吃完这 n 颗糖果，有多少种不同的方案？只要有一天吃的糖果数不一样，就认为是两种不同的方案。如果不限定天数，只要吃完就行，又有多少种不同的方案。$1 \leq m \leq n \leq 20$。

例如，4颗一样的糖果，吃2天，有3种方案，2+2、1+3、3+1。注意，1+3和3+1是两种不同的方案。1天吃完，有1种方案；2天吃完，有3种方案；3天吃完，有1+1+2、1+2+1、2+1+1共3种方案；4天吃完有1种方案。因此第2个问题的答案是1+3+3+1=8。

分析：第1个问题，用 m 天吃完这 n 颗糖果，相当于小球放盒子问题中的"球完全相同，盒子各不相同，不允许有空盒子，$1 \leq m \leq n$"这种情形，即第（9）种情形。

可以用经典的隔板法求解，把 n 颗糖果看成 n 个小球，m 天吃完，就需要用隔板把 n 颗糖果分成 m 份，每份至少有一颗糖果。因此需要把 $m-1$ 块木板，插入 $n-1$ 个空隙里，所以答案就是 C_{n-1}^{m-1}。

第2个问题的答案就是第1个问题中 m 取所有可能值的答案之和，即 $C_{n-1}^{0} + C_{n-1}^{1} + \cdots + C_{n-1}^{n-1} = 2^{n-1}$。例如，当 $n=4$ 时，第2个问题的答案就是 $2^3 = 8$。

第2个问题的答案为什么是 2^{n-1} 呢？因为每一种方案相当于一组 n 位二进制。例如，4颗糖果3天吃完是一种方案，1+2+1，相当于"0110"这组二进制，也相当于"1001"这组二进制，连续的0或1表示某一天吃的糖果。如图8.6所示。特别地，n 位全为0或全为1，表示1天吃完 n 颗糖果。

| 0 | 1 | 1 | 0 | | 1 | 0 | 0 | 1 |

图8.6 吃糖果的方案

n 位二进制可以表示 2^n 个数。一组 n 位二进制，互换0和1，得到的是相同的方案，所以还要除以2，因此答案就是 2^{n-1}。

由于在本题中，n 最大取到20，所以第1个问题，可以直接用组合数公式求 C_{n-1}^{m-1}，注意要用 long long 类型。第2个问题的答案 2^{n-1}，可以用位运算求解。代码如下。

```
#include <bits/stdc++.h>
using namespace std;
int main( )
{
    int n, m;
    cin >>n >>m;
    if(n==1){
        cout <<"1 1" <<endl;   return 0;
    }
    long long ans1 = 1, ans2 = 1 <<(n-1);   //2^(n-1)
    //ans1 = C(n-1, m-1) = P(n-1, m-1)/(m-1)!
    for(int i=n-m+1; i<=n-1; i++)
        ans1 = ans1*i;
    for(int i=1; i<=m-1; i++)
        ans1 = ans1/i;
    cout <<ans1 <<" " <<ans2 <<endl;
    return 0;
}
```

8.9 卡特兰数列及其应用

卡特兰数列是组合数学中广泛应用于各种计数问题中的数列，数列中的每一项称为卡特兰数。有时也不严格区分卡特兰数和卡特兰数列。

卡特兰（Catalan）数又称**明安图数**。1730年，中国清代数学家明安图在对三角函数幂级数的推导过程中首次发现了这个数列。

1753年，瑞士数学家欧拉在解决凸多边形划分成三角形问题时，推导出了卡特兰数。

1838年，比利时数学家卡特兰在研究汉诺塔时探讨了相关问题，解决了括号表达式的问题。

1900年，欧根·内托（Eugen Netto）在其著作中将该数命名为"卡特兰数"。

最后，这个数列由比利时数学家卡特兰的名字命名。在中国应当以清代数学家明安图命名。

卡特兰数列前几项为（从第0项开始）：1, 1, 2, 5, 14, 42, 132, 429, 1430, 4862,…。

设 $h(n)$ 为卡特兰数列的第 n 项，令 $h(0) = 1$，$h(1) = 1$，则卡特兰数满足以下递推公式：

$$h(n) = h(0) \times h(n-1) + h(1) \times h(n-2) + \cdots + h(n-1) \times h(0) = \sum_{i=0}^{n-1} h(i) \times h(n-1-i),\ n > 1 \quad (8.11)$$

卡特兰数也可以按以下公式计算，其中 C_{2n}^n 表示从 $2n$ 个元素中选出 n 个元素的组合数。

$$h(n) = \frac{1}{n+1} C_{2n}^n = C_{2n}^n - C_{2n}^{n-1} \quad (8.12)$$

【编程实例8.11】用两种方法求卡特兰数。输入n，$n \leq 10$，分别用计算公式和递推公式计算第n个卡特兰数$h(n)$。

分析：用计算公式（8.12）和递推公式（8.11）求解，前者还需要定义函数$c(n, m)$求组合数$C(n, m)$。代码如下。

```cpp
#include <bits/stdc++.h>
using namespace std;
int h[20];
long long c(int n, int m)    // 求组合数C(n, m)
{
    long long rt = 1;
    for(int i=1; i<=n; i++)   rt *= i;
    for(int i=1; i<=m; i++)   rt /= i;
    for(int i=1; i<=n-m; i++) rt /= i;
    return rt;
}
int main()
{
    h[0] = 1,  h[1] = 1;
    int n;  cin >>n;
    for(int k=2; k<=n; k++){
        for(int i=0; i<k; i++)
            h[k] += h[i]*h[k-1-i];    // 用递推公式求解
    }
    cout <<c(2*n, n)/(n+1) <<" ";     // 用计算公式求解
    cout <<h[n] <<endl;
    return 0;
}
```

有些问题，如果其答案满足公式（8.11）所示的递推公式，那么答案就是卡特兰数。卡特兰数的应用如下。

1. 不同形态的二叉树

问题描述：由n个结点可以构成多少棵不同形态的二叉树。树及二叉树的概念，详见第10章。

例如，由4个结点可以构成14棵不同形态的二叉树，包括6棵高度为3的二叉树，如图8.7所示，以及8棵高度为4的二叉树，如图8.8所示。

由n个结点组成的二叉树，一定有一个根结点，剩下的$n-1$个结点，假设左子树有k个结点，那么右子树就有$n-1-k$个结点，$k = 0, 1, 2, \cdots, n-1$，于是转换成两个规模更小的同类问题，如图8.9所示。

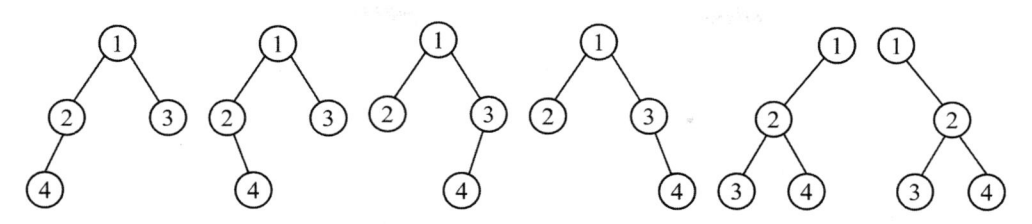

图 8.7　由 4 个结点构成的高度为 3 的二叉树

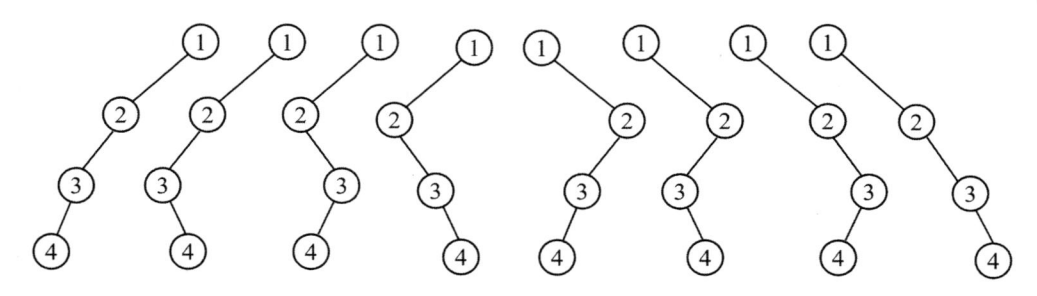

图 8.8　由 4 个结点构成的高度为 4 的二叉树

设由 n 个结点组成的二叉树有 $h(n)$ 棵，则 $h(0) = 1$，$h(1) = 1$，注意，由 0 个结点可以组成一棵空树。$h(n)$ 满足递推公式：$h(n) = h(0) \times h(n-1) + h(1) \times h(n-2) + \cdots + h(n-1) \times h(0)$。注意，这里不会重复计数。$h(0) \times h(n-1)$ 和 $h(n-1) \times h(0)$ 的含义不一样，前者表示左子树有 0 个结点、右子树有 $n-1$ 个结点，后者表示左子树有 $n-1$ 个结点、右子树有 0 个结点。

因此，由 n 个结点可以构成的二叉树的数目，答案就是第 n 个卡特兰数。

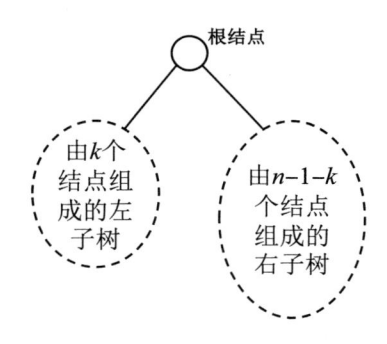

图 8.9　由 n 个结点构成的二叉树

2. 括号序列问题

问题描述：给出一个有 n 个运算符、$n+1$ 个运算数的算式，要求在算式中任意添加括号，那么可以得到多少种本质不同的运算顺序？

为了帮助理解，假设运算符都是减号，$a_0 - a_1 - a_2 - \cdots - a_n$，在这个算式中，每一种运算顺序可以通过加 n 对括号实现，每一种运算顺序得到的运算结果可能不同。

以 $n=3$ 为例，有以下 5 种加括号的方法，注意，每个算式中加了 3 对括号。

$(a_0 - (a_1 - (a_2 - a_3)))$，最后执行的是第 1 个减法。

$(a_0 - ((a_1 - a_2) - a_3))$，最后执行的是第 1 个减法。

$((a_0 - a_1) - (a_2 - a_3))$，最后执行的是第 2 个减法。

$(((a_0 - a_1) - a_2) - a_3)$，最后执行的是第 3 个减法。

$((a_0 - (a_1 - a_2)) - a_3)$，最后执行的是第 3 个减法。

在每种加括号方法中，一定有一个最后执行的运算符，假设这个运算左边还有 k 个运算符，那么右边一定有 $n-1-k$ 个运算符，$k = 0, 1, 2, \cdots, n-1$，于是转换成两个规模更小的同类问题。

设有 n 个运算符、$n+1$ 个运算数的算式有 $h(n)$ 种加括号的方法，则 $h(0) = 1$，$h(1) = 1$，由 0 个运算符组成的也是一个合法的算式。$h(n)$ 满足递推公式：$h(n) = h(0) \times h(n-1) + h(1) \times h(n-2) + \cdots + h(n-1) \times h(0)$。这里不会重复计数。

因此，括号序列问题的答案也是第 n 个卡特兰数。

3. 凸多边形划分成三角形

问题描述：在一个有 $n+2$ 条边的凸多边形中，可以画出 $n-1$ 条不相交的对角线，将多边形分成 n 个三角形，那么有多少种符合条件的方案呢？

这里将多边形的边数记为 $n+2$，一方面是因为可以分成 n 个三角形，另一方面也是为了推导出答案是第 n 个卡特兰数。

当 $n=2$ 时，对凸四边形，有 2 种方案可以分成 2 个三角形，如图 8.10 所示。

当 $n=3$ 时，对凸五边形，有 5 种方案可以分成 3 个三角形，如图 8.11 所示，我们也以这个图为例分析凸多边形划分的递推公式。

因为凸多边形的任意一条边必定属于某一个三角形，所以我们以某一条边为基准，在图 8.11 中标明了选定的一条边。记这条边的两个顶点为 P_1 和 P_2，再找任意一个不同于这两个顶点的顶点 P_3，来构成一个三角形，用这个三角形把原来的凸多边形划分成两个更小的凸多边形，其中一个凸多边形，假设可以分成 k 个三角形，$k = 0, 1, 2, \cdots, n-1$，则另一个凸多边形一定可以分成 $n-1-k$ 个三角形。

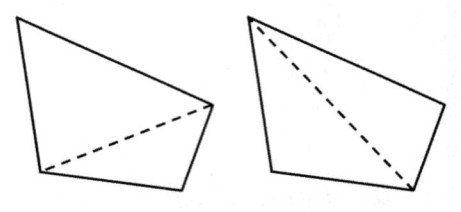

图 8.10 凸多边形划分成三角形（$n=2$）

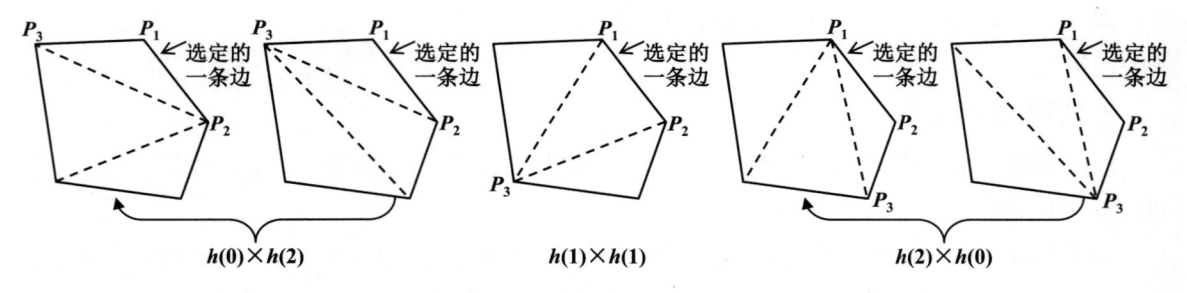

图 8.11 凸多边形划分成三角形（$n=3$）

设有 $n+2$ 条边的凸多边形有 $h(n)$ 种方案分成 n 个三角形，则 $h(1) = 1$，$h(2) = 2$，$h(3) = 5$。注意，在这个问题中，$h(0)$ 没有意义，但要定义成 $h(0) = 1$，因为 $h(0)$ 会出现在乘法式里，如图 8.11 所示。$h(n)$ 满足递推公式：$h(n) = h(0) \times h(n-1) + h(1) \times h(n-2) + \cdots + h(n-1) \times h(0)$。这里不会重复计数。因此，凸多边形划分问题的答案也是第 n 个卡特兰数。

4. 合法的出栈序列

问题描述：有 n 个元素，按固定的顺序入栈，那么有多少种不同的合法的出栈序列呢？

n 个元素按固定顺序入栈，我们可以通过调整入栈和出栈操作的顺序，得到不同的出栈顺序。

但是，不同的出栈顺序的个数不是n!，也就是说，在n个元素的全排列中，不是每个排列都是合法的出栈序列。例如，3个元素1, 2, 3按这种顺序入栈，已知(1, 2, 3)、(1, 3, 2)、(2, 1, 3)、(2, 3, 1)、(3, 2, 1)都是合法的出栈序列，但(3, 1, 2)不是合法的出栈序列。

令上述问题的答案为h(n)，因此h(3) = 5。

为了讨论方便，假设n个元素为1, 2, 3,···, n，而且这n个元素就是按这种顺序入栈。

在n个元素中，一定有一个元素是最后出栈，假设这个元素为k + 1，k = 0, 1, 2,···, n − 1。为什么不假设最后出栈的元素为k呢？这是为了使得推导出的递推公式和公式（8.11）形式一致。

k + 1最后出栈，一定是1, 2,···, k这k个元素按某种方式入栈出栈直至全部出栈后，这是一个独立的问题。然后k + 1入栈，此时k + 1就位于栈底。然后，k + 2, k + 3,···, n这n − 1 − k个元素再按某种方式入栈出栈直至全部出栈，这也是一个独立的问题。最后，k + 1才作为最后一个元素出栈。于是转换成两个规模更小的同类问题。

举例说明。假设n = 4，且3作为最后一个元素出栈。那么，1, 2这两个元素按某种方式入栈出栈直至全部出栈，如push 1, push 2, pop, pop。然后，3入栈。然后，4入栈，出栈。最后，3作为最后一个元素出栈，如图8.12所示。

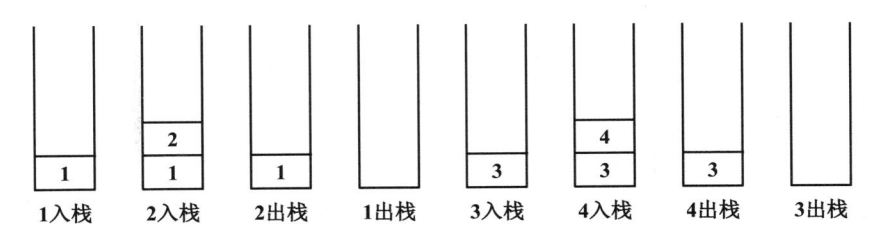

图8.12　4个元素的出栈问题

h(n)满足递推公式：h(n) = h(0) × h(n − 1) + h(1) × h(n − 2) +···+ h(n − 1) × h(0)。这里不会重复计数。因此，合法的出栈序列问题的答案也是第n个卡特兰数。

5. 匹配的括号对

问题描述：给定n对圆括号，包含n个左圆括号和n个右圆括号，问有多少种匹配的括号对？

以n为3为例。匹配例子：(( ))、( ) ( )、( ) ( ) ( )。

不匹配例子：) ( ) (。

这个问题和上述"合法的出栈序列"问题是等价的。在得到一个合法的出栈序列的方案中，包括入栈和出栈操作，将入栈视为左圆括号、出栈视为右圆括号，得到的就是一个匹配的括号对。

因此，匹配的括号对问题的答案也是第n个卡特兰数。

6. 剧场找零问题

问题描述：有2n个人排队进入剧场，入场费为50元，其中n个人每人带着一张50元的钞票，其余n个人每人带着一张100元的钞票，剧场售票处没有任何零钱，有多少种情况满足无论什么时候售票处都能找开零钱？

这个问题和上述"合法的出栈序列""匹配的括号对"的问题是等价的。

因此，剧场找零问题的答案也是第 n 个卡特兰数。

此外，在上述问题中，也可以将带有50元钞票的观众记为 +1，带有100元钞票的观众记为 -1，来一个观众就加上对应的数值，必须保证在任何时刻，售票处累加的数值之和 ≥ 0。

7. 网格路径问题

问题描述：有一个 $n \times n$ 的网格图，如图8.13所示，从 $(0, 0)$ 位置走到 (n, n) 位置，每次走一格，只能向上或向右走，不能向下或向左走，而且**不能走到虚线所示的对角线上方**，可以位于对角线上，求一共有多少种走法？

在上述问题中，将向上走记为 -1，向右走记为 +1，走到每一个格点累加之前所有的数值，必须保证能到达任何一个格点，累加的数值之和 ≥ 0。因此，网格路径问题的答案也是第 n 个卡特兰数 $h(n)$，且 $h(n) = C_{2n}^{n} - C_{2n}^{n-1}$。

注意，如果不限定"**不能走到虚线所示的对角线上方**"，得到的答案不是卡特兰数。假设横着向右走一步为 h，竖着向上走一步为 v，则每条路径一定是 $hvhhvvvh \cdots hv$ 这种移动序列。这相当于从第 1, 2, 3, $\cdots$, $2n$ 步里选出某些步为横着走（一共是 n 步），剩下的步数为竖着走（一共也是 n 步）的方案数，所以答案是 C_{2n}^{n}。

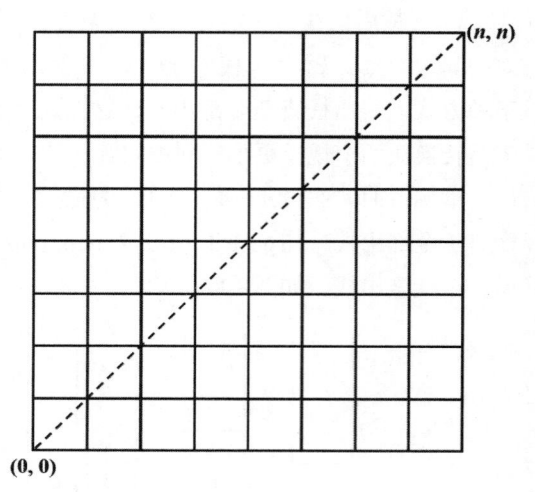

图8.13 网格图

【编程实例8.12】游戏机找零问题。某商场的游戏机有A、B两类游戏币，一个B类游戏币可以兑换两个A类游戏币。现在有 $2n$ 个人排队玩一个游戏机，$n \leq 10$，其中 n 个人每人带着一个A类游戏币，其余 n 个人每人带着一个B类游戏币。每人玩一次，需要投一个A类游戏币。游戏机可以自动找零，例如，投一个B类游戏币，自动找一个A类游戏币。初始时游戏机里没有任何游戏币。问有多少种情况满足无论什么时候游戏机都能找零或不需要找零？按字典序输出每种符合要求的方案。例如，当 $n=2$ 时，只有两种方案符合要求：AABB、ABAB。

分析：由于 n 值很小，可以直接枚举求解。假设在 $2n$ 个人中，带A类游戏币的人为0，带B类游戏币的人为1，所以这 $2n$ 个人就是 $2n$ 位二进制，可以用bitset实现。枚举 k 取 $0 \sim (2^{2n}-1)$ 的每个值，将 k 赋值给一个bitset数 bt，用 bt.count() 函数统计1的个数，如果不为 n，则跳过；否则将0视为1，1视为-1，从左往右累加这些数的和，这个和记为 s，只要某个时刻 $s < 0$，也要跳过；否则，即任何时刻 s 都是 ≥ 0，才是符合要求的方案，最后根据 bt 中的每一位，如果为0输出A，否则输出B。注意，在检查 bt 和输出时，都必须从 bt 的最高位开始，直到最低位。

代码如下：

```
#include <bits/stdc++.h>
using namespace std;
```

```cpp
int main( )
{
    int n;  cin >>n;
    int pn = 1 << (2*n);
    bitset<20> bt;
    int i, j, k, s;
    for(k=0; k<pn; k++){
        bt = k;
        if(bt.count()!=n)   continue;    // 必须是 n 个 0 和 n 个 1 组成的二进制
        for(i=2*n-1, s=0; i>=0; i--){
            if(bt[i]==0)  s++;
            else  s--;
            if(s<0)  break;
        }
        if(i>=0)  continue;
        for(i=2*n-1; i>=0; i--)
            cout <<(bt[i]==0 ? 'A' : 'B');
        cout <<endl;
    }
    return 0;
}
```

8.10 抽屉原理（鸽巢原理）

有 $n+1$ 只鸽子，有 n 个巢，这些鸽子飞回巢里，必然有一个巢里至少有两只鸽子。这一朴素的原理就是组合数学中非常著名的**鸽巢原理**，也称为**抽屉原理**。

抽屉原理包括第一抽屉原理和第二抽屉原理。

第一抽屉原理有以下三种表述。

原理1：把多于 n（$n+k$ 个，$k \geqslant 1$）个的物体放到 n 个抽屉里，则至少有一个抽屉里的东西不少于两件。

可以用反证法证明。若每个抽屉至多只能放进一个物体，那么物体的总数至多是 $n \times 1$，而不是题设的 $n+k$（$k \geqslant 1$），故不可能。

原理2：把多于 mn（$n \neq 0$）个的物体放到 n 个抽屉里，则至少有一个抽屉里有不少于 $m+1$ 的物体。

可以用反证法证明。若每个抽屉至多放进 m 个物体，那么 n 个抽屉至多放进 mn 个物体，与题设不符，故不可能。

原理3：把无数个物体放入 n 个抽屉，则至少有一个抽屉里有无数个物体。

第二抽屉原理：把 $mn-1$ 个物体放入 n 个抽屉中，其中必有一个抽屉中至多有 $m-1$ 个物体。

可以用反证法证明。若每个抽屉至少放进 m 个物体，那么 n 个抽屉至少放进 mn 个物体，与题设不符，故不可能。

例如，将 $3 \times 5 - 1 = 14$ 个物体放入 5 个抽屉中，则必定有一个抽屉中的物体数小于等于 $3-1=2$。

鸽巢原理的推广：将 n 个物品，划分为 k 组，那么至少存在一个分组，含有大于或等于 $\left\lceil \dfrac{n}{k} \right\rceil$ 个物品。

可以用反证法证明。若每个分组含有小于 $\left\lceil \dfrac{n}{k} \right\rceil$ 个物品，假设 k 个分组的物品总和为 S，则 $S \leq \left(\left\lceil \dfrac{n}{k} \right\rceil - 1\right) \times k = k\left\lceil \dfrac{n}{k} \right\rceil - k < k\left(\dfrac{n}{k} + 1\right) - k = n$，矛盾。

【**微实例8.15**】一共有 n 件物品，分成若干种，每种物品有 m 个（n 为 m 的倍数），那么就有 n/m 种物品，从中拿取 k 件物品，问其中至少有几个物品的种类一致？

解：如果 k 是 n/m 的倍数，即 $k\%(n/m) == 0$，则答案为 $k/(n/m)$；反之，即 k 不是 n/m 的倍数，则答案为 $k/(n/m) + 1$。

【**微实例8.16**】一副纸牌除掉大小王有 52 张牌，四种花色，每种花色有 13 张牌。假设从这 52 张牌中随机抽取 13 张纸牌，则至少几张牌的花色一致。

解：13 张牌，平均分摊到四种花色上，每种花色有 3 张牌，还多出 1 张牌，因此必然有一种花色有 4 张牌，即四种花色的牌数为 3、3、3、4。因此，答案为 4。

其实，不需要记本节的公式，抽屉原理的原则就是**平均分配**。如果问的是至少有一个抽屉里至少有几个物体，那就需要用第一抽屉原理，**先将物体尽可能平均分到每个抽屉，看还多出几个物体，如果多出 k 个物体，则要选出 k 个抽屉，每个抽屉多放一个物体**。如果问的是必有一个抽屉中至多有几个物体，那就需要用第二抽屉原理，也是**先将物体尽可能平均分到每个抽屉，此时一定是差一个物体，因此必有一个抽屉少一个物体**。

第 9 章
图论基础

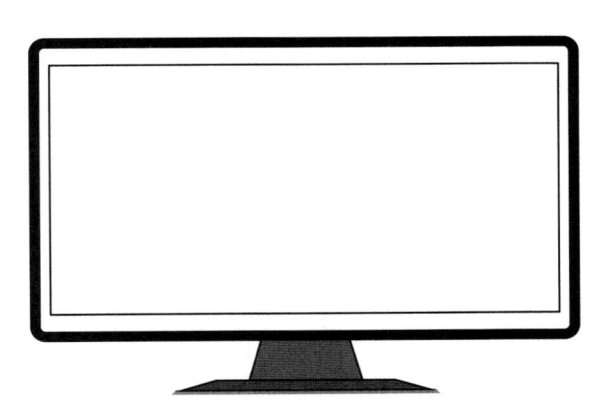

本章内容

本章介绍图论基础,包括从哥尼斯堡七桥问题引出图论研究,无向图和有向图,完全图和有向完全图,二分图和完全二分图,顶点的度数,路径,边的权值,有向网和无向网,图的三种存储方法,讨论连通性、可行遍性、最小生成树、最短路径问题及Dijkstra算法等。

9.1 从哥尼斯堡七桥问题说起

图论最早的系统性研究源于瑞士数学家欧拉,他在1736年成功解决了哥尼斯堡七桥问题,从而开创了图论的研究。

18世纪初普鲁士的哥尼斯堡市(今俄罗斯加里宁格勒)有一条布格河,如图9.1(a)所示。布格河横贯哥尼斯堡城区,它有两条支流,在这两条支流之间夹着一块岛形地带,这里是城市的繁华地区。全城分为北、东、南、岛4个区,各区之间共有七座桥梁相联系。

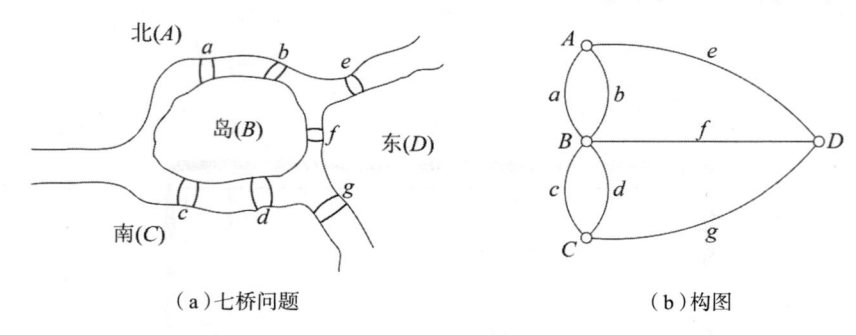

(a)七桥问题　　　　　　　　(b)构图

图9.1　哥尼斯堡七桥问题

人们长期生活在河畔、岛上,来往于七桥之间。有人提出这样一个问题:能不能一次走遍所有的七座桥,而每座桥只经过一次且不重复?问题提出后,很多人对此感兴趣,纷纷进行试验,但在相当长的时间里,始终未能解决。

欧拉在1736年通过数学方法解决了这个问题,他把每一块陆地用一个点来代替,将每一座桥用连接相应两个点的一条边来代替,从而得到一个图,如图9.1(b)所示。欧拉证明了这个问题没有解,并且推广了这个问题,给出了"对于一个给定的图,能否用某种方式走遍所有的边且没有重复"的判定法则。这项工作使欧拉被公认为图论研究的奠基人。

在哥尼斯堡七桥问题中,欧拉用顶点代表陆地,用边来代表连接两块陆地的桥梁。

9.2 无向图和有向图

图论在很多领域都有应用,在不同的领域,顶点和边的含义千差万别。但不管怎样,图就是由若干个给定的顶点及连接两个顶点的边所构成的数学模型,这种模型常常用于描述事物之间的某种特定关系,用顶点代表事物,用连接两个事物的边表示两个事物之间具有的这种关系。此外,在计算机中,图也是一种重要的数据结构。所谓数据结构,就是存储和管理数据的容器。图中的顶点用来存储数据,数据和数据之间如果存在某种关系,就会用边连接起来。

定义 9.1（图） 图是由顶点和边构成的数学模型或数据结构。顶点的个数称为图的**阶**，通常用 n 表示。边的数目称为图的**边数**，通常用 m 表示。

定义 9.2（无向图） 如果图中的边都是没有方向的，这种图称为**无向图**。

定义 9.3（有向图） 如果图中的边都是有方向的，这种图称为**有向图**。

一个图是由顶点集合和边集合构成的。例如，图 9.2（a）所示的无向图可以表示为 $G_1(V, E)$。其中，顶点集合 $V(G_1) = \{1, 2, 3, 4, 5, 6, 7\}$，用 "$V(G_1)$" 这种记号是为了强调这个集合 V 属于图 G_1，集合中的元素为顶点，这里用序号表示，在其他图中，顶点集合中的元素也可以用其他标识顶点的符号，如字母 A、B、C 等；边的集合为

$$E(G_1) = \{(1, 2), (1, 3), (2, 4), (2, 5), (3, 4), (3, 6), (4, 5), (4, 6), (5, 7), (6, 7)\}$$

注意，在 $E(G_1)$ 中，每个元素 (u, v) 为一对顶点构成的无序对（用圆括号括起来），表示**无向边**。

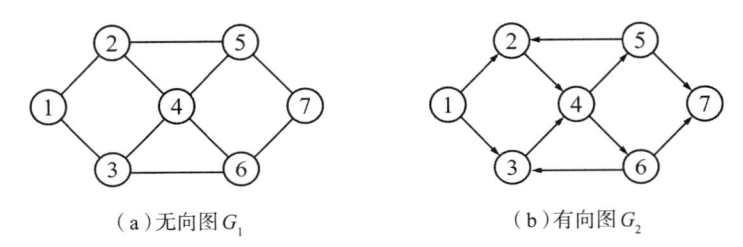

（a）无向图 G_1　　　　（b）有向图 G_2

图 9.2　无向图和有向图

图 9.2（b）所示的有向图可以表示为 $G_2(V, E)$，其中，顶点集合 $V(G_2) = \{1, 2, 3, 4, 5, 6, 7\}$，集合中的元素也为顶点的序号；边的集合为

$$E(G_2) = \{<1, 2>, <1, 3>, <2, 4>, <3, 4>, <4, 5>, <4, 6>, <5, 2>, <5, 7>, <6, 3>\ <6, 7>\}$$

注意，在 $E(G_2)$ 中，每个元素 $<u, v>$ 为一对顶点构成的有序对（用尖括号括起来），表示从顶点 u 到顶点 v 的**有向边**，其中，u 称为**起点**，v 称为**终点**，这条边有特定的方向，由 u 指向 v，因此 $<u, v>$ 与 $<v, u>$ 是两条不同的边。

对无向图 $G_1(V, E)$，如果 (u, v) 是图中一条无向边，则称顶点 u 与 v 互为**邻接顶点**。此外，称有一个共同顶点的两条不同边互为**邻接边**。

例如，在图 9.2（a）中，跟顶点 4 邻接的顶点有 2, 3, 5, 6。

对有向图 $G_2(V, E)$，如果 $<u, v>$ 是图中一条有向边，则称顶点 u **邻接到**顶点 v，顶点 v **邻接自**顶点 u，边 $<u, v>$ 与顶点 u 和 v 相关联。

例如，在图 9.2（b）中，顶点 4 邻接到顶点 5, 6，邻接自顶点 2, 3。

自回路：是指关联于同一顶点的边，或称为自身环。

平行边：在有向图中，起点和终点均相同的边称为平行边；在无向图中，两个顶点间的多条边称为平行边。平行边也称为**重边**。

简单图：是指不含有平行边和自身环的图。

有向图的基图：指忽略有向图所有边的方向，从而得到的无向图。

9.3 完全图和有向完全图

定义9.4（完全图） 如果无向图中任何一对顶点之间都有一条边，这种无向图称为完全图。在完全图中，阶数和边数存在关系式：$m = n \times (n-1)/2$。阶为n的完全图用K_n表示。

例如，图9.3（a）所示为5阶完全图K_5。

定义9.5（有向完全图） 如果有向图中任何一对顶点u和v，都存在$<u, v>$和$<v, u>$两条有向边，这种有向图称为有向完全图。在有向完全图中，阶数和边数存在关系式：$m = n \times (n-1)$。

例如，图9.3（b）所示为4阶有向完全图。

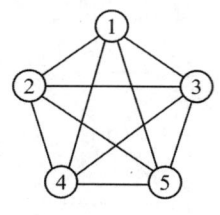

（a）5阶完全图K_5　　　　　（b）4阶有向完全图

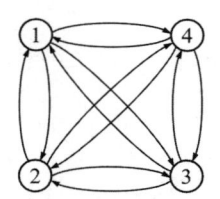

图9.3　5阶完全图K_5和4阶有向完全图

9.4 二分图与完全二分图

定义9.6（二分图） 设无向图为$G(V, E)$，如果它的顶点集合V可分成两个没有公共元素的子集，$X = \{x_1, x_2, \cdots, x_s\}$和$Y = \{y_1, y_2, \cdots, y_t\}$，其元素个数分别为$s$和$t$，并且$x_i$与$x_j$之间（$1 \leq i, j \leq s$）、$y_k$与$y_r$之间（$1 \leq k, r \leq t$）没有边连接，则称$G$为**二分图**，也称为**二部图**。

例如，图9.4（a）所示的无向图就是一个二分图。

定义9.7（完全二分图） 在二分图G中，如果顶点集合X中每个顶点x_i与顶点集合Y中每个顶点y_k都有边相连，则称G为完全二分图，记为$K_{s,t}$，s和t分别为集合X和集合Y中的顶点个数。在完全二分图$K_{s,t}$中共有$s \times t$条边。

例如，图9.4（b）所示的$K_{2,2}$和图9.4（c）所示的$K_{3,4}$都是完全二分图。

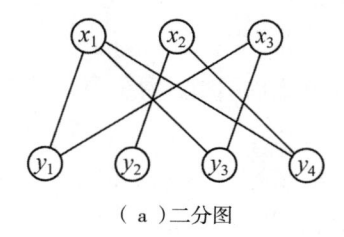

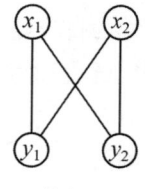

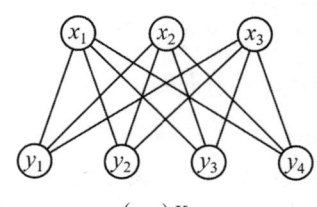

（a）二分图　　　　　（b）$K_{2,2}$　　　　　（c）$K_{3,4}$

图9.4　二分图与完全二分图

【微实例9.1】 24个顶点的二分图至多有多少条边？

解： 当二分图为完全二分图时，边数是最多的。设完全二分图两个顶点集合X和Y的顶点数分别为x和y，则$x+y=24$，边数为xy。当x和y的和是固定的，x和y的值越接近，xy的值就越大。因此，在本题中，当$x=y=12$时，二分图的边数最多，有144条边。

9.5 顶点的度数及相关问题

定义9.8（顶点的度数） 一个顶点u的**度数**是与它相关联的边的数目，记作$deg(u)$。

例如，在图9.2（a）所示的无向图G_1中，顶点4的度数为4，顶点5的度数为3。

定义9.9（出度和入度） 在有向图中，顶点的度数等于该顶点的出度与入度之和。其中，顶点u的**出度**是以u为起始顶点的有向边（从顶点u出发的有向边）的数目，记作$od(u)$；顶点u的**入度**是以u为终点的有向边（进入到顶点u的有向边）的数目，记作$id(u)$。顶点u的**度数**为：$deg(u) = od(u) + id(u)$。

例如，在图9.2（b）所示的有向图G_2中，顶点3的出度为1，入度为2，则度数为$2+1=3$。

在无向图和有向图中，边数m和所有顶点度数总和都存在以下关系。

定理9.1 在无向图和有向图中，所有顶点度数总和等于边数的两倍，即

$$\sum_{i=1}^{n} deg(u_i) = 2m \tag{9.1}$$

这是因为，对有向图和无向图，在统计所有顶点度数总和时，每条边都统计了两次。

度数为偶数的顶点称为**偶点**，度数为奇数的顶点称为**奇点**。

定理9.1的推论 每个图都有偶数个奇点。

孤立顶点：是指度数为0的顶点。孤立顶点不与其他任何顶点邻接。

叶：是指度数为1的顶点，也称**叶顶点**或**端点**。其他顶点称为**非叶顶点**。

图G的最小度：是指图G所有顶点度数的最小值，记作$\delta(G)$。

图G的最大度：是指图G所有顶点度数的最大值，记作$\Delta(G)$。

例如，图9.2（a）所示的无向图G_1没有孤立顶点，也没有叶顶点；$\delta(G_1)=2$，$\Delta(G_1)=4$。

【微实例9.2】 假设我们用$d=(a1,a2,\cdots,a5)$，表示无向图G的5个顶点的度数，下面给出的哪组d值合理？$\{2,2,2,2,2\}$，$\{1,2,2,1,1\}$，$\{3,3,3,2,2\}$，$\{5,4,3,2,1\}$。

解： 对$\{2,2,2,2,2\}$，我们可以构造出一个图，由5个顶点构成的一个环，每个顶点的度数均为2，因此这组d值是合理的。事实上，后面3组d值肯定是错的，因为任何一个无向图，奇点个数必须是偶数个，而这3组d值都有3个奇数度数。

9.6 路径

定义 9.10（路径） 在无向图 $G(V, E)$ 中，若从顶点 v_i 出发，沿着一些边经过一些顶点 $v_{p1}, v_{p2}, \cdots, v_{pm}$，到达顶点 v_j，则称顶点序列 $(v_i, v_{p1}, v_{p2}, \cdots, v_{pm}, v_j)$ 为从顶点 v_i 到顶点 v_j 的一条**路径**，其中 (v_i, v_{p1})，(v_{p1}, v_{p2})，$\cdots$，(v_{pm}, v_j) 为图 G 中的边。如果 G 是有向图，则 $<v_i, v_{p1}>$，$<v_{p1}, v_{p2}>$，$\cdots$，$<v_{pm}, v_j>$ 为图 G 中的有向边。

路径长度：路径中边的数目通常称为路径的长度。

例如，在图 9.2（a）所示的无向图 G_1 中，顶点序列 (1, 2, 5, 7) 是从顶点 1 到顶点 7 的路径，路径长度为 3；另外，顶点序列 (1, 3, 4, 6, 7) 也是从顶点 1 到顶点 7 的路径，路径长度为 4。

在图 9.2（b）所示的有向图 G_2 中，顶点序列 (1, 3, 4, 6) 是从顶点 1 到顶点 6 的路径，路径长度为 3；而从顶点 6 到顶点 1 没有路径。

简单路径：若路径上各顶点 $v_i, v_{p1}, v_{p2}, \cdots, v_{pm}, v_j$ 均互不重复，则称为简单路径。

迹：若路径上各边均不重复，则这样的路径称为迹。

注意：顶点不重复，则边一定不重复，因此简单路径一定是迹。反过来则不成立。

回路：若路径上第一个顶点 v_i 与最后一个顶点 v_j 重合，则称这样的路径为回路，有时也称为**环**。

例如，在图 9.2（a）中，图 G_1 中的路径 (3, 4, 6, 3) 就是回路。

简单回路：除第一个和最后一个顶点外，没有顶点重复的回路称为简单回路，也称为**圈**。

路径、迹、简单路径、简单回路（圈）这几个概念的包含关系如图 9.5 所示。

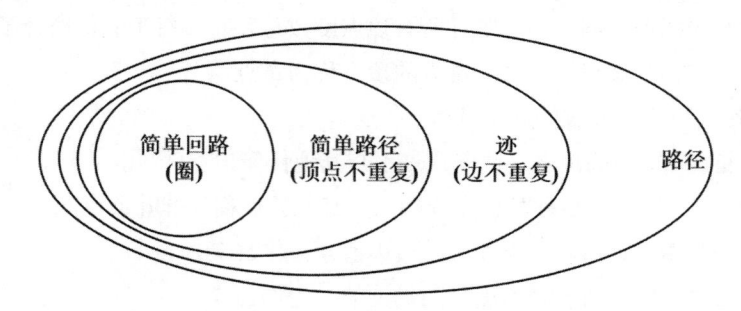

图 9.5 路径、迹、简单路径、简单回路的包含关系

【微实例 9.3】 设有一个 10 个顶点的完全图，每两个顶点之间都有一条边。有多少个长度为 4 的环？

解：从 10 个顶点中选出 4 个顶点，组合数是 $C(10, 4) = 210$，4 个顶点的圆排列的方案数是 $(4 - 1)! = 6$。但是同一个环，顺时针和逆时针绕一圈会得到两个不同的排列，对应的是同一个环，所以还要除以 2，因此答案是 $C(10, 4) \times 6 / 2 = 630$。

可以举 n 取较小值来验证一下。例如，$n = 4$，4 阶完全图如图 9.6 所示，$C(4, 4) = 1$。有 $C(4, 4) \times 6 / 2 = 3$ 个长度为 4 的回路。

① a, b, c, d, a
② a, b, d, c, a
③ a, c, b, d, a

①和②不是同一个回路，以顶点b为例，在①中顶点b左右两边的顶点分别是a和c，在②中顶点b左右两边的顶点分别是a和d，显然这是两个不同的回路。

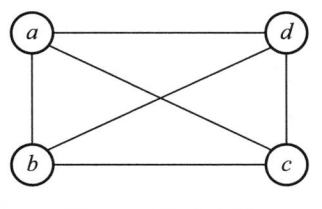

图9.6　4阶完全图

9.7 连通性问题

定义9.11（连通性）　在无向图中，若顶点u和v之间有路径，则称顶点u和v是**连通**的。如果无向图中任意一对顶点都是连通的，则称此图是**连通图**；如果一个无向图不连通，则称此图是**非连通图**。

所谓连通图，通俗地讲，就是所有顶点连成一片。例如，图9.7（a）就是连通图。但是去掉(3,4)和(4,6)这两条边后，得到图9.7（b），就是非连通图了。

如果一个无向图不是连通的，则其极大连通子图称为**连通分量**，这里所谓的极大是指子图中包含的顶点个数极大。

例如，图9.7（b）所示的非连通图包含3个连通分量，一个是由顶点1、2、4组成的连通分量，一个是由顶点5、6、7组成的连通分量，另一个是由顶点3构成的连通分量。

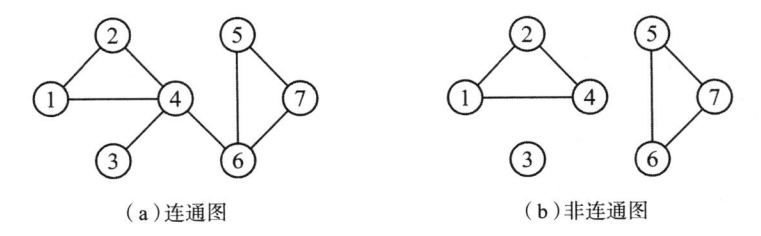

（a）连通图　　　　　（b）非连通图

图9.7　连通图和非连通图

【微实例9.4】G是一个非连通简单无向图，即没有重边和自环，共有28条边，则该图至少有多少个顶点？

解：可以构造一个n个顶点的非连通图，包含1个孤立顶点和$n-1$阶完全图。由于$8 \times 7 \div 2 = 28$，所以完全图有8个顶点，符合要求的图至少包含$8+1=9$个顶点。

【微实例9.5】G是一个非连通简单无向图，即没有自环和重边，共有34条边，则该图至少有几个顶点？

解：可以构造一个n个顶点的非连通图，包含1个孤立顶点和$n-1$阶完全图。由于$9 \times 8 \div 2 = 36 > 34$，所以完全图有9个顶点，从完全图中去掉两条边就剩下34条边，因此顶点数为$9+1=10$。

由于有向图的边具有方向性，所以有向图的连通性比较复杂。根据有向图连通性的强弱可分为强连通、单连通和弱连通。

定义9.12（有向图的连通性） 若G是有向图，如果对图G中任意两个顶点u和v，既存在从u到v的路径，也存在从v到u的路径，则称该有向图为**强连通有向图**。若G是有向图，如果对图G中任意两个顶点u和v，存在从u到v的路径或从v到u的路径，则称该有向图为**单连通有向图**。若G是有向图，如果忽略图G中每条有向边的方向，得到的无向图连通，即有向图的基图是连通的，则称该有向图为**弱连通有向图**。

在有向图中如果能找到一个有向回路，图中所有顶点都出现在这个回路上，那么这个有向图就一定是强连通的。例如，在图9.8（a）所示的有向图G_1中，存在有向回路1→2→5→3→4→1，5个顶点都出现了，因此G_1是强连通有向图。

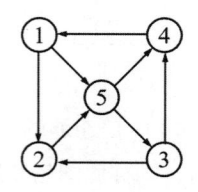

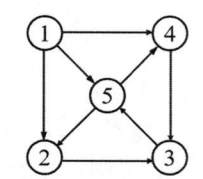

（a）强连通有向图G_1　　（b）单侧连通有向图G_2　　（c）弱连通有向图G_3

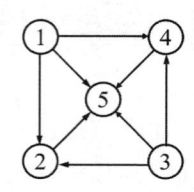

图9.8　有向图的连通性

图9.8（b）和图9.8（c）所示的有向图分别是单侧连通有向图和弱连通有向图。在图9.8（b）中，顶点1到顶点3有路径，但顶点3到顶点1没有路径。在图9.8（c）中，顶点2到顶点4没有路径，顶点4到顶点2也没有路径，但该有向图的基图是连通的。

如果一个有向图不是强连通图，那么它的极大强连通子图称为**强连通分量**。

例如，图9.8（b）所示的有向图G_2是非强连通图，它包含两个强连通分量，如图9.9所示。其中，顶点2、3、4、5构成一个强连通分量，在这个子图中，每一对顶点u和v，既存在从u到v的路径，也存在从v到u的路径；顶点1自成一个强连通分量。

【微实例9.6】 图9.10是一个包含7个顶点的有向图，如果要删除其中一些边，使得从顶点1到顶点7没有可行路径，且删除的边数最少，请问共有多少种可行的删除边的集合？

解：注意理解题目的意思，"删除的边数最少"，就是给定一个边的集合S，删除S中的边后，从顶点1到顶点7没有路径，但少删除一条边，不能做到这一点，这个集合才算。因此，给出来的方案里，不能存在一个集合包含另一个集合。此外，这句话还有一个含义，只要找到删除两边的方案，那么其他方案也只能删除两条边。这样，就只有4种方案：{④,⑦},{⑨,⑩},{⑦,⑨},{①,⑦}。注意，根据前面的分析，{④,⑦,⑧}这种方案不能算。

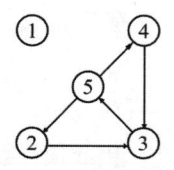

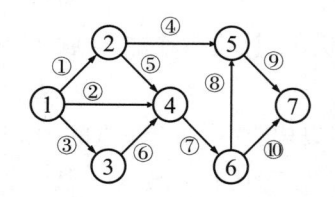

图9.9　有向图的强连通分量　　图9.10　删除边使得顶点1到顶点7没有路径

9.8 权值、有向网和无向网

定义 9.13（权值、加权图、无向网、有向网） 某些图的边具有与它相关的数，称为**权值**。这些权值可以表示从一个顶点到另一个顶点的距离、花费的代价、所需的时间等。如果一个图，其所有边都具有权值，则称其为**加权图**或称为**网络**。根据网络中的边是否具有方向性，又可以分为**有向网**和**无向网**。网络也可以用 $G(V, E)$ 表示，其中边的集合 E 中每个元素包含 3 个分量：边的两个顶点和权值。

例如，图 9.11（a）所示的无向网可以表示为 $G_1(V, E)$，其中顶点集合 $V(G_1) = \{1, 2, 3, 4, 5, 6, 7\}$；边的集合为 $E(G_1) = \{(1, 2, 6), (1, 3, 5), (2, 4, 7), (2, 5, 1), (3, 4, 4), (3, 6, 8), (4, 5, 2), (4, 6, 6), (5, 7, 5), (6, 7, 3)\}$。在 $E(G_1)$ 中，每个元素的第 3 个分量表示该边的权值。

图 9.11（b）所示的有向网可以表示为 $G_2(V, E)$，其中顶点集合 $V(G_2) = \{1, 2, 3, 4, 5, 6, 7\}$；边的集合为 $E(G_2) = \{<1, 2, 6>, <1, 3, 5>, <2, 4, 7>, <3, 4, 4>, <4, 5, 2>, <4, 6, 6>, <5, 2, 1>, <5, 7, 5>, <6, 3, 8> <6, 7, 3>\}$。同样在 $E(G_2)$ 中，每个元素的第 3 个分量也表示该边的权值。

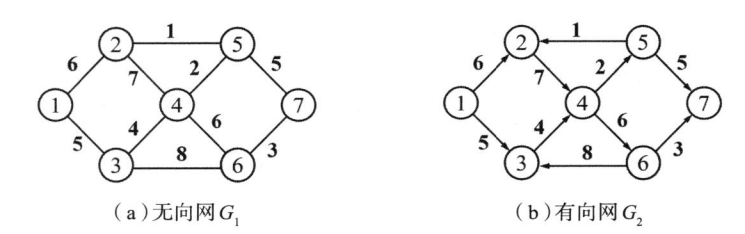

（a）无向网 G_1　　（b）有向网 G_2

图 9.11　无向网和有向网

9.9 图的存储

要编程求解图论问题，首先面临的是如何存储图。存储图主要有以下 3 种方法。

（1）邻接矩阵

为了存储图，可以用一个矩阵，实际上就是一个二维数组，存储各个顶点之间的邻接关系，这个矩阵称为**邻接矩阵**。设 $G(V, E)$ 是一个具有 n 个顶点的图，则图的邻接矩阵是一个 $n \times n$ 的二维数组，可以用 $Edge[n][n]$ 表示，它的定义为

$$Edge[i][j] = \begin{cases} 1 & <i, j> \in E \text{ 或 } (i, j) \in E \\ 0 & <i, j> \notin E \text{ 或 } (i, j) \notin E \end{cases} \quad (9.2)$$

例如，图 9.12（a）中的无向图 $G_1(V, E)$，其邻接矩阵表示如图 9.12（b）所示，从图中可以看出，无向图的邻接矩阵是沿主对角线对称的。

（a）无向图 G_1　　　　　（b）邻接矩阵

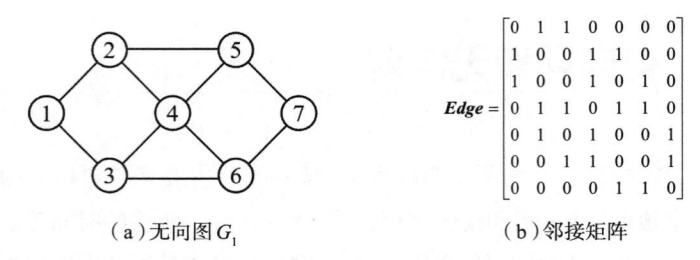

图9.12　无向图的邻接矩阵表示

又如，图9.13（a）中的有向图 $G_2(V, E)$，其邻接矩阵表示如图9.13（b）所示，从图中可以看出，有向图的邻接矩阵不一定是沿主对角线对称的。

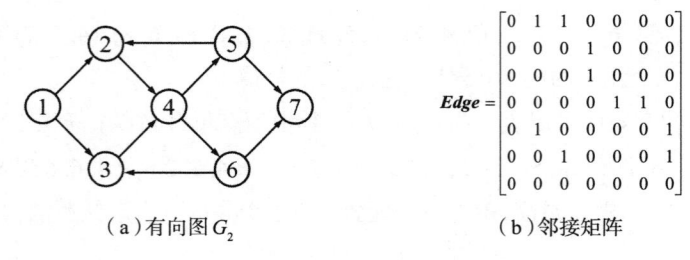

（a）有向图 G_2　　　　　（b）邻接矩阵

图9.13　有向图的邻接矩阵表示

对于网络，即带权值的图，邻接矩阵的定义为

$$Edge[i][j] = \begin{cases} W(i,j) & \text{如果} i \neq j, \text{且} <i,j> \in E(\text{或}(i,j) \in E) \\ \infty & \text{如果} i \neq j, \text{且} <i,j> \notin E(\text{或}(i,j) \notin E) \\ 0 & \text{对角线上的位置，即} i = j \end{cases} \quad (9.3)$$

在编程实现时，可以用一个比较大的常量表示无穷大 ∞。

图9.14（a）中的无向网 $G_1(V, E)$，其邻接矩阵表示如图9.14（b）所示，从图中可以看出，无向网的邻接矩阵是沿主对角线对称的，其中的 ∞ 表示没有直接边相连。

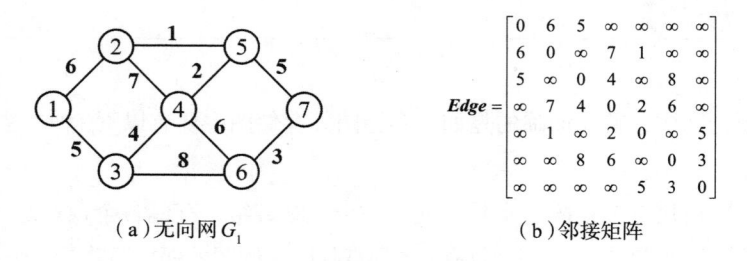

（a）无向网 G_1　　　　　（b）邻接矩阵

图9.14　无向网的邻接矩阵表示

图9.15（a）中的有向网 $G_2(V, E)$，其邻接矩阵表示如图9.15（b）所示，从图中可以看出，有向网的邻接矩阵不一定是沿主对角线对称的。

（a）有向网 G_2　　　　　　　（b）邻接矩阵

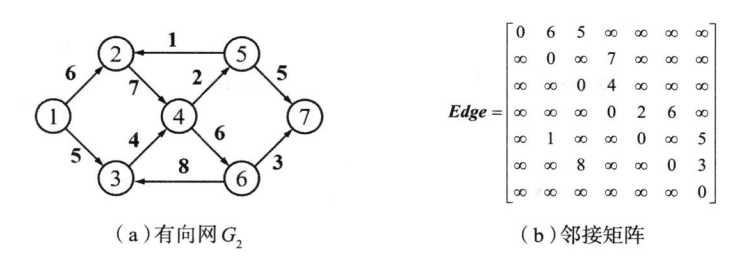

图9.15　有向网的邻接矩阵表示

【**编程实例9.1**】**求无向图的邻接矩阵**。输入一个无向图，输出其邻接矩阵。

输入数据第一行为两个正整数 n 和 m，$1 \leqslant n \leqslant 100$，$1 \leqslant m \leqslant 500$，分别表示顶点数和边数，顶点序号从1开始计起；接下来有 m 行，每行为一个正整数对"$a\ b$"，表示顶点 a 和顶点 b 之间有一条边。每条边出现一次且仅一次，图中不存在自身环和平行边。

输出该无向图的邻接矩阵，即输出 n 行，每行有 n 个整数，取值为1或0，用空格隔开。

分析：对读入的每条无向边"$a\ b$"，在邻接矩阵 ***Edge*** 中设置 ***Edge***$[a][b]$ = ***Edge***$[b][a]$ = 1，最后输出邻接矩阵即可。

```
#include <bits/stdc++.h>
using namespace std;
#define MAXN 110
int main()
{
    int i, j, n, m, a, b;
    int Edge[MAXN][MAXN] = {0};
    cin >>n >>m;
    for(i=1; i<=m; i++){
        cin >>a >>b;
        Edge[a][b] = Edge[b][a] = 1;
    }
    for(i=1; i<=n; i++){
        for(j=1; j<=n; j++){
            if(j>1)  cout <<" ";
            cout <<Edge[i][j];
        }
        cout <<endl;
    }
    return 0;
}
```

【**编程实例9.2**】**求有向图的出度序列、入度序列、最大度和最小度**。输入一个有向图，求出度序列、入度序列、最大度和最小度。要求用邻接矩阵实现。

输入数据第一行为两个正整数 n 和 m，$1 \leqslant n \leqslant 100$，$1 \leqslant m \leqslant 500$，分别表示顶点数和边数，顶点

序号从1开始计起；接下来有 m 行，每行为一个正整数对"$a\ b$"，表示从顶点 a 到顶点 b 的一条有向边。每条边出现一次且仅一次，图中不存在自身环和平行边。

输出第1行是 n 个非负整数，用空格隔开，依次为顶点 $1\sim n$ 的出度。第2行也是 n 个非负整数，用空格隔开，依次为顶点 $1\sim n$ 的入度。第3行为两个非负整数，用空格隔开，分别为该有向图的最大度和最小度。

分析：对读入的有向边"$a\ b$"，在邻接矩阵 ***Edge*** 中设置 ***Edge***$[a][b] = 1$。对有向图，顶点 i 的出度就是第 i 行元素中1的个数、顶点 i 的入度就是第 i 列元素中1的个数，顶点 i 的度数等于出度和入度之和。在统计每个顶点度数的过程中还可以求最大度和最小度。

```cpp
#include <bits/stdc++.h>
using namespace std;
#define MAXN 110
int main()
{
    int i, j, n, m, a, b;
    int Edge[MAXN][MAXN] = {0};
    int d1[MAXN] = {0},  d2[MAXN] = {0};
    cin >>n >>m;
    for(i=1; i<=m; i++){
        cin >>a >>b;
        Edge[a][b] = 1;
    }
    int mx = 0,  mn = n;
    for(i=1; i<=n; i++){
        for(j=1; j<=n; j++)
            d1[i] += Edge[i][j];       // 把第 i 行加起来，即为顶点 i 的出度
        for(j=1; j<=n; j++)
            d2[i] += Edge[j][i];       // 把第 i 列加起来，即为顶点 i 的入度
    }
    for(i=1; i<=n; i++){
        if(i>1)   cout <<" ";
        cout <<d1[i];
        if(d1[i]+d2[i]<mn)   mn = d1[i]+d2[i];
        if(d1[i]+d2[i]>mx)   mx = d1[i]+d2[i];
    }
    cout <<endl;
    for(i=1; i<=n; i++){
        if(i>1)   cout <<" ";
        cout <<d2[i];
    }
    cout <<endl <<mx <<" " <<mn <<endl;
```

```
    return 0;
}
```

【编程实例9.3】输出无向图的邻接关系。输入一个无向图的邻接矩阵,输出顶点间的邻接关系。

输入数据第1行为正整数n,$2 \leq n \leq 20$,表示无向图的顶点个数。第$2 \sim n+1$行为该无向图的邻接矩阵,每行有n个整数,为1或0,第$i+1$行、第j列的元素取值为1表示顶点i和顶点j之间有一条无向边,取值为0则表示没有边相连。图中不存在自身环和平行边。

以"$a\ b$"的形式输出每一对邻接关系(其实就是每一条边),每条边占一行,按字典序排序,即先按a从小到大排序,a相同再按b从小到大排序,边不能重复输出。

分析:读入无向图的邻接矩阵后,先按行再按列的顺序输出邻接矩阵对角线以上的元素中每个1对应的无向边。

```
#include <bits/stdc++.h>
using namespace std;
#define MAXN 110
int main()
{
    int i, j, n;
    int Edge[MAXN][MAXN] = {0};    //邻接矩阵
    cin >>n;
    for(i=1; i<=n; i++){
        for(j=1; j<=n; j++)
            cin >>Edge[i][j];
    }
    for(i=1; i<=n; i++){
        for(j=i+1; j<=n; j++)
            if(Edge[i][j])   cout <<i <<" " <<j <<endl;
    }
    return 0;
}
```

【编程实例9.4】求补图。给定一个无向图,求该无向图关于完全图的相对补图,并求该补图的最大度和最小度。用邻接矩阵表示该无向图。无向图的顶点数不小于2并且不超过500。输入的无向图和求得的补图均为简单图。

输入数据第一行是无向图中顶点的数量n,即邻接矩阵的行数和列数。n行n列为该图的邻接矩阵。

输出n行,每行有n个整数,用空格隔开,表示补图的邻接矩阵。接下来一行为两个用空格分隔的整数,分别代表补图的最大度和最小度。

分析:输入无向图的邻接矩阵$Edge$,设补图的邻接矩阵为$rEdge$。对非对角线上的元素,设置$rEdge[i][j]=1-Edge[i][j]$。对角线上的元素$rEdge[i][i]$,保持为0。在$rEdge$中求最大度mx和最小度 mn。最后输出邻接矩阵 *rEdge*、mx 和 mn。

```cpp
#include <bits/stdc++.h>
using namespace std;
#define MAXN 510
int Edge[MAXN][MAXN];         //邻接矩阵
int rEdge[MAXN][MAXN];        //补图的邻接矩阵
int main()
{
    int i, j, n;
    cin >>n;
    for(i=1; i<=n; i++){
        for(j=1; j<=n; j++)
            cin >>Edge[i][j];
    }
    for(i=1; i<=n; i++){
        for(j=1; j<=n; j++){
            if(i==j)   continue;
            rEdge[i][j] = 1 - Edge[i][j];
        }
    }
    int mx = 0,  mn = n,   d;
    for(i=1; i<=n; i++){
        d = 0;
        for(j=1; j<=n; j++)    //把第i行加起来，即为顶点i的度数
            d += rEdge[i][j];
        if(d<mn)   mn = d;
        if(d>mx)   mx = d;
    }
    for(i=1; i<=n; i++){
        for(j=1; j<=n; j++){
            if(j>1)   cout <<" ";
            cout <<rEdge[i][j];
        }
        cout <<endl;
    }
    cout <<mx <<" " <<mn <<endl;
    return 0;
}
```

【**编程实例9.5**】**共同好友**。在社交网络中，已知每个人的好友列表，输出"不直接相识、但有共同好友"这一关系的关系矩阵。在社交网络中，顶点表示人，两个顶点之间有边相连，表示这两个人直接相识；没有边相连，则表示不直接相识。

例如，在图9.16中，2和6不直接相识，但他们有两个共同的好友，即1和4。

输入数据第一行为一个正整数n，$1 \leq n \leq 100$，表示社交网络中的人数，人的序号从1开始计起；接下来有n行，每行描述了一个人的好友列表，第i行首先是非负整数r_i，接下来有r_i个互不相同的正整数f_j，$1 \leq f_j \leq n$，表示第i个人的r_i个好友。测试数据保证i不会出现在i的好友列表里。

输出n行，每行有n个整数，为1或0，用空格隔开，第i行第j列的整数（1或0）表示第i个人和第j个人是否不相识但有共同好友（1表示不相识但有共同好友、0表示相反的情形）。

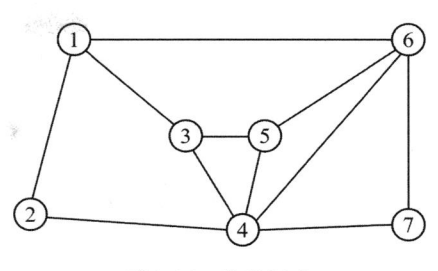

图9.16 共同好友

分析：定义两个二维数组 *Edge* 和 *Edge*1，分别表示"直接好友"关系的关系矩阵、"有共同好友"关系的关系矩阵。读入第i个人的好友列表，将里面的每个好友f存入数组fs中，设置 *Edge*[i][f] = *Edge*[f][i] = 1；然后用二重循环遍历fs数组中的两个元素$fs[j]$和$fs[k]$，设置 *Edge*1[$fs[j]$][$fs[k]$] = *Edge*1[$fs[k]$][$fs[j]$] = 1，表示$fs[j]$和$fs[k]$有共同好友，就是i。最后在输出关系矩阵时，如果 *Edge*[i][j]为0、*Edge*1[i][j]为1就输出1，否则输出0。

```
#include <bits/stdc++.h>
using namespace std;
#define MAXN 110
int main()
{
    int i, j, k, n;
    int Edge[MAXN][MAXN] = {0};          //"直接好友"关系的关系矩阵
    int Edge1[MAXN][MAXN] = {0};         //"有共同好友"关系的关系矩阵
    cin >>n;
    int r, f, fs[MAXN];                  //fs：存储每个人的好友列表
    for(i=1; i<=n; i++){                 // 人的序号为1～n
        cin >>r;
        for(j=1; j<=r; j++){
            cin >>f;  fs[j] = f;
            Edge[i][f] = Edge[f][i] = 1; //i 和 f 是直接好友
        }
        for(j=1; j<=r; j++){             //i的好友列表里的每个人都有共同好友，就是i
            for(k=j+1; k<=r; k++)        //fs[j]和fs[k]有共同好友，就是i
                Edge1[fs[j]][fs[k]] = Edge1[fs[k]][fs[j]] = 1;
                // 改成以下语句，还能统计出 fs[j] 和 fs[k] 有几个共同好友
                //Edge1[fs[j]][fs[k]]++,  Edge1[fs[k]][fs[j]]++;
        }
    }
    for(i=1; i<=n; i++){
        for(j=1; j<=n; j++){
```

```
                if(j>1)    cout <<" ";
                if(!Edge[i][j]){         // 不是直接好友
                    if(Edge1[i][j])      // 但有共同好友
                        cout <<Edge1[i][j];
                    else   cout <<0;
                }
                else   cout <<0;
            }
            cout <<endl;
        }
        return 0;
}
```

（2）向量数组

用邻接矩阵存储图或网络时，邻接矩阵中往往有大量的0和∞，这是因为对顶点i，要记录n个顶点是不是顶点i的邻接顶点，如果不是，则记录0或∞。

实际上我们可以以紧凑的方式存储邻接顶点，例如，对顶点i，把它的邻接顶点存入向量$v[i]$，向量长度是按需分配的。每个顶点都有一个向量，这就构成了向量数组。

例如，我们可以定义以下向量数组。

```
vector<int> v[1010];
```

对无向图，读入每条边(a,b)后，用以下代码将b添加到向量$v[a]$，将a添加到向量$v[b]$后面。

```
v[a].push_back(b);   v[b].push_back(a);
```

例如，对图9.17（a）所示的无向图G_1，读入所有边后，向量数组v的存储示意图如图9.17（b）所示。

对有向图，可能需要定义两个向量数组$v1$和$v2$，$v1[i]$存储顶点i通过出边邻接的顶点，$v2[i]$存储顶点i通过入边邻接的顶点。读入每条边$<a,b>$，将b添加到向量$v1[a]$，将a添加到向量$v2[b]$。

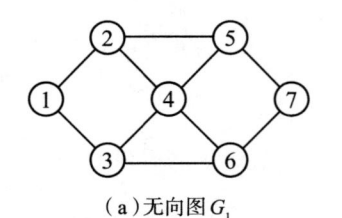

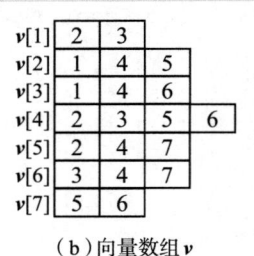

（a）无向图G_1 （b）向量数组v

图9.17 用向量数组存储无向图

$v[1]$	2	3	
$v[2]$	1	4	5
$v[3]$	1	4	6
$v[4]$	2	3	5	6
$v[5]$	2	4	7
$v[6]$	3	4	7
$v[7]$	5	6	

```
vector<int> v1[1010];     //v1[i]：存储顶点 i 通过出边邻接的顶点
vector<int> v2[1010];     //v2[i]：存储顶点 i 通过入边邻接的顶点
v1[a].push_back(b);
v2[b].push_back(a);
```

例如，对图9.18（a）所示的有向图G_2，读入所有边后，向量数组$v1$的存储示意图如图9.18（b）所示，其中顶点7没有发出边，因此向量$v1[7]$为空，用符号"∧"表示。向量数组$v2$的存储示意图如图9.18（c）所示。

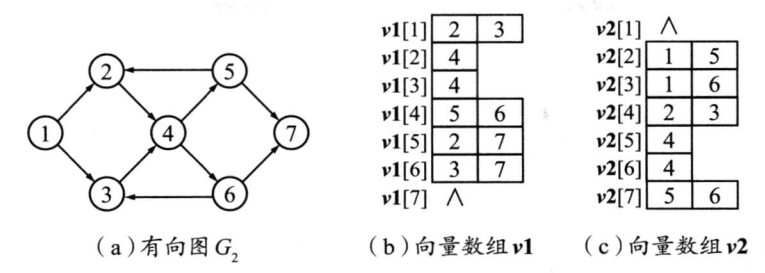

v1[1]	2	3
v1[2]	4	
v1[3]	4	
v1[4]	5	6
v1[5]	2	7
v1[6]	3	7
v1[7]	∧	

v2[1]	∧	
v2[2]	1	5
v2[3]	1	6
v2[4]	2	3
v2[5]	4	
v2[6]	4	
v2[7]	5	6

（a）有向图 G_2　　（b）向量数组 v1　　（c）向量数组 v2

图9.18　用两个向量数组存储有向图

【编程实例9.6】求无向图的度序列、最大度和最小度。输入一个无向图，求度序列、最大度和最小度。要求用向量数组实现。

输入数据第一行为两个正整数 n 和 m，$1 \leqslant n \leqslant 100$，$1 \leqslant m \leqslant 500$，分别表示顶点数和边数，顶点序号从1开始计起；接下来有 m 行，每行为一个正整数对"$a\ b$"，表示顶点 a 和顶点 b 之间有一条边。每条边出现一次且仅一次，图中不存在自身环和平行边。

输出第1行为 n 个非负整数，用空格隔开，依次为顶点 $1 \sim n$ 的度数。第2行为两个非负整数，用空格隔开，分别为该无向图的最大度和最小度。

分析：对读入的每条边 (a, b)，将 b 添加到向量 $v[a]$，将 a 添加到向量 $v[b]$，这样无向图就存储好了。顶点 i 的度数就是向量 $v[i]$ 中的元素个数，调用 size() 函数就可以求向量中的元素个数。在输出度数过程中还可以求最小度和最大度。

```
#include <bits/stdc++.h>
using namespace std;
vector<int> v[110];
int main()
{
    int i, j, n, m, a, b;
    cin >>n >>m;
    for(i=1; i<=m; i++){
        cin >>a >>b;
        v[a].push_back(b);   v[b].push_back(a);
    }
    int mx = 0,   mn = n,   d;
    for(i=1; i<=n; i++){
        d = v[i].size();    // 向量v[i]中的元素个数就是顶点i的度数
        if(i>1)   cout <<" ";
        cout <<d;
        if(d<mn)   mn = d;
        if(d>mx)   mx = d;
    }
    cout <<endl <<mx <<" " <<mn <<endl;
```

```
    return 0;
}
```

如果是无向网或有向网，在顶点 i 的向量里存储每条边时，除了要存储边的另一个顶点，还要存储边的权值，这两个数据就构成了一个 pair。假设这两个数据都是 int 型，我们可以将 pair < int, int > 定义为 PII，这样向量中的结点类型就是 PII。代码如下。

```
typedef pair<int, int> PII;
vector<PII> v[1010];
```

对无向网，读入每条边 (a, b, w) 后，w 表示权值，用以下代码将 (b, w) 添加到向量 $v[a]$，将 (a, w) 添加到向量 $v[b]$ 后。

```
v[a].push_back({b, w});   v[b].push_back({a, w});
```

对有向网，读入每条边 $<a, b, w>$，要将 (b, w) 添加到向量 $v1[a]$，将 (a, w) 添加到向量 $v2[b]$。

```
vector<PII> v1[1010];
vector<PII> v2[1010];
v1[a].push_back({b, w});
v2[b].push_back({a, w});
```

例如，对图 9.19（a）所示的有向网 G_2，读入所有边后，向量数组 $v1$ 的存储示意图如图 9.19（b）所示，向量数组 $v2$ 的存储示意图如图 9.19（c）所示。

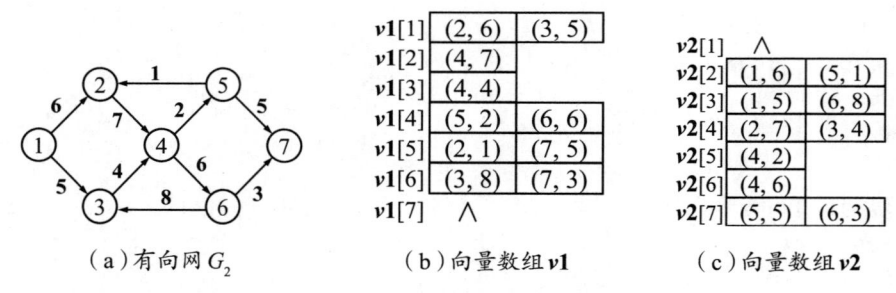

（a）有向网 G_2　　（b）向量数组 $v1$　　（c）向量数组 $v2$

图 9.19　用两个向量数组存储有向网

【编程实例 9.7】道路网络。有一个道路网络。网络中有 n 个十字路口。这些十字路口之间有 m 条道路连接。输入直接连接两个路口的道路及其长度。统计每个路口所连的道路的长度。要求用向量数组实现。

输入数据第一行是两个正整数 n 和 m，$n \leqslant 100$，表示十字路口数，$m \leqslant 1000$，表示直接连接两个十字路口的道路数。接下来有 m 行，每行有 3 个数字 u, v, w，表示第 u 个十字路口和第 v 个十字路口有道路相连，长度为 w。测试数据保证道路不会重复。

输出 n 行，每行有一个整数，第 i 个整数表示第 i 个十字路口所连的道路的长度。

分析：以十字路口为顶点，道路为边，构成无向网。把第 i 个顶点所连的每条道路的另一个顶点和道路长度构造一个 pair，first 成员是一个顶点，second 成员是道路长度，把这个 pair 添加到向

量 $v[i]$ 中，这样就存储了无向网。对每个顶点，把向量 $v[i]$ 中每个 pair 的 second 成员加起来就是第 i 个十字路口所连的道路的长度。代码如下。

```
#include <bits/stdc++.h>
using namespace std;
int n, m;
typedef pair<int, int> PII;
vector<PII> v[110];
int main()
{
    cin >>n >>m;
    int a, b, w;
    for(int i=1; i<=m; i++){
        cin >>a >>b >>w;
        //v[a].push_back(make_pair(b,w));  v[b].push_back(make_pair(a,w));
        v[a].push_back({b,w});   v[b].push_back({a,w});    //更简洁的写法
    }
    for(int i=1; i<=n; i++){
        int s = 0;
        for(int j=0; j<v[i].size(); j++)
            s += v[i][j].second;
        cout <<s <<endl;
    }
    return 0;
}
```

（3）边的数组

当图中的顶点个数确定后，假设顶点序号是连续的，图的结构就唯一地取决于边的信息，因此可以把每条边的信息，包括起点、终点、权值等存储到一个数组里，在针对该图进行某种处理时只需要访问边的数组中的每个元素即可。往往需要定义结构体和结构体数组。

```
struct edge{
    int u, v, w;   //边的2个顶点和权值
} e[MAXN];    //边的数组
```

例如，对图9.20（a）所示的无向网 G_1，读入所有边后，边的数组的存储示意图如图9.20（b）所示。必要时还可以对这个数组中的边进行排序。

对于一些可以直接针对边进行操作的算法，如求最小生成树的 Kruskal 算法、求单源最短路径的 Bellman-Ford 算法，可以采用边列表的存储方式来实现。

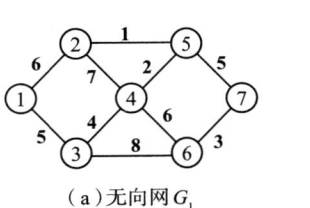

1	2	6
1	3	5
2	4	7
2	5	1
3	4	4
3	6	8
4	5	2
4	6	6
5	7	5
6	7	3

（a）无向网 G_1　　（b）边的数组

图9.20　用边的数组存储无向网

9.10 可行遍历性问题

所谓可行遍历性问题，即从图中一个顶点出发，不重复地走完所有的边或所有的顶点。如果还能回到起始顶点，就构成了回路，回路主要分为欧拉回路和哈密顿回路。

1. 欧拉回路和欧拉图

小时候，我们在画五角星的时候，会觉得很神奇，因为随便从哪个点开始画都能一笔画好，而且还能回到起点，如图9.21（a）所示。我们可以在五角星五个角各放一个顶点，就构成了一个图，并且按图9.21（a）顶点标号顺序，可以把五角星改画成图9.21（b），这样五角星的一笔画问题就一目了然了。

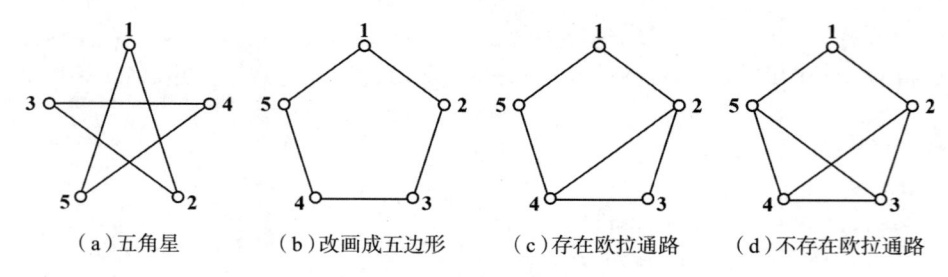

（a）五角星　　（b）改画成五边形　　（c）存在欧拉通路　　（d）不存在欧拉通路

图 9.21　欧拉回路和欧拉通路

1736年欧拉研究的哥尼斯堡七桥问题，其实就是一笔画问题，就是判断图G是否存在每条边只经过一次且不重复的路径，这种路径称为欧拉通路。正式定义如下。

定义9.14（欧拉回路和欧拉图）

对于无向图：

（1）设G是无向连通图，则称经过G的每条边且仅一次的路径为**欧拉通路**；

（2）如果欧拉通路是回路，即起点和终点相同，则称此回路为**欧拉回路**；

（3）具有欧拉回路的无向图G称为**欧拉图**。

对于有向图：

（1）设D是有向图，D的基图连通，则称经过D的每条边且仅一次的有向路径为**有向欧拉通路**；

（2）如果有向欧拉通路是有向回路，则称此回路为**有向欧拉回路**；

（3）具有有向欧拉回路的有向图D称为**有向欧拉图**。

欧拉通路和欧拉回路的判定非常简单，即以下定理及推论。

定理9.2　无向图G存在欧拉通路的充要条件是G为连通图，G中奇点的数量为0或2。

定理9.2的推论

（1）当G是仅有两个奇点的无向连通图时，G的欧拉通路必以这两个奇点为端点，即起点和终点。

（2）当G是无奇点的无向连通图时，G必有欧拉回路。

（3）无向图 G 为欧拉图的充要条件是 G 为无奇点的连通图。

例如，在图9.21（b）中，所有顶点都是偶点，因此存在欧拉回路。在图9.21（c）中，存在两个奇点，因此存在欧拉通路，且必须以这两个奇点为起点和终点。在图9.21（d）中，存在4个奇点，因此不存在欧拉通路。

定理9.3 有向图 D 存在欧拉通路的充要条件是：D 是弱连通的，并且所有顶点的出度与入度都相等；除两个顶点外，其余顶点的出度与入度都相等，而这两个顶点中一个顶点的出度与入度之差为1，另一个顶点的出度与入度之差为–1。

定理9.3的推论

（1）当有向图 D 除出度与入度之差为1、–1的两个顶点外，其余顶点的出度与入度都相等时，D 的有向欧拉通路必以出度与入度之差为1的顶点为起点，以出度与入度之差为–1的顶点为终点。

（2）当有向图 D 的基图连通且所有顶点的出度与入度都相等时，D 中存在有向欧拉回路。

（3）有向图 D 为有向欧拉图的充要条件是 D 的基图连通，并且所有顶点的出度与入度都相等。

例如，图9.22（a）所示的有向图，所有顶点的出度和入度相等，所以存在有向欧拉回路。图9.22（b）存在有向欧拉通路。图9.22（c）不存在有向欧拉通路。

（a）存在有向欧拉回路　　（b）存在有向欧拉通路　　（c）不存在有向欧拉通路

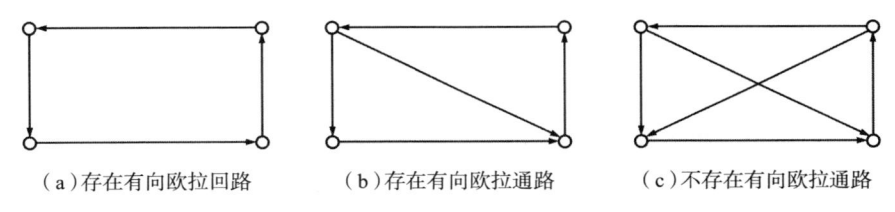

图9.22　有向欧拉回路和有向欧拉通路

【**微实例9.7**】每个顶点度数均为2的无向图称为"2正规图"。由编号为从1到 n 的顶点构成的所有2正规图，其中包含欧拉回路的不同2正规图的数量有多少个？

解：包含欧拉回路的2正规图需要所有顶点都相互连通，**那么一定会形成一个环**，由于环上可以从任意点出发，设起点是1号顶点，然后枚举其他顶点的顺序，总共得到 $(n-1)!$ 种方案。这其实就是 $1\sim n$ 共 n 个数圆排列的方案数。但是对于无向图的环来说，一个环可以沿着顺时针和逆时针得到的两个不同的序列，因此总的数量还要除以2，答案为 $(n-1)!/2$。

【**编程实例9.8**】**无向欧拉图的判定**。输入一个无向连通图，判断是否存在欧拉通路、欧拉回路。

输入数据第一行为两个正整数 n 和 m，$1\leqslant n\leqslant 100$，$1\leqslant m\leqslant 500$，分别表示顶点数和边数，顶点序号从1开始计起；接下来有 m 行，每行为一个正整数对"a b"，表示顶点 a 和顶点 b 之间有一条边。每条边出现且仅出现一次，图中不存在自身环和平行边。测试数据保证输入的无向图是连通的。

如果存在欧拉通路，输出 An Eulerian path exists；如果存在欧拉回路，输出 An Eulerian circuit exists；否则输出 No Eulerian path exists。

分析：在本题中，读入无向图的每条边，构造邻接矩阵 ***Edge***，在 ***Edge*** 中求每个顶点的度数并判断度数的奇偶性，最后根据定理9.2及推论判定即可。代码如下。

```cpp
#include <bits/stdc++.h>
using namespace std;
#define MAXN 110
int main()
{
    int i, j, n, m, a, b;
    int Edge[MAXN][MAXN] = {0};
    cin >>n >>m;
    for(i=1; i<=m; i++){
        cin >>a >>b;
        Edge[a][b] = Edge[b][a] = 1;
    }
    int odd = 0,  d;               //odd 为度数为奇数的顶点个数
    for(i=1; i<=n; i++){
        d = 0;
        for(j=1; j<=n; j++)
            d += Edge[i][j];   // 把第 i 行加起来，即为顶点 i 的度数
        if(d%2==1)   odd++;
    }
    if(odd==0)   cout <<"An Eulerian circuit exists" <<endl;
    else if(odd==2)   cout <<"An Eulerian path exists" <<endl;
    else   cout <<"No Eulerian path exists\n" <<endl;
    return 0;
}
```

【编程实例9.9】有向欧拉图的判定。输入一个有向图，保证其基图连通，判断是否存在有向欧拉通路、有向欧拉回路。

输入数据第一行为两个正整数 n 和 m，$1 \leq n \leq 100$，$1 \leq m \leq 500$，分别表示顶点数和边数，顶点序号从1开始计起；接下来有 m 行，每行为一个正整数对 "$a\ b$"，表示从顶点 a 到顶点 b 的一条有向边。每条边出现且仅一次，图中不存在自身环和平行边。

如果存在有向欧拉通路，输出 An Eulerian path exists；如果存在有向欧拉回路，输出 An Eulerian circuit exists；否则输出 No Eulerian path exists。

分析：在本题中，读入有向图的每条边，构造邻接矩阵 *Edge*，在 *Edge* 中求每个顶点的出度、入度、度数，并计算出度与入度之差，记出度、入度之差为0的顶点数为 $n1$，出度、入度之差为1的顶点数为 $n2$，出度、入度之差为 -1 的顶点数为 $n3$。注意，$n1 + n2 + n3$ 不一定等于 n，因为可能还有其他度数情形的顶点。

最后根据定理9.3及推论判定以下三种情形。

（1）$n1 == n$：存在欧拉回路。

（2）$n2 == 1\ \&\&\ n3 == 1\ \&\&\ n1 + n2 + n3 == n$：存在欧拉通路。

（3）其他情形：不存在欧拉通路。

代码如下。

```cpp
#include <bits/stdc++.h>
using namespace std;
#define MAXN 110
int main()
{
    int i, j, n, m, a, b;
    int Edge[MAXN][MAXN] = {0};
    int d1[MAXN] = {0},  d2[MAXN] = {0}, d[MAXN] = {0};
    cin >>n >>m;
    for(i=1; i<=m; i++){
        cin >>a >>b;
        Edge[a][b] = 1;
    }
    for(i=1; i<=n; i++){
        for(j=1; j<=n; j++)     // 把第 i 行加起来，即为顶点 i 的出度
            d1[i] += Edge[i][j];
        for(j=1; j<=n; j++)     // 把第 i 列加起来，即为顶点 i 的入度
            d2[i] += Edge[j][i];
        d[i] = d1[i] - d2[i];   // 出度和入度之差
    }
    int n1 = 0;                 // 出度、入度之差为 0 的顶点数 (n1+n2+n3 不一定等于 n)
    int n2 = 0;                 // 出度、入度之差为 1 的顶点数
    int n3 = 0;                 // 出度、入度之差为 -1 的顶点数
    for(i=1; i<=n; i++){
        if(d[i]==0)   n1++;
        if(d1[i]==d2[i]+1)   n2++;
        if(d1[i]==d2[i]-1)   n3++;
    }
    if(n1==n)  cout <<"An Eulerian circuit exists" <<endl;   // 欧拉回路
    else if(n2==1 && n3==1 && n1+n2+n3==n) // 欧拉通路：n1+n2+n3==n 这个条件不能少
        cout <<"An Eulerian path exists" <<endl;    // 此时 n1 一定为 2
    else  cout <<"No Eulerian path exists" <<endl;
    return 0;
}
```

2. 哈密顿回路和哈密顿图

与欧拉回路非常类似的是哈密顿回路问题。该问题起源于英国数学家威廉·哈密顿（Willian Hamilton）于1857年发明的一个关于正十二面体的数学游戏，如图9.23所示。正十二面体的每个棱角上标有一个当时非常有名的城市，游戏的目的是"环绕地球"旅行，也就是说，寻找一个环游路线使得经过每个城市且恰好一次。按照图9.23中所给的顶点编号，按顺序找一条路径，可以看出这

样一条回路是存在的。

定义9.15（哈密顿回路和哈密顿图）

（1）给定图G，若存在一条经过图中的每个顶点且仅一次的通路，则称这条通路为**哈密顿通路**。

（2）给定图G，若存在一条回路，经过图中的每个顶点且仅一次，则称这条回路为**哈密顿回路**。

（3）具有哈密顿回路的图称为**哈密顿图**。

与欧拉回路的判定不同，对哈密顿回路，迄今为止还没有一个有效的判别方法，也就是没有充要条件。因此，本书对哈密顿回路不做进一步讨论。

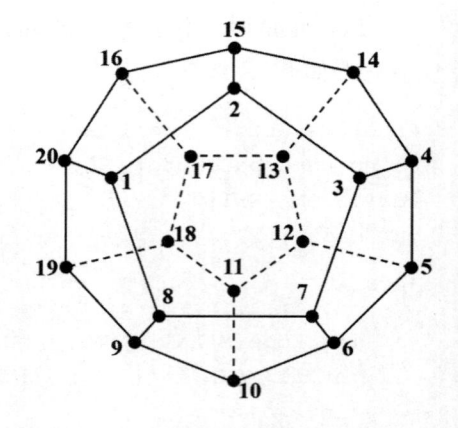

图9.23 十二面体的数学游戏

9.11 最小生成树问题

假设图9.24（a）所示的无向网，顶点表示村庄，边表示准备修建的道路，边上的权值表示前期测算出修建每条道路的费用，单位是百万元。现在要保证这7个村庄是连通的，只需要修建其中6条道路，问应该选择修建哪些道路，才能使得总费用是最少的，最少费用是多少？

这个问题就是**最小生成树**问题。具体来说，一个无向网有n个顶点，要使得这n个顶点连通，最少需要选择$n-1$条边，这将构成一棵树，树的概念详见下一章。如果图中有m条边，每条边上有权值，权值表示这条边的代价，如修建道路的费用，如何选择$n-1$条边，使这些边的权值总和达到最小。

构造最小生成树的准则有：①必须只使用该网络中的边来构造最小生成树；②必须使用且仅使用$n-1$条边来连接网络中的n个顶点；③不能使用产生回路的边。

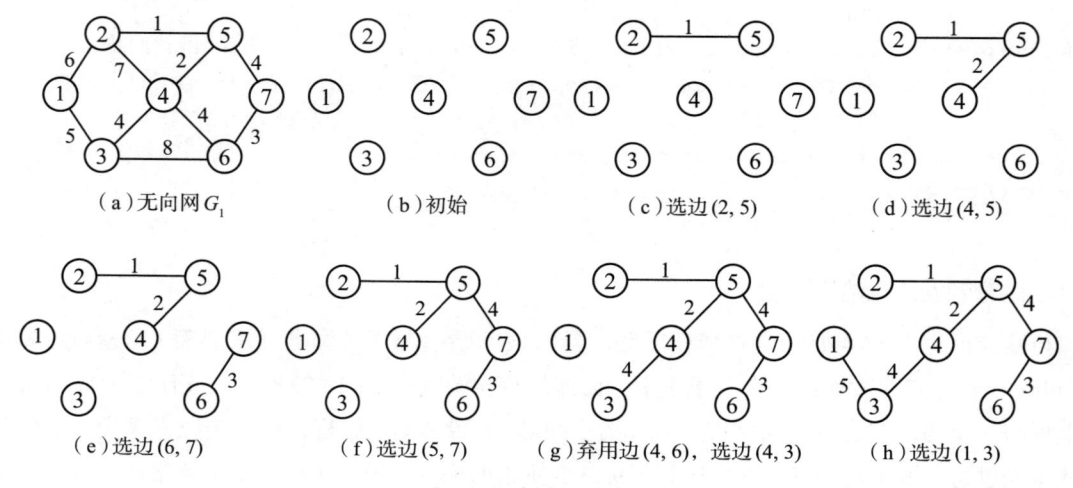

（a）无向网G_1　　（b）初始　　（c）选边(2,5)　　（d）选边(4,5)

（e）选边(6,7)　　（f）选边(5,7)　　（g）弃用边(4,6)，选边(4,3)　　（h）选边(1,3)

图9.24　求最小生成树

构造最小生成树一个朴素的思想就是尽可能选用权值最小的边，但不能构成回路。按照这样的思想，图9.24（b）～（h）给出了构造最小生成树的过程。首先在图9.24（b）中，初始时，只有7个顶点，没有边；在图9.24（c）中，选择权值最小的边(2, 5)；在图9.24（d）中，在剩下的边中选择权值最小的边(4, 5)；在图9.24（e）中，在剩下的边中选择权值最小的边(6, 7)；在图9.24（f）中，在剩下的边中选择权值最小的边(5, 7)；在图9.24（g）中，本来可以选(4, 6)，但选用这条边会构成回路，所以弃用这条边，今后都不再考虑，重新选一条权值最小的边(4, 3)；在图9.24（h）中，在剩下的边中选择权值最小的边(1, 3)。至此，最小生成树就构造好了，选了6条边，权值总和为19。

以上构造最小生成树的算法就是Kruskal（克鲁斯卡尔）算法。Kruskal算法的实现要用到并查集这个数据结构。构造最小生成树的另一个是Prim（普里姆）算法。本书对这两个算法的实现不做进一步讨论。

9.12 最短路径问题

在生活中，如果我们到了一个地方，通常都会用到导航。设定好目的地和出发地后，可以选择公交出行、自驾等通行方式，导航软件马上就会给出几条路线，可能是距离最短的，可能是用时最短的，也可能是费用最少的。这就是最短路径问题。

本节只介绍单源最短路径问题。所谓**单源最短路径**，就是固定某个顶点为源点，求源点到其他每个顶点的最短路径。

求单源最短路径问题的算法有：Dijkstra算法、Bellman-Ford算法、SPFA算法。本节只介绍Dijkstra算法。Dijkstra算法有个限制条件，要求有向网（或无向网）每条边的权值都是非负的，这也是最普遍的情形。

对图9.25（a）所示的有向网，假设源点为1，源点到其他各个顶点的最短路径及长度如下。

顶点1到顶点2的最短路径为1→2，长度为6。

顶点1到顶点3的最短路径为1→3，长度为5。

顶点1到顶点4的最短路径为1→3→4，长度为9。

顶点1到顶点5的最短路径为1→3→4→5，长度为11。

顶点1到顶点6的最短路径为1→3→4→6，长度为15。

顶点1到顶点7的最短路径为1→3→4→5→7，长度为16。

为求得这些最短路径，Dijkstra提出按路径长度的递增次序，逐步产生最短路径的算法。首先求出长度最短的一条最短路径，再参照它求出长度次短的一条最短路径，以此类推，直到从源点到其他各顶点的最短路径全部求出为止。

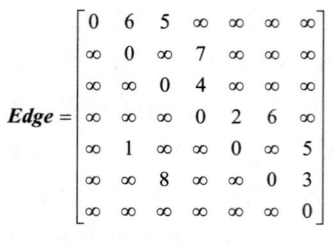

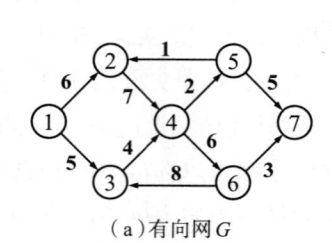

$$Edge = \begin{bmatrix} 0 & 6 & 5 & \infty & \infty & \infty & \infty \\ \infty & 0 & \infty & 7 & \infty & \infty & \infty \\ \infty & \infty & 0 & 4 & \infty & \infty & \infty \\ \infty & \infty & \infty & 0 & 2 & 6 & \infty \\ \infty & 1 & \infty & \infty & 0 & \infty & 5 \\ \infty & \infty & 8 & \infty & \infty & 0 & 3 \\ \infty & \infty & \infty & \infty & \infty & \infty & 0 \end{bmatrix}$$

（a）有向网 G　　　　　　　（b）邻接矩阵

源点	终点	最短路径长度				最短路径			
1	2	6	6			1→2	1→2		
	3	5				1→3			
	4	∞	9	9		╲	1→3→4	1→3→4	
	5	∞	∞	∞	11	╲	╲	╲	1→3→4→5
	6	∞	∞	∞	15	15	╲	╲	╲	1→3→4→6	1→3→4→6
	7	∞	∞	∞	∞	16	16	╲	╲	╲	╲	1→3→4→5→7	1→3→4→5→7

（c）Dijkstra算法执行过程

图 9.25　Dijkstra算法

例如，对图 9.25（a），求源点 1 到其他各顶点的最短路径及长度，求解过程如图 9.25（c）所示。

（1）求出长度最短的一条最短路径，即源点 1 到顶点 3 的最短路径，其长度为 5，其实就是源点 1 到其他各顶点的直接边中最短的路径(1→3)。顶点 3 的最短路径求出来后，源点 1 到其他各顶点的最短路径长度可能要更新。例如，源点 1 到顶点 4 的最短路径长度由 ∞ 缩短为 9。

（2）长度次短的最短路径，就是在还未确定最终的最短路径的顶点中选择最小的最短路径长度，即源点 1 到顶点 2 的最短路径，其长度为 6，路径为(1→2)。通过顶点 2 不能缩短其他顶点的最短路径长度。

（3）长度第三短的最短路径，就是在还未确定最终的最短路径的顶点中选择最小的最短路径长度，即源点 1 到顶点 4 的最短路径，其长度为 9，路径为(1→3→4)。顶点 4 的最短路径求出来后，源点 1 到其他各顶点的最短路径长度可能要更新。例如，源点 1 到顶点 5 的最短路径长度由 ∞ 缩短为 11，源点 1 到顶点 6 的最短路径长度由 ∞ 缩短为 15。

（4）此后再依次确定源点 1 到顶点 5 的最短路径(1→3→4→5)，其长度为 11；源点 1 到顶点 6 的最短路径(1→3→4→6)，其长度为 15；源点 1 到顶点 7 的最短路径(1→3→4→5→7)，其长度为 16。

Dijkstra算法的具体实现方法如下。

（1）设置两个顶点的集合 S 和 T。

① S 中存放已找到最短路径的顶点，初始时，集合 S 中只有一个顶点，即源点 1。

② T 中存放当前还未找到最短路径的顶点。

（2）在T集合中选取当前长度最短的一条最短路径(1, ⋯, u)，从而将顶点u加入顶点集合S中，并且由于u的加入，要更新源点1到T中各顶点的最短路径长度；重复这一步骤，直到所有顶点都加入集合S中，算法就结束了。

假设无向网的邻接矩阵为 ***Edge***。在Dijkstra算法里，为了求源点1到其他各顶点的最短路径及其长度，需要设置两个数组。

（1）dist数组：dist[i]表示当前找到的从源点1到顶点i的最短路径的长度，初始时，dist[i]为Edge[1][i]。

（2）S数组：S[i]为0表示顶点i还未加入集合S中，S[i]为1表示顶点i已经加入集合S中。初始时，S[1]为1，其余为0，表示最初集合S中只有源点1。

在Dijkstra算法里，重复做以下3步工作。

（1）在dist数组里查找S[j]!=1，并且dist[j]最小的顶点，设该顶点为u。

（2）将S[u]改为1，表示顶点u已经加入集合S中。

（3）更新T集合中每个顶点k的dist值。当S[k]!=1，且顶点u到顶点k有边，Edge[u][k] < INF，且dist[u] + Edge[u][k] < dist[k]，则更新dist[k]为dist[u] + Edge[u][k]。其中INF为表示∞的符号常量。

在图9.26中，两条虚线分别表示从源点到顶点u和顶点k的最短路径，其中源点到顶点u的最短路径长度dist[u]已经确定了，实线表示顶点u到顶点k的直接边。dist[u] + Edge[u][k] < dist[k]这个条件成立表示可以通过顶点u缩短源点到顶点k的最短路径长度。

在编程实例9.10的代码中，可以很清晰地观察到上述3步工作。

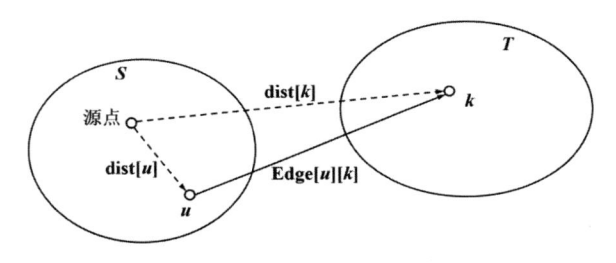

图9.26　Dijkstra算法的原理

【**编程实例9.10**】**用Dijkstra算法求最短路径**。利用Dijkstra算法求有向网顶点1到其他各顶点的最短路径长度。

输入数据的第1行是顶点个数n和边数m，n ≤ 100，接下来的m行是每条边的数据，每条边的格式为u v w，分别表示这条边的起点、终点和边上的权值。顶点序号从1开始计起。测试数据保证顶点1可以到达其他每个顶点，图中不存在自身环和重边。

输出n − 1行，依次为顶点1到顶点2～n的最短路径长度。

分析：对图9.25（a）所示的有向网，Dijkstra算法执行过程中S、dist数组的变化如图9.27所示。S、dist数组的初始值如图9.27（a）所示。在图9.27（b）中，在S[j]!=1的顶点中，找到dist值最小的顶点，为顶点3，从而顶点3的最短路径确定，长度为5；然后由于<3, 4>边的存在，通过顶点3可以将顶点4的最短路径长度由∞缩短为5 + 4 = 9。

以后每一步都是从S[j]!=1的顶点中找dist值最小的顶点，设为u；将S[u]设为1；然后检查

顶点 u 发出的每条边 $<u,k>$，看通过顶点 u 是否能缩短顶点 k 的最短路径长度，如果能缩短，就会更新 $dist[k]$ 的值。

	dist			S	dist			S	dist			S	dist
1	1	0	1	1	0	1	1	0	1	1	0
2	0	6	2	0	6	2	**1**	**6**	2	1	6
3	0	5	3	**1**	**5**	3	1	5	3	1	5
4	0	∞	4	0	**9**	4	0	9	4	**1**	**9**
5	0	∞	5	0	∞	5	0	∞	5	0	**11**
6	0	∞	6	0	∞	6	0	∞	6	0	**15**
7	0	∞	7	0	∞	7	0	∞	7	0	∞

（a）初始时　　（b）求出顶点3的最短路径　　（c）求出顶点2的最短路径　　（d）求出顶点4的最短路径

1	1	0	1	1	0	1	1	0
2	1	6	2	1	6	2	1	6
3	1	5	3	1	5	3	1	5
4	1	9	4	1	9	4	1	9
5	**1**	**11**	5	1	11	5	1	11
6	0	15	6	**1**	**15**	6	1	15
7	0	**16**	7	0	16	7	**1**	**16**

（e）求出顶点5的最短路径　　（f）求出顶点6的最短路径　　（g）求出顶点7的最短路径

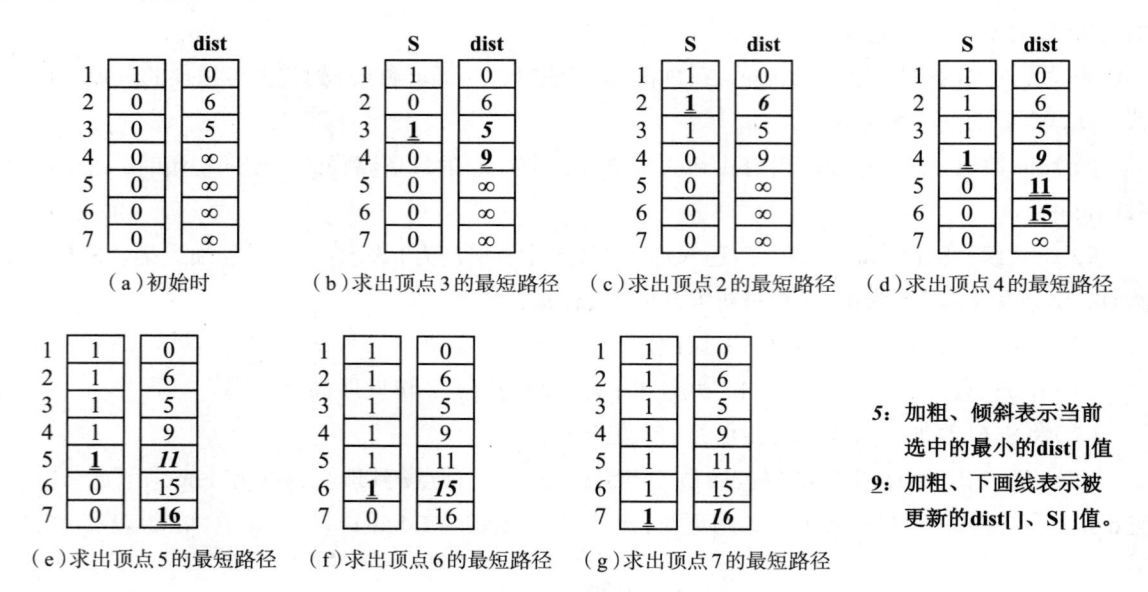

5：加粗、倾斜表示当前选中的最小的 dist[ ] 值
9：加粗、下画线表示被更新的 dist[ ]、S[ ] 值

图 9.27　Dijkstra 算法的实现

代码如下。

```
#include <bits/stdc++.h>
using namespace std;
#define INF 1000000000            // 无穷大
#define MAXN 110                  // 顶点数的最大值
int n, m, Edge[MAXN][MAXN];       // 顶点数，边数，邻接矩阵
int S[MAXN], dist[MAXN];          //Dijkstra 算法用到的数组
void Dijkstra( int vs )           // 求源点 vs 到其他顶点的最短路径
{
    int i, j, k;                  // 循环变量
    for( i=1; i<=n; i++ ){
        dist[i]=Edge[vs][i]; S[i]=0;  // 初始化 2 个数组
    }
    S[vs]=1;  dist[vs]=0;         // 源点 vs 加入顶点集合 S
    for( i=1; i<=n-1; i++ ){      // 从源点 vs 确定 n-1 条最短路径
        int min=INF, u=vs;
        for( j=1; j<=n; j++ )     // 选择当前集合 T 中具有最短路径的顶点 u        //(1)
            if( !S[j] && dist[j]<min ){ u=j;  min=dist[j]; }
        S[u]=1;   // 将顶点 u 加入集合 S，表示它的最短路径已求得                    //(2)
```

```cpp
            for( k=1; k<=n; k++ ){    // 更新T集合中顶点的dist数组元素值        //(3)
                if( !S[k] && Edge[u][k]<INF && dist[u]+Edge[u][k]<dist[k] )
                    dist[k]=dist[u]+Edge[u][k];
            }//end of for
        }//end of for
}
int main()
{
    int v, u, w;                    //v,u,w 为边的起点、终点和权值
    cin >>n >>m;                    // 读入顶点个数n 和边数
    for( int i=1; i<=n; i++ ){      // 初始化邻接矩阵
        for( int j=1; j<=n; j++ ){
            if( i==j )  Edge[i][j]=0;
            else   Edge[i][j]=INF;
        }
    }
    for(int i=1; i<=m; i++){
        cin >>v >>u >>w;            // 读入边的起点和终点
        Edge[v][u] = w;             // 构造邻接矩阵
    }
    Dijkstra( 1 );                  // 求顶点1到其他顶点的最短路径
    for( int i=2; i<=n; i++ )       // 输出顶点1到顶点2~n 的最短路径长度
        cout <<dist[i] <<endl;
    return 0;
}
```

第10章 树及二叉树

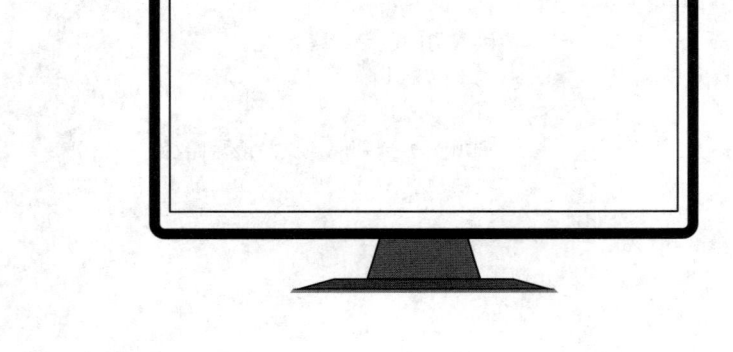

本章内容

本章介绍树及二叉树相关概念,包括二叉树的计数问题,树和二叉树的存储,二叉树的前序、中序和后序遍历,二叉树的恢复,m叉树及相关问题,前缀、中缀和后缀表达式。

10.1 树的概念

上一章学的图不仅是一个数学模型，也是计算机中一种重要的数据结构。本章要学的树是一种特殊的图。

定义10.1（树） 一个连通且无回路的无向图称为**树**。树中的顶点一般称为**结点**。

例如，图10.1（a）所示的无向图是连通的，且不存在回路，因此，这个图就是一棵树。一棵树要有根结点，图10.1（b）把图（a）改画成以结点2为根结点的树，图10.1（c）把图（a）改画成以结点5为根结点的树。指定一个结点为根结点时，这个结点画在最顶层，相当于把这个结点拎起来，其他结点和边自然下垂，就画出了一棵规范的树。

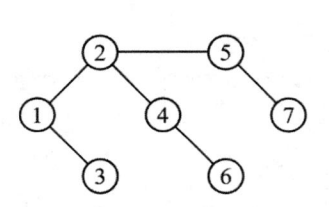

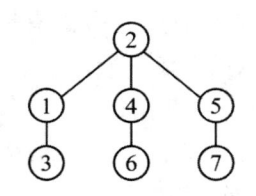

（a）不存在回路的无向连通图　　（b）改画成以2为根结点的树　　（c）改画成以5为根结点的树

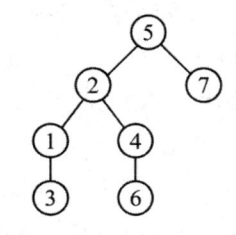

图10.1　不存在回路的无向连通图就是树

定理10.1 给定无向图 $T(v \geq 1)$，以下关于树的定义是等价的。

（1）连通且无回路。
（2）无回路，且满足 $e = v - 1$，其中 e 为边数，v 为顶点数。
（3）连通且满足 $e = v - 1$。
（4）无回路，但增加一条新边，将形成且仅形成一条回路。
（5）连通，但删去任意一条边后便不连通。
（6）每一对顶点之间有且仅有一条路。

相比于图10.2（a）所示的自然界中的树，树结构通常画成"倒立的树"。

生活中很多事物也是按树结构组织的。例如，图10.2（b）所示的某家族的族谱，图10.2（c）所示的某公司的组织架构，都是树结构。

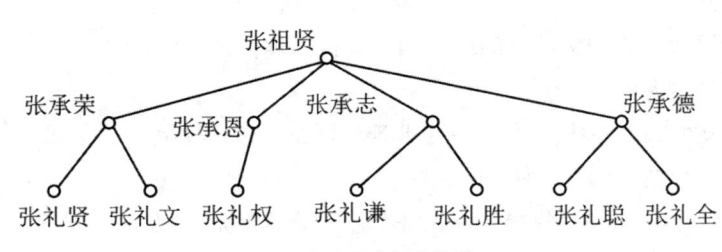

（a）自然界中的树　　　　　　　　　　　　（b）某家族的族谱

图10.2　自然界和生活中的树

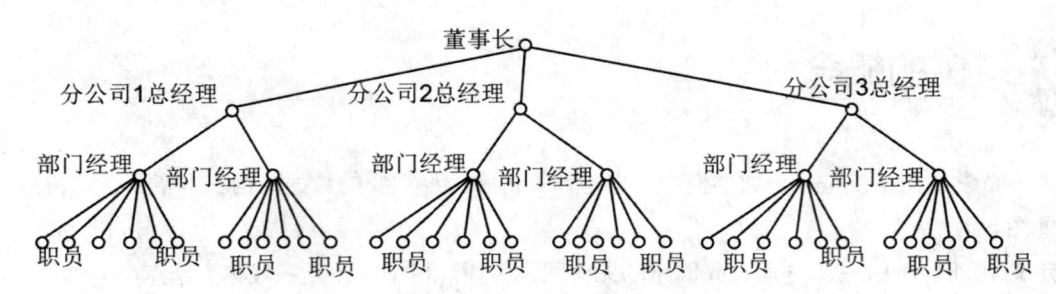

（c）某公司的组织架构

图10.2　自然界和生活中的树（续）

除根结点外，每个结点有唯一的父结点；除叶子结点外，每个结点允许有多个子结点。

树结构中的有些概念借鉴了族谱中的概念和自然界中树的概念，如根结点、父结点、子女结点、兄弟结点、祖先结点、子孙结点。

根结点："树的根"，根结点没有父结点，一棵树有且仅有一个根结点。

叶子结点："树的叶子"，叶子结点没有子女结点，一棵树可以有多个叶子结点。叶子结点也可以称为**树叶结点**。

分支结点：不是叶子结点的结点，即有子女结点的结点。

兄弟结点：具有相同父结点的结点。

祖先结点与子孙结点：沿父结点递归向上或沿子结点递归向下的结点集合。

平凡树：仅有一个结点（根结点）的树。

树也可以采用递归方式定义。

定义10.2（树的递归定义）　一棵树包含多个结点，其中一个结点为根结点，其余结点被分成若干棵子树。

例如，图10.3所示的树，根结点是结点1，其余结点被分成了3棵子树，这3棵子树的根结点都是结点1的子女结点，分别是结点2、结点3、结点4。

定义10.3（结点度数）　树是一种特殊的图，树中结点的度数等于与该结点关联的边数。

注意，根结点的度数就是它的子女结点数。非根结点的度数等于子女结点数+1，因为还有一条指向父结点的边。例如，树叶结点没有子女结点，但度数为1。

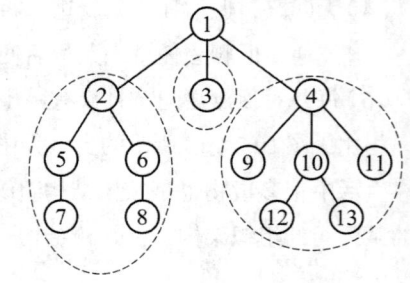

定义10.4（层次和深度）　根结点的**层次**为1，其他结点的层次为它的父结点的层次+1。**树的深度**是所有结点层次的最大值。

图10.3　树是由根结点和若干棵子树构成的

定义10.5（森林）　如果一个非连通图是由多棵树组成的，这个图就称为森林。

森林由多个连通分量构成，每个连通分量都是一棵树。例如，图10.4所示的无向图就是一个森林。

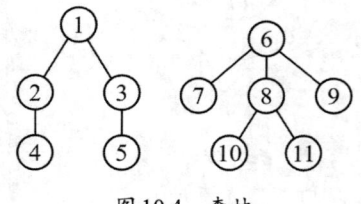

图10.4　森林

【微实例10.1】有10个结点的无向图至少应该有多少条边才能确保是一个连通图？

解：至少要有9条边，也就是形成一棵树的时候，边最少，但树的任意两个结点都是连通的，而且只有一条路径。

【微实例10.2】对于有 n 个结点、m 条边的无向连通图，$m > n$，需要去掉多少条边才能使其成为一棵树？

解：一棵树是边数最少的连通图，n 个结点的树有 $n - 1$ 条边，则需去掉 $m - (n - 1) = m - n + 1$ 条边。

【编程实例10.1】**求森林中每个度数的结点数**。输入一个森林，输出森林中每个度数的结点数。输入数据第一行为两个正整数 n 和 m，$1 \leqslant n \leqslant 100$，$1 \leqslant m \leqslant 500$，分别表示结点数和边数，结点序号从1开始计起；接下来有 m 行，每行为一个正整数对"$a\ b$"，表示结点 a 和结点 b 之间有一条边。每条边出现且仅一次，图中不存在自身环和平行边。输入数据保证该无向图是一个森林。

输出占一行，按度数从小到大的顺序输出各类结点数，若中间某个度数的结点没有，则输出0。

分析：输入森林中的每条边，构造邻接矩阵 **Edge**，在 **Edge** 中统计每个结点的度数 t，并统计各种度数的结点数，最后按题目要求输出即可。代码如下。

```
#include <bits/stdc++.h>
using namespace std;
#define MAXN 110
#define MAXM 510
int main()
{
    int i, j, n, m, a, b;
    int Edge[MAXN][MAXN] = {0};
    cin >>n >>m;
    for(i=1; i<=m; i++){
        cin >>a >>b;
        Edge[a][b] = Edge[b][a] = 1;
    }
    int d[MAXM] = {0}, t;
    for(i=1; i<=n; i++){
        t = 0;
        for(j=1; j<=n; j++)     // 把第 i 行加起来，即为结点 i 的度数
            t += Edge[i][j];
        d[t]++;
    }
    int mx = 1;    // 最大度数
    for(i=1; i<=m-1; i++){     // 度数最大值可能为 m-1
        if(d[i])   mx = i;
    }
    cout <<d[1];
```

```
    for(i=2; i<=mx; i++)
        cout <<" " <<d[i];
    cout <<endl;
    return 0;
}
```

10.2 二叉树

普通的树,对每个结点的子女结点个数没有限制,这种树实现起来很困难。比较容易实现且用途更广的树是二叉树。

定义10.6(二叉树) 所谓二叉树,就是限定每个结点最多有两个子女结点,而且严格区分两个子女结点为左子女和右子女。即便是只有一个子女结点,也要区分是左子女还是右子女。

因此,在二叉树中,一个结点可能有0个子女,这种结点就是叶子结点;也可能有一个子女,也可能有两个子女。二叉树具有五种基本形态,如图10.5所示。

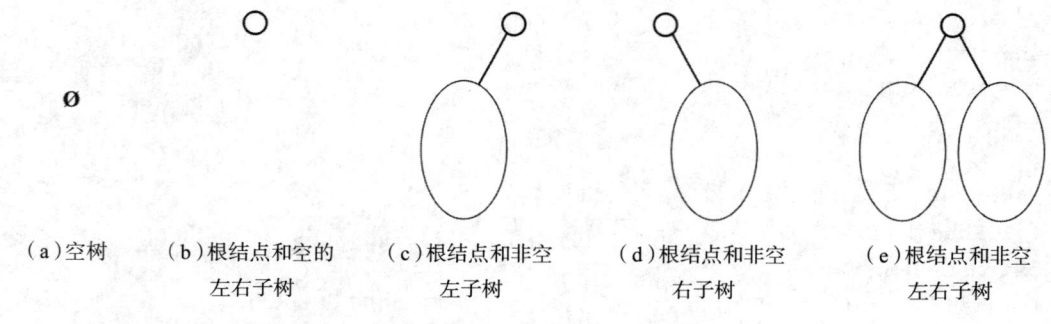

（a）空树　　（b）根结点和空的　　（c）根结点和非空　　（d）根结点和非空　　（e）根结点和非空
　　　　　　　　左右子树　　　　　　左子树　　　　　　　　右子树　　　　　　　　左右子树

图10.5 二叉树的基本形态

【微实例10.3】由 n 个结点可以构成多少棵不同形态的二叉树。

解：假设由 n 个结点可以构成 $h(n)$ 棵不同形态的二叉树,由第8章的知识可知,$h(n)$ 就是卡特兰数,从第0项开始,前面几项是1,1,2,5,14,42,132,429,1430,4862,…。

10.3 特殊的二叉树

根结点的层次为1,由二叉树的定义可知,第2层最多有2个结点,第3层最多有4个结点,第 k 层最多有 2^{k-1} 个结点。第 $1 \sim k$ 层最多有:$2^0 + 2^1 + 2^2 + \cdots + 2^{k-1} = 2^k - 1$ 个结点。

定义10.7(满二叉树) 满二叉树是一种特殊的二叉树,每一层结点都是"满"的,即第 k 层有 2^{k-1} 个结点。满二叉树也称为**完美二叉树**。

定义10.8（完全二叉树） 完全二叉树是一种特殊的二叉树。除了最后一层外，每一层的结点数都是满的，最后一层的结点都靠左排列，只允许右边若干个结点是空缺的。

对完全二叉树，只有最后两层才可能有叶子结点。

例如，图10.6（a）所示的二叉树就是满二叉树，共有4层，共$2^4-1=15$个结点。图10.6（b）所示的二叉树就是完全二叉树，除最后一层外，每一层的结点数都是满的，最后一层的结点都靠左排列。

完全二叉树的特点是除了最后一层，每一层都是满的，最后一层结点从左往右排列。对于高度为n的完全二叉树，其第n层结点数目最多为2^{n-1}，且至少有一个结点，故第n层结点数量为$2^0 \sim 2^{n-1}$，也可以说高度为n的完全二叉树有2^{n-1}种形态。

定义10.9（正则二叉树） 如果一棵二叉树，每个结点要么有0个子女结点，要么有两个子女结点，那这棵树就称为正则二叉树。

一个结点有0个子女结点就是没有子女结点，这种结点就是叶子结点。

图10.7就是一棵正则二叉树。第13章会讲到，哈夫曼算法构造得到的二叉树就是正则二叉树。

注意，满二叉树一定是正则二叉树也一定是完全二叉树，但完全二叉树不一定是满二叉树，也不一定是正则二叉树，正则二叉树不一定是满二叉树，也不一定是完全二叉树。

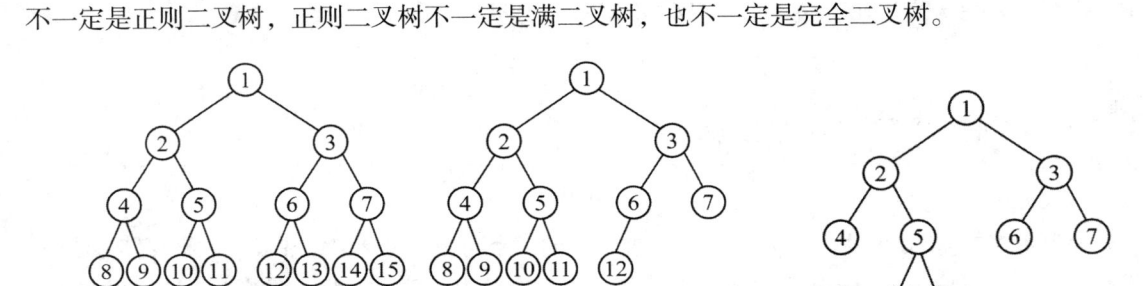

（a）满二叉树　　　（b）完全二叉树

图10.6　满二叉树和完全二叉树

图10.7　正则二叉树

还有一类特殊的二叉树是**斜二叉树**，包括左斜二叉树和右斜二叉树。

对**左斜二叉树**，除最后一个结点为叶子结点外，其他结点都只有左子女结点，如图10.8（a）所示；而**右斜二叉树**，除最后一个结点为叶子结点外，其他结点都只有右子女结点，如图10.8（b）所示。

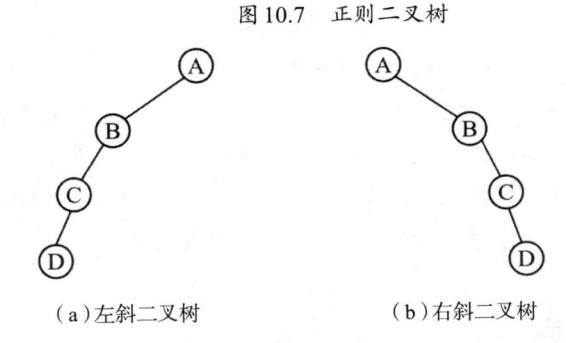

（a）左斜二叉树　　　（b）右斜二叉树

图10.8　斜二叉树

10.4 二叉树计数问题

本节讨论二叉树的计数问题，包括普通二叉树、满二叉树、完全二叉树结点数，以及满足某些条件的二叉树有多少种形态等问题。

【微实例10.4】假设有一棵高度为h的完全二叉树，该树最多包含多少个结点？

解：高度为 h 的满二叉树，结点数为 $2^h - 1$；高度为 h 的完全二叉树，结点数最少为 2^{h-1}（最后一层仅1个结点），最多为 $2^h - 1$（即满二叉树的情况）。因此，本题的答案是 $2^h - 1$。

【微实例10.5】独根树的高度为1。具有61个结点的完全二叉树的高度为几？

解：独根树的高度为1，说明高度从1开始计，我们直接按照满二叉树进行计算，也就是找最小的 n 满足 $2^n - 1 \geq 61$，求得 n 为6。

【微实例10.6】如果一棵二叉树只有根结点，那么这棵二叉树的高度为1。请问高度为5的完全二叉树有多少种不同的形态？

解：高度为5的完全二叉树第1～4层结点都是满的，第5层节点数量为 $2^0 \sim 2^{5-1}$，即 $1 \sim 16$，因此有16种形态。

【微实例10.7】令根结点的高度为1，则一棵含有2021个结点的二叉树的高度至少为几？

解：当二叉树为完全二叉树时的高度最小。高度为 h 的完全二叉树，结点数最少为 2^{h-1}，最多为 $2^h - 1$。注意，$1024 = 2^{10} < 2021 < 2^{11} = 2048$。

所以一定是：$1 + 2 + 4 + 8 + \cdots + 512 = 1023$，这10层都是满的。第11层1024个结点没用完，只用了 $2021 - 1023 = 998$ 个结点。因此，高度至少为11。

10.5 树和二叉树的存储

要编写程序对树和二叉树进行处理，首先要解决的一个问题是存储树，在设计一种存储方法时，要考虑是否方便对树进行处理。基本的处理包括：求每个结点的父结点及子女结点，计算每个结点的层次及树的深度，树的遍历，等等。

树和二叉树有以下存储方法。

（1）父结点表示法

由于每个结点的父结点是唯一的，因此很自然的一个想法是存储每个结点的父结点。具体实现时可以约定每个结点的序号，再用一个数组存储每个结点的父结点的序号。

例如，在图10.9（a）所示的树中，结点序号为1～13，可以用图10.9（b）所示的一维数组存储每个结点的父结点。结点1没有父结点，因此它的父结点可以存储为0。

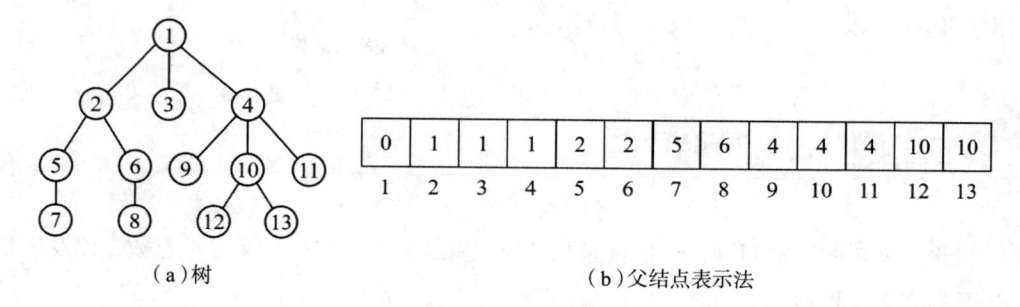

0	1	1	1	2	2	5	6	4	4	4	10	10
1	2	3	4	5	6	7	8	9	10	11	12	13

（a）树　　　　　　　　　　　（b）父结点表示法

图10.9　树及其父结点表示法

父结点表示法容易实现，但能够实现的处理非常有限：只能用于求根结点、统计每个结点的子结点个数等，无法实现树的遍历等一些复杂的处理。

【编程实例10.2】公司的销售团队。某个公司的销售团队架构，如图10.10所示。

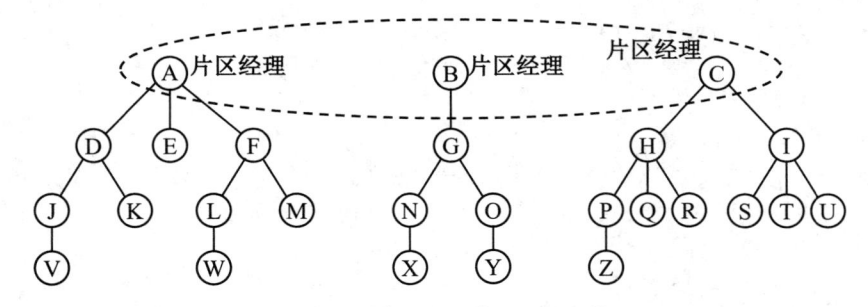

图10.10 某公司销售团队的结构

- 每个人可能有多个下级，但只有一个上级。片区经理没有上级。
- 只允许上下级联系，不允许越级联系。
- 只允许纵向联系，不允许横向联系。

在本题中，假定整个团队有 n 个人，这 n 个人的序号为 $1\sim n$，输入每个人上级的序号，统计有几个片区经理，以及每个片区经理分管几个人（包括他自己）。

输入数据第一行为一个正整数 n，$n \leqslant 1000$，表示该团队的人数。第2行有 n 个整数，取值范围为 $0 \sim n$，分别表示序号为 $1 \sim n$ 的人的上级的序号，如果取值为0，表示这个人没有上级。

按序号从小到大的顺序输出每个片区经理序号及分管几个人的信息，每个片区经理占一行，格式为"$x : y$"（冒号前后都有空格），x 为一个片区经理的序号，y 为他分管的人数，包括他自己。

分析：定义 fa 数组存储每个人的父结点的序号，就是输入数据。如果 fa[t] 为0，则 t 没有父结点，t 就是所在子树的根结点。再定义 cnt 数组，如果 t 为子树的根结点，则 cnt[t] 为他分管的人数。对每个结点 t，如果它的父结点 fa[t] 不为0，则顺着它的父结点逐级向上，总能找到所在子树的根结点，然后根结点的 cnt 值加1，这样就能统计每个子树根结点分管的人数。

代码如下。

```
#include <bits/stdc++.h>
using namespace std;
#define N 1010
int n;
int fa[N];     // 每个人的父结点的序号
int cnt[N];    // 如果 t 为子树的根结点，则 cnt[t] 为他分管的人数
int main( )
{
    cin >>n;
    int t;
    for(int i=1; i<=n; i++)
```

```
        cin >>fa[i];
    for(int i=1; i<=n; i++){
        t = i;
        while(1){
            if(fa[t]==0)  break;   //t 就是所在子树的根结点
            t = fa[t];   //t 更新为它的父结点
        }
        cnt[t]++;
    }
    for(int i=1; i<=n; i++){
        if(cnt[i])
            cout <<i <<" : " <<cnt[i] <<endl;
    }
    return 0;
}
```

【编程实例10.3】族谱。在一份族谱里，记载了每个人的子女情况。输入族谱信息，统计每个人有几个子女。

输入数据第一行为一个正整数 n，$n \leq 1000$，表示族谱中的人数，这 n 个人的序号为 $1 \sim n$。第 2 行有 n 个整数，取值范围为 $0 \sim n$，分别表示序号为 $1 \sim n$ 的人的父亲的序号，如果取值为 0，表示这个人在族谱里没有父亲，他就是这份族谱的祖先。

按序号从小到大的顺序输出每个人及他的儿子数量，每个人的信息占一行，格式为"$x:y$"（冒号前后都有空格），x 为一个人的序号，y 为他的儿子数量。如果一个人在族谱里没有儿子，则不输出相应的信息。

分析：本题不需要定义 fa 数组来存储每个人的父亲的序号，只需要定义 cnt 数组，存储每个人的儿子数量。如果读入一个人的父亲序号，设为 t，则 cnt[t]++。最后根据 cnt 数组中统计得到的信息，按照题目要求输出即可。代码如下。

```
#include <bits/stdc++.h>
using namespace std;
#define N 1010
int n;
int cnt[N];    // 每个人的子女数
int main()
{
    cin >>n;
    int t;
    for(int i=1; i<=n; i++){
        cin >>t;
        cnt[t]++;
    }
```

```
    for(int i=1; i<=n; i++){
        if(cnt[i])
            cout <<i <<" : " <<cnt[i] <<endl;
    }
    return 0;
}
```

（2）用向量数组存储树

树是一种特殊的图，我们可以采用存储图的方式（详见第9章）来存储一棵树。例如，对一个结点 u，我们可以用一个向量存储它的父结点和所有子结点，存储一棵树就需要用向量数组。

（3）二叉树的顺序存储方法

满二叉树和完全二叉树可以用顺序结构来存储。所谓**顺序结构**，就是用一个数组存储一棵二叉树的结点，而且可以推测出每个结点的左子结点和右子结点，因此可以实现一些复杂的处理。

对一棵普通的二叉树，也可以用顺序结构来存储，但是必须按完全二叉树中结点的顺序存储二叉树中的结点，不存在的结点也要把存储位置空出来。

对图10.11（a）所示的普通二叉树，其顺序存储方式示意图如图10.11（b）所示，在图10.11（b）中，虚线结点表示不存在，但在顺序结构中必须占位置。

图10.11（b）所示的二叉树可以用图10.12所示的一维数组存储，对每个结点，存储代表它的字符，如果字符为'#'，则说明该结点不存在。

二叉树顺序结构的缺点是浪费存储空间。

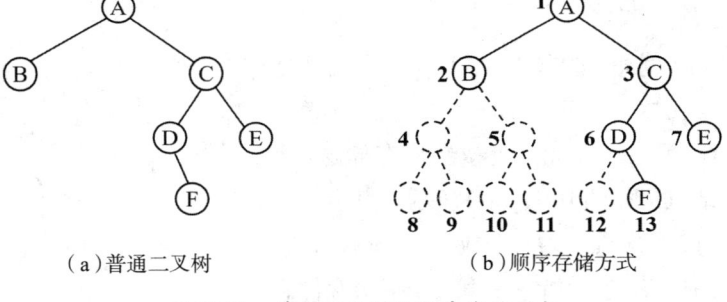

（a）普通二叉树　　　　（b）顺序存储方式

图10.11　普通二叉树的顺序存储方式

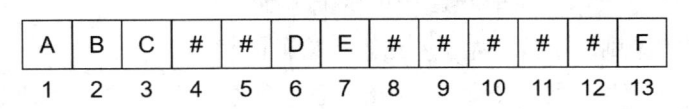

A	B	C	#	#	D	E	#	#	#	#	#	F
1	2	3	4	5	6	7	8	9	10	11	12	13

图10.12　顺序存储方式的实现

二叉树顺序结构的优点如下。

①可以判断一个结点是叶子结点还是分支结点。

②如果一个结点是分支结点，可以判断出有没有左子女、右子女。

③可以推断出一个结点的父结点，等等。

如果根结点存储在1号位置，那么有以下结论。这些结论在图10.11（b）中一目了然。

（1）对存储在 i 号位置的结点，如果有左子女，则存储位置为 $2i$，如果该位置空缺，没有存储结点，则意味着没有左子女；如果有右子女，则存储位置为 $2i+1$。如果一个结点没有左子女，也没有右子女，那么这个结点就是叶子结点。

（2）结点 i 的父结点为 $\left\lfloor \dfrac{i}{2} \right\rfloor$。

（3）如果i为偶数，兄弟结点若存在，则一定是$i+1$；如果i为奇数（1除外），兄弟结点若存在，则一定是$i-1$。

注意，如果根结点存储在0号位置，上述结论要做相应的修改。

（4）二叉树的链式存储方法

二叉树的顺序结构浪费存储空间。为了节省存储空间，我们可以改用链式存储方式，每个结点包含两个指针成员，分别指向它的左子女结点和右子女结点。但是指针比较难也容易出错。我们可以折中一下，用数组模拟链表。

具体来说，我们可以定义结构体node，表示一个结点，用数据成员data存储结点的数据，可能是一个编号，也可能是代表结点的一个字符等。一棵树的结点会以紧凑的方式存储在一个node型数组tree中。因此，我们只需要在node结构体中用le和ri这两个成员记录左子女结点和右子女结点在tree数组中的下标就可以了。

```
struct node {
    int data;       // 存储结点的数据，如果结点的数据是字符，要改成 char 型
    int le, ri;     // 左子女结点和右子女结点在 tree 数组中的下标
} tree[MAXN];
```

例如，对图10.13（a）所示的普通二叉树，一共有6个结点，在tree数组的第1～6个元素处按顺序存储这6个结点，如图10.13（b）所示。每个结点有3个成员，第一个成员是char型，存储代表结点的字符；第2个成员存储它的左子女结点在tree数组中的下标，如果为0则表示没有左子女结点；第3个成员存储它的右子女结点在tree数组中的下标，如果为0则表示没有右子女结点。

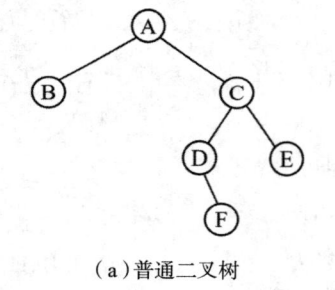

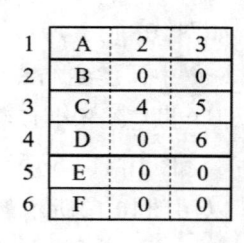

（a）普通二叉树　　　　　　　（b）链式存储方式

图10.13　二叉树的链式存储方式

这种链式存储方式的实现，详见本章下一节的编程实例。

10.6 二叉树的前序、中序和后序遍历

普通树的遍历非常复杂也难以实现。本节只讨论二叉树的遍历。所谓**二叉树的遍历**，就是按某种方式访问二叉树中每个结点且仅一次，没有重复也没有遗漏。二叉树的遍历是其他很多更复杂处理的基础。

想象一下，有图10.14所示的村庄分布图，顶点表示村庄，边表示村庄与村庄之间的道路。这种村庄分布图很少见，我们可以把村庄A想象成在山顶，其他村庄分布在3条峡谷里。现在要按某

种顺序参观所有村庄，没有重复也没有遗漏。但是要注意，其实每个村庄会经过2次，分别是到达和返回。我们可以在到达一个村庄时"输出代表村庄的字符"来表示访问村庄。

按访问结点的顺序，二叉树的遍历可分为四种方式，即前序遍历、中序遍历、后序遍历和层次遍历。

层次遍历就是按结点层次的顺序依次访问每个结点，其实就是一种广度优先搜索，比较简单。对图10.14，层次遍历的结果是ABCDEFGHIJ。

前序遍历、中序遍历、后序遍历都是一种递归过程，这三种遍历方式都是约定"对一个结点，先遍历其左子树，再遍历其右子树"，这样，这三种遍历方式的区别仅在于遍历根结点的顺序。这三种遍历方式其实就是一种深度优先搜索。

对**前序遍历**，是先访问根结点，再按同样的方式递归地遍历左子树、右子树。这里的"访问"可以是输出一个结点的数据等。具体遍历过程如下。

（1）访问根结点。
（2）前序遍历其左子树。
（3）前序遍历其右子树。

上述遍历过程是一个递归过程，需要用递归函数实现。伪代码如下。

图10.14 村庄分布图

```
void pre(二叉树)    // 前序遍历二叉树
{
    访问根结点（例如，输出代表结点的字符
    或序号）
    如果左子树不为空，按前序方式遍历左子树
    如果右子树不为空，按前序方式遍历右子树
}
```

对图10.14所示的二叉树进行前序遍历，得到的输出序列为ABDGEHJCFI。二叉树的前序遍历过程如图10.15所示。

对**中序遍历**，是先按中序遍历的方式递归地遍历左子树，再访问根结点，最后按中序遍历的方式递归地遍历右子树。具体遍历过程如下。

（1）中序遍历根结点的左子树。
（2）访问根结点。
（3）中序遍历根结点的右子树。

上述遍历过程是一个递归过程，需要用递归函数实现。伪代码如下。

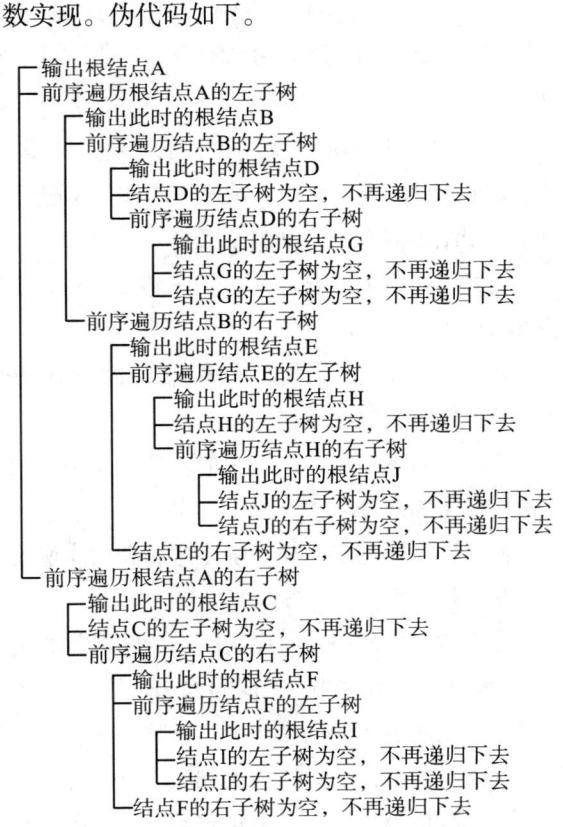

```
┌输出根结点A
├前序遍历根结点A的左子树
│  ┌输出此时的根结点B
│  ├前序遍历结点B的左子树
│  │  ┌输出此时的根结点D
│  │  ├结点D的左子树为空，不再递归下去
│  │  └前序遍历结点D的右子树
│  │     ┌输出此时的根结点G
│  │     ├结点G的左子树为空，不再递归下去
│  │     └结点G的右子树为空，不再递归下去
│  └前序遍历结点B的右子树
│     ┌输出此时的根结点E
│     ├前序遍历结点E的左子树
│     │  ┌输出此时的根结点H
│     │  ├结点H的左子树为空，不再递归下去
│     │  └前序遍历结点H的右子树
│     │     ┌输出此时的根结点J
│     │     ├结点J的左子树为空，不再递归下去
│     │     └结点J的右子树为空，不再递归下去
│     └结点E的右子树为空，不再递归下去
└前序遍历根结点A的右子树
   ┌输出此时的根结点C
   ├结点C的左子树为空，不再递归下去
   └前序遍历结点C的右子树
      ┌输出此时的根结点F
      ├前序遍历结点F的左子树
      │  ┌输出此时的根结点I
      │  ├结点I的左子树为空，不再递归下去
      │  └结点I的右子树为空，不再递归下去
      └结点F的右子树为空，不再递归下去
```

图10.15 二叉树的前序遍历过程

```
void mid(二叉树)    // 中序遍历二叉树
{
    如果左子树不为空，按中序方式遍历左子树
    访问根结点（例如，输出代表结点的字符或序号）
    如果右子树不为空，按中序方式遍历右子树
}
```

对图 10.14 所示的二叉树进行中序遍历，得到的输出序列为 DGBHJEACIF。

对**后序遍历**，是按后序遍历的方式递归地遍历左子树、右子树，最后访问根结点。具体遍历过程如下。

（1）后序遍历根结点的左子树。

（2）后序遍历根结点的右子树。

（3）访问根结点。

上述遍历过程是一个递归过程，需要用递归函数实现。伪代码如下。

```
void post(二叉树)    // 后序遍历二叉树
{
    如果左子树不为空，按后序方式遍历左子树
    如果右子树不为空，按后序方式遍历右子树
    访问根结点（例如，输出代表结点的字符或序号）
}
```

对图 10.14 所示的二叉树进行后序遍历，得到的输出序列为 GDJHEBIFCA。

如果一棵非空二叉树，**前序遍历和中序遍历得到的序列相同**，那这棵二叉树一定是右斜二叉树，即非叶子结点只有右子树的二叉树。

例如，对图 10.8（b）所示的右斜二叉树，前序遍历结果为 ABCD；中序遍历结果为 ABCD；后序遍历结果为 DCBA。

如果一棵非空二叉树，**后序遍历和中序遍历得到的序列相同**，那这棵二叉树一定是左斜二叉树，即非叶子结点只有左子树的二叉树。

例如，对图 10.8（a）所示的左斜二叉树，前序遍历结果为 ABCD；中序遍历结果为 DCBA；后序遍历结果为 DCBA。

如果一棵非空二叉树，**前序遍历和后序遍历得到的序列相同**，那这棵二叉树一定就只有一个结点，就是根结点。

二叉树前序遍历、中序遍历、后序遍历的实现，详见以下编程实例。

【**编程实例10.4**】二叉树的遍历。输入一棵二叉树，输出它的前序、中序和后序遍历序列。在本题中，二叉树中的结点用大写字母表示，因此最多有 26 个结点，而且如果二叉树结点数为 n，则用字母表中前 n 个大写字母表示这 n 个结点，但不保证 A 为根结点。

输入数据第一行为一个正整数 n，表示二叉树中的结点数，$n \leq 26$。接下来 n 行描述了 n 个结点及其左右子女结点的情况。这 n 行按字母顺序列出，因此第 i+1 行一定是以第 i 个大写字母开头，后面两个大写字母分别是它的左子女和右子女，如果为 *，则表示没有左/右子女。

输出 3 行，依次为这棵二叉树的前序、中序和后序遍历序列。

分析：本题可以用数组模拟二叉树的链式存储。定义二叉树结点的结构体类型 node。再定义 node 类型的结构体数组 tree，用 tree 数组的第 1~n 个元素存储二叉树的 n 个结点。结构体 node 包含 data, le, ri 三个成员，分别用来存储代表结点的字母，该结点的左子女和右子女在 tree 数组中的下标。在读入代表 n 个结点的字母及它的左右子女时，将左右子女的字母转换成 tree 数组中的下标，如果左/右子女为 *，则 le, ri 取默认值 0。

然后要找出根结点，根结点没有父结点，且是唯一的。在 n 个字母中，没有出现在每一行左/右子女列表中的字母一定就是根结点。为此，需要定义 f 数组，记录第 1~n 个大写字母在每一行第 1、2 个字符中是否出现过。

找到根结点后，调用 pre, mid, post 三个函数实现前序、中序和后序遍历。代码如下。

```cpp
#include <bits/stdc++.h>
using namespace std;
struct node {            // 二叉树中的结点
    char data;           // 结点的数据，为一个大写字母
    int le, ri;          // 该结点的左子女和右子女在 tree 数组中的下标
} tree[30];              // 存储一棵二叉树
int n;
void pre(int node)       // 前序遍历二叉树
{
    cout <<tree[node].data;                       // 访问根结点
    if(tree[node].le)  pre(tree[node].le);        // 前序遍历左子树
    if(tree[node].ri)  pre(tree[node].ri);        // 前序遍历右子树
}
void mid(int node)                                // 中序遍历二叉树
{
    if(tree[node].le)  mid(tree[node].le);        // 中序遍历左子树
    cout <<tree[node].data;                       // 访问根结点
    if(tree[node].ri)  mid(tree[node].ri);        // 中序遍历右子树
}
void post(int node)                               // 后序遍历二叉树
{
    if(tree[node].le)  post(tree[node].le);       // 后序遍历左子树
    if(tree[node].ri)  post(tree[node].ri);       // 后序遍历右子树
    cout <<tree[node].data;                       // 访问根结点
}
int main()
{
```

```cpp
    cin >>n;
    char s[10];
    int rt = -1;           // 根结点，根结点是没有父结点的
    int f[30] = {0};  // 统计第1～n个大写字母在每一行第1、2个字符中是否出现过
    for(int i=1; i<=n; i++){
        cin >>s;
        tree[i].data = 'A' + i - 1;
        if(s[1]!='*')   f[s[1]-'A'+1] = 1,  tree[i].le = s[1]-'A'+1; // 有左子女
        if(s[2]!='*')   f[s[2]-'A'+1] = 1,  tree[i].ri = s[2]-'A'+1; // 有右子女
    }
    for(int i=1; i<=n; i++){ // 找根结点
        if(f[i]==0){
            rt = i;  break;
        }
    }
    pre(rt);   cout <<endl;     // 前序遍历
    mid(rt);   cout <<endl;     // 中序遍历
    post(rt);  cout <<endl;     // 后序遍历
    return 0;
}
```

【编程实例10.5】二叉树的深度。 输入一棵二叉树，求它的深度。

在本题中，二叉树中的结点用大写字母表示，因此最多有26个结点，而且如果二叉树的结点数为 n，则用字母表中前 n 个大写字母表示这 n 个结点，但不保证A为根结点。

输入数据第一行为一个正整数 n，表示二叉树中的结点数，$n \le 26$。接下来 n 行描述了 n 个结点及其左右子女结点的情况。这 n 行按字母顺序列出，因此第 $i+1$ 行一定是以第 i 个大写字母开头，后面两个大写字母分别是它的左子女和右子女，如果为 *，则表示没有左/右子女。

输出占一行，为求得的二叉树的深度。

分析：本题采用跟上一题一样的方式存储二叉树。本题要求二叉树的深度，可以在前序、中序或后序遍历过程中实现。以前序遍历为例，pre函数要增加一个参数 d，表示当前遍历到结点的层次。在main函数中从根结点rt出发执行前序遍历，调用pre(rt, 1)，根结点的层次为1。定义全局变量ans，初值为0。在前序遍历过程中，每遍历到一个结点，将ans更新为ans = max(ans, d)。遍历完毕，ans的值就是二叉树的深度。代码如下。

```cpp
#include <bits/stdc++.h>
using namespace std;
struct node {           // 二叉树中的结点
    char data;          // 结点的数据，为一个大写字母
    int le, ri;         // 该结点的左子女和右子女在tree数组中的下标
} tree[30];             // 存储一棵二叉树
```

```
int n, ans;           //ans：二叉树的深度
void pre(int id, int d)    // 前序遍历到当前结点，层次为 d
{
    ans = max(ans, d);
    if(tree[id].le)  pre(tree[id].le, d+1);    // 前序遍历左子树
    if(tree[id].ri)  pre(tree[id].ri, d+1);    // 前序遍历右子树
}
int main()
{
    cin >>n;
    char s[10];
    int rt = -1;          // 根结点，根结点是没有父结点的
    int f[30] = {0};      // 统计第 1～n 个大写字母在每一行第 1、2 个字符中是否出现过
    for(int i=1; i<=n; i++){
        cin >>s;
        tree[i].data = 'A' + i - 1;
        if(s[1]!='*')   f[s[1]-'A'+1] = 1,  tree[i].le = s[1]-'A'+1;  // 有左子女
        if(s[2]!='*')   f[s[2]-'A'+1] = 1,  tree[i].ri = s[2]-'A'+1;  // 有右子女
    }
    for(int i=1; i<=n; i++){  // 找根结点
        if(f[i]==0){
            rt = i;  break;
        }
    }
    pre(rt, 1);               // 前序遍历
    cout <<ans <<endl;        // 输出深度
    return 0;
}
```

10.7 二叉树的恢复

上一节介绍了对给定的二叉树，求它的前序、中序和后序遍历序列。本节提到的遍历序列，只限于这三种遍历序列。

本节讨论另一个问题：二叉树未知，只给出了二叉树的某两种遍历序列，能不能恢复出二叉树，并求第三种遍历序列？先给出结论。

结论：已知前序遍历序列和中序遍历序列，可以恢复二叉树，并求后序遍历序列；已知后序遍历序列和中序遍历序列，也可以恢复二叉树，并求前序遍历序列。

也就是说，必须提供中序遍历序列，前序和后序遍历序列的作用是确定根结点，包括原始整棵二叉树的根结点和左右子树的根结点，中序遍历序列的作用是确定左、右子树，中序遍历序列的作用是不可替代的。

【微实例10.8】 假设一棵二叉树的后序遍历序列为DGJHEBIFCA，中序遍历序列为DBGEHJACIF，求这棵二叉树的前序遍历序列。

解： 后序遍历的规则是"左右根"，中序遍历的规则是"左根右"。因此可知，A是整棵二叉树的根结点；DBGEHJ是A的左子树的中序遍历，对应后序遍历序列为DGJHEB；CIF是A的右子树的中序遍历，对应后序遍历序列为IFC。递归地画出对应的二叉树，再根据前序遍历规则"根左右"即可求出答案。

在恢复二叉树过程中，一边拆分，一边画图。当子树中只有一两层结点时，可以直接得出结论和画图。

本题恢复二叉树的过程如下。

（1）确定根结点为A，左子树中序遍历序列为DBGEHJ，右子树的中序遍历序列为CIF。

（2）对A的左子树的处理如下。

① 根结点为B，它的左子树中序遍历序列为D，它的右子树中序遍历序列为GEHJ。

② 对B的右子树的处理：根结点为E，E的左子树为G，E的右子树的中序遍历序列为HJ，因此E的右子树根结点为H。H的左子树为空，H的右子女为J。

（3）对A的右子树的处理如下。

① 根结点为C，左子树为空，右子树中序遍历序列为IF。

② 对C的右子树的处理：右子树根结点为F，F的左子树为I，F的右子树为空。

综上，恢复得到的二叉树如图10.16所示。

这棵二叉树的前序遍历序列为ABDEGHJCFI。

【编程实例10.6】 由后序和中序推出前序。输入一棵二叉树的后序遍历序列和中序遍历序列，输出这棵二叉树的前序遍历序列。

输入数据为一棵二叉树的后序遍历序列和中序遍历序列，用空格隔开，每个序列由大写字母组成且每个结点的字母不重复，所以两个遍历序列的长度都不超过26。

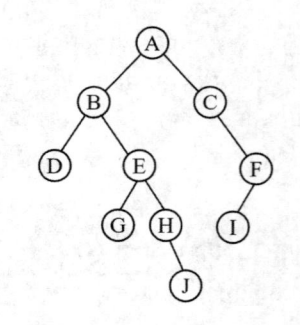

图10.16 二叉树的恢复

分析： 后序遍历序列最后一个字符就是根结点，在中序遍历序列中找到根结点，记其下标为id，在后序遍历序列中从第0个字符开始截取id个字符，在中序遍历序列中从第0个字符开始截取id个字符，递归地构造左子树；在后序遍历序列中从第id个字符开始截取len-id-1个字符，其中len为后序遍历序列的长度，在中序遍历序列中从第id+1个字符开始截取右边所有字符，递归地构造右子树。代码如下。

```
#include <bits/stdc++.h>
using namespace std;
```

```cpp
struct node {        // 二叉树中的结点
    char data;       // 结点的数据，为一个大写字母
    int le, ri;      // 该结点的左子女和右子女在 tree 数组中的下标
} tree[30];          // 存储一棵二叉树
int cur;             // 当前结点在 tree 数组中的下标
// 构造二叉树（可能是子树），返回根结点（可能是子树的根结点）的下标
//posts: 后序遍历序列（字符串），mids: 中序遍历序列（字符串）
int create(const string& posts, const string& mids)    // 参数为引用类型（&）
{
    int rt;          // 在 tree 数组的 rt 位置存储当前（子）树根结点
    if(posts.length() > 0){
        rt = cur++;
        int len = posts.length();
        tree[rt].data = posts[len-1];           // 根结点
        int id = mids.find(tree[rt].data);      // 到中序遍历序列中找根结点
        // 构造左子树，并让 tree[rt].le 指向左子树的根结点，参数 id 表示取子串字符数
        tree[rt].le = create(posts.substr(0, id), mids.substr(0, id));
        // 构造右子树，并让 tree[rt].ri 指向右子树的根结点
        // 参数 len-id-1 为取子串的长度，参数 id+1 为取子串起始位置
        tree[rt].ri = create(posts.substr(id, len-id-1), mids.substr(id+1));
    }
    else  rt = 0;
    return rt;
}
void pre(int node)                              // 前序遍历二叉树
{
    cout <<tree[node].data;                     // 访问根结点
    if(tree[node].le)  pre(tree[node].le);      // 前序遍历左子树
    if(tree[node].ri)  pre(tree[node].ri);      // 前序遍历右子树
}
int main()
{
    string posts, mids;                         // 后序遍历序列，中序遍历序列
    cin >>posts >>mids;
    cur = 1;                                    //1 号结点是整棵二叉树的根结点
    create(posts, mids);
    pre(1);
    return 0;
}
```

10.8 m叉树及相关问题

参照二叉树、满二叉树、完全二叉树的定义，我们还可以定义m叉树。

定义10.10（m叉树） 限定每个结点最多有m个子女结点的树。

定义10.11（满m叉树） 每一层结点都是"满"的m叉树。根结点的层次为1，第1层有$m^0 = 1$个结点；第2层有$m^1 = m$个结点；第3层有m^2个结点；第k层有m^{k-1}个结点。k层满m叉树，一共有$m^0 + m^1 + m^2 + \cdots + m^{k-1} = (m^k - 1)/(m - 1)$个结点。

定义10.12（完全m叉树） 对m叉树，除了最后一层外，每一层的结点数都是满的，最后一层的结点都靠左排列，只允许右边若干个结点是空缺的。

【微实例10.9】根节点的高度为1，一根拥有2023个节点的三叉树高度至少为几？

解：满三叉树的节点数为$s = (3^n - 1)/2$，2023个节点介于7层到8层之间，所以最少需要8层三叉树。

【微实例10.10】一棵深度为5（根结点深度为1）的完全三叉树，按前序遍历的顺序给结点从1开始编号，则第100号结点的父结点是第几号结点？

解：深度为5的满三叉树，一共有$(3^5 - 1)/2 = 121$个结点。本题给定的三叉树是完全三叉树，至少有100个结点。因此，根结点的第1棵子树是满的，有1 + 3 + 9 + 27 = 40个结点；第2个子树也是满的，有40个结点，第100号结点位于第3棵子树。

由于是按前序遍历顺序给结点编号，因此每棵子树的结点编号是连续的，根节点是1号结点，深度为1。根结点的第一个儿子是2号结点，并且2号结点为根的子树一定是一棵深度为4的满三叉树，因此有1 + 3 + 9 + 27 = 40个结点，所以根结点的第二个儿子是42号结点，根结点的第三个儿子是82号结点。同理，可以得到82号的第一个儿子是83号结点，并且以83号为根的子树有1 + 3 + 9 = 13个结点，因此82号的第二个儿子是96号结点，96号的第一个儿子是97号结点，而97号有三个儿子分别是98号、99号和100号结点，如图10.17所示。

因此，本题的答案是97。

【编程实例10.7】**求满m叉树中结点的父结点**。求满m叉树中某个结点v的父结点。约定根结点序号为1，其他结点按层次从上到下、每一层结点从左到右按顺序进行编号。

输入两个正整数m和v，v为某个结点的序号，$2 \leq m \leq 5$，$1 \leq v \leq 100$。

输出结点v的父结点的序号，如果v为根结点，输出 –1。

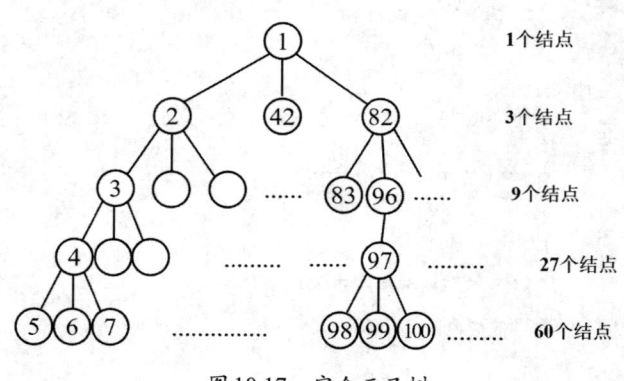

图10.17 完全三叉树

分析：对满m叉树，假设根结点是第1层，每个结点的层次比它父结点的层次大1，则第1层有 $m^0=1$ 个结点，第2层有 m^1 个结点，第3层有 m^2 个结点，…，第 i 层有 m^i 个结点，如图10.18所示。

在本题中，已知结点序号 v，要求它的父结点的序号。首先判断一种特殊情形，$v=1$，此时结点 v 是根结点，它没有父结点，输出 –1 即可。如果 $v>1$，先求出 v 位于第几层，记为 le，这需要用 while 循环实现。在 while 循环中累加前面几层结点数 $s=m^0+m^1+m^2+\cdots$。循环条件是 $s<v$，因此退出循环时一定是首次 $s\geq v$，由此可以求出结点 v 所在层次为 le，第 le 层结点数为 w。然后要求出结点 v 是第 le 层第几组（m 个结点一组），记为第 t 组，那么结点 v 的父结点就是第 le – 1 层的第 t 个结点。第 1～(le – 1) 层的总结点数为 $s=s-w$。第 1～(le – 2) 层的总结点数为 $s=s-w/m$，因此第 le – 1 层的第 t 个结点就是 $s+t$，这就是结点 v 的父结点。

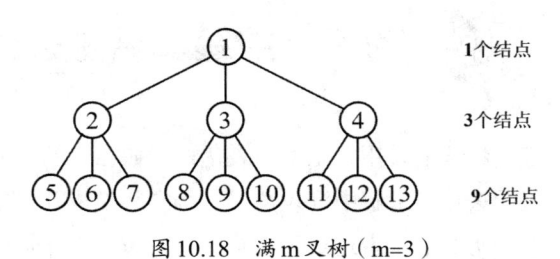

图10.18 满m叉树（m=3）

代码如下。

```cpp
#include <bits/stdc++.h>
using namespace std;
int main()
{
    int m, v;   cin >>m >>v;
    if(v==1){                       // 根结点没有父结点
        cout <<-1 <<endl;   return 0;
    }
    int s = 1, le = 1, w = 1;   //le：结点 v 所在层次
    while(s<v){                     // 退出 while 循环时 s≥v, v 的层次为 le
        w = w*m;                    // 每层结点数
        s += w;                     // 总结点数
        le++;
    }
    s = s - w;                      // 第 1～(le-1) 层的总结点数
    int t;                          // 第 v 个结点是第 le 层第几组 (m 个结点一组)
    if((v-s)%m==0)   t = (v-s)/m;
    else    t = (v-s)/m + 1;
                                    // 结点 v 的父结点是第 (le-1) 层第 t 个结点
    cout <<s-w/m+t <<endl;          //w/m: 第 le-1 层结点数
    return 0;
}
```

10.9 前缀、中缀、后缀表达式

数学上采用的是中缀表达式，如 $(2+3) \times 5 + 6 \times (7-2)$，人能理解的也是中缀表达式。但计算机无法直接求解中缀表达式，必须转换成前缀或后缀表达式才能求解。

所谓**中缀表达式**，就是运算符位于操作数中间；**前缀表达式**，就是运算符位于操作数前面；**后缀表达式**，就是运算符位于操作数后面。

前缀表达式也称为波兰表达式，后缀表达式也称为逆波兰表达式。

在中缀表达式中，除了操作数和运算符外，可能还有圆括号，而且圆括号的优先级是最高的。但前缀表达式和后缀表达式里没有圆括号。

（1）前缀、中缀、后缀表达式的相互转换

中缀表达式转换为前缀表达式的方法是：按照运算顺序，运算符前移，操作数后移。以表达式 "$a+(b-c)*d$" 为例。

① 将所有运算按照优先级加上小括号，得到 $(a+((b-c)*d))$。

② 将运算符移到对应小括号前，得到 $+(a*(-(b\,c)\,d))$。

③ 去掉小括号，得到 $+a*-b\,c\,d$。

中缀表达式转换为后缀表达式的方法是：按照运算顺序，运算符后移，操作数前移。以表达式 "$a+(b-c)*d$" 为例。

① 将所有运算按照优先级加上小括号，得到 $(a+((b-c)*d))$。

② 将运算符移到对应小括号后，得到 $(a((b\,c)-d)*)+$。

③ 去掉小括号，得到 $a\,b\,c-d*+$。

将中缀表达式转换成前缀、后缀表达式，还有一种方法就是先对中缀表达式构造一棵表达式二叉树，然后对这棵二叉树进行前序遍历，得到的就是前缀表达式；对这棵二叉树进行后序遍历，得到的就是后缀表达式。

以表达式 "$a+(b-c)*d$" 为例，构造得到的二叉树如图10.19所示。构造方法是：**从左往右检查表达式，对操作数，构造叶子结点，对运算符，构造分支结点；遇到括号，则先对括号里的表达式构造一个子树，再作为括号前面（或后面）的运算符的右子女（或左子女）。**

注意，对中缀表达式，构造得到的表达式二叉树不含括号。

对这棵二叉树进行前序遍历，得到前缀表达式，为 "$+a*-b\,c\,d$"。对这棵二叉树进行后序遍历，得到后缀表达式，为 "$a\,b\,c-d*+$"。

图10.19 根据中缀表达式构造表达式二叉树

（2）前缀、中缀、后缀表达式的求解

对计算机来说，求解前缀或后缀表达式需要用到栈。以"后缀表达式的求解"为例，方法是：

读入操作数就压栈，读入运算符就弹出栈顶两个操作数，求解，并把结果压栈。如此反复，直到栈里只剩下一个操作数，这就是最终的运算结果。

【微实例10.11】求解后缀表达式"9 3 1 − 3 * + 10 2 / +"。

解：本题可以按上述方法求解。先读入前面3个操作数，9，3，1，依次压栈；读入运算符"−"后，从栈顶弹出两个操作数，执行减法，把运算结果2压栈；读入操作数3，压栈；读入运算符"*"后，从栈顶弹出两个操作数，执行乘法，把运算结果6压栈；读入运算符"+"后，从栈顶弹出两个操作数，执行加法，把运算结果15压栈；读入操作数10和2，压栈；读入运算符"/"后，从栈顶弹出两个操作数，执行除法，把运算结果5压栈；读入运算符"+"后，从栈顶弹出两个操作数，执行加法，把运算结果20压栈。这就是最终的运算结果。

如果熟练，也可以直接手工求解。求解方法是：**对靠近运算符的两个操作数，执行运算符对应的运算，并用运算结果替换两个操作数和运算符。**

对本题，手工求解过程如图10.20所示。因此本题的答案是20。从图10.20可以看出，手工求解依然采用的是栈的思路。

前缀表达式的求解跟后缀表达式的求解一样，只是扫描的顺序是反的，需要从右向左扫描表达式。

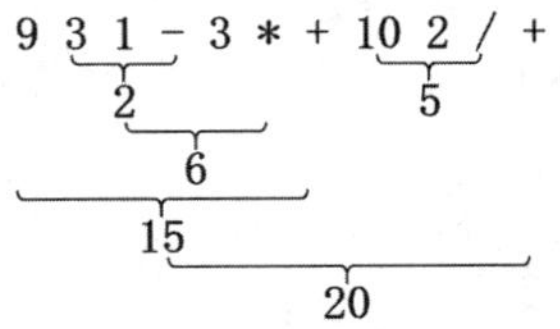

图10.20　后缀表达式的求解

第 11 章
概率论基础

本章内容

本章介绍概率论基础,包括概率、中位数、均值和期望、随机数函数。

11.1 概率

在生活中,有很多可能发生也可能不发生的事件。不同的事件,发生的可能性大小也不一样。例如,抛一枚硬币,"硬币正面朝上"这个事件可能发生,也可能不发生,发生的可能性大概是 $\frac{1}{2}$;抛一个饮料瓶,"饮料瓶刚好立起来"这个事件可能发生,也可能不发生,但发生的可能性非常小。

定义11.1(随机事件) **随机事件**是指在相同的条件下,可能发生也可能不发生的事件。

定义11.2(随机实验和样本空间) 为了验证随机事件发生的可能性,我们通常要做一些实验,每次实验出现的结果是无法预测的,但往往事先知道可能会出现哪几种结果,这种实验称为**随机实验**。每种实验结果称为**样本点**。所有样本点构成了**样本空间**,一般记为 Ω。因此样本空间是一个集合。随机事件包含一个或多个样本点,可以视为样本空间的子集。

【**微实例11.1**】请写出掷骰子这个随机实验的样本空间,以及随机事件"点数为奇数"这个集合。

解:掷骰子是随机实验,因为每次掷骰子会出现什么点数无法预测,但无非就是点数1,2,3,4,5,6,每个点数就是一个样本点。因此,在这个随机实验中,**样本空间** $\Omega = \{$点数1, 点数2, 点数3, 点数4, 点数5, 点数6$\}$。

"点数为奇数"就是一个随机事件,包含点数1, 3, 5这3个样本点,可以记为集合 $\{$点数1, 点数3, 点数5$\}$。

在数学上,概率的严谨定义是非常深奥的,本书不打算引入概率的严谨定义,只给出以下浅显的定义。

定义11.3(概率) **概率**是反映随机事件发生的可能性大小的量。

在生活中,概率通常用来评估一个事件出现的频繁程度,所以概率有时也称为**频率**。

一个事件的概率如果为0,表示这个事件不会发生;概率如果为1,表示这个事件必然发生。例如,在标准大气压下,水加热到100℃沸腾的概率为1;水在100℃结冰的概率为0。

很多随机事件发生的可能性很难准确度量。本章只讨论等可能事件发生的可能性大小。

定义11.4(等可能事件) 在一次随机实验中,可能会出现多种结果,每种结果就是一个样本点,每个样本点就是一个随机事件,这些随机事件出现的可能性相等,这些事件就称为**等可能事件**。

常见的等可能事件有:**抛硬币**、**掷骰子**、**抽签**。

例如,在抛硬币实验中,可能会出现两种结果,"正面朝上""正面朝下",这两个随机事件可以认为是等可能事件。这里忽略了"硬币立起来"这个几乎不可能发生的事件。

注意,在抛饮料瓶实验中,"饮料瓶立起来"和"饮料瓶倒下"显然不是等可能事件。

等可能事件的概率比较容易求。如果某个随机实验共有 n 种等可能性的结果,事件 A 包含了其中 m 种,则事件 A 发生的**概率**为:$P(A) = \dfrac{m}{n}$。

【**微实例11.2**】在掷骰子这个随机实验中,每个点数出现的可能性可以认为是相同的。随机事件A为"点数为奇数",随机事件B为"点数大于2",求这两个事件的概率。

解:掷骰子这个随机实验共有6个样本点,即点数为1,2,3,4,5,6。

随机事件A包含1,3,5这3个样本点,因此概率$P(A) = \frac{3}{6} = \frac{1}{2}$。

随机事件B包含3,4,5,6这4个样本点,因此概率$P(B) = \frac{4}{6} = \frac{2}{3}$。

定义11.5(互斥事件) **互斥事件**是指两个或多个随机事件的交集为空集,即它们没有共同的样本点。互斥事件也称为不相容事件。

如果事件A和事件B是互斥事件,那么它们满足以下条件:$P(A \cap B) = \mathbf{0}$。

定义11.6(对立事件) **对立事件**是指两个事件互相排斥,即它们的交集为空集,而且它们的并集等于样本空间。

如果事件A和事件B是对立事件,那么它们满足以下条件:$A \cap B = \emptyset$并且$A \cup B = \Omega$。

显然,对立事件一定是互斥事件,反之不成立。

例如,在掷骰子这个随机实验中,假设随机事件A为"点数为奇数",随机事件B为"点数为偶数",显然,事件A和B既是互斥事件也是对立事件。

定义11.7(独立事件) **独立事件**是指两个或多个事件的发生不会互相影响,即一个事件的发生不会影响另一个事件的发生。

如果事件A和事件B是独立事件,那么它们满足以下条件:$P(A \cap B) = P(A) \times P(B)$。

【微实例11.3】求连续掷两次骰子,两次得到的点数均为奇数的概率。

解:假设随机事件A为"第一次点数为奇数",随机事件B为"第二次点数为奇数",显然,事件A和B是独立事件。$A \cap B$表示"两次得到的点数均为奇数"这一随机事件。可知$P(A) = \frac{1}{2}$,$P(B) = \frac{1}{2}$,$P(A \cap B) = P(A) \times P(B) = \frac{1}{4}$。

独立重复实验是指独立地、重复地进行同一个试验若干次,其中每次试验的每个结果不受其他试验结果的影响。

计算概率时经常需要用到以下几个公式。

● $P(A \cup B) = P(A) + P(B) - P(A \cap B)$。$A \cup B$表示事件$A$发生或事件$B$发生。$A \cap B$表示事件$A$和事件$B$都发生。

● 对于不相容事件A、B,有$P(A \cup B) = P(A) + P(B)$。

● $P(A-B) = P(A) - P(A \cap B)$。

● 若事件B包含在事件A中,$P(A \cap B) = P(B)$。

【微实例11.4】甲箱中有200个螺杆,其中有160个A型螺杆;乙箱中有240个螺母,其中有180个A型螺母。从甲乙两箱中各取一个,则能配成A型螺栓的概率为多少?

解:从甲箱中取出一个A型螺杆的概率是160/200 = 4/5,从乙箱中取出一个A型螺母的概率是180/240 = 3/4。答案为二者相乘,得到的概率为3/5。

【微实例11.5】一个袋子中有3个蓝球、2个红球、2个黄球,则从中抽出三个球颜色各不相同的概率是多少？

解：从总共 3 + 2 + 2 = 7 个球中取出 3 个球的方案数为 $C(7, 3) = 35$。抽出三个颜色各不相同的球，一定是抽了一个蓝球、一个红球、一个黄球，方案数为 $C(3, 1) \times C(2, 1) \times C(2, 1) = 12$。因此概率为 12/35。

【**编程实例11.1**】**抽雪糕**。一个盒子里一共有 a 个巧乐兹雪糕、b 个小布丁。第一次取出的是一个巧乐兹，然后将这个雪糕放回去，第二次取出的依旧是一个巧乐兹，这个事件的概率是多少？

分析：第一次抽取的是巧乐兹，概率是 $\dfrac{a}{a+b}$。第二次抽取的是巧乐兹，概率也是 $\dfrac{a}{a+b}$。二者相乘就是本题的答案。代码如下。

```
#include <bits/stdc++.h>
using namespace std;
int main()
{
    int a, b;
    cin >>a >>b;
    double p = 1.0*a/(a+b);
    p = p*p;
    cout <<fixed <<setprecision(2) <<p <<endl;
}
```

【**编程实例11.2**】**弹球游戏**。在本题中，一个弹球游戏机器是包含多个以下字符的序列：孔("."）、地板("_")、墙壁("|")、山峰("/\")。一个墙壁(或山峰)永远不会与另一个墙壁(或山峰)相邻。

该游戏的玩法是：在机器的上方随机抛下弹球。如果弹球能通过孔，那么弹球最终穿过机器；如果弹球落到地板上方则停下来；如果弹球落到山峰的左边，则弹球反弹，通过所有连续的地板直到掉到孔里去，或者出了机器的边界，或者撞到墙壁或山峰则停下来；如果弹球落到山峰的右边，结果类似；如果弹球抛到墙壁的上方，则分别以 50% 的概率做落到山峰左、右边类似的处理。

本题要求解的是，如果弹球随机从机器的上方抛下，随机的意思就是从每个字符位置上方垂直抛下的机会均等，那么弹球最终能通过孔和出边界的概率是多少？

例如，考虑如图 11.1 所示的机器。当在字符上方抛下弹球时，弹球通过孔或出边界的概率分别为：1 = 100%, 2 = 100%, 3 = 100%, 4 = 50%, 5 = 0%, 6 = 0%, 7 = 0%, 8 = 100%, 9 = 100%。因此最终对整个机器，在机器上方随机抛下弹球，弹球通过孔和出边界的概率为以上概率的平均值，约为 61.111%。

在本题中，对求得的概率，要忽略百分号，并精确到整数，即舍弃小数部分，因此，对图 11.1 所示的弹球游戏，应该输出 61。

输入一个字符序列，长度不超过 100 个字符，表示弹球游戏。输出求得的概率。

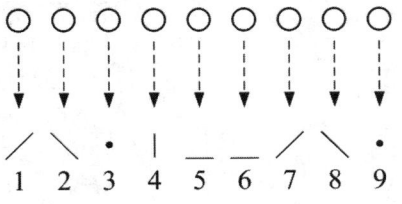

图 11.1 弹球游戏

分析：每个弹球游戏的字符序列中包含的字符只有有限的5种。

对这5种字符的处理方法如下。

（1）对字符"."，以100%的概率通过孔。

（2）对字符"_"，弹球会停下来，则通过孔或出边界的概率为0%。

（3）对山峰的左边"/"，则反弹，是否通过孔或出边界或停下来，要观察左边的字符序列：如果左边第一个字符为"."，则以100%的概率通过孔；如果为字符"|"或字符"\"，则停下来，通过孔（或出边界）的概率为0；如果为字符"_"，则继续判断左边的字符。如果左边的字符序列判断完毕还没通过孔或停下来，则出边界，概率为100%。

（4）同样对山峰的右边"\"，也会反弹，是否通过孔或出边界或停下来，要观察右边的字符序列，处理方法与（3）类似。

（5）而对字符"|"，则分别以50%的概率做（3）和（4）的处理。

在程序中，可以用if结构或switch结构按上述分析处理字符序列中的每个字符，得到的概率之和再除以字符数就是题目要求的概率。代码如下。

```
#include <bits/stdc++.h>
using namespace std;
int main()
{
    int i, j;   char ch[110];            // 弹球游戏中的字符序列
    cin >>ch;
    int p = 0, len = strlen(ch);         // 概率，字符序列的长度
    for( i=0; i<len; i++ ) {
        if( ch[i]=='.' )  p += 100; // 处理'.'字符
        else if( ch[i]=='/' ) {          // 处理'/'字符
            for( j=i-1; j>=0; j-- ) {
                if( ch[j]=='.' ) { p += 100;  break; }  // 遇到孔的位置，则通过孔
                else if(ch[j]=='|' || ch[j]=='\\')  break; // 遇到墙壁或山峰，
                                                           // 则停下
            }
            if( j<0 )  p += 100;       // 出左边界
        }
        else if( ch[i]=='\\' ) {         // 处理'\'字符
            for( j=i+1; j<len; j++ ) {
                if( ch[j]=='.' ) { p += 100;  break; }  // 遇到孔的位置，则通过孔
                else if( ch[j]=='|' || ch[j]=='/' )  break;
            }
            if( j>=len )  p += 100;
        }
        else if( ch[i]=='|' ) {          // 处理'|'字符
            for( j=i-1; j>=0; j-- ) {    // 以50%的概率相当于'/'
```

```
            if( ch[j]=='.' ){ p += 50;  break; }
            else if( ch[j]=='|' || ch[j]=='\\' )  break;
        }
        if( j<0 )   p += 50;
        for( j=i+1; j<len; j++ ) {    // 以50%的概率相当于 '\'
            if( ch[j]=='.' ){ p += 50;  break; }
            else if( ch[j]=='|' || ch[j]=='/' )  break;
        }
        if( j>=len )   p += 50;           // 出右边界
    }
    //else if( ch[i]=='_' )              //'_'字符不用处理
}
p /= len;  cout <<p <<endl;
return 0;
}
```

11.2 中位数

定义11.8（中位数） **中位数**，又称为**中值**，统计学中的专有名词，是按数值大小顺序排列的一组数据中居于中间位置的数，是描述一组数概率分布的一个数值，它可以将这组数划分为个数相等的两部分。按顺序是指按从小到大或从大到小排序。

假设一组数为 $a_1, a_2, a_3, \cdots, a_n$，如果 n 为奇数，居中的数只有一个，因此中位数为 $a_{(n+1)/2}$；如果 n 为偶数，居中的数有两个，中位数一般取这两个数的平均，因此中位数为 $\dfrac{(a_{n/2} + a_{(n/2+1)})}{2}$。

【编程实例11.3】中位数数列。将 $1 \sim N^2$ 的整数（共 N^2 个）分成 N 组，N 为奇数，每组有 N 个数。每组的中位数构成一个新数列，再求该新数列的中位数。求这个中位数的最大值。

分析：以 $N = 7$ 为例分析，不管将1至49怎么分成7组，总是可以将每组整数递增排列，然后把每组整数按中位数从小到大排列，即每组整数的中位数也是递增的，如图11.2所示。

[m] 就是7个中位数所构成的数列的中位数。要使 [m] 最大，就要使比 [m] 大的数尽可能少，而比 [m] 大的数至少有 [m] 所在行的后三个数，以及 [d]、[e]、[f] 所在行的后四个数（包括 [d]、[e]、[f]），共 $3 + 3 \times 4 = 15$ 个。所以最大的 [m] 为 $49 - 15 = 34$。

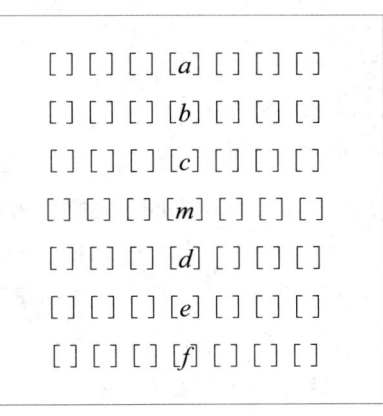

图11.2 中位数数列

对输入的N值，假设$N = 2 \times k + 1$，则比$[m]$大的数至少有$k + k \times (k + 1)$个，因此本题的答案就是$N \times N - k - k \times (k + 1)$。代码略。

11.3 均值和期望

在生活中，我们经常需要求一组数的平均值。例如，一次考试结束后，我们需要统计全班同学的平均分。如果已知每个学生的分数，我们可以把全班的总分先求出来，再除以人数，就是平均分了。但有的时候，提供给我们的不是每个学生的分数，而是每个分数的人数，甚至每个分数的频率，那又怎么求平均分呢？考虑以下微实例。

【微实例11.6】 20个学生参加一次竞赛，3个学生的成绩是满分400分，4个学生的成绩是350分，3个学生的成绩是270分，5个学生的成绩是200分，4个学生的成绩是150分，1个学生的成绩是100分。那么他们的平均分是多少呢？

解：平均分是6个分数的平均值$\frac{(400+350+270+200+150+100)}{6} = 245$分吗？这显然不合理。正确的计算方法应该是总分除以人数，而总分又是每个分数乘以人数再加起来，即计算公式是：$\frac{(400 \times 3 + 350 \times 4 + 270 \times 3 + 200 \times 5 + 150 \times 4 + 100 \times 1)}{20} = 255.5$分。

以上计算式子又可以写成：$400 \times \frac{3}{20} + 350 \times \frac{4}{20} + 270 \times \frac{3}{20} + 200 \times \frac{5}{20} + 150 \times \frac{4}{20} + 100 \times \frac{1}{20}$。我们发现，这个式子里$\frac{3}{20}$、$\frac{4}{20}$等就是每个分数出现的频率。

在上述实例中，将所有数相加后除以数的个数，得到的平均值$\frac{(400+350+270+200+150+100)}{6} = 245$，称为**算术平均值**。而把每个数乘以频率，再加起来，得到的平均值$400 \times \frac{3}{20} + 350 \times \frac{4}{20} + 270 \times \frac{3}{20} + 200 \times \frac{5}{20} + 150 \times \frac{4}{20} + 100 \times \frac{1}{20} = 255.5$，称为**加权平均值**。

上述微实例中计算的加权平均值，准确的说法是期望。古典概率论起源于赌博问题，惠更斯、帕斯卡、费马、伯努利这些数学家都是古典概率的奠基人，那时他们研究的概率问题大多来自赌桌上，最早的概率论问题是赌徒梅累在1654年向帕斯卡提出的"分赌金问题"。这一问题推动了概率论的早期发展。加权平均值之所以被称为"期望"（Expectation），就是源自惠更斯、帕斯卡等人研究平均情况下，一个赌徒在赌桌上可以"期望"获得的平均收益。

为了严格定义期望，我们需要引入随机变量的概念。

定义11.9（随机变量） 尽管由于随机因素的作用，随机试验的结果有多种可能性，但是对于试验的每一个结果ω，都可以用一个实数$X(\omega)$来表征：试验的结果ω不同，$X(\omega)$可能取不同值，因而是一个变量，故$X(\omega)$是试验结果ω的函数。我们称这种变量$X(\omega)$为**随机变量**，简记为X。通常

用 X、Y、Z 等表示随机变量。

例如，投骰子试验，试验结果（点数）ω 可能的结果为：1, 2, 3, 4, 5, 6。称点数 $X(\omega)$ 是随机变量。事实上，此处 $X(\omega) = \omega$。当然点数的平方 $X(\omega)$ 也是随机变量，此时 $X(\omega) = \omega^2$。

定义 11.10（数学期望） **数学期望**，简称**期望**，是随机变量的"平均值"，用来描述随机变量的中心位置，随机变量 X 的期望用 $E(X)$ 表示，期望的计算公式为：$E(X) = x_1 p(x_1) + x_2 p(x_2) + x_3 p(x_3) + \cdots + x_n p(x_n)$，其中 x_i 表示随机变量 X 的每个取值，$p(x_i)$ 为这个取值发生的概率。

当随机变量每个取值的概率相同时，期望就是每个取值的平均值。例如，在微实例 11.6 中，如果有 20 个学生，出现了 5 个分数，400, 350, 270, 200 和 150，每个分数都是 4 个人，那么平均分刚好是 $\dfrac{(400+350+270+200+150)}{5} = 274$ 分。

数学期望具有以下性质。假设 X 和 Y 均为随机变量，且它们的数学期望均存在。

（1）对于常数 C，$E(C) = C$，$E(X + C) = E(X) + C$。

（2）对于常数 C_1 和 C_2，$E(C_1 X + C_2 Y) = C_1 E(X) + C_2 E(Y)$。

（3）若 X、Y 独立，则 $E(XY) = EX \cdot EY$。

【编程实例 11.4】赌徒的期望。一位玩家正在玩一个特殊的掷骰子的游戏，游戏要求连续掷两次骰子，收益规则如下：玩家第一次掷出 x 点，得到 ax 元；第二次掷出 y 点，当 $y = x$ 时玩家会失去之前得到的 ax 元，而当 $y \neq x$ 时，玩家能保住第一次获得的 ax 元。上述 $x, y \in \{1, 2, 3, 4, 5, 6\}$。

例如，$a = 2$，玩家第一次掷出 3 点得到 6 元后，若第二次再次掷出 3 点，会失去之前得到的 6 元，玩家最终收益为 0 元；如果玩家第一次掷出 3 点、第二次掷出 4 点，则最终收益是 6 元。假设骰子掷出任意一个点数的概率均为 1/6，玩家连续掷两次骰子后，所有可能情形下收益的平均值是多少？

分析：本题求的平均值就是期望。假设第一次掷骰子得到的点数是 x，则第二次掷骰子，$\dfrac{5}{6}$ 的可能性获得 ax，$\dfrac{1}{6}$ 的可能性获得 0，收益的期望是 $ax \times \dfrac{5}{6} = \dfrac{5a}{6} x$，而第一次掷骰子得到的点数 x 的期望是 $\dfrac{(1+2+3+4+5+6)}{6} = \dfrac{7}{2}$。前后两次掷骰子的随机事件是独立的。

所以本题的答案是 $\dfrac{5a}{6} \times \dfrac{7}{2} = \dfrac{35a}{12}$。代码略。

【微实例 11.7】 对有序数组 {5, 13, 19, 21, 37, 56, 64, 75, 88, 92, 100} 进行二分查找，等概率的情况下查找成功的平均查找长度（平均比较次数）是多少？

解：在本题中，先统计出 11 个元素的总比较次数，再除以 11，就是平均比较次数了。

但是如果按照元素的顺序，依次分析查找第 1 个元素要比较多少次，查找第 2 个元素要比较多少次……这样不仅费时，还容易出错。

更快且不容易出错的方法是：首先，查找整个数组居中的元素，即第 6 个元素，比较次数就是 1 次，如图 11.3 所示；然后在前半段（第 1~5 个元素）查找居中的元素，即第 3 个元素，比较次数是 2 次，利用上述结论，在剩下的前半段（第 1~2 个元素）查找第 1 个元素需要比较 3 次，查找第 2 个元素需要比较 4 次，在剩下的后半段（第 4~5 个元素）查找第 4 个元素需要比较 3 次，查找第 5 个元素需要比较4次；对后半段也是按这种方法计算。

统计得到的总比较次数是33，因此，平均比较次数是33/11 = 3。

比较次数	3	4	2	3	4	1	3	4	2	3	4
序号	1	2	3	4	5	6	7	8	9	10	11
元素	5	13	19	21	37	56	64	75	88	92	100

图11.3　二分查找时的比较次数

结论：在二分查找时，当某个子序列只剩下2个元素，第1个元素再比较1次就能找到，第2个元素需要再比较2次才能找到。

【**编程实例11.5**】**猜数字游戏**。甲、乙两个人玩猜数字游戏：甲想一个数字，1到n之间，然后让乙来猜；如果乙猜的数字大了，甲会给出提示"大了"；如果乙猜的数字小了，甲会给出提示"小了"；如果乙猜中了，甲会给出提示"恭喜你，猜对了"。每猜一次需要花费a元，包括猜中的那一次，猜中了奖励b元。输入正整数a, b, n，$n \le 1000$，$a, b \le 100$，$a < b$，请问乙"期望"能赢到多少钱？注意，这个值可能为负数，表示乙花费的钱比最后一次猜中奖励的钱还多。

在本题中，假定甲选择1到n之间的每个数的概率是相同的，乙采用最优的方法即二分查找法来猜甲选择的数。

分析：乙能不能赢钱，取决于乙猜到甲想的那个数字，平均需要猜多少次，如果是p次，那么乙赢的钱是 $-p*a+b$元。显然，这个值可能为负数。要使得p的值尽可能小，乙必须采用二分查找法来猜数字，即每次猜居中的数字，如微实例11.7所示。

所以，本题的关键是根据n的值，模拟猜数字游戏，猜中每个数字需要猜的次数，总次数除以n，得到的就是平均猜的次数p。

求猜数字的总次数，可以采用递归思想求解。定义函数f(le, ri, n)在[le, ri]区间执行第n次查找，居中那个数为mid = (le + ri)/2，就是第n次查找到的，然后递归调用f(le, mid-1, n + 1)和f(mid + 1, ri, n + 1)分别在前半段和后半段查找。在main函数中调用f(1, n, 1)就能统计总查找次数，再除以n就是平均查找次数了。代码如下。

```
#include <bits/stdc++.h>
using namespace std;
int a[1010];       //a[i]：甲说的数字是i, 乙需要猜a[i]次
int tot;           // 猜1~n每个数字, 总共猜的次数
void f(int le, int ri, int n)    // 在[le, ri]区间查找，是第 n 次查找
{
    if(le>ri)   return;
    int mid = (le+ri)/2;
    a[mid] = n;    tot += n;
    f(le, mid-1, n+1);
    f(mid+1, ri, n+1);
```

```
}
int main()
{
    int a, b;   //猜一次需要花费a元（包括猜中的那一次），猜中了奖励b元
    cin >>a >>b;   //a<b
    int n;   cin >>n;
    f(1, n, 1);
    cout <<fixed <<setprecision(2) <<-1.0*a*tot/n + b <<endl;
    return 0;
}
```

11.4 随机数函数

在信息学竞赛里，为了评测参赛选手提交的程序是否正确，每道编程题往往需要设计多个测试点。每个测试点包含一个输入数据文件以及一个正确的输出数据文件。输入数据文件中的数据往往需要专门编写程序来生成随机数据。有时还需要手工或用程序自动生成特殊的测试数据，如边界数据、最大规模的数据等。

在C++中，生成随机数据需要用到随机数函数rand()。这个函数的原型如下。

```
int rand( void );
```

该函数用于产生0到RAND_MAX之间的伪随机数。RAND_MAX是计算机中定义的符号常量，其值为32767。rand()函数采用线性同余法来产生随机数，它产生的随机数不是真正的随机数，是"伪"随机数。

为了保证每次运行程序时产生的随机数不同，在使用rand()函数前，需要调用srand()函数设置随机数种子。srand()函数的原型如下。

```
void srand( unsigned int seed );
```

通常该函数的调用形式如下。

```
srand( (unsigned)time( 0 ) );
```

即用当前系统时间作为随机种子，其中time函数用于获取当前系统时间。

例如，以下程序是编程实例11.2的测试数据生成程序。字符序列长度是[5, 100]的随机数，需要用rand()函数实现。此外，每个字符也是随机的，先用rand()函数生成[0, 3]的随机数，约定0～3分别表示孔("."）、地板("_"）、墙壁("|"）、山峰("/\")。注意，山峰是由两个字符表示的，而且要实现墙壁和山峰不能相邻，因此如果上一次生成的随机数是2或3、这次生成的随机数也是2或3，就要跳过，重新生成随机数。代码如下。

```cpp
#include <bits/stdc++.h>
using namespace std;
int a[110]; //0 是孔 ("."), 1 是地板 ("_"), 2 是墙壁 ("|"), 3 是山峰 ("/\")
int len;       // 字符序列长度，山峰 "/\" 视为一个字符
string s;      // 字符序列
int main()
{
    freopen( "d1.in", "w", stdout ); // 生成测试数据文件 d1.in
    srand( (unsigned)time(0) );
    len = rand()%96 + 5;                //[5, 100] 的随机数
    for(int i=0; i<len; ){
        int t = rand()%4;               //[0, 3] 的随机数
        // 墙壁和山峰不能相邻
        if(i>0 and ((a[i-1]==2 or a[i-1]==3) and (t==2 or t==3)))   continue;
        a[i] = t;
        if(t==0)    s += ".";
        else if(t==1)   s += "_";
        else if(t==2)   s += "|";
        else    s += "/\\";
        i++;
    }
    cout <<s <<endl;
    return 0;
}
```

　　有时，生成测试数据的程序，可能比题目的标准解答程序还复杂，因为要验证测试数据的有效性。

第 12 章
逻辑学基础

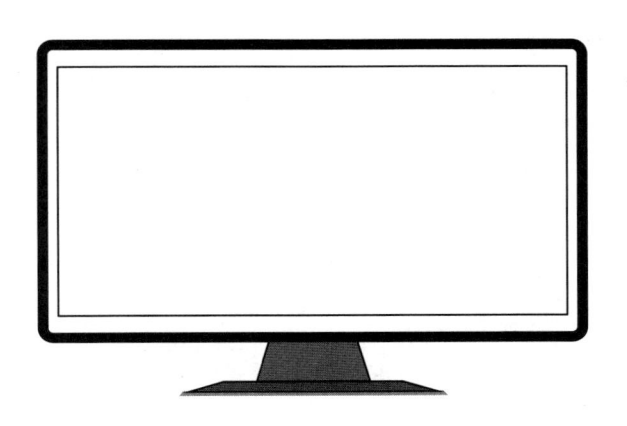

本章内容

本章介绍C++语言中的逻辑运算和逻辑型数据、逻辑学和数理逻辑、命题及真值、联结词、逻辑推理等。

12.1 逻辑运算和逻辑型数据

逻辑运算是计算机基础运算的核心类别之一，其硬件实现直接由**算术逻辑单元**（Arithmetic Logical Unit，ALU）完成。ALU 是计算机中央处理器（Central Processing Unit，CPU）的执行单元，承担所有算术与逻辑运算任务，是 CPU 的关键组成部分。ALU 的主要运算功能如下。

（1）整数算术运算：包括基本的加、减运算，复杂的 ALU 还包括乘、除运算。

（2）按位逻辑运算：包括按位与、按位或、按位非、按位异或。

（3）按位移位运算：包括算术移位和逻辑移位。

第 4 章已经介绍了按位逻辑运算，按位逻辑运算是以操作数的二进制位为单位进行运算。本章介绍的逻辑运算包括逻辑与、逻辑或、逻辑非，是以操作数整体执行逻辑运算。

三种逻辑运算符的运算规则如表 12.1 所示。

表 12.1　三种逻辑运算符的运算规则

逻辑运算	运算符	用法	运算符含义
逻辑与	&& 或 and	条件1 && 条件2 条件1 and 条件2	条件1和条件2都满足（为 true）才算满足（为 true）
逻辑或	|| 或 or	条件1 || 条件2 条件1 or 条件2	条件1和条件2只要有一个满足（为 true）就算满足（为 true）
逻辑非	! 或 not	!条件 not 条件	否定。条件满足（为 true），则"!条件"就是不满足（为 false）；条件不满足（为 false），则"!条件"就是满足（为 true）

在 C++ 中，除了常用的整型数据、浮点型数据和字符型数据外，还有一类布尔型（bool）数据，它的取值只有两种：true 和 false（true 和 false 要小写）。这种数据称为**布尔型数据**或**逻辑型数据**。

关系表达式和逻辑表达式的值都是 bool 型数据。通俗地讲，"条件符合""关系满足""式子是对的"，就是 true，否则就是 false。

布尔型数据分为**布尔型常量**和**布尔型变量**。布尔型常量有两个，就是 true 和 false。

布尔型变量要用类型标识符 bool 来定义，它的值只能是 true 和 false 之一，代码如下。

```
bool f1, f2 = false;    //定义逻辑变量 f1 和 f2，并使 f2 的初值为 false
f1 = true;              //将逻辑常量 true 赋给逻辑变量 f1
```

编译系统在处理逻辑型数据时，将 false 视为 0，将 true 视为 1，在内存中占一个字节，而不是将字符串 "false" 和 "true" 存放在内存中。因此，逻辑型数据可以与数值型数据进行运算，如图 12.1 所示。具体如下。

（1）如果逻辑型数据与其他数值型数据一起参与算术运算，则 true 为 1，false 为 0。

例如，假设变量 f 是逻辑型变量，它的值为 true，那么，赋值语句"a = 2 + f + false;"执行完后，a 的值为 3。

（2）将一个表达式的值赋值给一个逻辑型变量，则只要表达式的值为非 0，就按"真(true)"处理，如果表达式的值为 0，按"假(false)"处理。例子如下。

```
bool f1 = 123 + 25;     // 赋值后 f1 的值为 true，即为 1
bool f2 = 0.0;          // 赋值后 f2 的值为 false，即为 0
```

（3）当一个表达式用作条件时，如 if 语句中的条件或循环中的条件，只要表达式的值不为 0，就为 true，只有表达式的值为 0 或 0.0，才是 false。

```
                    逻辑"真"为1，逻辑"假"为0
    逻辑型数据  ←——————————————————————→  数值型数据
                    非0为"真"，0为"假"
```

图 12.1　数值型数据和逻辑型数据的转换

【微实例 12.1】请思考以下代码片段的输出结果是什么？

```
for(char x = 'A'; x <= 'D'; x++)
    if( (x != 'A') + (x == 'C') + (x == 'D') + (x != 'D') == 3 )
        cout <<x;
```

解：在上述代码中，for 循环的循环变量 x 取值为字符 'A'、'B'、'C'、'D'，(x != 'A')(x == 'C')(x == 'D')(x != 'D') 这四个表达式都是关系表达式，取值为 true 或 false，即 1 或 0，这四个表达式的值的和在什么情况下等于 3 呢？显然，必须有且仅有三个表达式的值为 true、另一个为 false，而 (x == 'D') 和 (x != 'D') 是矛盾的，这两个表达式必然一个是 true、另一个是 false，这样前面两个表达式就必须为 true 了。(x == 'C') 这个表达式为 true，意味着 x 的值为 'C'，同时 (x != 'A') 也为 true。因此这个代码片段只会输出字符 'C'。

12.2　逻辑学和数理逻辑

在生活中，经常用到判断和推理。详见以下例子。

（1）星期一早上上学的时候路上很容易堵车，特别是下雨天。今天是星期一，下雨了，所以今天早上上学路上肯定很拥堵。

（2）今天有体育课。今天天气很好。只要天气好，体育课就是户外运动。所以，今天的体育课肯定就是户外运动了。

（3）这学期数学第六单元学了小数的加法和减法，我学得很好。昨天晚上我还复习了。只要我学得好又复习了，我就能得高分。所以，今天第六单元测验，我肯定能考高分。

（4）只要下雨又没带伞，我就会被淋湿。我没有被淋湿，所以就没下雨。

在上述例子中，(1)、(2)、(3)中的推理是有效的，第(4)个推理就不正确了。

推理是逻辑学的研究内容。所谓**逻辑**就是思维的规律。**逻辑学**是研究思维形式和思维规律的科学。思维的形式结构包含了概念、判断和推理之间的结构和联系，其中概念是思维的基本单位，通过概念对事物是否具有某种属性进行肯定或否定的回答就是判断，由一个或几个判断推出另一个判断的思维方式，就是推理。

数理逻辑是用数学方法研究推理规律的一门学科。所谓数学方法就是引进一套符号体系，因此数理逻辑又称为**符号逻辑**。

信息学竞赛里涉及数理逻辑的内容不多。本章只介绍编程求解推理题所需的必要知识。

12.3 命题及真值

推理就是由一个或几个判断推出另一个判断，而表达判断的语句是陈述句，它称为命题。正式定义如下。

定义12.1（命题） 表达判断且具有确定真值的陈述句称为**命题**。

定义12.2（命题的真值） 命题的**真值**是命题的逻辑取值。真值只有"真"和"假"两种，分别记为T和F。

注意，真值不是说只能取真（T）。

定义12.3（原子命题） 不可再分解为更简单命题的基本命题，称为**原子命题**。不包含任何逻辑联结词。

定义12.4（复合命题） 由原子命题、联结词和标点符号构成的命题，称为**复合命题**。

在自然语言中，常见的联结词有"和""或""如果……那么……"等。在数理逻辑中，联结词必须经过严格定义才能使用，详见下一节。

【微实例12.2】在以下语句中，哪些语句是命题？如果是命题，指出它的真值。

（1）能整除13的正整数只有1和13本身。

（2）13是质数。

（3）13是合数。

（4）因为13只能被1和13整除，所以13是质数。

（5）13是质数吗？

解：在上述语句中，(1)~(4)是命题，其中(1)、(2)、(4)的真值为T，(3)的真值为F，(1)、(2)、(3)为原子命题，(4)为复合命题。(5)是疑问句，不是陈述句，所以不是命题。

在数理逻辑中，通常用大写字母P、Q、A、B来表示命题；当命题有很多个时，也可以在大写字母后面加下标，如$P_1, P_2, \cdots, P_n$。这种表示命题的符号，称为**命题标识符**。举例如下。

P：今天是星期一。

Q：今天下雨。

如果一个命题标识符表示确定的命题，则该标识符称为**命题常量**。

如果一个命题标识符表示任意命题，就称为**命题变量**。

在计算机程序里，原子命题通常可以用关系表达式来表示，如"3小于5"可以表示成关系表达式"3 < 5"。复合命题通常需要用逻辑运算符把多个表达式连接成逻辑表达式。关系表达式和逻辑表达式的值只有true和false两种，即1和0，true和false分别对应命题的真值T和F。

此外，计算机程序里有**标识符**的概念，变量名、函数名等都是标识符。在计算机程序里，命题变量可以用布尔型变量或整型变量（限定其值为1或0）来表示。命题常量根据其真值T和F分别用布尔型常量true和false来表示，或者用1和0来表示。

【**编程实例12.1**】**有没有说谎**。A、B两个人在争辩。A说：B在说谎。B说：我没有说谎。A、B到底有没有说谎？

输出"V1 V2"，如果A没有说谎，V1的值为T，否则值为F；如果B没有说谎，V2的值为T，否则值为F。如果有多个答案，按"F F""F T""T F""T T"的顺序输出（有几个就输出几个），每个答案占一行。

分析：A和B描述的陈述句都是在表达"B是否在说谎"，可以用一个int型的变量B表示"B是否说谎"，约定取值为0表示说谎、取值为1表示没有说谎。再把A和B描述的陈述句（命题）用关系表达式表示出来，分别为"B == 0"和"B == 1"。本题只需枚举B的取值，并输出这两个命题的真值（T或F）即可。

为了保证输出顺序符合题目要求，枚举B的取值时从1取到0。代码如下。

```
#include <bits/stdc++.h>
using namespace std;
int main()
{
    int a1, b1;            // 将两个人说的话及真假用逻辑表达式表示成命题
    int B;                 // 表示B是否说谎（取值为0表示说谎）
    for(B=1; B>=0; B--){   // 枚举B是否说谎
        a1 = (B==0);       //A说B在说谎
        b1 = (B==1);       //B说B没有说谎
        cout <<(a1==1?'T':'F') <<" " <<(b1==1?'T':'F') <<endl;
    }
    return 0;
}
```

以上程序的输出结果如下。

```
F T
T F
```

其含义是：A说谎了，B没有说谎；A没有说谎，B说谎了。这两种情形都是对的。

12.4 联结词

在自然语言中，常常使用"和""或""如果……那么……"等词汇将一些简单的陈述句联结成更复杂的陈述句。

例如，"今年为闰年或平年""小A或小B可以做出这道编程题"这两个陈述句中的"或"的含义是不一样的。

数理逻辑中的联结词是指将原子命题连接成复合命题的运算符。为了避免多义性，数理逻辑中的联结词必须严格定义。此外，为了便于书写和进行推演，也必须对联结词符号化。

（1）否定联结词$\neg$

定义12.5（否定联结词） 设P为一命题，P的**否定**是一个新的命题，记作$\neg P$。若P为T，则$\neg P$为F；若P为F，则$\neg P$为T。"$\neg P$"可读作"非P"。

联结词"$\neg$"是一个一元运算符，其运算规律如图12.2所示。

P	$\neg P$
F	T
T	F

图12.2 $\neg$的定义

例如，设P表示"13是质数"，那么$\neg P$就表示"13不是质数"。在这个例子里，P为T，$\neg P$为F。

（2）合取联结词$\wedge$

定义12.6（合取联结词） 设P和Q为两个命题，P和Q的**合取**是一个复合命题，记作$P \wedge Q$。当且仅当P、Q同时为T时，$P \wedge Q$的真值为T；在其他情况下，$P \wedge Q$的真值为F。"$P \wedge Q$"读作"P合取Q"。

联结词"$\wedge$"是一个二元运算符，其运算规律如图12.3所示。

P	Q	$P \wedge Q$
F	F	F
F	T	F
T	F	F
T	T	T

图12.3 $\wedge$的定义

例如，设 P 表示 "2 是偶数"，Q 表示 "2 是质数"，那么 $P \wedge Q$ 就表示 "2 是偶数也是质数"。在这个例子里，P 为 T，Q 为 T，$P \wedge Q$ 为 T。

（3）析取联结词 ∨

定义 12.7（析取联结词） 设 P 和 Q 为两个命题，P 和 Q 的**析取**是一个复合命题，记作 $P \vee Q$。当且仅当 P、Q 同时为 F 时，$P \vee Q$ 的真值为 F；在其他情况下，$P \vee Q$ 的真值为 T。"$P \vee Q$" 读作 "P 析取 Q"。

联结词 "∨" 是一个二元运算符，其运算规律如图 12.4 所示。

P	Q	$P \vee Q$
F	F	F
F	T	T
T	F	T
T	T	T

图 12.4　∨ 的定义

例如，设 P 表示 "23 是奇数"，Q 表示 "23 是质数"，那么 $P \vee Q$ 就表示 "23 是奇数或质数"。在这个例子里，P 为 T，Q 为 T，$P \vee Q$ 为 T。

联结词 "∨" 与自然语言中的 "或" 的意义不完全相同。"$P \vee Q$" 指的是 "可兼或"，即 P 和 Q 都可以取 T 且此时 $P \vee Q$ 为 T。在上面的例子中，显然 P 和 Q 都为 T。

而自然语言中的 "或"，既可表示为 "可兼或"，也可表示为 "排斥或（不可兼或）"。

例如，"今年为闰年或平年"，这个命题中的 "或" 很显然是 "排斥或"。"排斥或" 是指通过 "或" 并列的两项不能同时取 T，或者说，同时取 T 时整个复合命题为 F。在这个例子里，设 P 表示 "今年是闰年"，Q 表示 "今年是平年"，那这个复合命题可以表示为 $(P \wedge \neg Q) \vee (Q \wedge \neg P)$，其含义是 "今年是闰年而不是平年，或今年是平年而不是闰年"。

（4）条件联结词 →

自然语言中的 "如果……那么……""若……则……""只要……就……" 等含义一般要用条件联结词来表示。

定义 12.8（条件联结词） 设 P 和 Q 为两个命题，其**条件命题**是一个复合命题，记作 $P \rightarrow Q$。当且仅当 P 的真值为 T、Q 的真值为 F 时，$P \rightarrow Q$ 的真值为 F；在其他情况下，$P \rightarrow Q$ 的真值为 T。P 称为**前件**，Q 称为**后件**。

"$P \rightarrow Q$" 可读作 "如果 P 那么 Q" 或 "若 P 则 Q"；如果是在一个很长的复合命题里，也可读作 "P 条件 Q"。

联结词 "→" 是一个二元运算符，其运算规律如图 12.5 所示。

P	Q	P→Q
F	F	T
F	T	T
T	F	F
T	T	T

图 12.5　→的定义

例如，设 P 表示"年份是400的倍数"，Q 表示"年份是闰年"，那么 $P→Q$ 就表示"如果年份是400的倍数，那么年份是闰年"。在这里例子中，如果 P 为T，Q 就为T，因此 $P→Q$ 就为T；如果 P 为F，根据条件联结词的定义，无论 Q 为F或T，$P→Q$ 还为T。总之，$P→Q$ 永远T。

（5）双条件联结词 $\rightleftarrows$

自然语言中的"……当且仅当……""……的充分必要条件是……"等含义一般要用双条件联结词来表示。

定义 12.9（双条件联结词） 设 P 和 Q 为两个命题，复合命题 $P \rightleftarrows Q$，称为**双条件命题**；当 P 和 Q 的真值相同时，$P \rightleftarrows Q$ 的真值为T，否则 $P \rightleftarrows Q$ 的真值为F。

"$P \rightleftarrows Q$"可读作"P 当且仅当 Q"；如果是在一个很长的复合命题里，也可读作"P 双条件 Q"。

联结词"$\rightleftarrows$"是一个二元运算符，其运算规律如图12.6所示。

P	Q	P⇌Q
F	F	T
F	T	F
T	F	F
T	T	T

图 12.6　$\rightleftarrows$ 的定义

例如，设 P 表示"一个三角形是直角三角形"，Q 表示"一个三角形三条边的长度相等"，那么 $P \rightleftarrows Q$ 就表示"一个三角形是直角三角形，当且仅当三条边的长度相等"。在这里例子中，如果 P 为T，Q 就为F，因此 $P \rightleftarrows Q$ 就为F；如果 P 为F，Q 可能为F也可能为T，因此 $P \rightleftarrows Q$ 可能为F也可能为T。

（6）在程序中表示联结词

联结词相当于编程语言中的运算符。易知，"¬"相当于"逻辑非（！）""∧"相当于"逻辑与（&&）""∨"相当于"逻辑或（||）"。

但是，复合命题"$P→Q$"和"$P \rightleftarrows Q$"在计算机程序中应该怎么表达呢？

复合命题"$P→Q$"在计算机程序中要表示成"$P <= Q$"，其中 P、Q 为程序中的关系表达式或逻辑表达式，取值为true或false，即1或0。这是因为，当且仅当 P 为true、Q 为false时，"$P <= Q$"

为false，其余情形，"P <= Q"均为true，这与"P→Q"的取值是完全相同的。如图12.7所示，在空心圆圈位置，"P <= Q"为false，在三个实心圆圈位置，"P <= Q"均为true。在四个圆圈中，只有空心圆圈位于直线P = Q以下。

复合命题"P ⇌ Q"在计算机程序中要表示成"P == Q"，其中P、Q为关系表达式或逻辑表达式。这是因为，"P ⇌ Q"和"P == Q"都是在P和Q的值相同时取值为T，其余情形都是取值为F。

【编程实例12.2】喜忧参半。有A、B、C、D四个学生被分到了同一个寝室。寝室有四张床，布局如图12.8所示，1号和2号床位在同一边，1号和4号离得远，2号和3号也离得远。四个学生都有各自的期望。

A：我希望分到靠近过道的床位，和B离得远一点（B睡觉打呼噜，A睡眠不好）。

B：我希望分到靠近过道的床位，和D在同一边。

C：我希望分到靠近窗户的床位，但不要靠近卫生间。（2号床位靠近卫生间）

D：我希望分到靠近窗户的床位，和A在同一边。

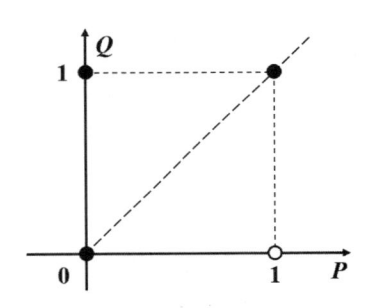

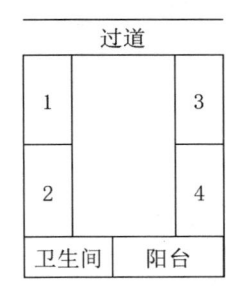

图12.7 P→Q的示意图　　　图12.8 寝室床位分布图

床位分配方案出来后，四个学生都是喜忧参半，即愿望都只实现了一半。

你能推算出分配方案吗？请输出A、B、C、D的床位号，用空格隔开。

分析：在本题中，床位已经编号为1、2、3、4，我们可以枚举A、B、C、D四个学生被分到的床位号，用三重for循环枚举A的取值从1到4、B的取值从1到4、C的取值从1到4、D的取值不用枚举，因为当A、B、C的值取定后，可以采用式子D = 1 + 2 + 3 + 4 - A - B - C计算出D的床位号。

另外，A、B、C、D四个人的期望都可以分成两部分，这两部分都是命题，可以用关系表达式和逻辑表达式表示出来。但两部分不能同时满足，因此是不可兼或。不可兼或可以用异或运算表示。C++没有提供逻辑异或运算，只提供了按位异或。幸运的是，命题的取值只能是1和0，对应T和F，因此，对两个命题的取值进行按位异或运算，得到的值也是1或0，刚好达到我们预期的效果。因此，我们可以把A、B、C、D四个人的期望表示成如下的命题。

```
a = (A==1 || A==3) ^ (A+B==5);        // 异或其实就是不可兼或（命题的取值为1或0）
b = (B==1 || B==3) ^ (B+D==3 || B+D==7);
c = (C==2 || C==4) ^ (C!=2);
d = (D==2 || D==4) ^ (D+A==3 || D+A==7);
```

根据题意，A、B、C、D四个人的期望都恰好实现了一半，因此a、b、c、d的值都必须为1，即a+b+c+d为4。在上述枚举过程，如果A、B、C、D分到的床位号使得a+b+c+d的值为4，就是一种符合题意的分配方案。代码如下。

```
#include <bits/stdc++.h>
using namespace std;
int main()
{
    int A, B, C, D;                    //A, B, C, D四个学生被分到的床位号
    int a, b, c, d;                    //A, B, C, D的期望（每个人的期望是一个命题）
    for(A=1; A<=4; A++){               // 枚举A的床位号
        for(B=1; B<=4; B++){           // 枚举B的床位号
            if(A==B) continue;
            for(C=1; C<=4; C++){       // 枚举C的床位号
                if(C==A || C==B) continue;
                D = 1+2+3+4-A-B-C;     //计算D的床位号
                a = (A==1 || A==3) ^ (A+B==5);      // 异或其实就是不可兼或
                b = (B==1 || B==3) ^ (B+D==3 || B+D==7);
                c = (C==2 || C==4) ^ (C!=2);
                d = (D==2 || D==4) ^ (D+A==3 || D+A==7);
                if(a+b+c+d==4)
                    cout <<A <<" " <<B <<" " <<C <<" " <<D <<endl;
            }
        }
    }
    return 0;
}
```

【编程实例12.3】单选题。 有1、2、3、4共四道很难的单选题，每道题有A、B、C、D四个选项，每道题只有一个选项是正确答案。现在让甲、乙、丙、丁四个学生来答题，每人选择答两道题。

甲：第1题的答案是B、第4题的答案是C。

乙：第2题的答案是B、第4题的答案是A。

丙：第1题的答案是A、第3题的答案是A。

丁：第2题的答案是D、第3题的答案是C。

现在已知四个同学都只答对了一道题，并且每道题都只有一个人答对了。

请根据上述信息，确定四道单选题的答案。

输出四道单选题的答案，用空格隔开。如果有多组答案符合要求，则按字典序输出（有几个就输出几个），每个答案占一行。

分析： 在本题中，我们可以枚举第1、2、3、4道题目答案为A、B、C、D的组合情形，一共是$4^4 = 256$种组合情形。为了便于循环变量递增，需要用字母'A'～'D'表示四个答案。用四重for循

环枚举第1题的答案A1的取值从'A'到'D'、第2题的答案A2的取值从'A'到'D'、第3题的答案A3的取值从'A'到'D'、第4题的答案A4的取值从'A'到'D'。

在四道题目的答案取值的每种组合下，我们再把甲、乙、丙、丁答题的两部分分别表示成以下命题。

```
a1 = (A1=='B');   a2 = (A4=='C');
b1 = (A2=='B');   b2 = (A4=='A');
c1 = (A1=='A');   c2 = (A3=='A');
d1 = (A2=='D');   d2 = (A3=='C');
```

再求出以下值。

```
t = (a1^a2) + (b1^b2) + (c1^c2) + (d1^d2);    // 这里用异或表示 a1 和 a2 的不可兼或
t1 = a1 + c1;   t2 = b1 + d1;    //a1 和 c1 都是描述第 1 题的答案，只有一个是对的
t3 = c2 + d2;   t4 = a2 + b2;    // 因此 t1==1, t1 也可以用异或表示成 (a1^c1)
```

如果 t == 4 且 t1 == 1 且 t2 == 1 且 t3 == 1 且 t4 == 1（也可以表示成 t == 4 且 t1 + t2 + t3 + t4 == 4），则A1、A2、A3、A4的组合为符合题目要求的答案。

注意：

（1）a1 和 a2 是不可兼或。

（2）"(a1^a2) + (b1^b2) + (c1^c2) + (d1^d2)" 这个式子里必须加括号，因为算术运算的优先级高于按位运算，如果不加括号，则先执行加法运算，这显然是不对的。

代码如下。

```cpp
#include <bits/stdc++.h>
using namespace std;
int main()
{
    char A1, A2, A3, A4;                    //4 道单选题的答案
    int a1, a2, b1, b2, c1, c2, d1, d2;     // 甲、乙、丙、丁答题的两部分
    int t, t1, t2, t3, t4;                  //t1 为第 1 题的答题情况（只有一人答对）
    for(A1='A'; A1<='D'; A1++){             // 枚举第 1 题的答案
        for(A2='A'; A2<='D'; A2++){         // 枚举第 2 题的答案
            for(A3='A'; A3<='D'; A3++){     // 枚举第 3 题的答案
                for(A4='A'; A4<='D'; A4++){ // 枚举第 4 题的答案
                    a1 = (A1=='B');   a2 = (A4=='C');
                    b1 = (A2=='B');   b2 = (A4=='A');
                    c1 = (A1=='A');   c2 = (A3=='A');
                    d1 = (A2=='D');   d2 = (A3=='C');
                    t = (a1^a2) + (b1^b2) + (c1^c2) + (d1^d2);
                    t1 = a1 + c1;   t2 = b1 + d1;
                    t3 = c2 + d2;   t4 = a2 + b2;
```

```
                if(t==4 && t1==1 && t2==1 && t3==1 && t4==1)
                    cout <<A1 <<" " <<A2 <<" " <<A3 <<" " <<A4 <<endl;
            }
        }
    }
    return 0;
}
```

12.5 逻辑推理

推理是数理逻辑的主要研究内容，但是其内容和难度已经超出本书范围。信息学竞赛里的推理题也不需要用到深奥的理论知识。本节主要通过例题讲解用编程的方法实现推理。

对有关命题表示和推理的题目，在编程解题时往往会用到多个变量以及它们的取值，很容易混淆，因此做出以下约定。

（1）完整的命题一般用小写字母表示，如 a, b, c 等，或"小写字母 + 编号"来表示，如 $a1$, $a2$, $b1$, $b2$ 等。这些变量取值为1表示命题为T，取值为0表示命题为F。这些变量本来可以定义成bool型，但稳妥起见，还是定义成int型。

（2）命题里提到的一些人物，通常用大写字母表示，如 A, B, C, D 等，有关这些人物的变量，通常也用大写字母表示，但有时可能需要用字符常量表示，如 'A', 'B', 'C', 'D' 等。这些题目通常需要用枚举算法实现，在用for循环枚举每个人时，循环变量仍然用 i, j, k，这时循环变量往往需要定义成char型。

（3）有些命题里涉及某个人做了什么，比如"A做了作业"，为了减少变量，通常用相同的变量（如A）来表示，这时需要约定变量各个取值的含义，比如，约定A取值为1表示"A做了作业"、A取值为0表示"A没有做作业"。

【编程实例12.4】谁做了作业。老师给 A、B、C、D、E 五个学生布置了一次作业。检查后发现：

（1）A 和 B 要么都做了作业，要么都没做；

（2）B 和 C 只有一个人做了作业；

（3）D 没有做作业；

（4）C 和 E 最多有一人做了作业。

请问谁做了作业？输出做了作业的学生名单。如果有多组解，首先按做了作业的人数从少到多的顺序输出各组解，如果存在人数相同的解，则再按字典序输出每组解，每组解占一行。每组解如果有多个人，用空格隔开。

分析：本题要根据（1）、（2）、（3）、（4）四个命题来判断谁做了作业，显然这四个命题都必须为T，而由命题（3）可知D没有做作业，由命题（2）和（4）可知，至少还有一人没做作业。因此，最多只有三人做了作业。

于是，可以分别考虑有一人、两人和三人（D都不在其中）做了作业的情形。对每种情形，枚举做了作业的人的组合，如果使得（1）、（2）、（4）三个命题都为T，则该组合符合要求。

以有两人做了作业的情形为例，讲解如何枚举和求解。用两重for循环枚举两人的组合，外层循环的循环变量为$i1$、内层循环的循环变量为$i2$，$i1$的取值为'A'～'E'、$i2$的取值为$i1+1$～'E'，当然$i1$和$i2$都不能取到'D'，对$i1$、$i2$的每个取值组合，进行如下处理。

①定义int型变量$A = (i1 == 'A') || (i2 == 'A')$，如果$i1$或$i2$为'A'，说明'A'做了作业，当然，在二重for循环里保证了$i1$不等于$i2$，因此$i1$和$i2$最多只有一个为'A'。因此，变量A的值为1表示'A'做了作业，值为0表示'A'没有做作业。同理，定义变量B、C、E表示'B'、'C'、'E'是否做了作业。

②把（1）、（2）、（4）三个命题表示出来，即$a1 = (A == 0 \&\& B == 0) || (A == 1 \&\& B == 1)$、$b1 = (B == 1 \&\& C == 0) || (B == 0 \&\& C == 1)$、$d1 = !(C == 1 \&\& E == 1)$，因为这三个命题都为T，所以如果$a1+b1+d1$的值为3，则说明$i1$、$i2$的这个取值组合是正确的，即对应的两人做了作业，输出即可。

注意，第（2）个命题，B和C有且仅有一个人做了作业，除了可以表示成"$(B == 1 \&\& C == 0) || (B == 0 \&\& C == 1)$"，也可以表示成"$B \wedge C$"。代码如下。

```
#include <bits/stdc++.h>
using namespace std;
int main()
{
    int a1, b1, c1, d1;           //将四个条件用逻辑表达式表示成命题
    int A, B, C, D, E;            //表示A、B、C、D、E是否做了作业（取值为1表示做了）
    char i1, i2, i3;              //做作业的那几个人（最多有3个人做了作业）
    for(i1='A'; i1<='E'; i1++){   //只有一个人做了作业，枚举这个人
        A = i1=='A';  B = i1=='B';
        C = i1=='C';  E = i1=='E';
        a1 = (A==0&&B==0) || (A==1&&B==1);   //或表示成 A==B
        b1 = (B==1&&C==0) || (B==0&&C==1);   //或表示成 B^C
        //因为是枚举做作业的这个人，所以第3个条件"D没有做作业"不用表达出来
        d1 = !(C==1&&E==1);
        if(a1+b1+d1==3)    //三个条件都为true
            cout <<i1 <<endl;
    }
    for(i1='A'; i1<='E'; i1++){   //有2个人做了作业，枚举这2个人的组合
        for(i2=i1+1; i2<='E'; i2++){
            if(i1=='D' || i2=='D')  continue;   //D没有做作业
            //以下代码判断A,B,C,E是否做了作业，只要i1或i2为'A'，则A做了作业
            A = (i1=='A')||(i2=='A');   B = (i1=='B')||(i2=='B');
```

```
                C = (i1=='C')||(i2=='C');  E = (i1=='E')||(i2=='E');
                a1 = (A==0&&B==0) || (A==1&&B==1);
                b1 = (B==1&&C==0) || (B==0&&C==1);
                d1 = !(C==1&&E==1);
                if(a1+b1+d1==3)   //三个条件都为true
                    cout <<i1 <<" " <<i2 <<endl;
            }
        }
        for(i1='A'; i1<='E'; i1++){   //有3个人做了作业，枚举这3个人的组合
            for(i2=i1+1; i2<='E'; i2++){
                for(i3=i2+1; i3<='E'; i3++){
                    if(i1=='D' || i2=='D' || i3=='D')  continue;    //D没有做作业
                    A = (i1=='A')||(i2=='A')||(i3=='A');
                    B = (i1=='B')||(i2=='B')||(i3=='B');
                    C = (i1=='C')||(i2=='C')||(i3=='C');
                    E = (i1=='E')||(i2=='E')||(i3=='E');
                    a1 = (A==0&&B==0) || (A==1&&B==1);
                    b1 = (B==1&&C==0) || (B==0&&C==1);
                    d1 = !(C==1&&E==1);
                    if(a1+b1+d1==3)   //三个条件都为true
                        cout <<i1 <<" " <<i2 <<" " <<i3 <<endl;
                }
            }
        }
        return 0;
    }
```

【编程实例12.5】先有鸡还是先有蛋。小明知道"先有鸡还是先有蛋"的答案。他把答案告诉了 n 个人。不过，对其中的 x 人，小明故意告诉了错误的答案。然后，有一个人问了这 n 个人问题的答案，有 m 个人说先有蛋，其他 $n-m$ 个人说先有鸡，已知其中有 y 个人故意说了小明告诉他们的相反的答案。现在给定 n、m、x 和 y，问是否能推测出小明知道的那个答案。如果推测出答案是先有鸡，输出"The chicken"；如果推测出答案是先有蛋，输出"The egg"；如果先有鸡和先有蛋都满足条件，输出"Ambiguous"；如果两个答案都不满足，输出"The oracle is a lie"。

分析：根据题意，对于给定的 n、m、x、y，我们要推测出是先有鸡还是先有蛋、多解或无解，从已知数据推测出答案有一定的难度。我们试着反过来分析，因为答案只有两个：先有鸡，先有蛋，不妨先假设是其中的一个答案，然后根据已知数据判定该答案是否正确。这种解决问题的方法称为判定性问题求解法。如果两个答案都正确，按照题意，应该输出"Ambiguous"；如果两个答案都不正确，应该输出"The oracle is a lie"。

假设答案是先有鸡，根据数据推理如下，如图12.9（a）所示。

（1）根据题意，n 个人中，有 $n-x$ 人被告知先有鸡，其他 x 人被告知先有蛋。

（2）这 n 个人回答问题的过程中，有 y 个人说出的答案与被告知的答案相反，假设把鸡说成蛋的为 a 人，把蛋说成鸡的为 b 人，那么有 $a+b=y$（式一）。

（3）说出蛋的人数 $m=$ 被告知是蛋的人数 $x+$ 被告知是鸡的人中故意反着说的人数 $a-$ 被告知是蛋的人中故意反着说的人数 b，即 $m=x-b+a$（式二）。

（4）联立上述两个式子，得 $a=(y+m-x)/2$，$b=(y-m+x)/2$。

（5）若 a 和 b 都为整数（注意，若 a 为整数，则 b 也一定为整数），且 $0 \leqslant a \leqslant n-x$、$0 \leqslant b \leqslant x$，则说明答案是先有鸡的假设是正确的。

（6）根据以上分析，可以得到条件 1。

```
(y + m - x)%2 == 0 && (y + m - x)/2 >= 0 && (y + m - x)/2 <= n - x &&
(y - m + x)/2 >= 0 && (y - m + x)/2 <= x
```

（7）满足条件 1，只能证明答案是先有鸡的假设是正确的，但不能证明其他假设是错误的。

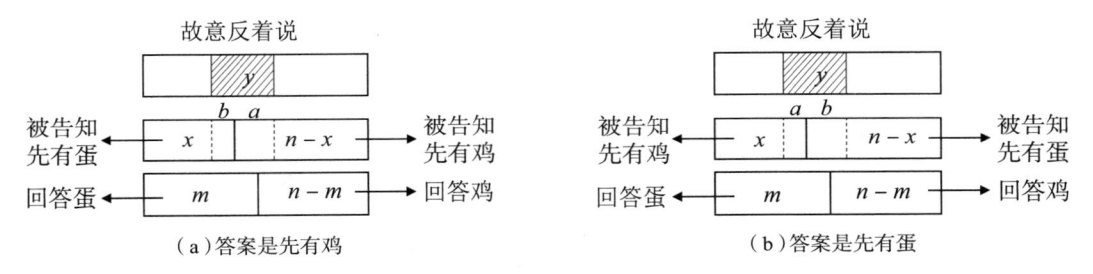

图 12.9　先有鸡还是先有蛋

同理，假设答案是先有蛋，根据数据推理如下，如图 12.9（b）所示。

（1）根据题意，在 n 个人中，有 $n-x$ 人被告知先有蛋，其他 x 人被告知先有鸡。

（2）这 n 个人回答问题的过程中，有 y 个人说出的答案与被告知的答案相反，假设把鸡说成蛋的为 a 人，把蛋说成鸡的为 b 人，那么有 $a+b=y$（式一）。

（3）说出蛋的人数 $m=$ 被告知是蛋的人数 $(n-x)+$ 被告知是鸡的人中故意反着说的人数 $a-$ 被告知是蛋的人中故意反着说的人数 b，即 $m=n-x-b+a$（式二）。

（4）联立上述两个式子，得 $a=(m+y+x-n)/2$，$b=(y+n-m-x)/2$。

（5）若 a 和 b 都为整数（注意，若 a 为整数，则 b 也一定为整数），且 $0 \leqslant a \leqslant x$、$0 \leqslant b \leqslant n-x$，则说明答案是先有蛋的假设是正确的。

（6）根据以上分析，可以得到条件 2。

```
(m + x + y - n)%2 == 0 && (y + n - m - x)/2 >= 0 && (y + n - m - x)/2 <= n - x
&& (m + x + y - n)/2 >= 0 && (m + x + y - n)/2 <= x
```

最后，根据以下判断输出信息。

（1）条件 1 成立、但条件 2 不成立，输出"The chicken"。

（2）条件 1 不成立、但条件 2 成立，输出"The egg"。

（3）两个条件都成立，输出"Ambiguous"。

（4）两个条件都不成立，输出"The oracle is a lie"。

代码如下。

```cpp
#include <bits/stdc++.h>
using namespace std;
int main()
{
    int n, m, x, y;
    bool chicken;        // 用于标识"答案是先有鸡"是否正确
    bool egg;            // 用于标识"答案是先有蛋"是否正确
    cin >>n >>m >>x >>y;
    chicken = egg = 0;
    if((y+m-x)%2==0 && (y+m-x)/2>=0 && (y+m-x)/2<=n-x
        && (y-m+x)/2>=0 && (y-m+x)/2<=x)         // 条件1
           chicken = 1;    //"答案是先有鸡"的假设正确
    if((m+x+y-n)%2==0 && (y+n-m-x)/2>=0 &&(y+n-m-x)/2<=n-x
        && (m+x+y-n)/2>=0 && (m+x+y-n)/2<=x)    // 条件2
           egg = 1;        //"答案是先有蛋"的假设正确
    if(chicken==0 && egg==0)    cout <<"The oracle is a lie\n";
    else if(chicken==1 && egg==0)  cout <<"The chicken\n";
    else if(chicken==0 && egg==1)  cout <<"The egg\n";
    else   cout <<"Ambiguous\n";
    return 0;
}
```

第 13 章
编码及译码

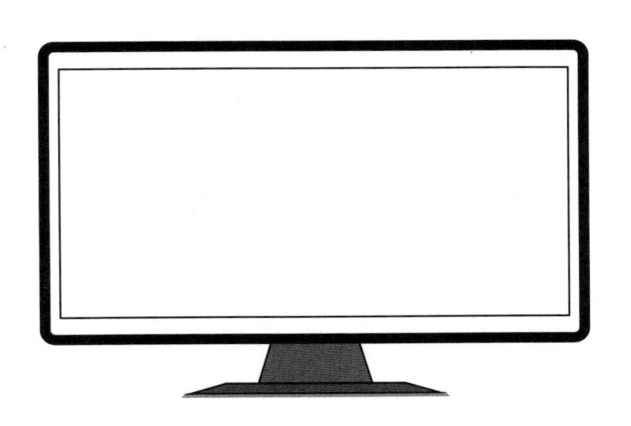

本章内容

本章从学号和身份证号引入编码问题，介绍西文字符的编码、定长编码和变长编码、Huffman编码、译码问题及前缀码等。

13.1 从学号和身份证号说起

虽然姓名的辨识度高,但姓名不是唯一的,所以在每个学校,为了方便管理学生,给每个学生分配了一个学号。通常每个学校每个学生的学号是唯一的。而且,每个学校在设计学号时通常会人为地引入一些规律。比如,有的学校习惯按每个班级学生的姓名拼音顺序依次分配学号,有的学校可能会按女生在前、男生在后的顺序分配学号。如果是后者,看到一个学生的学号就能猜测该学生是女生还是男生。

在生活中,每个人有一个唯一的身份证号。以中国人为例,身份证号有18位数字,每一位数字都有特定的含义,如图13.1所示。例如,前6位数字代表出生地,详细到省、市、区或县。

1	2	3	4	5	6	7	8	9	10	11	12	13	14	15	16	17	18
省份自治区直辖市		地级市盟自治州		区县		出生年月日 (年4位月2位日2位)								顺序码		性别	校验码

图13.1 18位身份证号码的数字代表的含义

身份证号是一个编号,或者称为编码。为了方便记忆和管理,在编号时特意引入了一些规律。例如,第17位代表性别,如果为奇数,则表示男性;如果为偶数,则表示女性。

身份证号最后一位是校验码,用来判断一个身份证号是否正确。校验码的计算方法如下。

(1)将身份证号前17位数分别乘以不同的系数。从第一位到第十七位的系数分别为:7, 9, 10, 5, 8, 4, 2, 1, 6, 3, 7, 9, 10, 5, 8, 4, 2。

(2)将这17位数字和系数相乘的结果相加。

(3)用加出来的和除以11,看余数是多少。

(4)余数只可能有0, 1, 2, 3, 4, 5, 6, 7, 8, 9, 10这11位数字,分别对应身份证号最后一位编码1, 0, X, 9, 8, 7, 6, 5, 4, 3, 2,也就是说如果余数为2,第18位就是X。

【编程实例13.1】身份证号校验码。输入一个身份证号码,判断校验码是否正确,如果正确,输出right;否则输出纠正校验码后的身份证号码。

分析:把第1~17位数字的系数存入w数组,把余数0~10对应的编码以字符形式存入rs数组。按身份证号校验码的计算方法计算出校验和,对11取余,根据余数取出正确的编码。最后判断身份证号最后一位编码是否正确,如果不正确,把最后一位编码替换为正确的编码再输出身份证号码。代码如下。

```
#include <bits/stdc++.h>
using namespace std;
int main()
{
    int w[20] = {7, 9, 10, 5, 8, 4, 2, 1, 6, 3, 7, 9, 10, 5, 8, 4, 2};
```

```
    char rs[20] = {'1', '0', 'X', '9', '8', '7', '6', '5', '4', '3', '2'};
    int sm = 0;
    char id[20];   cin >>id;
    for(int i=0; i<17; i++)
        sm += (id[i]-'0')*w[i];
    int r = sm%11;
    if( id[17]==rs[r] )   cout <<"right" <<endl;
    else{
        id[17] = rs[r];   cout <<id <<endl;
    }
    return 0;
}
```

13.2 西文字符的编码——ASCII编码

在计算机中，整数以二进制形式进行存储；浮点数用二进制形式进行表示。其他类型数据，如字符、各国文字、图片、视频、音频等，都需要设计一些编码方案，将这些数据编码成二进制的形式才能存储；在读取时根据编码方案解码成正确的内容进行显示或播放。本书只介绍西文字符的 ASCII 编码方案，如表13.1所示。

在计算机中，西文字符就是存储其编码值。例如，大写字母 'A' 存储为整数65。

ASCII 编码表具有以下规律，这些规律在编程解题时可能要用到。

（1）编码值 0~31 和 127 是控制字符，是不可以显示的，必须用转义字符来表示。例如，'\n' 表示换行字符。

（2）编码值为 0 的字符是字符串结束标记 '\0'，记住 '\0' 就是 0。

（3）ASCII 编码值为 32 的字符是空格字符。

（4）数字字符 '0' 的编码是 48（二进制 0110000B），'0'~'9' 的编码值连续递增，数字字符 '0' 到 '9' 的 ASCII 编码值减去 48（或 '0'）可得对应数值。

（5）大写英文字母编码值比小写英文字母编码值小。

（6）'A' 的 ASCII 值是 65，'B' 是 66，以此类推，'Z' 的 ASCII 值是 90。

（7）'a' 的 ASCII 值是 97，'b' 是 98，以此类推，'z' 的 ASCII 值是 122。

（8）同一字母的大小写 ASCII 值相差 32（如 'A'=65，'a'=97）。

表13.1 ASCII编码表

ASCII值	控制字符	含义	ASCII值	字符	ASCII值	字符	ASCII值	字符
000	NULL	空字符	032	(space)	064	@	096	`
001	SOH	标题开始	033	!	065	A	097	a
002	STX	正文开始	034	"	066	B	098	b
003	ETX	正文结束	035	#	067	C	099	c
004	EOT	传输结束	036	$	068	D	100	d
005	ENQ	请求	037	%	069	E	101	e
006	ACK	响应	038	&	070	F	102	f
007	BEL	响铃	039	'	071	G	103	g
008	BS	退格	040	(	072	H	104	h
009	HT	水平制表符	041	)	073	I	105	i
010	LF	换行	042	*	074	J	106	j
011	VT	垂直制表符	043	+	075	K	107	k
012	FF	换页	044	,	076	L	108	l
013	CR	回车	045	-	077	M	109	m
014	SO	不用切换	046	.	078	N	110	n
015	SI	启用切换	047	/	079	O	111	o
016	DLE	数据链路转义	048	0	080	P	112	p
017	DC1	设备控制1	049	1	081	Q	113	q
018	DC2	设备控制2	050	2	082	R	114	r
019	DC3	设备控制3	051	3	083	S	115	s
020	DC4	设备控制4	052	4	084	T	116	t
021	NAK	拒绝接收	053	5	085	U	117	u
022	SYN	同步空闲	054	6	086	V	118	v
023	ETB	结束传输块	055	7	087	W	119	w
024	CAN	取消	056	8	088	X	120	x
025	EM	介质中断	057	9	089	Y	121	y
026	SUB	置换	058	:	090	Z	122	z
027	ESC	溢出	059	;	091	[	123	{
028	FS	文件分隔符	060	<	092	\	124	|
029	GS	组分隔符	061	=	093	]	125	}
030	RS	记录分隔符	062	>	094	^	126	~
031	US	单元分隔符	063	?	095	_		
127	DEL	删除						

13.3 定长编码和变长编码

在计算机或通信系统中，字符需要经过编码才能存储和传输；编码序列需要进行译码才能显示。以西文字符为例，有以下两种可行的编码方法。

（1）**定长编码**，即每个字符的编码长度相等。例如，在计算机中，西文字符采用ASCII编码，标准ASCII使用7位编码，存储时扩充为1字节（8位），字符'A'的编码值是65，二进制形式是"01000001"，每个字符编码长度为8位，所有字符的平均编码长度也是8位。ASCII的译码问题很简单，每8位为一组进行译码。又如，假设某通信系统中只使用a, e, i, o, u五个字符，用二进制对这些字符进行定长编码，则至少需要3位二进制，因为$2^2 < 5$，$2^3 \geq 5$，因此所有字符的平均编码长度也是3位。

定长编码方案的**优点**是译码简单，只需要截取固定长度的编码，转换成字符即可。**缺点**是平均编码长度较长。这意味着，与变长编码方案相比，同样长度的一段编码，比如，1000位的编码，表示的字符更少。

（2）**变长编码**，即每个字符的编码长度不相等。这种编码方案适用于每个字符出现的频率不相等的情形，为了使得所有字符的加权平均编码长度最短，从而节省通信系统的带宽，使用频率越高的字符，编码要越短。但要能实现译码，要求任何一个字符的编码不能是另一个字符编码的前缀。例如，已知某通信系统只使用字符a, e, i, o, u，但这五个字符出现的频率不一样，分别为0.36, 0.26, 0.12, 0.17, 0.09，我们可以设计一个二进制编码方案，使得在该通信系统中所有字符的**加权平均编码长度最短**。

加权平均编码长度短有什么好处？例如，有一串1000位的二进制，如果平均编码长度为5，可以表示200个字符；如果平均编码长度为4，可以表示250个字符。也就是说，用相同多的二进制位，可以表示更多的字符。因此，缩短平均编码长度可以提升带宽利用率，也可以提高数据压缩率。

求加权平均编码长度最短的编码方案，其实就是求下一节介绍的最优二叉树。

平均编码长度的定义为：所有字符编码长度之和 / 字符个数。

加权平均编码长度的定义为：每个字符编码长度乘以其出现频率之和，即$\sum_{i=1}^{n} p_i L_i$。

13.4　Huffman编码

定义 13.1（带权二叉树）　给定一组权值，$p_1, p_2, \cdots, p_n$，不妨设$p_1 \leq p_2 \leq \cdots \leq p_n$。若一棵二叉树有$n$片叶子，分别对应权值$p_1, p_2, \cdots, p_n$，该二叉树称为**带权二叉树**。

定义 13.2（最优二叉树）　在带权二叉树T中，设权值p_i对应叶子的路径长度（根结点到叶子结点的路径边数）为$L(p_i)$。$w(T) = \sum_{i=1}^{n} p_i L(p_i)$为该带权二叉树的**权**，其中$n$为叶子数。在所有带权$p_1, p_2, \cdots, p_n$的二叉树中，$w(T)$最小的那棵树称为**最优二叉树**。

用Huffman（哈夫曼）算法可以构造最优二叉树（也称为Huffman树）。过程如下。

给出一组数$\{p_i\} = \{p_1, p_2, \cdots, p_n\}$，表示$n$个字符出现的频率。

（1）找到$\{p_i\}$中最小的两个数，设为p_a和p_b，将p_a和p_b从$\{p_i\}$中删除，然后将它们的和加入$\{p_i\}$。

中。相当于以 p_a 和 p_b 为代表的结点构造出它们的父结点，父结点是一个分支结点，权值为 p_a+p_b。

（2）重复步骤（1），直到 $\{p_i\}$ 中只剩下一个数。

Huffman算法构造得到的是一棵正则二叉树，每个分支结点都有两个子女结点，每片叶子对应一个字符。构造好Huffman树后，对每个分支结点引出的左、右两条边，分别标上编码0和1，从根结点到叶子结点路径上的编码序列就构成了字符的编码。

计算加权平均编码长度有两种方法。

（1）可以按照公式 $\sum_{i=1}^{n} p_i L_i$ 计算，其中 n 为叶子数，原始的每个权值对应一片叶子。

（2）也可以通过**累加构造得到的每个分支结点的权值**来计算。

【微实例13.1】已知某通信系统只使用字符a, e, i, o, u，但这五个字符出现的频率不一样，分别为0.36, 0.26, 0.12, 0.17, 0.09，请设计一个二进制编码方案，使得该通信系统所有字符的加权平均编码长度最短，并计算加权平均编码长度。

解：本题就是求最优二叉树，求得的最优二叉树如图13.2所示。在图13.2中，为了区分，对应字符的叶子结点用矩形方框表示，分支结点用圆形表示。

最优二叉树的构造过程如下。

（1）将所有字符按照频率从小到大排序。取出最小的两个频率作为叶子结点，构造它们的父结点，并将其父结点的频率设置为这两个频率之和。

（2）将最小的两个频率删除，并将父结点的频率添加进来。

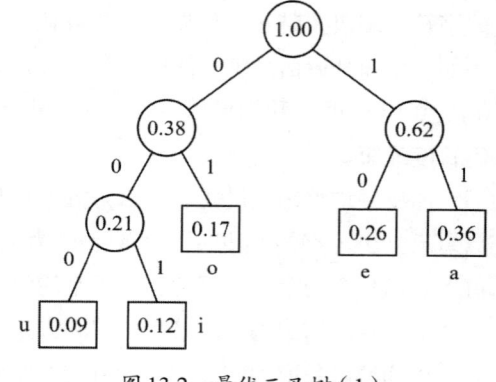

图13.2　最优二叉树（1）

重复上述步骤，直到得到一棵包含所有字符的二叉树。

对每个分支结点引出的左、右两条边，分别标上编码0和1，从根结点到叶子结点路径上的编码序列就构成了字符的编码。

因此a, e, i, o, u的编码依次为：11、10、001、01、000，编码长度依次为2、2、3、2、3。

因此加权平均编码长度：$0.36 \times 2 + 0.26 \times 2 + 0.12 \times 3 + 0.17 \times 2 + 0.09 \times 3 = 2.21$。

在上面的操作过程中，把每一次得到的新频率相加，实际上就是把构造得到的每个分支结点的频率相加，得到的结果为 $1.00 + 0.62 + 0.38 + 0.21 = 2.21$，也是所有字符的加权平均编码长度。

如果使用定长编码，则五个字符至少要用3位二进制才能编码，平均编码长度为3。

总结：Huffman算法首先是一种编码算法，用来对一组字符实现变长编码，它采用贪心策略，可以求得加权平均编码长度最小的编码方案；同时，Huffman算法也是一种数据压缩算法。例如，对一个文本文档，可以对其中的字符重新设计一种变长编码，就能实现用更少的字节数来存储表示这个文档，相当于压缩了这个文档。

【微实例13.2】假设字母表{a, b, c, d, e}在字符串中出现的频率分别为10%, 15%, 30%, 16%, 29%。若使用Huffman编码方式对字母进行不定长的二进制编码，字母d的编码长度为几位？

解：先构造Huffman树，如图13.3所示，然后可以发现d在Huffman树的第2层。编码长度为2。

【微实例13.3】假设有一组字符{a, b, c, d, e, f}，对应的频率分别为5%，9%，12%，13%，16%，45%。请问以下哪组编码可能是字符a, b, c, d, e, f对应的一组Huffman编码？ {1111, 1110, 101, 100, 110, 0}，{1010, 1001, 1000, 011, 010, 00}，{000, 001, 010, 011, 10, 11}，{1010, 1011, 110, 111, 00, 01}。

解：根据Huffman编码算法，构造一棵包含所有字符的二叉树，如图13.4所示。对根结点到每个叶子结点的路径，用0表示向左走，用1表示向右走，得到对应字符的Huffman编码。

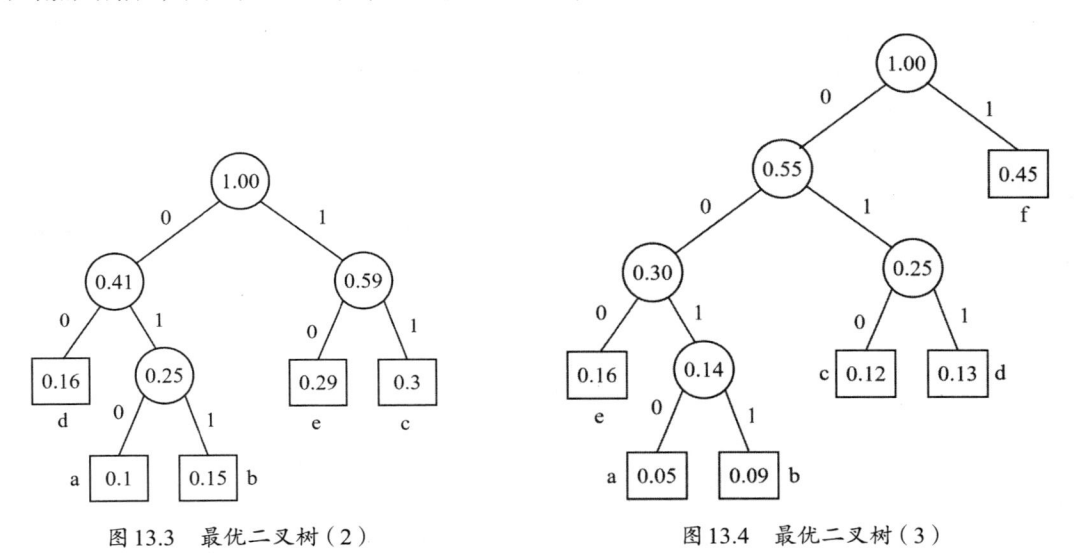

图13.3　最优二叉树（2）　　　　图13.4　最优二叉树（3）

按照上述算法，我们可以得到表13.2所示的Huffman编码方案。

表13.2　Huffman编码方案

字符	频率	Huffman编码	编码长度	字符	频率	Huffman编码	编码长度
a	5%	0010	4	d	13%	011	3
b	9%	0011	4	e	16%	000	3
c	12%	010	3	f	45%	1	1

注意，Huffman编码方案不是唯一的，例如a和b交换位置，得到的编码方案就不唯一。但是，如果每个字符的频率及在Huffman算法执行过程中分支结点里填写的频率，这些频率不存在相同的频率，那么每个字符的编码长度一定是唯一的。因此，对本题，只有第一组编码{1111, 1110, 101, 100, 110, 0}符合要求。

注意，在Huffman编码中，哪些结果是唯一的或确定的，哪些结果不是唯一的。

（1）加权平均编码长度一定是唯一的。

（2）编码长度的确定性取决于频率分布。当所有字符频率互不相同，且在算法执行过程中所有合并结点的频率也互不相同时，每个字符的编码长度一定是确定的。当存在相同频率时，某些字符的编码长度可能不确定，即可能存在多个有效的编码方案，详见微实例13.4。

（3）在构造Huffman树的过程中，每个结点可以放在左边或右边，因此编码方案不唯一。

【微实例13.4】现有一段文言文，要通过二进制Huffman编码进行压缩。简单起见，假设这段文言文只由四个汉字"之""乎""者""也"组成，它们出现的次数分别是700、600、300、400。那么，"也"字的编码长度可能是几？

解：在Huffman算法里，本来要用字符出现的频率进行运算。例如，在本题中，汉字"之"的频率为 $\frac{700}{700+600+300+400} = \frac{7}{20} = 0.35$。但是，本题不需要求加权平均编码长度，所以也可以直接用出现次数进行运算。

在本题中，由于在构造Huffman编码树过程中出现了相同的频率，所以"也"字的编码长度可能为2，也可能为3，图13.5所示的两个编码方案都是对的。

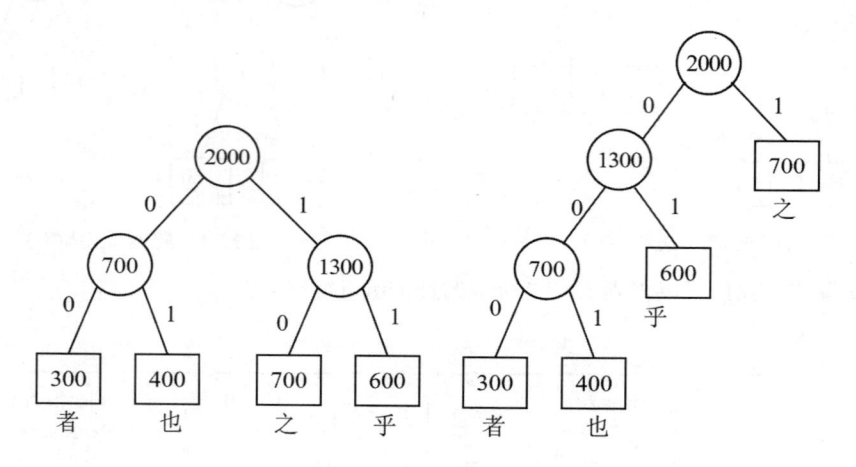

图13.5 最优二叉树（4）

【编程实例13.2】**Huffman编码**。某通信系统使用n个字符，已知这n个字符出现的频率。要求为这n个字符设计定长编码方案，使平均编码长度最短，并设计一种变长编码方案，使加权平均编码长度最短。

输入数据第一行为一个正整数n，$n \leq 20$。第二行有n个1～99范围内的整数，用空格隔开，表示n个字符出现的频率（省略了%），这n个整数的总和为100。

输出两种编码长度，分别为定长编码方案的平均编码长度最小值和变长编码方案的加权平均编码长度最小值，后者保留小数点后两位小数。

分析：定长编码方案的平均编码长度最小值，就是$\mathrm{ceil}(\log_2 n)$，但是中小学生可能没学过对数。也可以用while循环求$2^k \geq n$的最小k值，这就是第一个问题的答案。变长编码方案的加权平均编码长度最小值要用 Huffman 编码算法求解，在 Huffman 算法执行过程中，把每个分支结点的频率（也就是添加进来的频率）加起来就是第二个问题的答案。代码如下。

```cpp
#include <bits/stdc++.h>
using namespace std;
vector<int> p;              // 存频率的向量，包括原始的频率和添加进来的频率
int main()
{
    int n, t;               //t：临时变量
    cin >>n;
    for(int i=0; i<n; i++){
        cin >>t;   p.push_back(t);
    }
    int k = 2, ans1 = 1;    //1 位二进制编码可以表示 2 个字符
    while(k<n){             // 退出 while 循环时，ans1 首次 >=n
        k *= 2;   ans1++;
    }
    int ans2 = 0;
    while(p.size()>=2){
        sort(p.begin(), p.end());
        t = p[0] + p[1];
        p.erase(p.begin());   p.erase(p.begin());   // 删除最小的 2 个频率
        p.push_back(t);// 把最小的 2 个频率的和插入向量
        ans2 += t;        // 加权平均编码长度 = 每个分支结点频率（也就是添加进来的频率）之和
    }
    cout <<ans1 <<" ";
    cout <<fixed <<setprecision(2) <<ans2/100.0 <<endl;
    return 0;
}
```

13.5 译码问题及前缀码

变长编码要求对任意的一个二进制序列都能正确译码，必须满足以下条件。

编码方案是前缀码；Huffman 树必须是正则二叉树，即每个分支结点都有两个子女结点。前缀码保证编码结果是唯一的，正则二叉树保证每一个子串都对应一个字符。

例如，对微实例 13.1 中的编码方案，0010001110101011011101001010101 的译码结果为 001 000 11 10 10 10 11 01 11 01 001 01 01 01 01，即 eauooouieiii。

注意，在译码时，可能会出现最后几位不足以构成一个字符的编码，一般会约定补 0 或补 1 后

再译码出最后一个字符。

定义 13.3（前缀码） 给定一个序列集合，若任意序列都不是其他序列的起始子序列，则该序列集合称为**前缀码**。

例如，{1, 00, 011, 0101, 01001, 01000}、{000, 001, 01, 10, 11}、{0, 10, 110, 1111} 等都是前缀码；而 {1, 0001, 000}、{1, 01, 101, 001}、{1, 00, 011, 0101, 0100, 01001, 01000}，等等，都不是前缀码。

Huffman 算法性质：生成的编码方案是一种前缀码，而且构造得到的二叉树为正则二叉树，所以得到的编码方案对任意的一个二进制序列，都能正确译码。

【编程实例 13.3】前缀码判定。输入一组编码，判定是否为前缀码。

输入数据第一行为一个正整数 n，$n \leq 20$。第二行有 n 个用空格隔开的二进制编码，每个编码长度不超过 20 位。测试数据保证 n 个二进制编码串互不相同。

如果该组编码是前缀码，输出 yes，否则输出 no。

分析：从输入数据中读取 n 个编码串，存入 codes 数组。对 codes 数组中任意两个编码串，假设它们长度的较小值为 len，用 strncmp 函数比较这两个编码串的前 len 个字符是否相同，如果相同则一个编码串是另一个编码串的前缀，编码方案不是前缀码。反之，如果任何编码串都不是其他编码串的前缀，编码方案才是前缀码。代码如下。

```cpp
#include <bits/stdc++.h>
using namespace std;
char codes[110][25];    //存储读入的各个编码串
int main()
{
    int n;  cin >>n;   //编码串的个数
    int i, j;
    for(i=0; i<n; i++)
        cin >>codes[i];
    int leni, lenj, len, flag = 1;   //flag:为1表示该组编码是前缀码
    for(i=0; i<n&&flag; i++){
        for(j=i+1; j<n&&flag; j++){
            leni = strlen(codes[i]);  lenj = strlen(codes[j]);
            len = leni<lenj ? leni : lenj;
            if( strncmp(codes[i], codes[j], len)==0 ){
                flag = 0;  break;
            }
        }
    }
    if(flag)   cout <<"yes" <<endl;
    else   cout <<"no" <<endl;
    return 0;
}
```

【编程实例13.4】前缀码译码。输入一组由0、1两种字符构成的前缀码，再输入一串编码，输出编码串的译码结果，如果最后几位不足以构成一个字母的编码，则在字符串末尾补0后再译码。

分析：读入 n 个01编码串，存入codes数组，并将每个编码串的长度存入len数组。

译码方法：对输入的待译码字符串decode，从第 pos = 0 个字符开始译码，对decode字符串从pos位置开始的子串，用strncmp函数将它和codes数组中的第 i 个编码串比较，比较的长度为 $len[i]$，如果相等，则这部分子串的译码结果为第 i 个小写字母，然后pos递增 $len[i]$，继续比较剩余部分。若剩余子串无法匹配任何编码（即pos未到末尾但无匹配项），则在decode字符串末尾补0，再比较；如果还没有匹配上，则再补0，直至匹配上一个编码串为止。至此译码工作才算结束。代码如下。

```
#include <bits/stdc++.h>
using namespace std;
char codes[100][25];    // 存储提取到的各个编码串
int n, len[100];        // 编码串的个数，每个编码串的长度
int main()
{
    int lt, i, j;
    cin >>n;
    for(i=0; i<n; i++){
        cin >>codes[i];
        len[i] = strlen(codes[i]);
    }
    char decode[105]={0};
    cin >>decode;
    int len1 = strlen(decode), pos = 0;
    char c;    // 编码后得到的字符
    while(1){
        for(i=0; i<n; i++){    // 在 codes 数组中查找编码串
            if(strncmp(decode+pos, codes[i], len[i])==0){
                c = i+'a';   cout <<c;
                pos += len[i];   break;
            }
        }
        if(i>=n)  break;     // 没查到：译码完毕或最后一个子串不足一个字母的编码串
    }
    if(pos<len1){    // 还有剩余
        while(1){
            decode[len1] = '0';   len1++;   // 在后面尝试着再补一个 0
            for(i=0; i<n; i++){
                if(strncmp(decode+pos, codes[i], len[i])==0){
                    c=i+'a';   cout <<c;
                    pos += len[i];   break;
                }
            }
```

```
            if(i>=n)  break;
        }
    }
    cout <<endl;
    return 0;
}
```

第 14 章
博弈论基础

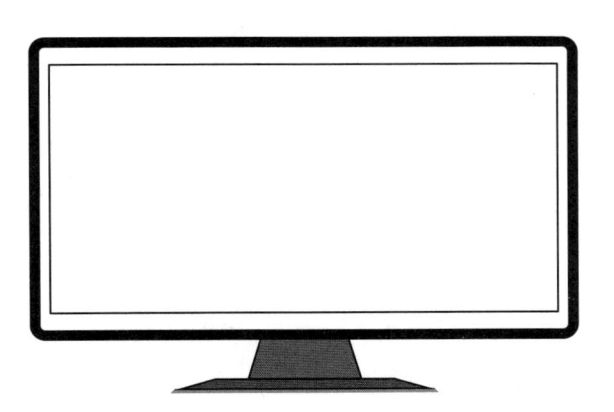

本章内容

本章介绍博弈论基础,包括取石头游戏、游戏的必胜态和必败态及相互转换、尼姆(Nim)博弈游戏的必胜态和必胜的策略。

14.1 从取石头游戏说起

取石头游戏：两个人A和B轮流从n个石头堆中取石头，每人每轮可以取1到m个，即最少取1个，最多取m个，最后取完石头的一方获胜。假设双方均采用最优策略。

分析：当n是(m + 1)的倍数时，即n%(m + 1)为0，后手玩家B有必胜策略。策略：每当A取x个石头，B就取(m + 1 - x)个石头，该策略保证每轮共取走(m + 1)个石头，最终B取得最后一颗。例如，在图14.1（a）中，第一轮A取4个，B就取6 - 4 = 2个；第二轮A取2个，B就取6 - 2 = 4个；第三轮A取3个，B就取6 - 3 = 3个，石头取完了，B获胜。

当n不是(m + 1)的倍数时，即n%(m + 1)不为0，先手玩家A有必胜策略。策略：A可以先取n%(m + 1)个石头，此后每当B取x个石头，A就取(m + 1 -x)个石头，该策略就将游戏转化为第一种情况，只是B变成先手了，因此A获胜，如图14.1（b）所示。

（a）n是(m + 1)的倍数　　　　　（b）n不是(m + 1)的倍数

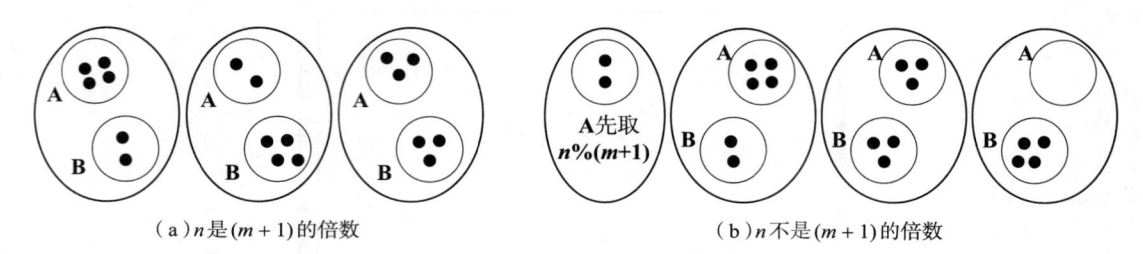

图14.1　取石头游戏

结论：若n%(m + 1) == 0，则后手赢，策略是每一轮先手取x个石头，后手就取(m + 1 - x)个石头；若n%(m + 1)! = 0，则先手赢，策略是先手率先取n%(m + 1)个石头，然后按前面那种情形后手采取的策略。

【**微实例14.1**】在一张桌子上放了一定数量的铅笔。甲和乙轮流拿走铅笔，每次可以拿1根或2根，拿走最后一根铅笔的人获胜。假如甲先取，那么在铅笔总数为356、525、974中的哪个值时乙最终获胜？

解：本题相当于m = 2的取石头游戏。甲先取，铅笔数如果是m + 1 = 3的倍数，乙最终获胜。这是因为，以3支铅笔为一轮，无论甲拿1支还是两支，乙都可以选择拿3支中剩下的铅笔数。因此铅笔总数为525时乙最终获胜。

【**微实例14.2**】两个人A和B玩数数的游戏，从1开始数，每一轮A先数，B后数，每次最少数一个数，最多数十个数，后面的人接着前面的人继续数数。如果A和B都采用最优策略，问谁先数到50？

解：本题相当于m = 10的取石头游戏，且n = 50。由于n不是m + 1的倍数，所以先手赢，即A先数到50，而且A必须先数50%11 = 6个数，即1，2，3，4，5，6，才能获胜。

14.2 必胜态和必败态及相互转换

在棋类等两人博弈游戏中，如果对弈双方都是按对自己最优的策略来玩游戏，那么博弈双方可能会进入以下两种状态之一。

必胜态：本方走棋后进入的状态，此后无论对方怎么走棋，都是本方胜，该状态就是必胜态。

必败态：本方走棋后进入的状态，此后无论本方怎么走棋，都是本方败，该状态就是必败态。

在棋类等博弈游戏中，博弈状态转移的基本策略如下。

（1）**如果可以让对方转移到必败态的状态，为必胜态**。优先判断这种情形。例如，在图14.2（a）中，本方可以让对方转移到多个状态，只要能转移到一个或多个必败态，本方一定会聪明地选择让对方进入必败态，从而本方是必胜态。

（2）**如果只能让对方转移到必胜态的状态，为必败态**。例如，在图14.2（b）中，本方只能让对方转移到一个或多个必胜态，从而本方是必败态。

在博弈游戏中，需要利用上述基本策略来判定每种情况属于必胜态还是必败态。

（a）可以让对方转移到必败态　　　　（b）只能让对方转移到必胜态

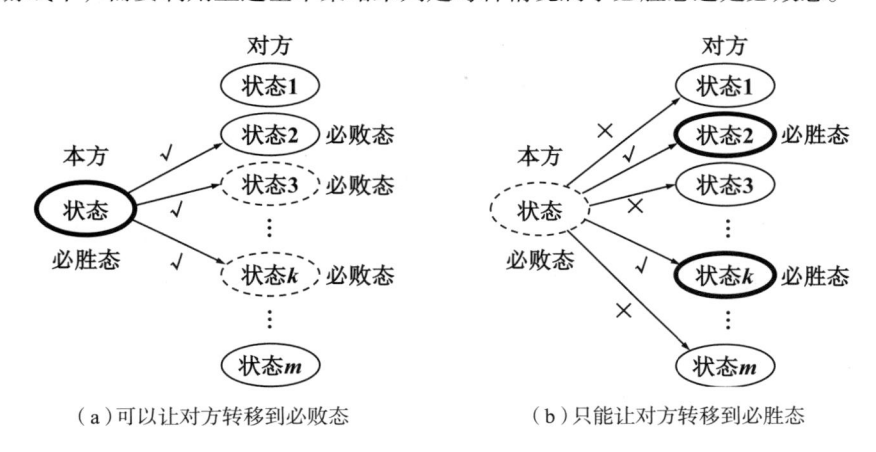

图14.2　必胜态和必败态的相互转换

并不是所有游戏都有必胜态和必败态。例如，在石头剪刀布游戏中，公平的规则是两个人A和B同时出手，那就没有必胜态和必败态。如果每一轮A先出手，显然A必败，但这不公平。另外，有些游戏，每一轮双方只能凭运气出手，也是没有必胜态和必败态的。例如，抽纸牌比大小的游戏，如果有一方抽到了大王，那他必胜，但是没有哪一方能确保自己抽到大王，除非作弊，所以这个游戏也没有必胜态和必败态。

本节通过三道编程实例分析必胜态和必败态及相互转换。

【**编程实例14.1**】**取硬币游戏**。n枚硬币排成一圈，如图14.3所示，Alice和Bob轮流从中取一枚或两枚硬币。取两枚硬币时，所取的两枚硬币必须是连续的。硬币取走之后留下空位，相隔空位的硬币视为不连续。Alice先取。取走最后一枚硬币的一方获胜。当双方都采取最优策略时，谁会获胜？本题要处理多个测试数据。

分析：当 $n=1$ 或 2 时，很明显先手赢。

注意，n 枚硬币排成一圈，是对称的。当 $n>2$，且 n 为偶数时，先手取后，后手只需要取和它相对的即可，如图14.3所示，一定会保证后手取最后一个。

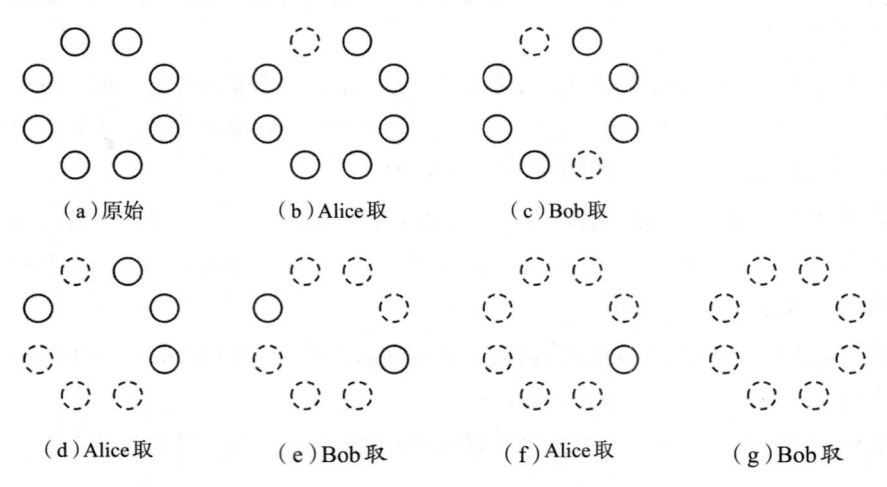

图14.3 取硬币游戏

当 $n>2$，且 n 为奇数时，第一轮，若先手取1个，后手取与之相对的2个即转化为 n 为偶数时的情形，若先手取2个，后手取与之相对中间那一个也转化为 n 为偶数时的情形。

综上所述：当 $n \leqslant 2$ 时先手获胜，当 $n>2$ 时后手获胜。

在本题的取硬币游戏中，当 $n>2$ 时，第一轮无论Alice怎么取，都会转换成Bob的必胜态。因此，Alice必败。代码如下。

```cpp
#include <bits/stdc++.h>
using namespace std;
int main()
{
    int n;
    while(1){
        cin >>n;
        if(n==0)  break;
        if(n<3)   cout <<"Alice" <<endl;
        else   cout <<"Bob" <<endl;
    }
    return 0;
}
```

【编程实例14.2】遥控机器人。Alice和Bob一起遥控初始位置在 $(0,0)$ 的同一个机器人，Alice先遥控，Bob后遥控。Alice和Bob一直在 $(0,0)$ 位置。每次遥控，机器人只能沿着平行于 X 轴或 Y

轴的正向移动一步，距离为K，即从(x, y)移动到(x + K, y)或(x, y + K)，不可以不操作。但是机器人有遥控范围，只能在范围D以内移动，也就是说机器人与原点之间的直线距离要≤D。如果某一方在操作时机器人移动一步会超出遥控范围，那么该次移动的操作者视为失败，另一方就获胜了。

假设双方都非常聪明，并希望自己获胜。那么输入D与K，$1 \leq D \leq 10^5$，$1 \leq K \leq D$，请判断谁会获胜。

分析：题目的意思如图14.4（a）所示。机器人一定是向右走一步、向上走一步、向右走一步、向上走一步……这样走，能走尽可能多的步数，如图14.4（b）所示；或向上走一步、向右走一步、向上走一步、向右走一步……这样走，等等。

设n是满足$(K \times n, K \times n)$在遥控范围内的最大值，走到$(K \times n, K \times n)$位置需要2n步，第2n + 1步为$(K \times n, K \times (n + 1))$或$(K \times (n + 1), K \times n)$位置，这两个位置到原点的距离相等。

结论：**如果第2n + 1步仍在遥控范围内，那么Alice获胜，否则Bob获胜。**

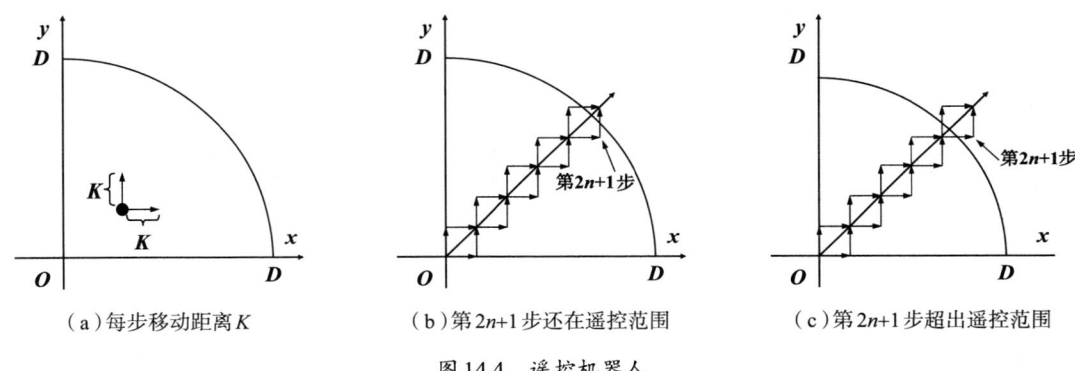

（a）每步移动距离K　　（b）第2n+1步还在遥控范围　　（c）第2n+1步超出遥控范围

图14.4　遥控机器人

无论Alice进行什么操作，向右移动或向上移动，Bob都可以进行与之对称的操作，向上移动或向右移动。注意，机器人只能沿着平行于X轴或Y轴的正向移动。

情况1：第2n + 1步在遥控范围外，如图14.4（c）所示。先手Alice无论第一步怎么走，向上或向右走一步，都是必败态，Bob可以通过上述镜像的操作，保证他可以获得胜利。最后一次操作将是Bob操作机器人到达$(K \times n, K \times n)$位置，而下一步Alice将无法操作。

情况2：第2n + 1步在遥控范围内，如图14.4（b）所示。Alice可以通过第一步移动到(0, K)或(K, 0)位置，使得Bob成为情况1下的Alice，即使得Bob进入必败态，因此Alice获胜。

注意，本题需要用long long类型。代码如下。

```
#include <bits/stdc++.h>
using namespace std;
typedef long long LL;
void solve()
{
    LL d, k;
    cin >> d >> k;
```

```
        LL n = d / (sqrt(2) * k);
        LL x = (n+1) * k;
        LL y = n * k;
        if (x * x + y * y > d * d)
            cout<<"Bob" <<endl;
        else  cout<<"Alice" <<endl;
}
int main()
{
    int t;  cin>>t;
    while(t--)
        solve();
    return 0;
}
```

【**编程实例14.3**】**欧几里得游戏**。有两个玩家Alice和Bob玩欧几里得游戏。他们从两个自然数开始。第一个玩家Alice,从两个数的较大数中减去较小数的任意正整数倍,只要差为非负即可。然后,第二个玩家Bob,对得到的两个数进行同样的操作,然后又是Alice等。直至某个玩家将较大数减去较小数的某个倍数之后为0时为止,此时,游戏结束,该玩家就是胜利者。

例如,两个玩家从两个自然数25和7开始。

    25 7
Alice: 11 7
Bob: 4 7
Alice: 4 3
Bob: 1 3
Alice: 1 0

因此最终Alice赢得这次游戏。

假定Alice和Bob玩这个游戏都玩得很好,即Alice和Bob都想赢得比赛,他们在走每一步时都是尽可能选择使得他们能赢得比赛的步骤。例如,在上面的例子中,如果Alice第一步得到18 7或4 7,则Alice不可能赢得游戏,所以Alice必须在第一步中得到11 7。

编写程序,对输入的两个正整数,判断谁赢得比赛。

分析:假设初始给定的两个数为x和y(假设$x \geq y$,如果不是则交换),如果$x \geq 2y$,则先走的人(Alice)肯定赢。图14.5(a)左边表示每步用大的数减去小的数(倍数为1),B赢了,但是在图14.5(a)右侧,Alice第1步让25减去7的两倍,可以使得他赢得比赛。在图14.5(b)右侧,Alice让19减去7的两倍,结果他输了比赛,但是他可以在第1步选择让19减去7的一倍,这样他还能赢得比赛。也就是说,当$x \geq 2y$时,先走的人可以控制比赛,让比赛朝着他赢得比赛的步骤进行,先手为必胜态。

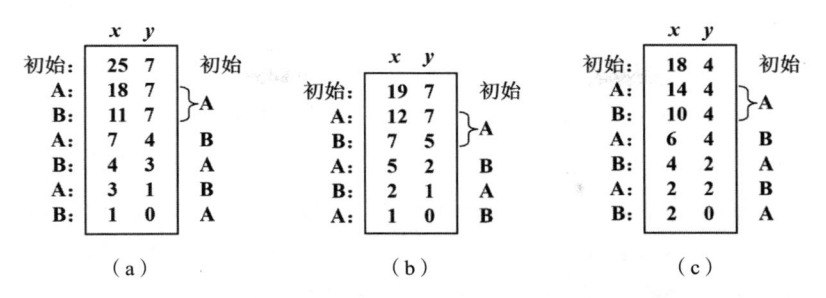

```
       x y                                    x y                      x y
初始：  25 7 ┐ 初始            初始： 19 7 ┐初始      初始： 18 4 ┐初始
A：    18 7 │                 A：   12 7 │          A：   14 4 │
B：    11 7 ├ A               B：   7  5 ├ A         B：   10 4 ├ A
A：    7  4 │ B               A：   5  2 │ B         A：   6  4 │ B
B：    4  3 │ A               B：   2  1 │ A         B：   4  2 │ B
A：    3  1 │ B               A：   1  0   B         A：   2  2 │ A
B：    1  0   A                                     B：   2  0   A
      (a)                          (b)                   (c)
```

图 14.5 欧几里得游戏

当 $x < 2y$ 时，只能转移到 $(x-y, y)$ 状态，需要递归地去判断两个数 $(x-y, y)$ 谁赢得比赛。在 $(x-y, y)$ 状态下，Bob 是先手，如果对 Bob 是必胜态，那 (x, y) 对 Alice 就是必败态，所以要对返回值求反。$(x-y, y)$ 可能还会进一步递归调用，直至递归结束条件。

递归结束条件：当 x 对 y 取余为 0 时，先走的人能赢得比赛。代码如下。

```cpp
#include <bits/stdc++.h>
using namespace std;
bool judge( int x, int y )    // 返回1表示Alice赢，返回0表示Bob赢
{
    if( x<y )   swap(x, y);
    if( x%y==0 )  return 1; // 包括x==2*y, x==y
    if( x<2*y )  return !judge( x-y, y );
    return 1;                     //x>2*y，先手获胜
}
int main()
{
    int x, y;                     // 输入的两个数
    cin >>x >>y;
    if( judge(x,y) )  cout <<"Alice";
    else  cout <<"Bob";
    cout <<" wins" <<endl;
    return 0;
}
```

14.3 尼姆(Nim)博弈游戏

Nim 取石头游戏：有 n 堆石头，A 和 B 两个人轮流取石头，每轮每人只能从任意一堆中取至少一个石头，只要不超出这堆石头的剩余数量，取走最后一个石头的人获胜。

分析：如果本方取最后一次石头后，对方已无石头可取，对方必败本方必胜。最后局面是

各堆石头均已无石头可取，假设 A(i) 表示第 i 堆石头的数量，则最终 A(i) = 0（i ≤ n），即可得，A(1) ^ A(2) ^ A(3) ^ … ^ A(n) = 0，^ 表示按位异或。令 ans = A(1) ^ A(2) ^ A(3) ^ … ^ A(n)，某一方要想必胜，则本方最后取石头后的局面一定是 ans == 0，那只需要满足，本方每次操作完使得 ans == 0 即可，这样每次留给对手的局面都是 ans == 0，后面会讨论如何实现。初始时每堆石头的数量是确定的，每次取走一部分的石头，在有限的步数内肯定会取完，当执行到最后一步 ans == 0 时，恰好最后的石头被本方取完，本方必胜。

那么，是否存在先手必胜的策略？根据最初每堆石头的数量，计算 ans = A(1) ^ A(2) ^ A(3) ^ … ^ A(n)，如果最初 ans 为 0，先手面对的是 ans == 0 的局面，先手的任意操作都会使得当前 ans 不为 0，后手又足够聪明，先手每执行一步，后手都会再次把 ans == 0 的局面返还给先手，因此先手最后必输；如果最初 ans 不为 0 时，先手足够聪明，先手每次执行后都可以把 ans == 0 的局面留给后手，最后先手必胜。

结论：求 C = A(1) ^ A(2) ^ A(3) ^ … ^ A(n)，其中 ^ 表示按位异或运算，A(i) 表示第 i 堆石头的数量，若 C 等于 0 则先手输，反之先手胜。

这里有疑问，为什么每次操作之后都会使得 ans == 0 转化成 ans != 0，并且某方足够聪明，执行完一次操作之后又能把 ans != 0 变成 ans == 0？以下详细分析。

（1）ans == 0，执行一次操作之后为什么会转化为 ans != 0？

结论中的 ^ 表示按位异或，即把每个 A(i) 转化为二进制的形式，再对每个二进制位上的所有 0 和 1 进行异或操作。例如，$5\wedge 3 = (0101)_2 \wedge (0011)_2 = (0110)_2 = 6$。而 ans = A(1) ^ A(2) ^ A(3) ^ … ^ A(n)，每次只能对一堆石头操作，即每次操作只会影响 A(i)（i ≤ n）中的一个，假设是对 A(k) 进行操作，则（操作前的 A(k)）^（其他 A(i) 的异或）== 0。

这说明：（其他 A(i) 的异或）==（操作前的 A(k)）。因为两个相同的数相异或结果才为 0。现在对 A(k) 进行操作，则 A(k) 的值肯定会变化，其二进制形式也随之变化，则（操作后的 A(k)）!=（其他 A(i) 的异或），所以，（操作后的 A(k)）^（其他 A(i) 的异或）!= 0。

因此，ans == 0 在操作后一定会转换为 ans != 0。

（2）为什么某方足够聪明，执行完一次操作之后又能把 ans != 0 变成 ans == 0？

ans = A(1) ^ A(2) ^ A(3) ^ … ^ A(n)，是各个二进制位多个 0 和 1 的异或，因为 ans != 0，说明一定有某些位上 1 的个数为奇数，**只要把这些位上 1 的个数变成偶数，就能使得 ans == 0**。由于只能取走石头，不能增加石头，而且只能从某一堆石头里取。所以找哪堆石头，怎么取，都是有讲究的，详见微实例 14.3 及结论。总之，总有办法使得 ans == 0。

【微实例 14.3】 已知有 4 堆石头，数量分别为 4, 3, 14, 12，两个人 A 和 B 玩 Nim 取石头游戏，A 先手，B 后手，A、B 双方采用最优策略，问 A、B 应该怎么取石头，最后获胜的是谁？

解：初始时 ans = A(1) ^ A(2) ^ A(3) ^ A(4) = 5，不为 0，先手 A 获胜。每一轮 A 选哪一堆石头、取多少个石头，都是有讲究的。表 14.1 完整地描述了游戏过程。

表14.1 Nim取石头游戏

	第1堆	第2堆	第3堆	第4堆	取石头前的异或结果	取石头策略
第1轮：A	4 $(0100)_2$	3 $(0011)_2$	14 $(1110)_2$	12 $(1100)_2$	5 $(0101)_2$	A为必胜态，取石头后能使得ans为0，可以从第1堆石头中取3个石头
第1轮：B	1 $(0001)_2$	3 $(0011)_2$	14 $(1110)_2$	12 $(1100)_2$	0 $(0000)_2$	B为必败态，无论怎么取石头，都不能扭转败局，所以任意选一堆石头取，假设从第2堆石头中取1个石头
第2轮：A	1 $(0001)_2$	2 $(0010)_2$	14 $(1110)_2$	12 $(1100)_2$	1 $(0001)_2$	A为必胜态，取石头后能使得ans为0，只能从第1堆石头中取1个石头
第2轮：B	0 $(0000)_2$	2 $(0010)_2$	14 $(1110)_2$	12 $(1100)_2$	0 $(0000)_2$	B为必败态，所以任意选一堆石头取，假设从第3堆石头中取14个石头
第3轮：A	0 $(0000)_2$	2 $(0010)_2$	0 $(0000)_2$	12 $(1100)_2$	14 $(1110)_2$	A为必胜态，取石头后能使得ans为0，只能从第4堆石头中取10个石头
第3轮：B	0 $(0000)_2$	2 $(0010)_2$	0 $(0000)_2$	2 $(0010)_2$	0 $(0000)_2$	B为必败态，所以任意选一堆石头取，假设从第2堆石头中取2个石头
第4轮：A	0 $(0000)_2$	0 $(0000)_2$	0 $(0000)_2$	2 $(0010)_2$	2 $(0010)_2$	A为必胜态，取石头后能使得ans为0，只能从第4堆石头中取2个石头
第4轮：B	0 $(0000)_2$	0 $(0000)_2$	0 $(0000)_2$	0 $(0000)_2$	0 $(0000)_2$	B没有石头可以取，B输了，A获胜

第1轮，异或结果ans为$(0101)_2$，第0、2位为1（右边最低位为第0位）。

4：0100

3：0011

14：1110

12：1100

^：0101（ans）

要使得ans变为0，先手A要找一堆石头，这堆石头数量要减少，且数量的二进制形式的第0、2位要变反，因此二进制形式第2位必须为1，比如，找第1堆，数量为4，二进制为$(0100)_2$，要使得这堆石头数量变成$(0001)_2 = 1$，才能使得ans变为0，所以要取走4 - 1 = 3个石头。当然也可以从第3堆或第4堆石头中取，但取石头的数量不一样。后手B无论怎么取石头，都不能扭转败局，所以任意选一堆石头取，假设从第2堆石头中取1个石头。

第2轮，异或结果ans为$(0001)_2$，第0位为1，先手A要找一堆石头，其数量的二进制形式第0位为1，只有第1堆符合要求，数量为1，二进制为$(0001)_2$，要使得这堆石头数量的二进制形式的第0位变反，即变成$(0000)_2 = 0$，才能使得ans变为0，所以要取走1 - 0 = 1个石头。后手B无论怎么取石头，都不能扭转败局，所以任意选一堆石头取，假设从第3堆石头中取14个石头。

第3轮，异或结果ans为$(1110)_2$，第1、2、3位为1，先手A要找一堆石头，其数量的二进制形式第3位为1，只有第4堆符合要求，数量为12，二进制为$(1100)_2$，要使得这堆石头数量的二进制形式的第1、2、3位变反，即变成$(0010)_2 = 2$，才能使得ans变为0，所以要取走12 – 2 = 10个石头。后手B无论怎么取石头，都不能扭转败局，所以任意选一堆石头取，假设从第2堆石头中取2个石头。

第4轮，异或结果ans为$(0010)_2$，第1位为1，先手A要找一堆石头，其数量的二进制形式第1位为1，只有第4堆符合要求，数量为2，二进制为$(0010)_2$，要使得这堆石头数量的二进制形式的第1位变反，即变成$(0000)_2 = 0$，才能使得ans变为0，所以要取走2 – 0 = 2个石头。至此，石头全部取完了，后手B没有石头可以取，B输了，A获胜。

结论：**必胜的策略是**，计算 **ans = A(1) ^ A(2) ^ A(3) ^ … ^ A(n)**，如果某一方取石头前ans != 0，则该方为必胜态，ans必然有某些位为1，假设最高位的1为第k位，从A(i)（$i \le n$）中找一个第k位为1的数，设为A(j)，对应于ans为1的那些位，将A(j)的这些位变反，得到一个新的数A′(j)，那么该方要从第j堆石头中取A(j) – A′(j)个石头。注意A′(j) < A(j)。

要从第j堆石头中取多少个石头，上述策略太复杂了，其实还有**更简便的方法**。将A(j)和ans做异或运算，就能实现对ans为1的那些位，将A(j)中对应位变反。因此，**答案就是A(j) – (A(j) ^ ans)**。注意，这里要加圆括号，因为减法的优先级更高。

【**编程实例14.4**】**Nim取石头游戏**。有n堆石头，序号为1~n，每堆石头的数量已知，每堆石头数量 ≤ 100000。A、B两人玩Nim取石头游戏，A先手、B后手。请问A和B谁将获胜。如果先手A必胜，第一轮应该从哪堆石头中取多少个石头。如果A在第一轮可以从多堆石头中取石头，限定从序号最小的那堆石头取。

分析：输入n个数，存入数组a中；然后求出ans = a[1] ^ a[2] ^ a[3] ^ … ^ a[n]；如果ans为0，输出"B wins"，程序结束。如果ans不为0，先统计出ans中最高位的1的序号，记为k，注意最低位为第0位。然后在数组a中查找第一个第k位为1的数，记为a[j]。令t = a[j]，用位运算检测到ans的每一位，如果第i位为1，则用按位异或运算"t = t ^ 1 << i"将t的第i位求反。最后输出"A wins"，再输出j和(a[j] – t)，表示A在第一轮可以从第j堆石头中取(a[j] – t)个石头。如前所述，也可以用a[j] – (a[j] ^ ans)求石头数量。

代码如下。

```
#include <bits/stdc++.h>
using namespace std;
int n, a[110];
int ans;
int main()
{
    cin >>n;
    int i, j;
    for(i=1; i<=n; i++){
```

```
        cin >>a[i];
        ans = ans ^ a[i];
    }
    if(ans == 0){
        cout <<"B wins" <<endl;   return 0;
    }
    int k = 31;
    while(!(ans & 1<<k))   k--;   //k 是 ans 中最高位的 1 的序号（最低位为第 0 位）
    for(i=1; i<=n; i++) {
        if(a[i] & 1<<k){
            j = i;  break;        //a[j] 是第一个第 k 位为 1 的数
        }
    }
    cout <<"A wins" <<endl;
    //int t = a[j];   //方法 1
    //for(i=0; i<32; i++){
    //    if(ans & 1<<i)      //ans 的第 i 位为 1
    //        t = t ^ 1<<i;   //将 t 的第 i 位求反
    //}
    //cout <<j <<" " <<(a[j] - t) <<endl;
    cout <<j <<" " <<a[j] - (a[j] ^ ans) <<endl;   //方法 2 更简单（必须加圆括号）
    return 0;
}
```

【**编程实例14.5**】**改数游戏**。输入一个正整数，不超出 long long 型范围，最高位不为 0。假设这个数有 n 位，个位为第 1 位。A、B 两人玩改数字游戏，A 先手、B 后手，每轮每人可以选择一位非零数字，改成一个更小的数字。在游戏过程中，变为 0 的数字仍然保留，只是不能再改了。最后一次修改数字的人获胜，此后这个数就变成 0 了。请问 A 和 B 谁将获胜。如果先手 A 必胜，第一轮应该改第几位数字，改成几？如果 A 在第一轮中有多种选择，限定该最低位数字。

例如，输入 495。第一轮，A 可以将十位改为 1，得到 415，B 将个位改成 0，得到 410。第二轮，A 将百位改成 1，得到 110，B 将十位改成 0，得到 100；第三轮，A 将百位改成 0，得到 0，游戏结束，A 获胜。

分析：本题其实就是 Nim 博弈游戏，输入整数的每一位上的数字就是一堆石头的数量，整数的位数就是石头堆的数量。所以本题的求解思路和上一题是完全一样的。只是需要读入整数，提取每一位数字，存入数组 a 中，接下来的处理和上一题是一样的。注意，如果 A 必胜，最后一个答案是要将数字改成几，而不是减小几。代码如下。

```
#include <bits/stdc++.h>
using namespace std;
long long num;
int n, a[30];    // 数的位数，存每一位数字（a[1] 为个位）
```

```cpp
int ans;
int main()
{
    cin >>num;
    long long t1 = num;
    while(t1){     // 从 a[1] 开始存 num 的数字，a[1] 是个位
        a[++n] = t1%10;   t1 /= 10;   //n 就是 num 的位数
    }
    int i, j;
    for(i=1; i<=n; i++)
        ans = ans ^ a[i];
    if(ans == 0){
        cout <<"B wins" <<endl;   return 0;
    }
    int k = 3;    // 最大的数字为 9, (1001), 最高位才第 3 位
    while(!(ans & 1<<k))    k--;    //k 是 ans 中最高位的 1 的序号（最低位为第 0 位）
    for(i=1; i<=n; i++) {
        if(a[i] & 1<<k){
            j = i;   break;          //a[j] 是第一个第 k 位为 1 的数
        }
    }
    cout <<"A wins" <<endl;
    //int t = a[j];   // 方法 1
    //for(i=0; i<=3; i++){
    //    if(ans & 1<<i)   //ans 的第 i 位为 1
    //        t = t ^ 1<<i;   //将 t 的第 i 位求反
    //}
    //cout <<j <<" " <<t <<endl;
    cout <<j <<" " <<(a[j] ^ ans) <<endl;   // 方法 2 更简单（必须加圆括号）
    return 0;
}
```

第15章
算法及算法复杂度

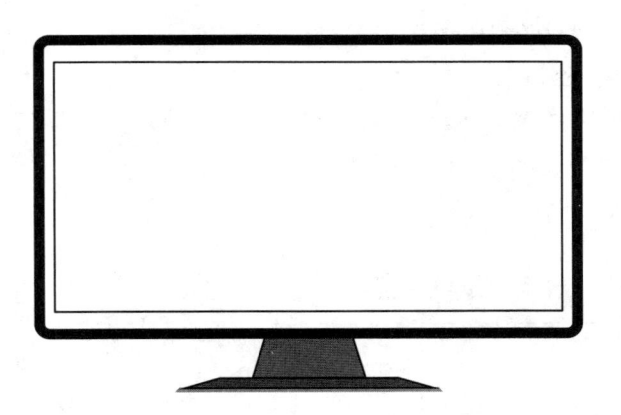

本章内容

信息学竞赛主要考察算法设计与分析能力,特别注重算法的时间效率和空间效率。本章介绍算法和算法复杂度的概念,算法时间复杂度的渐进分析和表示,最好、最坏和平均情况时间复杂度,对数运算及其运算规律,基本的算法复杂度模型,递归算法的时间复杂度等。

15.1 算法的基本概念

算法是解决特定问题的明确、有限的步骤集合。算法必须精确描述每一步的操作，并最终给出问题的解。算法可以用自然语言、流程图、伪代码或编程语言来表示。

算法的基本性质如下。

（1）通用性：对于符合输入要求的任意输入数据，都能根据算法进行问题求解，并保证计算结果的正确性。

（2）有效性：算法中的每条指令都必须是能够被人或计算机确切地执行。

（3）确定性：算法的每一步都应确切地、无歧义地定义。对于每一种情况，需要执行的动作都应严格地、清晰地规定。

（4）有穷性：算法的执行必须在有限步内结束。

算法和程序的区别如下。

算法是逻辑层面的解决方案，强调正确性和效率。程序是算法的具体实现，可能包含非算法部分（如用户交互、无限循环）。

15.2 评价算法优劣的标准

评价一个算法的优劣，主要有以下几个标准。

（1）正确性：要求算法能正确地执行预先规定的功能和性能要求。

（2）可实用性：要求算法应具备良好的易用性。

（3）可读性：算法应该是可读的，这是理解、测试和修改算法的需要。

（4）效率：算法的效率主要包括空间效率（算法运行时的内存占用情况）和时间效率（算法执行所需的时间复杂度）。

（5）健壮性：对非法输入、异常情况应具备容错处理能力。包括参数校验、错误捕获、异常处理等机制。

在信息学竞赛中，不可能由人工来评判算法的正确性，只要提交的程序通过了大量测试数据的评判，就认为算法是正确的。信息学竞赛也不考察算法的可实用性和可读性，因为评判系统不会阅读和分析提交的程序，而是通过自动化测试系统验证。最后，在信息学竞赛里，程序无需对数据的合法性做判断，数据的合法性是由题目保证的，也无需输出多余的任何内容，从而无法体现算法的健壮性。但是，有些竞赛题目必须对边界数据进行特判。

因此，在信息学竞赛里，主要考察的是算法的效率，特别是算法的时间效率。程序一般不会超出题目内存空间限制，除非无节制地申请和占用内存空间。

求解一个问题可能有多种算法，这些算法的时间效率可能差别比较大，详见以下编程实例15.1。

【编程实例15.1】既是平方也是立方的数。输入一个正整数n，n不超过long long型范围，求$1\sim n$范围内有多少个数既是平方也是立方的数。

分析：本题有多种求解方法，每种求解方法所需的运算量差别很大。

方法一：枚举$1\sim n$的每个数k，判断k是否为某个数的平方，且是另一个数的立方。方法是，求出k的平方根，取整，设为x，并求出k的立方根，取整，设为y，判断$k == x * x$ and $k == y * y * y$是否成立。由于浮点数在计算机中无法精确表示，可以给x和y加上一个很小的浮点数：$x = $ sqrt$(k) + 0.00005$、$y = $ cbrt$(k) + 0.00005$。

这种方法只有一重for循环，运算量为n，但本题n最大可以取到9223372036854775807。假设计算机每秒钟能执行1亿次（100000000）运算，显然当n取到最大值时，运行时间远远超过1秒钟。代码如下。

```
#include <bits/stdc++.h>
using namespace std;
int main()
{
    long long n;  cin >>n;
    long long x, y, cnt = 0;
    for(long long k=1; k<=n; k++){
        x = sqrt(k) + 0.00005;  y = cbrt(k) + 0.00005;
        if(k==x*x and k==y*y*y)   cnt++;
    }
    cout <<cnt <<endl;
    return 0;
}
```

方法二：枚举每个立方根y，显然y的取值最大是$m = \sqrt[3]{n}$，在程序中应该表示成cbrt$(n) + 0.00005$，对$1\sim m$范围内的每个数y，求$x = $ sqrt$(y*y*y) + 0.00005$，判断$x*x == y*y*y$是否成立。当n取到最大为9223372036854775807时，只需要循环2097151次，因此可以通过所有数据的评测。代码如下。

```
#include <bits/stdc++.h>
using namespace std;
int main()
{
    long long n;  cin >>n;
    long long x, y, cnt = 0;
    int m = cbrt(n) + 0.00005;
    for(y=1; y<=m; y++){   // 或者表示成 y*y*y<=n
        x = sqrt(y*y*y) + 0.00005;
```

```
            if(x*x==y*y*y)   cnt++;
    }
    cout <<cnt <<endl;
    return 0;
}
```

方法三：如果一个数既是平方数，又是立方数，则它一定是某个数k的6次方，k^6是k^3的平方，即$k^6 = (k^3)^2$，也是k^2的立方，即$k^6 = (k^2)^3$。因此，对输入的n，可以从1开始枚举每个自然数k，只要$k*k*k*k*k*k \leq n$，则$k*k*k*k*k*k = k^6$既是平方数、又是立方数，所以我们只需统计符合要求的k的个数即可。但是，n和k必须定义成unsigned long long。因为当n取到最大值9223372036854775807时，k取1448，$k^6 = 9217462324974321664 < n$；然后$k$递增1，变成1449，在数学上$1449^6 = 9255722232902778801$已经超过$n$，但是如果$k$和$n$定义成long long型，当$k$取到1449时，$k^6$是一个负数的补码，从而会继续循环，事实上，这时会陷入死循环。正确的代码如下。

```
#include <bits/stdc++.h>
using namespace std;
int main()
{
    unsigned long long n, k;   cin >>n;
    int cnt = 0;
    for(k = 1; k*k*k*k*k*k<=n; k++)
        cnt++;
    cout <<cnt <<endl;
    return 0;
}
```

方法四：1～n到底有多少个数符合本题要求呢？答案其实就是$\lfloor \sqrt[6]{n} \rfloor$，$\lfloor \ \rfloor$表示向下取整。例如，当$n = 10000$时，$\lfloor \sqrt[6]{10000} \rfloor = \lfloor 4.6415888\cdots \rfloor = 4$，因此$1^6$、$2^6$、$3^6$、$4^6$都小于10000，而$5^6 > 10000$。用pow函数求$\sqrt[6]{n}$时，可以加上一个很小的浮点数，如0.00005。代码如下。

```
#include <bits/stdc++.h>
using namespace std;
int main()
{
    long long n;   cin >>n;
    int cnt = pow(n, 1.0/6) + 0.00005;
    cout <<cnt <<endl;
    return 0;
}
```

在本题的四种求解算法中，方法一需要执行n次，方法二需要执行$\sqrt[3]{n}$次，方法三需要执行$\sqrt[6]{n}$次，而方法四的执行次数跟n没有关系，无论n多大，执行次数都是固定的。

15.3 算法效率的度量及算法复杂度

算法效率的度量分为后期测试和事前估计。

（1）算法效率的后期测试：测试运行时间

算法时间效率的**后期测试**：是指在算法实现后，通过程序的实际运行时间来评判算法的时间效率。

很多开发工具在运行程序时，会在运行窗口显示程序运行时间。但是这个时间包括输入数据或粘贴数据的时间。例如，图 15.1 显示编程实例 15.1 方法二的运行时间为 1.068 秒，超过 1 秒了，这个时间包括粘贴数据的时间，程序的实际运行时间是小于 1 秒的。

图 15.1 程序的运行时间

如果要得到程序准确的运行时间，可以把输入数据放在文件（如 d1.in）中，再通过 freopen 函数把标准输入重定向为从 d1.in 读入数据。

```
freopen("d1.in", "r", stdin);
```

此外，也可以在程序的某些位置加入时间函数（如 time()、clock() 等）来测定算法完成某一功能所需的时间。例如，可以在算法核心代码前后各用一次 clock() 函数取得系统当前时刻，二者相减就是算法运行时间。代码如下。

```
int main()
{
    time_t time, start, end;    //程序运行总时间、程序运行开始时间、结束时间
    start = clock();            //取得系统当前时刻
    ......                      //算法的（核心）代码
    end = clock();              //取得系统当前时刻
    time = end - start;         //两次时间相减，就是中间这一段代码运行所需时间
    cout <<time <<endl;
    return 0;
}
```

算法后期测试对评定算法时间效率的优点是直观，通过统计出的时间多少就可以评定算法时间效率的优劣。缺点是统计出的时间取决于当前计算机的性能、数据规模等因素；时间精度取决于所使用函数统计出时间的精度，如 clock() 函数取得的时间为毫秒。

（2）算法效率的事前估计

算法的**事前估计**：不需要运行算法，而是通过理论分析预测算法所需时间、存储空间与问题规

模的关系来测定算法的效率。所测定出来的关系称为**算法复杂度**，其分为**时间复杂度**和**空间复杂度**。

时间复杂度：指当问题的规模以某种单位从1增加到n时，解决这个问题的算法在执行时所需时间也以某种单位由1增加到$t(n)$。

空间复杂度：指当问题的规模以某种单位从1增加到n时，解决这个问题的算法在执行时所占用的存储空间也以某种单位由1增加到$f(n)$。

在编程实例15.1中，要统计$1 \sim n$范围内有多少个数既是平方数也是立方数，因此问题规模就是n。

在分析算法的时间复杂度时，要注意当问题的规模由1增加到n时，算法中哪一部分执行所需时间是不变的，哪一部分执行时间将会增加？以怎样的关系增加？

例如，在编程实例15.1的方法一中，for循环外面的代码只执行一次，for循环里面的代码执行n次。假设每条语句的执行时间一样，则该算法的时间复杂度可以表示为：$t(n) = 3n + 4$。

事前估计方法的优点是不需要运行程序就能评估算法的效率，甚至在设计算法时就能估算算法的复杂度。缺点是假设每条语句的执行时间一样，事实上每条语句执行所需的时间可能差别比较大。

在信息学竞赛里，算法复杂度分析主要用于比较多个算法的复杂度差异，判断在最大的数据规模下程序能不能在规定的时间内运行完毕，不需要很准确地度量算法运行时间，因此往往只需对复杂度进行渐进分析，详见下一节。

15.4 算法时间复杂度的渐进分析和表示

（1）算法时间复杂度的渐进分析

在算法执行过程中，不同运算的执行次数与问题规模的关系存在差异：有些运算的执行次数与问题规模无关（常数时间操作），而有些运算的执行次数虽然与问题规模有关，但对整体时间复杂度的影响较小。

算法时间复杂度的渐进分析：在时间复杂度$t(n)$中，剔除不会从实质上改变函数数量级的项，经过这样处理得到的函数是$t(n)$的近似效率值，但这个近似值与原函数已经足够接近，当问题规模很大时尤其如此。这种效率的度量就称为算法的**渐进时间复杂度**。在上下文明确的情况下，可以简称为"时间复杂度"。

例如：$t(n) = 2n^3 + 5n^2 + 50n + \log_{10}n + 2000$，当$n$较小时，常数项2000起主要作用，但是当$n$足够大时，立方项$n^3$起主要作用。因此，该算法的渐进时间复杂度为$O(n^3)$，符号$O$的含义详见下面的描述。

编程实例15.1的四个算法，时间复杂度分别为$O(n)$、$O(\sqrt[3]{n})$、$O(\sqrt[5]{n})$、$O(1)$。

渐进分析方法就是找出算法中执行最频繁的操作，即所谓的**基本操作**，并根据该操作执行次数与问题规模n的关系来度量算法的时间复杂度。算法的基本操作通常是算法最内层循环中最费时的操作。

算法渐进复杂度的表示方法包括符号O、符号Ω、符号Θ。详见以下定义。

（2）符号O——渐进上界

定义15.1（符号O） 函数$t(n)$包含在$O(g(n))$中，记为$t(n) \in O(g(n))$，它的成立条件是：对于所有足够大的n，$t(n)$的上界由$g(n)$的常数倍所确定，如图15.2所示。也就是说，存在大于0的常数c和非负的整数n_0，使得：对于所有的$n \geq n_0$来说，$t(n) \leq cg(n)$，这意味着$g(n)$是$t(n)$的**渐进上界**，n_0之前的情况无关紧要。

例如，对$t(n) = 2n^3 + 5n^2 + 50n + \log_{10}n + 2000$，肯定存在$n_0$，当$n \geq n_0$时，$t(n) \leq 3n^3$。所以该算法的时间复杂度为$O(n^3)$。

（3）符号Ω——渐进下界

定义15.2（符号Ω） 函数$t(n)$包含在$\Omega(g(n))$中，记为$t(n) \in \Omega(g(n))$，它的成立条件是：对于所有足够大的n，$t(n)$的下界由$g(n)$的常数倍所确定，如图15.3所示。也就是说，存在大于0的常数c和非负的整数n_0，使得：对于所有的$n \geq n_0$来说，$t(n) \geq cg(n)$，这意味着$g(n)$是$t(n)$的**渐进下界**。

例如，对$t(n) = 2n^3 + 5n^2 + 50n + \log_{10}n + 2000$，当$n \geq 1$时，$t(n) \geq 2n^3$。所以该算法的时间复杂度为$\Omega(n^3)$。

（4）符号Θ——紧确界

定义15.3（符号Θ） 函数$t(n)$包含在$\Theta(g(n))$中，记为$t(n) \in \Theta(g(n))$，它的成立条件是：对于所有足够大的n，$t(n)$的上界和下界都由$g(n)$的常数倍所确定，如图15.4所示。也就是说，存在大于0的常数c_1、c_2和非负的整数n_0，使得：对于所有的$n \geq n_0$来说，$c_2 g(n) \leq t(n) \leq c_1 g(n)$，通常$c_1$、$c_2$取不同的值，$t(n)$的增长速度与$g(n)$**同阶**。

例如，对$t(n) = 2n^3 + 5n^2 + 50n + \log_{10}n + 2000$，肯定存在$n_0$，当$n \geq n_0$时，$2n^3 \leq t(n) \leq 3n^3$。所以该算法的时间复杂度为$\Theta(n^3)$。

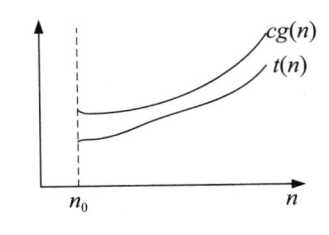

图15.2 符号O的含义

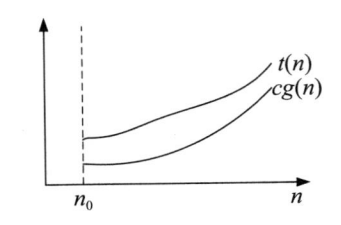

图15.3 符号Ω的含义

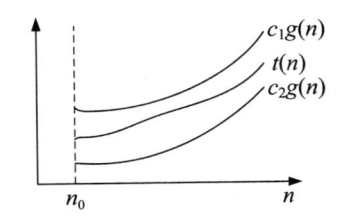

图15.4 符号Θ的含义

注意，在信息学竞赛里，编程解题的目标是程序通过所有的测试点，通常更关注算法的时间复杂度的上界，即下一节介绍的最坏情形，因此主要用O这个符号来表示算法的时间复杂度。

15.5 最好、最坏和平均情况

在一次考试中，某个学生的成绩取决于很多因素，比如，他学得怎么样、有没有复习、试卷难度怎么样、临场发挥怎么样等，可能他最好能考到100分，平均能考到90分，最差也能考到80分。

同样，算法的复杂度取决于输入数据等多种因素。例如，一个排序算法的时间复杂度往往取决于输入数据的原始有序程度。因此分析算法复杂度时往往要区分**最好情况**、**最坏情况**和**平均情况**。

例如，在一个包含n个元素的数组中查找某个数据，假定要查找的数据在数组中，且数组元素是无序的。

最好情况：要查找的数据就是数组第0个元素，只需比较1次就可以结束了，其时间复杂度为$O(1)$。

最坏情况：要查找的数据是数组最后一个元素，则需要比较n次，其时间复杂度为$O(n)$。

平均情况：假设需要查找的数据是第0个元素，第1个元素，……，最后一个元素的概率相等，则平均需要查找的次数为：$1 \times \dfrac{1}{n} + 2 \times \dfrac{1}{n} + \cdots + n \times \dfrac{1}{n} = (n+1)/2$。其时间复杂度为$O(n)$。

15.6 对数运算及其运算规律

由于很多算法复杂度模型都包含对数运算，本节介绍比较复杂的对数运算。

指数运算的逆运算是对数运算。对数运算的定义：若$a^b = n$（其中$a > 0, a \neq 1$），则有$b = \log_a n$，a称为**底数**，n称为**真数**。注意，对数运算其实就是求"a的多少次方等于n"，即$a^? = n$。也就是说，固定底数，已知指数，求幂，是**指数运算**；固定底数，已知幂，求指数，是**对数运算**。

特殊的对数：$\log_a 1 = 0$，因为$a^0 = 1$；$\log_a a = 1$，因为$a^1 = a$。

数学上的对数运算，底数通常为10。例如，$10^3 = 1000$，$\log_{10} 1000 = 3$。推广开来，如果$n = 10^k$，k为整数，那么$\log_{10} n = k$。所以，对一个数n做底数为10的对数运算，得到的就是n的数量级。如果$\log_{10} n = k$，k为实数，取$k_1 = k$（向下取整），$k_2 = k$（向上取整），则n介于10^{k_1}和10^{k_2}之间。例如，$\log_{10} n = 3.4$，那么n介于10^3（1000）和10^4（10000）之间。

数学上还有一种对数，底数为**自然常数**e，符号e是数学中的一个常数，它是一个无限不循环小数，其值为2.718281828459045……且$\log_e n$通常记为$\ln n$。但是这种对数在信息学竞赛中几乎用不到。

计算机和算法领域的对数运算，底数通常为2，而且通常省略底数，即$\log n$就是$\log_2 n$。例如，$2^{10} = 1024 \approx 1000$，$\log_2 1024 = 10$，$\log_2 1000 \approx 10$。此外，还有$\log_2 1000000 \approx 20$，$\log_2 1000000000 \approx 30$。

推广开来，如果$n = 2^k$，k为整数，那么$\log_2 n = k$。如果$\log_2 n = k$，k为实数，取$k_1 = k$（向下取整），$k_2 = k$（向上取整），则n介于2^{k_1}和2^{k_2}之间。例如，$\log_2 n = 3.4$，那么n介于2^3（8）和2^4（16）之间。

对数运算具有以下规律。

（1）真数的乘积等于对数的和：$\log_a mn = \log_a m + \log_a n$。

（2）真数的商等于对数的差：$\log_a \dfrac{m}{n} = \log_a m - \log_a n$。

（3）真数的幂：$\log_a m^n = n\log_a m$。

（4）换底：$\log_a m = \dfrac{\log_b m}{\log_b a}$。

对底数为2的对数，还有以下运算规律。

（1）$\log_2(n \times 1000) = \log_2 n + \log_2 1000 \approx \log_2 n + 10$。也就是在 n 的后面补3个0，即乘以1000，$\log_2 n$ 才增加10。

（2）$\log_2(n \times 10) = \log_2 n + \log_2 10 \approx \log_2 n + 3.32$。也就是在 n 的后面补1个0，即乘以10，$\log_2 n$ 才增加3.32。

对一个正整数 n，我们可以通过求 $\log_{10} n$ 来估算 n 的位数，为 $\lceil \log_{10} n \rceil$。例如，对 n 取底数为10的对数，得到的如果是大于或等于3、小于4的小数，那么 n 一定是4位数。

【编程实例15.2】求对数 $\log_a b$。输入2个大于0的浮点数 a, b，求对数 $\log_a b$。

分析：C++语言中提供了2个对数函数。

求底数为10的对数，可以调用log10()函数。

求底数为自然常数e的对数，可以调用log()函数。

怎么求以任意实数a为底数的对数呢？这需要应用对数运算的换底规律。

$\log_a b = \dfrac{\log_{10} b}{\log_{10} a} = \dfrac{\log_e b}{\log_e a}$，因此，可以调用log10()函数或log()函数实现。代码如下。

```
#include <bits/stdc++.h>
using namespace std;
int main()
{
    double a, b;  cin >>a >>b;
    cout <<fixed <<setprecision(6) <<log10(b)/log10(a) <<endl;
    //cout <<fixed <<setprecision(6) <<log(b)/log(a) <<endl;
    return 0;
}
```

【编程实例15.3】求 $n!$ 的位数。输入正整数 n，$n \leqslant 10000$，求 $n!$ 有多少位数字。

分析：$n! = 1 \times 2 \times 3 \times \cdots \times n$。根据对数运算规律可知 $\log_{10} n! = \log_{10} 1 + \log_{10} 2 + \cdots + \log_{10} n$。这样我们就可以求出 $\log_{10} n!$。求出 $\log_{10} n!$ 后，可以估算出 $n!$ 的位数，答案为 $\lceil \log_{10} n! \rceil$。在程序中，只需要对 $\log_{10} n!$ 取整，再加1即可。代码如下。

```
#include <bits/stdc++.h>
using namespace std;
int main()
{
    int n;  cin >>n;
    double lg10 = 0;
```

```
    for(int i=1; i<=n; i++)
        lg10 += log10(i);    //log10：以 10 为底数的对数
    int ans = lg10;
    cout <<ans+1 <<endl;
    return 0;
}
```

我们也可以求 2^n 的位数。根据对数运算规律，$\log_{10} 2^n = n \times \log_{10} 2$，从而可以估算出 2^n 的位数，同学们可以编写程序实现，并且测试一下就会发现，100! 远大于 2^{100}。

15.7 基本的算法复杂度模型

基本的算法复杂度类型有：常量阶 $O(1)$、对数阶 $O(\log_2 n)$、平方根阶 $O(\sqrt{n})$、线性阶 $O(n)$、线性对数阶 $O(n\log_2 n)$、平方阶 $O(n^2)$、立方阶 $O(n^3)$、指数阶 $O(2^n)$、阶乘阶 $O(n!)$、超指数阶 $O(n^n)$。这些复杂度从小到大排列为：$O(1) < O(\log_2 n) < O(\sqrt{n}) < O(n) < O(n\log_2 n) < O(n^2) < O(n^3) < O(2^n) < O(n!) < O(n^n)$。

图 15.5 给出了这些常见的算法复杂度函数随问题规模 n 的增长速度。

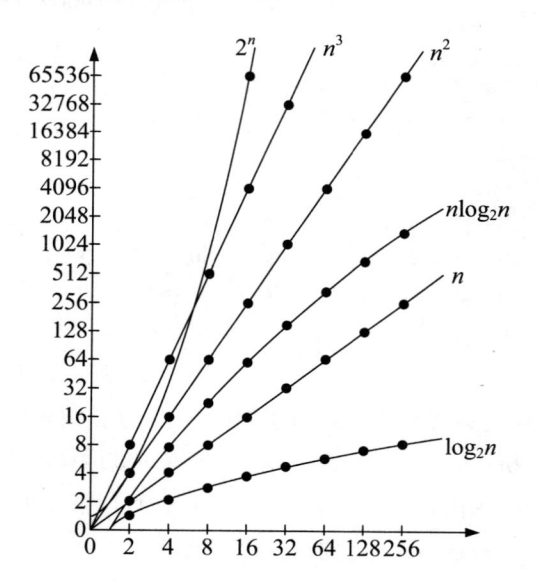

n	$\log_2 n$	$n\log_2 n$	n^2	n^3	2^n
1	0	0	1	1	2
2	1	2	4	8	4
4	2	8	16	64	16
8	3	24	64	512	256
16	4	64	256	4096	65536
32	5	160	1024	32768	4294967296

图 15.5 常见算法复杂度函数的增长速度

（1）常量阶 $O(1)$

常量阶 $O(1)$ 的含义是算法中基本运算的执行次数是常量，与问题规模 n 无关。例如，在存储了 n 个元素的数组中存取第 i 个元素 $a[i]$ 的运算，$a[5] = 20$，$a[0] = a[3] + a[7]$，等等，与数组长度 n 无关。

说明：[ ]是运算符，通过"起始地址+每个元素所占存储空间×i"来计算$a[i]$的地址，然后根据这个地址去取$a[i]$的值，或者把数据存入$a[i]$。

编程实例15.1的方法四，其时间复杂度就是$O(1)$。

（2）对数阶$O(\log_2 n)$

对数阶$O(\log_2 n)$的含义是循环次数与n的对数成正比（默认以2为底）。以下例子的时间复杂度就是$O(\log_2 n)$。因为，cnt每次乘以2以后，离n就更近了。每次循环，cnt的值依次为1，2，4，8，…。设循环次数为x，则有$2^x \leq n$，$x \leq \log_2 n$。

```
int cnt = 1;
while(cnt < n) {
    cnt = cnt * 2;
}
```

对数阶$O(\log_2 n)$的算法例子有：基于分治思想的二分查找算法、二叉树的查询操作等。如无特殊说明，对数阶中的底均为2。其他对数复杂度（如$\log_a n$）都可以化为$O(\log_2 n)$。这是因为，$\log_a n = \dfrac{\log_2 n}{\log_2 a}$，因此，$\log_a n = C \log_2 n$，其中$C = \dfrac{1}{\log_2 a}$。

（3）平方根阶$O(\sqrt{n})$

平方根阶$O(\sqrt{n})$的算法例子有：判断质数的算法。

（4）线性阶$O(n)$

线性阶$O(n)$的算法例子有：在包含n个元素的数组中求最大值、最小值。

（5）线性对数阶$O(n\log_2 n)$

线性对数阶$O(n\log_2 n)$的算法例子有：一些简单排序算法，如快速排序、归并排序、堆排序，其平均时间复杂度就是$O(n\log_2 n)$。

千万不要小看对数$\log_2 n$的作用。当$n = 1000$时，$O(n\log_2 n)$算法需要执行10000次基本运算（$\log_2 1000 \approx 10$），而$O(n^2)$算法需要执行1000000次基本运算，二者相差100倍，n值越大，二者相差越大。

（6）平方阶$O(n^2)$

如果算法的基本运算包含了二重循环，且每重循环的循环次数都是n（或n的线性倍），则该算法的时间复杂度就是$O(n^2)$。

平方阶$O(n^2)$的算法例子有：一些简单排序算法，如插入排序法、选择排序法、冒泡排序法。

对平方阶时间复杂度$O(n^2)$，当输入数据规模较小时，算法运行时间能容忍，当输入数据规模比较大时，算法运行时间难以容忍。例如，在信息学竞赛里，对100000（甚至更多）个整数进行排序，只能选择$O(n\log 2 n)$阶的排序算法，不能选择$O(n^2)$阶的排序算法。

（7）立方阶$O(n^3)$

如果算法的基本运算包含了三重循环，且每重循环的循环次数都是n（或n的线性倍），则该算法的时间复杂度就是$O(n^3)$。对立方阶复杂度$O(n^3)$，当输入数据规模比较大时，算法运行时间往往是难以容忍的。

（8）指数阶 $O(2^n)$ 与阶乘阶 $O(n!)$

在信息学竞赛里，具有这两种时间复杂度的算法是没有实际用处的。注意，$O(n!)$ 远大于 $O(2^n)$。

（9）多项式时间复杂度

当 $t(n)$ 为多项式时，$O(t(n))$ 称为**多项式时间复杂度**，$O(1)$、$O(\log_2 n)$、$O(\sqrt{n})$、$O(n\log_2 n)$、$O(n)$、$O(n^2)$、$O(n^3)$ 都属于多项式时间复杂度，在信息学竞赛里，一般只有多项式时间复杂度的算法才有可能通过所有测试点的评测。

15.8 递归算法的时间复杂度

很多算法都包含递归调用，其时间复杂度通常很难分析，需要用到以下主定理。

求递归算法的时间复杂度的**主定理**：如果一个递归算法的时间复杂度可以表示为如下公式：

$$T(n) = aT\left(\frac{n}{b}\right) + O(n^d) \tag{15.1}$$

其中：

- n 是问题规模大小；
- a 是原问题的子问题个数；
- $\frac{n}{b}$ 是每个子问题的大小，这里假设每个子问题有相同的规模大小；
- $O(n^d)$ 是将原问题分解成子问题和将子问题的解合并成原问题的解的时间复杂度。

那么该算法的时间复杂度为：

$$T(n) = \begin{cases} O(n^d) & \text{当} d > \log_b a \\ O(n^d \log_2 n) & \text{当} d = \log_b a \\ O(n^{\log_b a}) & \text{当} d < \log_b a \end{cases} \tag{15.2}$$

【微实例15.1】主定理应用例子。

（1）$T(n) = T(n/2) + O(1)$：$T(n) = O(\log_2 n)$。

$a = 1, b = 2, d = 0$，$\log_b a = \log_2 1 = 0$，$d = \log_b a$，因此，$T(n) = O(\log_2 n)$。

二分查找就是这种情形。

注意，一个规模为 n 的问题如果可以分解成2个规模为 $n/2$ 的子问题，这2个子问题相同（如快速幂）或有一个子问题不用求（如二分查找），其时间复杂度为 $O(\log_2 n)$。

（2）$n = 1, T(n) = 1$；$n > 1, T(n) = 2 \times T(n/2) + O(1)$：$T(n) = O(n)$。

$a = 2, b = 2, d = 0$，$\log_b a = \log_2 2 = 1$，$d < \log_b a$，因此，$T(n) = O(n^{\log_b a}) = O(n)$。

二叉树遍历就是这种情形。

注意，一个规模为 n 的问题分解成 2 个规模为 $n/2$ 的子问题，但这 2 个子问题不相同，要独立求解，所以时间复杂度为 $O(n)$。

（3）$T(n) = T(n/2) + n$：$T(n) = O(n)$。

$a = 1, b = 2, d = 1$，$\log_b a = \log_2 1 = 0$，$d > \log_b a$，因此，$T(n) = O(n^d) = O(n)$。

（4）$n = 1, T(n) = 1$；$n > 1, T(n) = 2T(n/4) + \sqrt{n}$：$T(n) = O(\sqrt{n}\log_2 n)$。

$a = 2, b = 4, d = \dfrac{1}{2}$，$\log_b a = \log_4 2 = \dfrac{1}{2}$，$d = \log_b a$，因此，$T(n) = O(n^d \log_2 n) = O(\sqrt{n}\log_2 n)$。

（5）$T(n) = 2 \times T(n/2) + n$：$T(n) = O(n\log_2 n)$。

$a = 2, b = 2, d = 1$，$\log_b a = \log_2 2 = 1$，$d = \log_b a$，因此，$T(n) = O(n^d \log_2 n) = O(n\log_2 n)$。

归并排序就是这种情形。

（6）$T(1)$ 为常数；$n > 1, T(n) = 2 \times T(n/2) + 2n$：$T(n) = O(n\log_2 n)$。

$a = 2, b = 2, d = 1$，$\log_b a = \log_2 2 = 1$，$d = \log_b a$，因此，$T(n) = O(n^d \log_2 n) = O(n\log_2 n)$。

（7）$T(0) = 1$；$n > 0, T(n) = T(n-1) + n$：$T(n) = O(n^2)$。

$T(n) = T(n-1) + n = T(n-2) + (n-1) + n = \cdots = T(0) + 1 + 2 + \cdots + n = n(n+1)/2 + 1$，因此，$T(n) = O(n^2)$。

后 记

在从事大学生程序设计大赛指导20年、少儿编程与信息学竞赛培训6年后，我决定编写一本专门讲C++编程与信息学竞赛数学基础的书。为什么要写这本书呢？因为参加信息学竞赛的学生、指导信息学竞赛的老师都非常需要这样一本书。

信息学竞赛对数学要求很高，已经成为老师、学生甚至家长们的共识了。但是，到底需要掌握哪些数学知识，掌握到什么程度，却很少有人能说清楚。有的人把信息学竞赛所需的数学知识等同于奥数，这是非常不恰当的。市面上很难找到专门讲C++编程与信息学竞赛数学基础的书。好不容易找到一本，面向的又是NOI选手，对初学者来说太难了。很多老师花费大量的时间和精力，去收集整理这些数学知识，再教给学生。

此外，有些中小学生在学完C++编程、进入算法学习阶段后，学着学着就跟不上了，学不懂了。这时老师们往往会想，是不是这些学生的C++基础没学好呀？其实，有没有另一种可能呢？是不是数学基础没打好呢？越来越多的老师和培训机构意识到，在学编程的同时也要学编程思维、数学思维，但市面上又找不到合适的教材，只能凭老师的经验讲一些编程中常用的一些数学思维。

老师和学生们需要的是一本从学C++编程开始就可以用得上的、适合入门到进阶的、侧重于数学思维的、能覆盖青少年编程等级考试和CSP、NOIP等竞赛的数学基础书。本书力求实现这一目标。

本书第1章的初等数学基础和第3章的初等几何，学生在学C++编程时就可以用。本书不是专门讲算法的书。为了降低门槛，本书把算法难度控制在基础级，只用到了枚举、模拟、递推、递归等简单算法，此外也用到C++语言中标准模板库中的一些容器，包括位组（bitset）、集合（set）、数对（pair）等。

2021年4月，中国计算机学会（CCF）发布了《全国青少年信息学奥林匹克系列竞赛大纲》（以下简称《大纲》）。此后，CCF分别于2023年3月和2025年4月对《大纲》进行了两次修订。本书严格按照大纲来编写。第11章概率论基础、第12章逻辑学基础、第13章编码及译码、第14章博弈论基础、第15章算法及算法复杂度都是大纲要求的。因此，本书能覆盖青少年编程等级考试和CSP、NOIP等竞赛。

本书配备了完善的题库、课件、教学视频等资源，方便老师和同学们使用。此外，在使用本书的过程中，老师和同学们可以通过本书提供的微信群、QQ群交流。微信群、QQ群可以在本书附录的洛谷团队里找到。

在本书的编写过程中，重庆交通大学的谢东东同学辅助完成了本书的校对工作，在此表示感谢。

最后，希望这本书能为老师和同学们提供帮助。

附录　课程资源使用指南

本书所有编程实例和课后编程习题共计200余道，全部部署在洛谷平台。本书所有教学视频和课件等资源也在洛谷平台。本附录讲解课程资源的使用方法。

一、课前准备：注册洛谷网站账号并加入团队

1. 在洛谷（https://www.luogu.com.cn/）上注册账号，如图1、图2所示。

注意，如果已经有洛谷账号了，请忽略这一步。

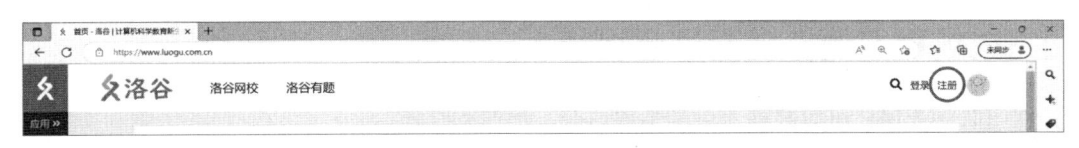

图1　在洛谷上注册账号

注意：注意：注册好账号后，一定要记住账号的用户名和密码。

2. 注册好以后，用账号登录洛谷平台，然后在浏览器的地址栏里输入以下链接，点击左上角的"加入团队"，申请加入"C++趣味编程及算法入门"团队，等待老师审核。

注意，如果已经加入上述团队了，请忽略这一步。

https://www.luogu.com.cn/team/44885

说明："C++趣味编程及算法入门"团队是《C++趣味编程及算法入门》《C++编程与信息学竞赛数学基础》《C++趣味编程及算法进阶》等教材的学习团队。

3. 老师审核后，学生就可以进入团队。将鼠标光标移动到右上角图标，会弹出一个菜单，点击"我的团队"，进入"C++趣味编程及算法入门"团队，如图3所示。

图2　注册界面

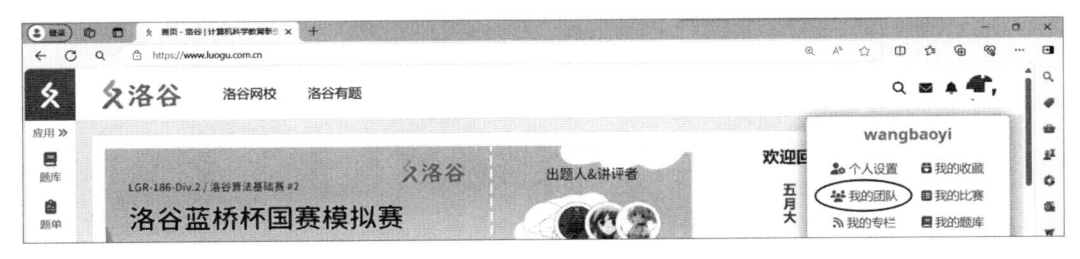

图3　进入团队

4. 在"C++趣味编程及算法入门"团队，能看到概览、题目、作业、题单、比赛、成员、文件等链接，如图4所示。

图4 "C++趣味编程及算法入门"团队

二、完成编程习题、观看讲解视频

1. 在团队作业里，可以找到本书的编程习题，如图5所示。

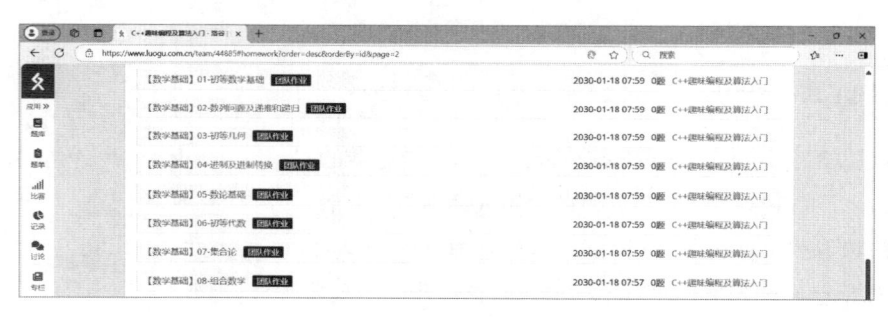

图5 本书编程习题

2. 点击每一章的作业，可以看到每道编程习题，以及每个知识点、每道编程习题的讲解视频。如图6所示。

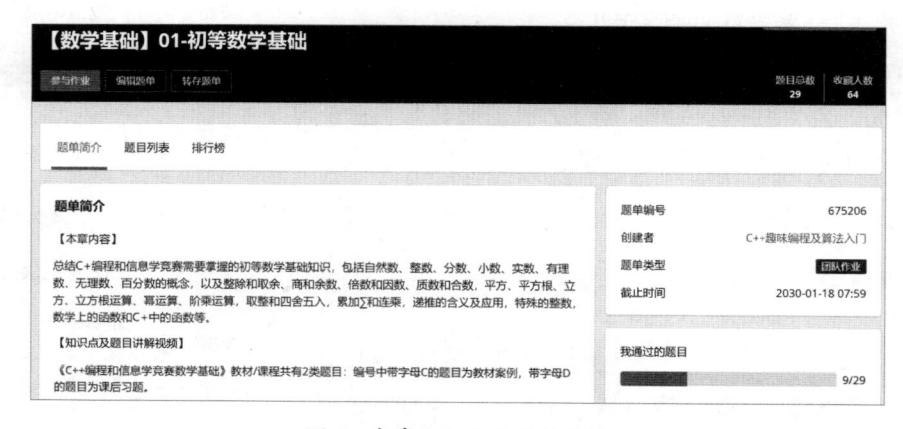

图6 每章知识点及编程习题

参考文献

[1] 柴利波.玩转数学Ⅱ：流淌的数学[M].宁波：宁波出版社，2016.

[2] 一本通信息学名师工作室.信息学奥赛一本通：初赛真题解析[M].南京：南京大学出版社，2022.

[3] 林厚丛.信息学奥赛之数学一本通[M].南京：东南大学出版社，2016.

[4] 潘承洞，潘承彪.初等数论（第3版）[M].北京：北京大学出版社，2013.

[5] 王桂平，杨建喜，李韧.图论算法理论、实现及应用（第2版）[M].北京：北京大学出版社，2022.

[6] 王桂平，周祖松，穆云波，葛昌威.C++趣味编程及算法入门[M].北京大学出版社，2024.